西门子PLC编程100例精解

张豪 袁帆 ● 编著

中国电力出版社
CHINA ELECTRIC POWER PRESS

内 容 提 要

本书以西门子 S7-200 SMART 系列 PLC 工程实践案例为主体，通过 100 个由简单到复杂的 PLC 编程案例，讲解了各软元件、基本指令、功能指令的功能及用法。

书中针对工业控制现场的实际情况，以案例的形式分别介绍了西门子 S7-200 SMART 系列 PLC 逻辑控制、模拟量控制、步进伺服的控制，并以三级架构的形式讲述了工业控制通信，最后通过大型案例介绍了实际工作中的编程方法和技巧。

本书的案例由简单到复杂，几乎涵盖了整个西门子 S7-200 SMART 系列 PLC 的应用，读者可举一反三，从而提高自身编程水平。

本书可作为高等院校电气控制、机电工程、计算机控制及自动化类专业学生的参考用书，职业院校学生及工程技术人员的培训及自学用书，也可作为西门子 PLC 工程师提高编程水平、整理编程思路的参考读物。

图书在版编目（CIP）数据

西门子 PLC 编程 100 例精解 / 张豪，袁帆编著 . —北京：中国电力出版社，2020.8（2023.2 重印）
ISBN 978-7-5198-4579-7

Ⅰ . ①西…　Ⅱ . ①张…②袁…　Ⅲ . ① PLC技术—程序设计—案例　Ⅳ . ① TM571.61

中国版本图书馆 CIP 数据核字（2020）第 065778 号

出版发行：中国电力出版社
地　　址：北京市东城区北京站西街 19 号（邮政编码 100005）
网　　址：http://www.cepp.sgcc.com.cn
责任编辑：杨　扬（y-y@sgcc. com. cn）
责任校对：黄　蓓　王海南
装帧设计：王红柳
责任印制：杨晓东

印　　刷：北京雁林吉兆印刷有限公司
版　　次：2020 年 8 月第一版
印　　次：2023 年 2 月北京第二次印刷
开　　本：787 毫米 ×1092 毫米　16 开本
印　　张：15.75
字　　数：362 千字
定　　价：68.00 元

前言

对于PLC应用者来说，关键在于掌握其编程技术。但初学者往往理论知识学了不少，在实际应用中却无从下手。

在提升PLC编程能力的方法中，学习典型案例一直是一条捷径。读懂典型案例的程序，并记录、总结其中重要的编程思路和方法，将其真正消化之后，成为自己日后编程中的宝贵经验，对于快速提升PLC编程能力大有裨益。

本书精选了100个西门子S7-200 SMART系列PLC典型编程案例，以工程实践案例为主，由浅入深地讲解了其各软元件、基本指令、功能指令的功能及用法。书中针对工业控制现场的实际情况，介绍了逻辑控制、模拟量控制、步进和伺服控制，并以三级架构的形式讲述了工业控制通信，最后通过大型案例详细介绍了实际工作中的编程方法和技巧。

本书共六章，第一章为西门子S7-200 SMART系列PLC指令及简单逻辑控制系统案例，介绍了西门子S7-200 SMART系列PLC程序软元件、基本指令、功能指令的功能及用法；第二章为西门子S7-200 SMART系列PLC逻辑控制综合案例解析，通过由简单到复杂的案例详细介绍了工业控制现场最常用的逻辑控制编程方法和技巧；第三章为模拟量控制系统案例解析，介绍了模拟量在工业控制中的应用；第四章为步进伺服控制系统案例解析，以工业现场的实际案例介绍了步进电动机、伺服电动机的控制；第五章为PLC控制系统通信案例解析，讲述了工业控制通信；第六章为PLC高级编程案例解析，通过详细分析大型案例，介绍了实际工作中的PLC编程方法和技巧。

本书收集的100个案例，从简单到复杂，几乎涵盖了整个西门子S7-200 SMART系列PLC的应用。其中，简单的案例均在实验室调试成功，复杂的案例均来源于工业现场，并已投入实际使用。读者可以从中举一反三，将其应用到实际工作中，并有所收获。

本书由无锡职业技术学院张豪和陕西理工大学袁帆编著，第二、四、六章由张豪编写，第一、三、五章由袁帆编写。无锡职业技术学院的张学才、金威参与了资料的收集、整理及程序调试工作。无锡职业技术学院俞云强对全书进行了审稿。

限于编者水平，书中或有错漏之处，敬请广大读者批评指正。

编者

目录

第一章

西门子 S7-200 SMART 系列 PLC 指令及简单逻辑控制系统案例

【例 1】 启保停控制回路

1. 控制要求

在自动控制系统中，按下启动按钮 I0.0，系统启动，Q0.0 输出。为了防止操作员误动作，因此停止按钮有 2 个，I0.1 及 I0.2，即同时按下 I0.1 及 I0.2，系统才能停止。

2. 程序

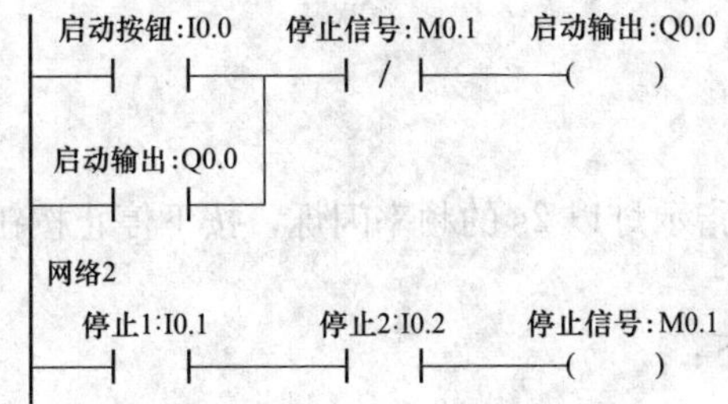

【例 2】 水泵控制

1. 控制要求

松开按钮 I0.0，启动水泵 Q0.0（即按下按钮 I0.0，水泵不启动，松开后才会启动）；松开按钮 I0.1，停止水泵 Q0.0（即按下按钮 I0.1，水泵不停止，松开后才会停止）。

2. 程序

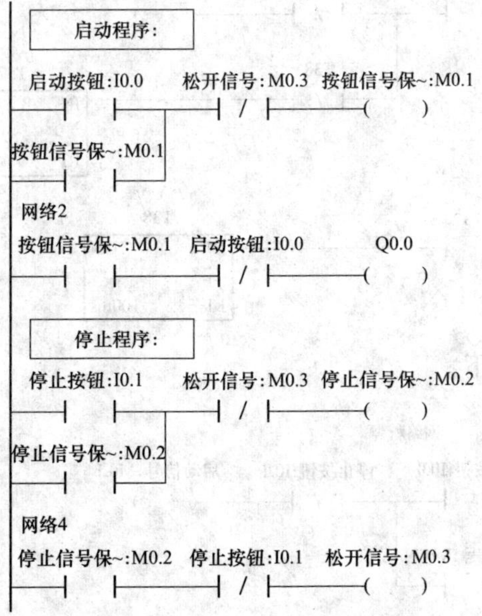

【例 3】 延时启动

1. 控制要求

按下按钮 I0.0，电动机 Q0.0 延时 6s 后启动，按下停止按钮 I0.1，电动机立即停止。

2. 程序

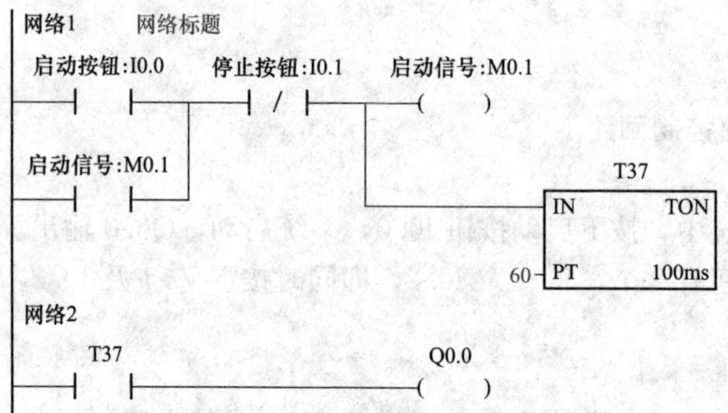

【例 4】 闪烁程序

1. 控制要求

按下启动按钮 I0.0，指示灯以 2s 的频率闪烁，按下停止按钮 I0.1，指示灯灭。

2. 程序

（1）写法 1。程序如下：

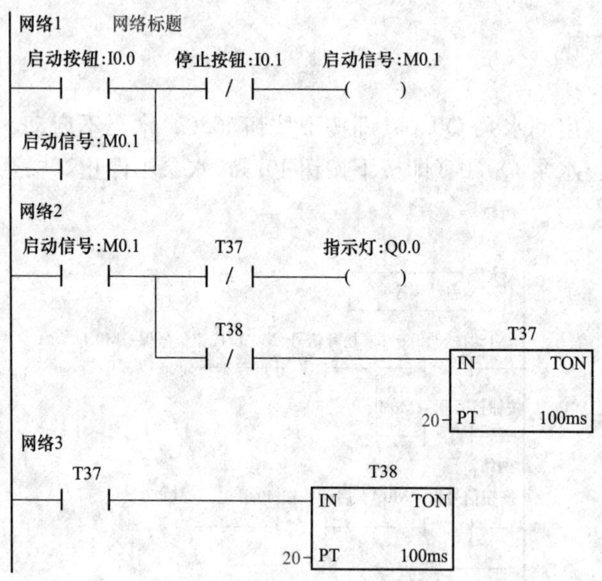

（2）写法 2。程序如下：

网络1 网络标题

启动按钮:I0.0 停止按钮:I0.1 启动信号:M0.1

启动信号:M0.1

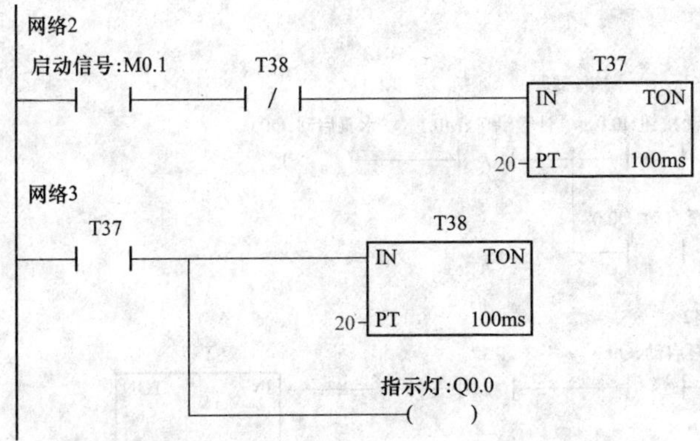

【例 5】 延时启动、停止

1. 控制要求

按下启动按钮 I0.0，启动指示灯 Q0.0 闪烁，放开按钮 5s 后，正式启动，启动指示灯 Q0.0 一直亮。按下停止按钮 I0.1，5s 后，系统停止，启动指示灯 Q0.0 灭。

2. 程序

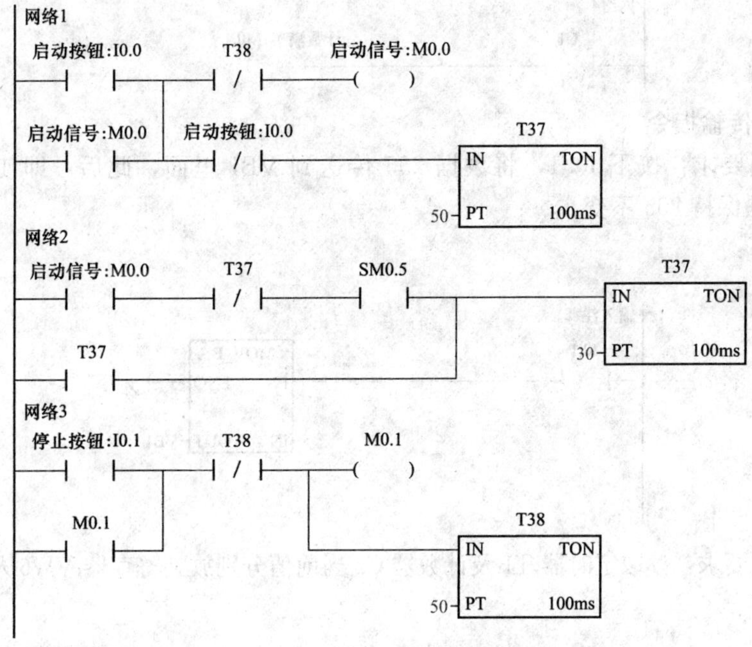

【例 6】 长延时

1. 控制要求

按下按钮 I0.0，水泵 Q0.0 启动，24h 后水泵自动停止。

2. 分析

普通定时器定时范围为 0～32767×100ms，因此远远不够 24h 的定时时间，若用好几个定时器进行累加，则需太多的定时器，非常麻烦。此例可用定时器及计数器的组合来实现。定时器每隔 30min（半小时），计数器进行记一次数，计数后把定时器复位，重新计时，如此，24h 需计数 48 次就可以。

3. 程序

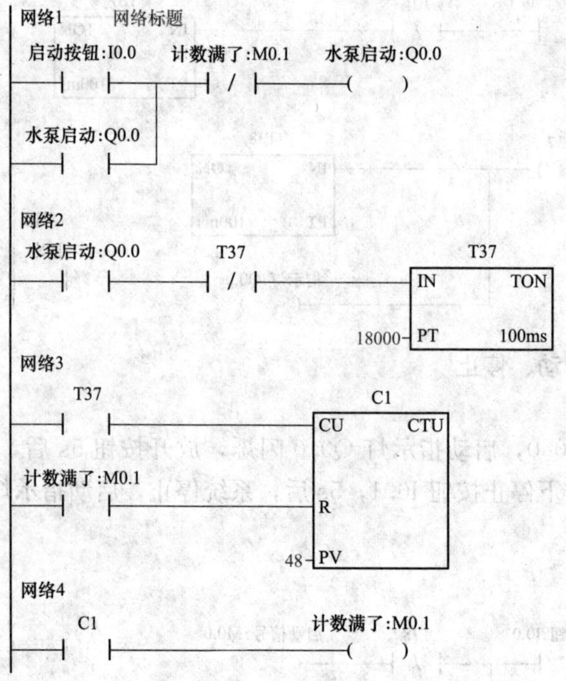

【例 7】 传输指令

(1) 控制要求：按下 I0.1，将数据 255 传送到 VB1 里面，此后，即使 I0.1 断开，VB1 里的数据保持 255 不变。

程序如下：

1 输入注释
I0.1
MOV_B
EN ENO
255 IN OUT VB1

(2) 控制要求：读取定时器 T1 及计数器 C2 当前值分别放到寄存器 VW6 及 VW8 中。

程序如下：

1 输入注释
I0.1
MOV_W
EN ENO
T1 IN OUT VW6
I0.1
MOV_W
EN ENO
C2 IN OUT VW8

说明：因定时器及计数器的数据类型都为整数型，因此使用传送指令时一定要用 MOV_W。

（3）控制要求：按下按钮 I0.1，使 Q0.0～Q0.7 全部接通。

程序如下：

1 程序段注释
I0.1
MOV_B
EN ENO
255-IN OUT-QB0

（4）控制要求：将 VB1 开始的 3 个字节的数据写入 VB11 开始的 3 个字节内。

程序如下：

1 程序段注释
I0.1
BLKMOV_B
EN ENO
VB1-IN OUT-VB11
3-N

说明：数据写入示意图如图 1-1 所示。

VB1 → VB11
VB2 → VB12
VB3 → VB13

图 1-1 数据写入示意图（一）

（5）控制要求：将 VW0 开始的 3 个字传送至 VW10 开始的 3 个字内。

程序如下：

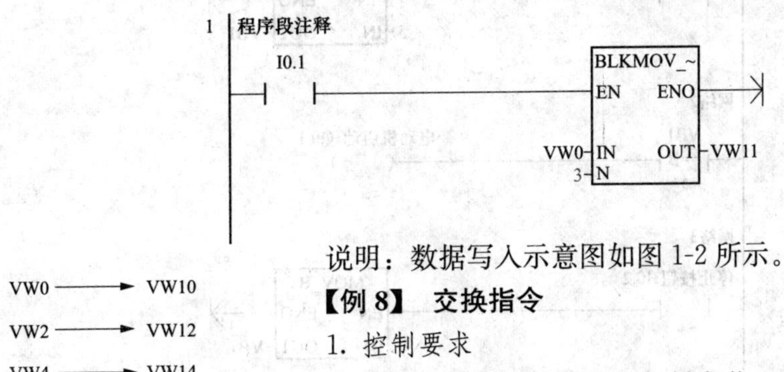

图 1-2 数据写入示意图（二）

说明：数据写入示意图如图 1-2 所示。

【例 8】 交换指令

1. 控制要求

将 VW1 内的高字节 VB1 与低字节 VB2 交换位置。

2. 程序

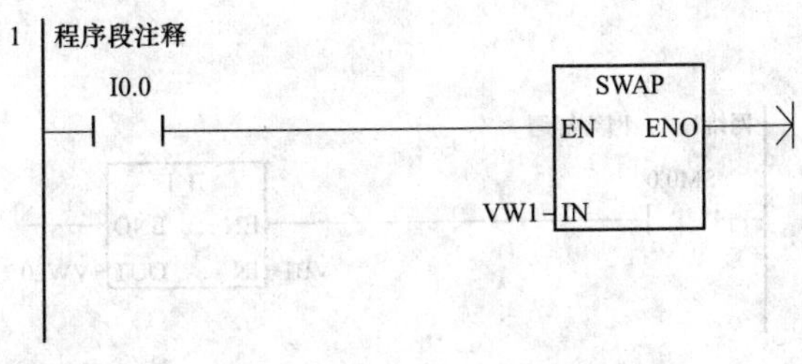

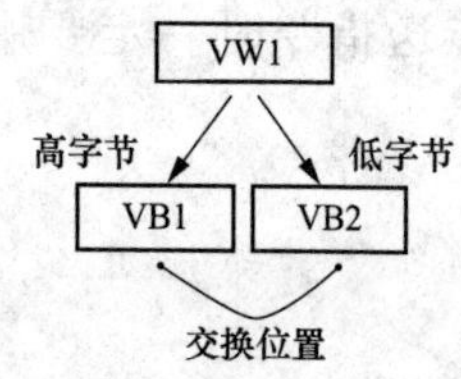

图 1-3 将 VB1 和 VB2 位置交换

3. 说明

上述程序就是将 VB1 和 VB2 位置交换，如图 1-3 所示。

【例 9】 比较指令

1. 控制要求

当 VB1 的值等于 5 时，就可以输出 Q0.1，当 VB1 的值不等于 5 时，就可以输出 Q0.2。

2. 程序

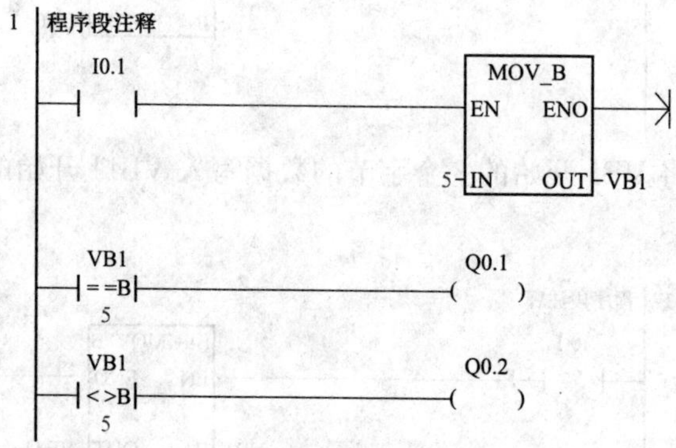

【例 10】 利用传送指令控制电动机的启动和停止

1. 控制要求

按下启动按钮 I0.1，电动机 Q0.1 启动并保持，按下停止按钮 I0.2，电动机立刻停止。

2. 程序

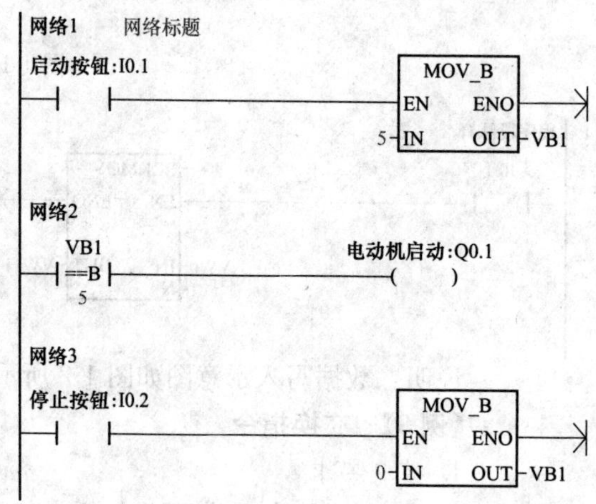

【例 11】 转换指令

(1) 控制要求：把 VB1 字节的数据转成整数，送入 VW20 内。

程序如下：

网络1 网络标题

SM0.0

B_I

EN ENO

VB1 IN OUT VW20

(2) 控制要求：将 VW0 整数的数据转成字节，送入 VB30 内。

程序如下：

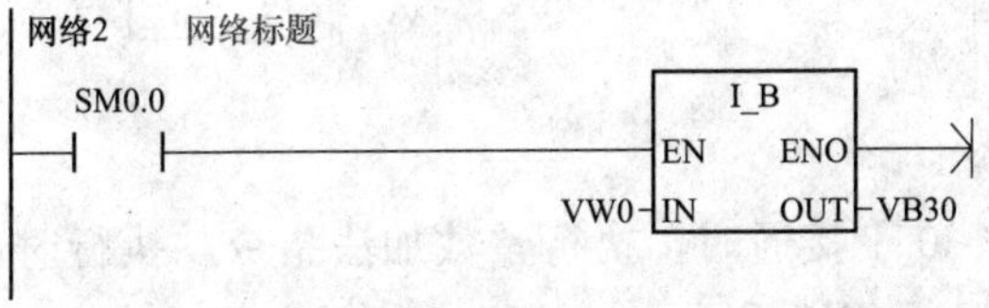

网络2 网络标题
SM0.0
I_B
EN ENO
VW0 IN OUT VB30

说明：VB30 是字节型数据，能存放的数据最大为 255，因此当 VW0 内的数据超出 255 时，指令会出错。

(3) 控制要求：将 VW0 整数的数据转成双整数，送入 VD20 内。

程序如下：

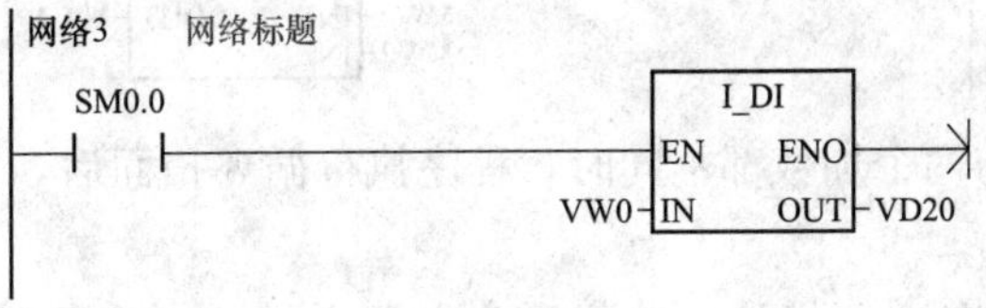

网络3 网络标题
SM0.0
I_DI
EN ENO
VW0 IN OUT VD20

(4) 控制要求：将 VD0 双整数的数据转换成整数，送入 VW20 内。

程序如下：

网络1 网络标题
SM0.0
DI_I
EN ENO
VD0 IN OUT VW20

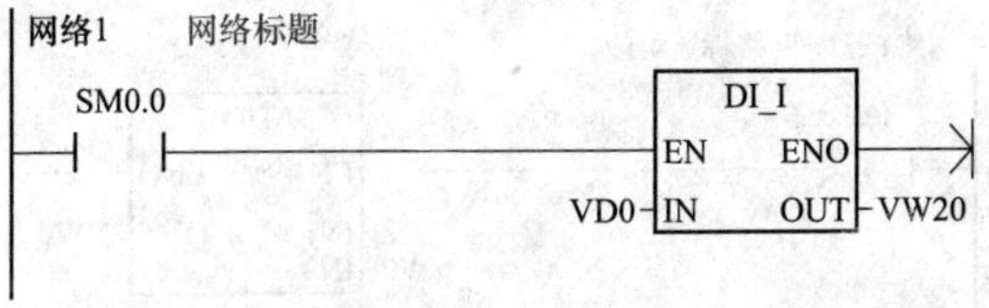

(5) 控制要求：将 VD0 双整数的数据转换成实数，送入 VW30 内。

程序如下：

网络2
SM0.0
DI_R
EN ENO
VD0 IN OUT VD30

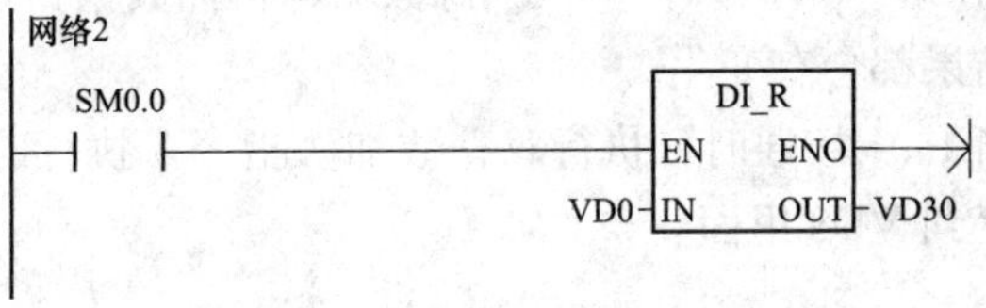

说明：实数为 32 位的数据，因此也是用 VD 表示。

(6) 控制要求：将 VW0 的 BCD 数据转换成整数，送入 VW20 内。

程序如下：

网络1 网络标题
SM0.0
BCD_I
EN ENO
VW0 IN OUT VW20

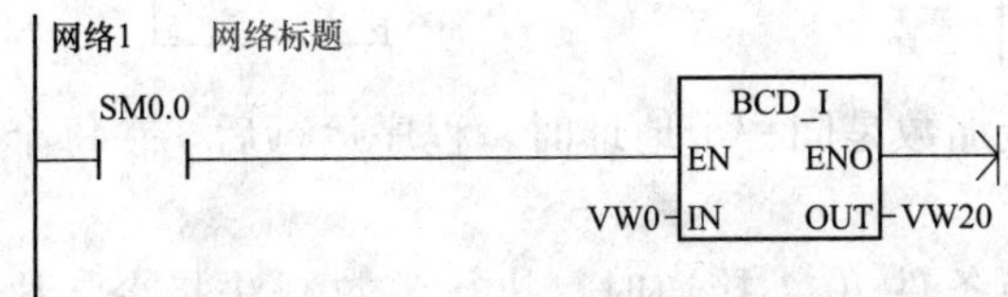

(7) 控制要求：将 VW2 的整数数据转换成 BCD 格式数据，送入 VW30 内。

程序如下：

网络2　网络标题

SM0.0

I_BCD

EN　ENO

VW2 - IN　OUT - VW30

【例 12】 运算指令

(1) 控制要求：当 I0.1 接通时，执行整数加法指令，执行时，VW0 的数据＋VW2 的数据，其运算结果存到 VW4 里面。

程序如下：

网络1　网络标题

I0.1

ADD_I

EN　ENO

VW0 - IN1　OUT - VW4

VW2 - IN2

说明：目标地址与两个加数都不同时，程序执行循环扫面后，其结果 VW4 的数据始终相同。

(2) 控制要求：当 I0.1 接通，执行整数加法指令，执行时，2＋VW0，结果存于 VW0 内。

程序如下：

网络1　网络标题

I0.1

ADD_I

EN　ENO

2 - IN1　OUT - VW0

VW0 - IN2

说明：当程序执行第 1 次扫描后，VW0＝2。当程序执行第 2 次扫描后，加法指令为 2＋VW0＝2＋2，结果存于 VW0 内，因此，当程序执行第 2 次扫描后，VW0＝4。同理，当程序执行第 3 次扫描后，VW0＝6，……当源数据与目标数据指定同一个地址时，则在每个扫描最后，运算结果都会有变化。

(3) 控制要求：当 I0.1 接通时，执行双整数加法指令，执行时，VD0 的数据＋VD4 的数据，其运算结果存到 VD8 里面。

程序如下：

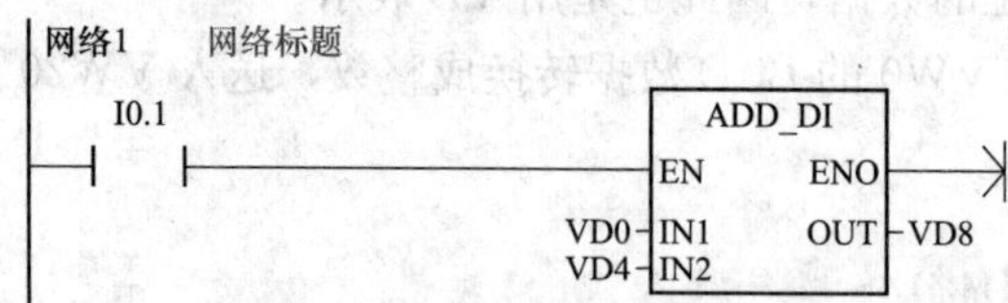

当运算结果与某个加数是同一个地址时，程序运行后，在每个扫描周期，运算结果都将变化。

(4) 控制要求：当条件 I0.1 接通时，执行整数减法指令，执行时，VW0 的数据-VW2 的数据，其运算结果存到 VW4 里面。

程序如下：

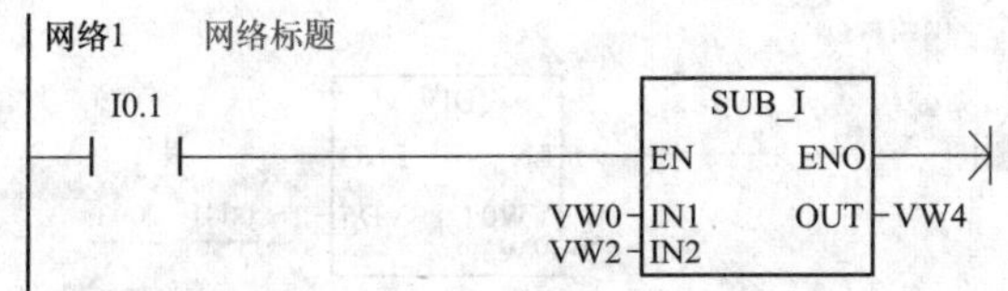

说明：①进行整数减法运算的 3 个数据都是整数；②当目标结果与减数或被减数一样时，结果也会一直变化；③指令是 IN1（VW0）-IN2（VW2），顺序不能搞反。

（5）控制要求：当 I0.1 接通时，执行双整数减法加法指令，执行时，VD0 的数据-VD4 的数据，其运算结果存到 VD8 里面。

程序如下：

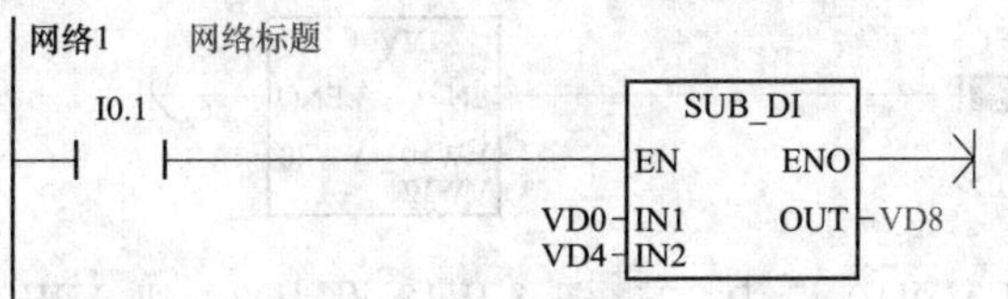

（6）控制要求：当条件 I0.1 接通时，执行 MUL 指令，执行时，VW0 的数据×VW2 的数据，其运算结果存到 VD4 里面。

程序如下：

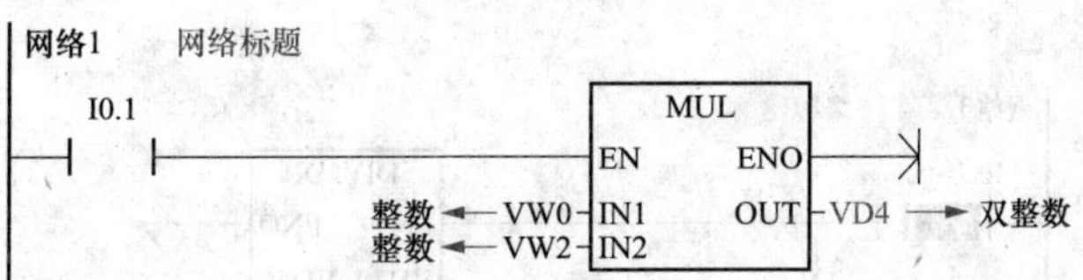

说明：整数×整数＝双整数。当相乘的两个数较大时，用此指令比较合适。如 VW0＝600，VW2＝500，则这两个数据都在整数范围内，但是两数相乘的结果为 300000，远远超出了一个整数的范围，因此当运算结果存于一个 32 位的双整数时，方能完全满足数据的大小。

（7）控制要求：当 I0.1 接通时，执行 MUL _ I 指令，执行时，VW0 的数据×VW2 的数据，其运算结果存到 VW4 里面。

程序如下：

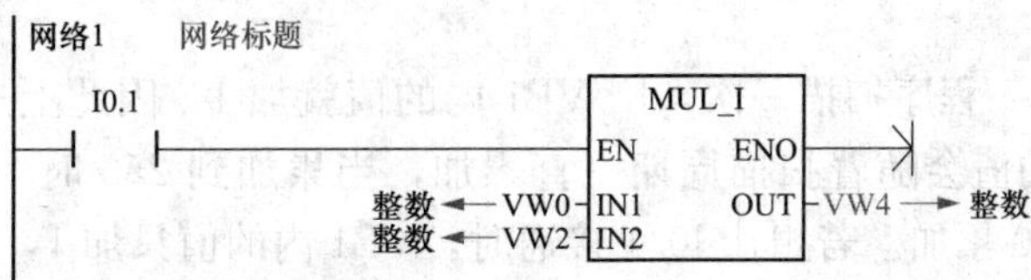

说明：整数×整数＝整数。使用此指令时应注意，当相乘的两个数据较大时，运算结果会超出数据范围，产生数据的溢出错误。

（8）控制要求：当 I0.1 接通时，执行指令，执行时，VW0 的数据/VW2 的数据，其运算结果存到 VD6 里面。其中 VW6 存放余数，VW8 存放商。

程序如下：

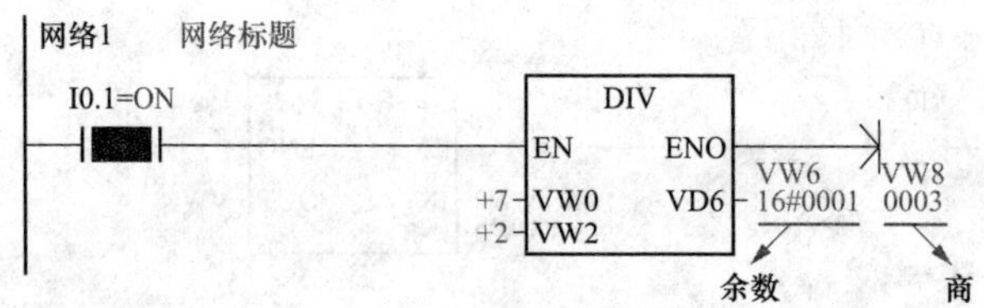

说明：程序中，若把 VW0 设为 7，把 VW2 设为 2，则 VW6=1（余数），VW8=3（商）。

（9）控制要求：当 I0.1 接通时，执行指令，执行时，VW10 的数据/VW12 的数据，其运算整数结果存到 VW20 里面，余数部分舍去。

程序如下：

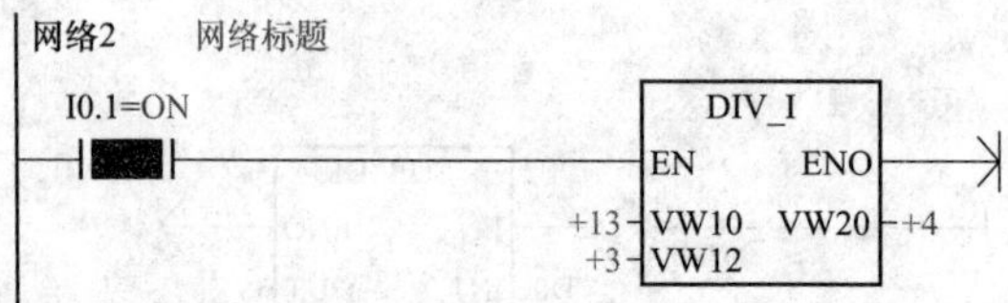

说明：程序中，若把 VW10 设为 13，把 VW12 设为 3，则 VW20＝4（商），余数没有。

（10）控制要求：当 I0.1 接通时，执行指令，执行时，VD30 的数据/VD40 的数据，其运算整数结果存到 VD50 里面，余数部分舍去。

程序如下：

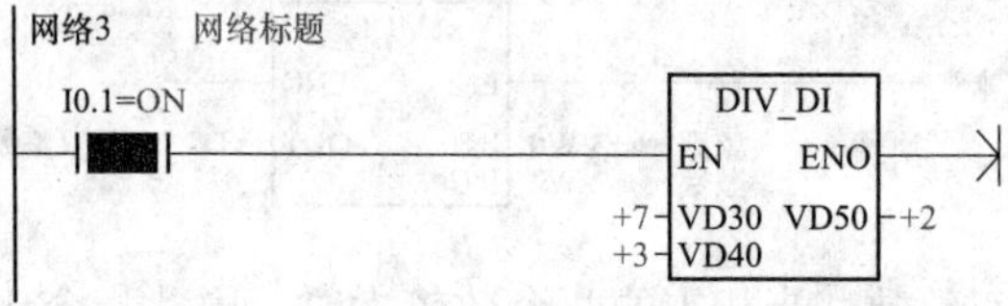

说明：程序中，若把 VW30 设为 7，把 VW40 设为 2，则 VD50＝1（商），余数没有。

（11）控制要求：使被执行对象（字节类型）进行加 1 运算。

程序如下：

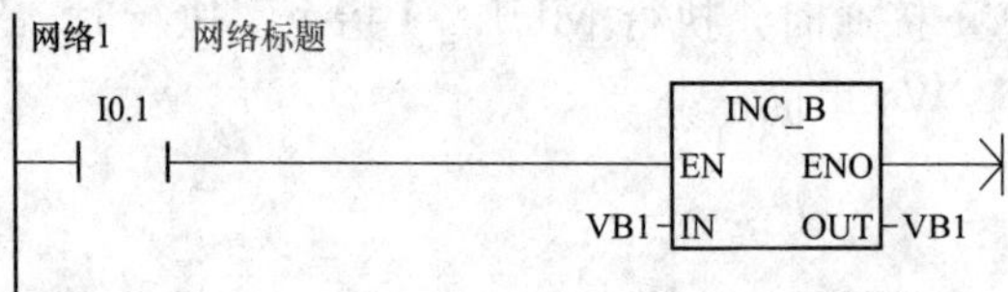

说明：I0.1 接通，程序扫描一次，则 VB1 内的值就加 1，因此上述程序中只要 I0.1 接通过，则 VB1 内的值会随着扫描周期一直累加，当累加到 255 时，下一次就会溢出，变为 0，然后重新由 0 累加。若想让 I0.1 接通时，VB1 内的值只加 1，那么可以加一个上升沿脉冲来解决。程序如下：

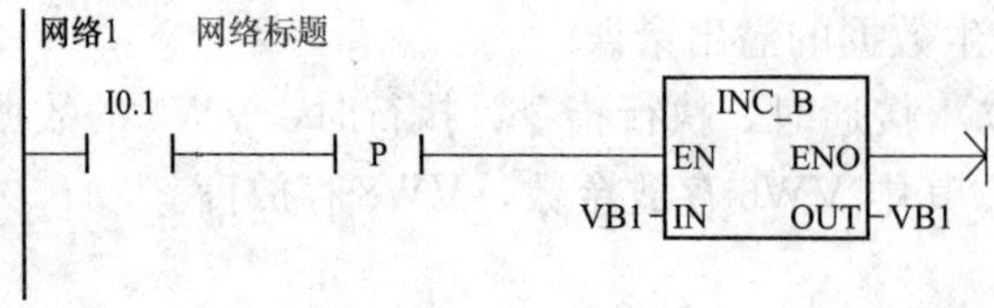

网络1　网络标题

I0.1　P

INC_B

EN　ENO

VB1 IN　OUT VB1

（12）控制要求：使被执行对象（字类型）进行加 1 运算。

程序如下：

说明：I0.1 接通，程序扫描一次，则 VW1 内的值就加 1，与 INC _ B 指令一样，只不过指令中的数据类型为字。

（13）控制要求：使被执行对象（双字类型）进行加一运算。

程序如下：

网络1
I0.1
INC_DW
EN ENO
VD1 IN OUT VD1

说明：I0.1 接通，程序扫描一次，则 VD1 内的值就加 1，与 INC _ B 指令一样，只不过指令中的数据类型为双字。

（14）控制要求：使被执行对象（字节类型）进行减加 1 运算。

程序如下：

网络1
I0.1
DEC_B
EN ENO
VB1 IN OUT VB1

说明：I0.1 接通，程序扫描一次，则 VB1 内的值就减 1，因此上述程序中只要 I0.1 接通过，则 VB1 内的值会随着扫描周期一直减 1，当减到 0 时，下一次就会溢出，变为 255，然后一直减 1。若想让 I0.1 接通时，VB1 内的值只减 1，那么可以加一个上升沿脉冲来解决。程序如下：

网络1
I0.1
P
DEC_B
EN ENO
VW1 IN OUT VB1

（15）控制要求：使被执行对象（字类型）进行减 1 运算。

程序如下：

网络1
I0.1
DEC_W
EN ENO
VW1 IN OUT VW1

说明：I0.1 接通，程序扫描一次，则 VW1 内的值就减 1，与 DEC _ B 指令一样，只不过指令中的数据类型为字。

（16）控制要求：使被执行对象（双字类型）进行减 1 运算。

程序如下：

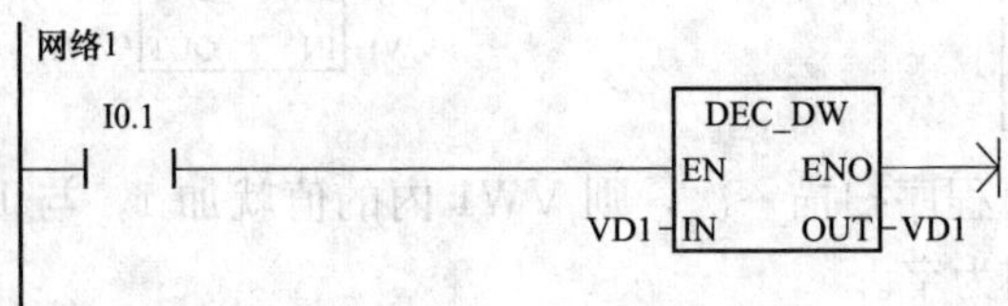

说明：I0.1 接通，程序扫描一次，则 VD1 内的值就减 1，与 DEC _ B 指令一样，只不过指令中的数据类型为双字。

【例 13】 逻辑指令

（1）控制要求：当 M0.1 接通，则执行 WAND _ B 指令，将 VB1 的每位和 VB2 的每位进行与操作，把结果传到 VB3 内。

程序如下：

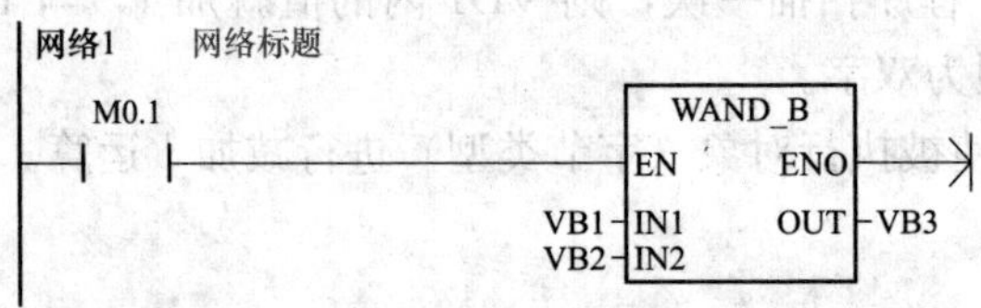

说明：

若 VB1 = 0 1 1 0　0 1 0 1　　0∧0=0　0∧1=0（∧：与操作）

　VB2 = 0 0 1 1　1 1 0 0　　1∧0=0　1∧1=1

则 VB3 = 0 0 1 0　0 1 0 0

（2）控制要求：当 M0.1 接通，则执行 WOR _ B 指令，将 VB1 的每位和 VB2 的每位进行或操作，结果传送到 VB3 内。

程序如下：

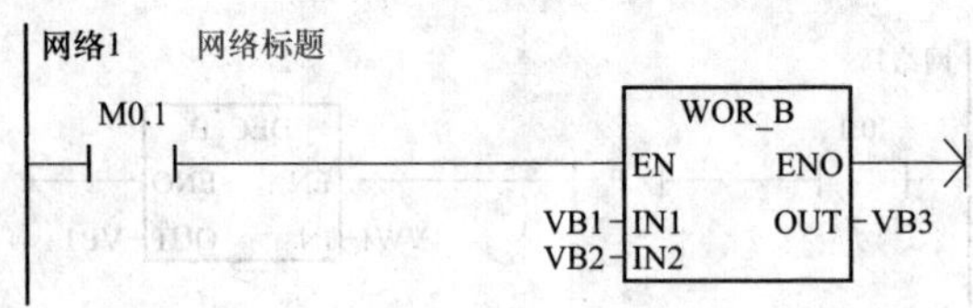

说明：

若 VB1 = 0 1 1 0　0 1 0 1　　0∨0=0　0∨1=1（∨：或操作）

　VB2 = 0 0 1 1　1 1 0 0　　1∨0=1　1∨1=1

则 VB3 = 0 1 1 1　1 1 0 1

（3）控制要求：当 M0.1 接通，则执行 WXOR _ B 指令，将 VB1 的每位和 VB2 的每位进行异或操作，结果传送到 VB3。

程序如下：

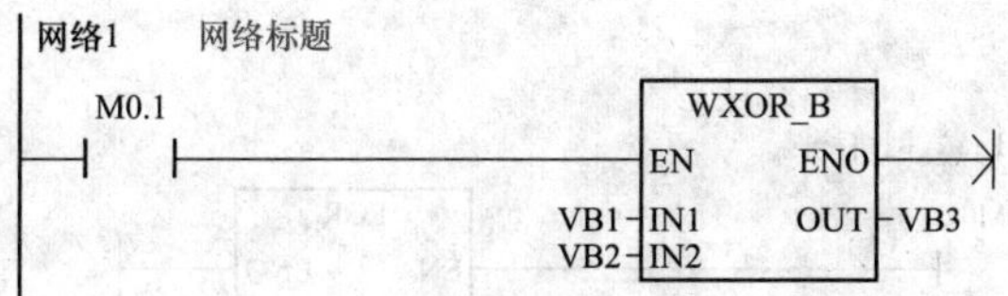

说明：

若 VB1 ＝ 0 1 1 0　0 1 0 1　　0⊕0＝0　0⊕1＝1（⊕：异或操作）

　VB2 ＝ 0 0 1 1　1 1 0 0　　1⊕0＝1　1⊕1＝0

则 VB3 ＝ 0 1 1 1　1 1 0 1

（4）控制要求：当 M0.1 接通，则执行 INV _ B 指令，指令把 MB1 的各位都取反后，把结果传送到 MB2。

程序如下：

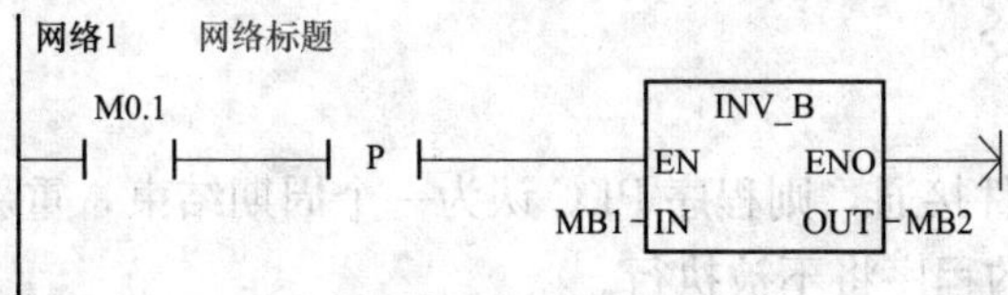

【例 14】 跳转指令

1. 控制要求

当 I0.1 接通，执行跳转指令 JMP，程序跳到有 LBL 跳转指针的位置。

2. 程序

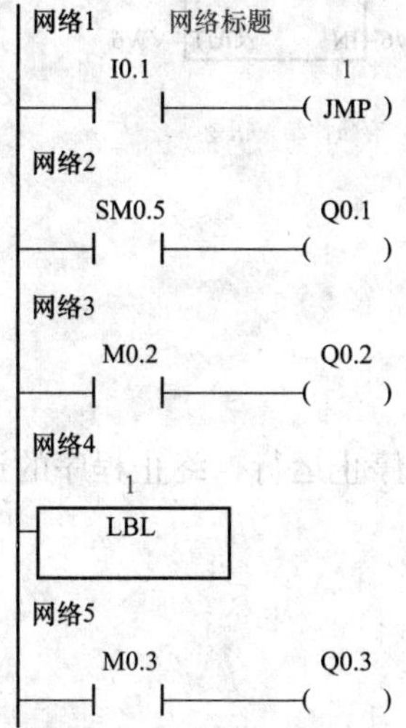

3. 说明

作为执行序列的一部分的指令，有 JMP 指令，可以缩短运算周期及使用双线圈。用户可以在主程序、子程序、中断程序中使用跳转指令，但是跳转指令只能在同一段程序中使用，不能从主程序跳转子程序或者其他程序间跳转。

【例 15】 循环指令

1. 控制要求

执行初始值为 1，终止值为 10，那么随着当前循环计数值 VW0 从 1 增加到 10，FOR

与 NEXT 之间的指令被执行 10 次。如果初值大于终值，那么循环体将不被执行。

2. 程序

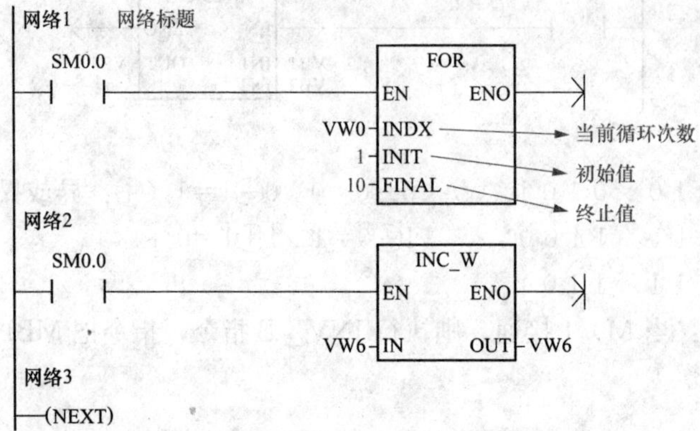

【例 16】 END 指令

1. 控制要求

当 END 指令的条件接通，则程序 PLC 认为一个周期结束，重新回到第 1 步开始执行程序，END 指令以下的程序将不被执行。

2. 程序

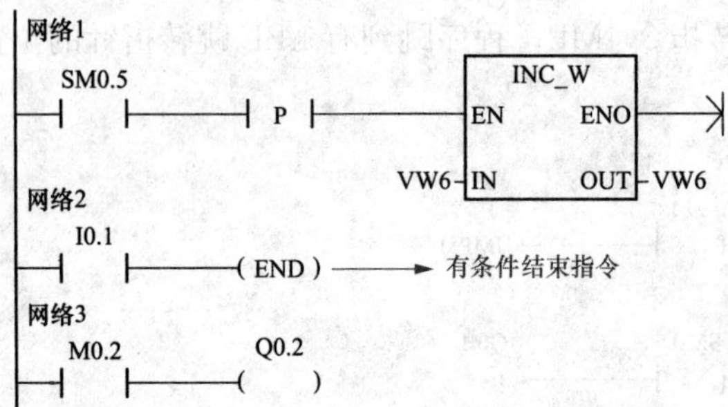

【例 17】 STOP 指令

1. 控制要求

当 STOP 指令的条件接通，则程序进入停止运行，终止程序的运行。

2. 程序

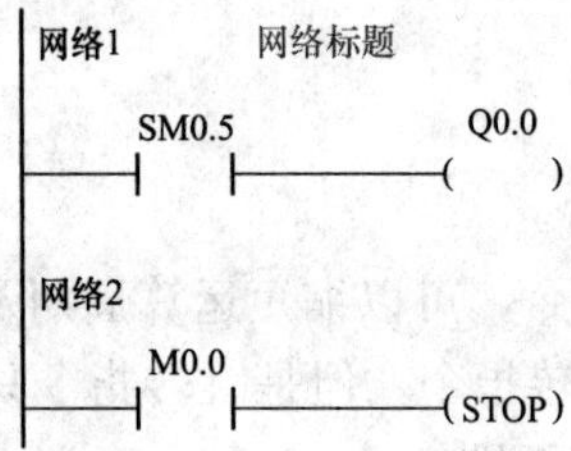

【例 18】 移位指令

(1) 控制要求：当 M0.1 每接通一次，则 VB1 向左移动 1 位，最终位（溢出位）被存入溢出标志位 SM1.1 中。

程序如下：

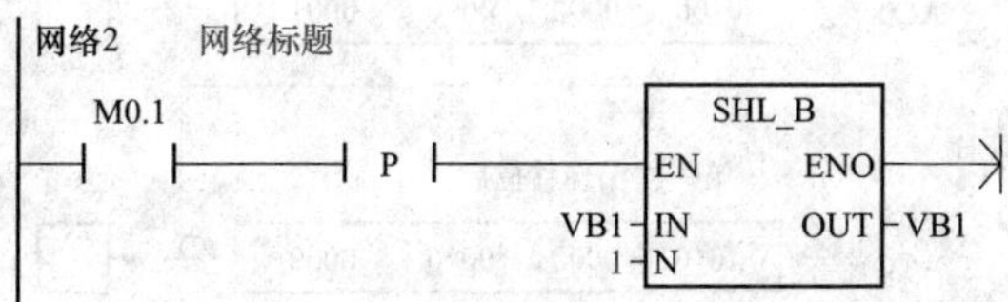

说明：连续执行型指令在每个扫描周期都进行回转动作，务必注意。执行过程如图 1-4 所示。

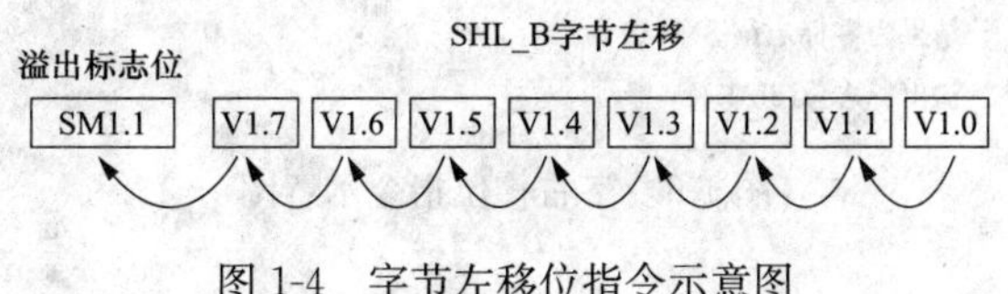

图 1-4 字节左移位指令示意图

(2) 控制要求：当 M0. 1 每接通一次，则 VW1 向左移动 1 位，最终位（溢出位）被存入溢出标志位 SM1. 1 中。

程序如下：

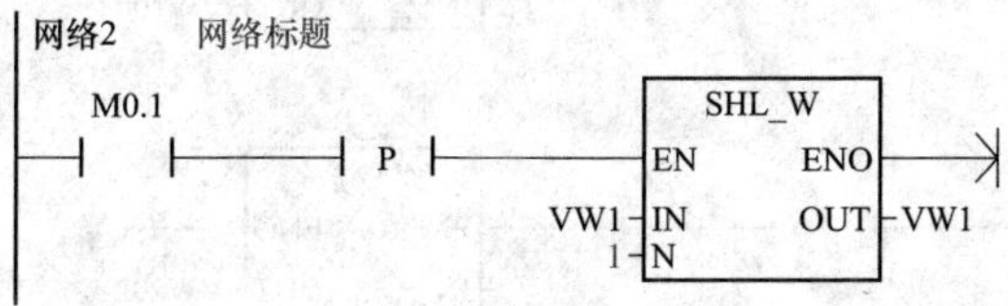

执行过程如图 1-5 所示。

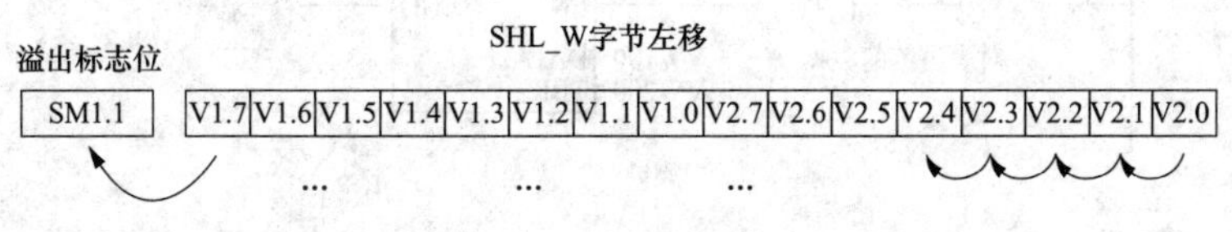

图 1-5 字左移位指令示意图

(3) 控制要求：当 M0. 1 每接通一次，则 VW1 向右移动 1 位，最终位（溢出位）被存入溢出标志位 SM1. 1 中。

程序如下：

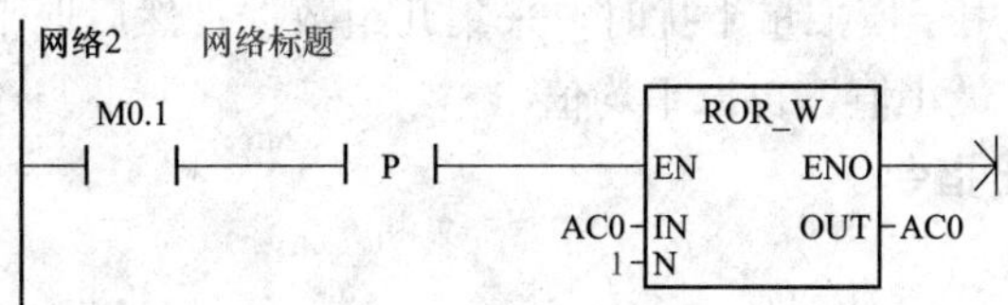

执行过程如图 1-6 所示。

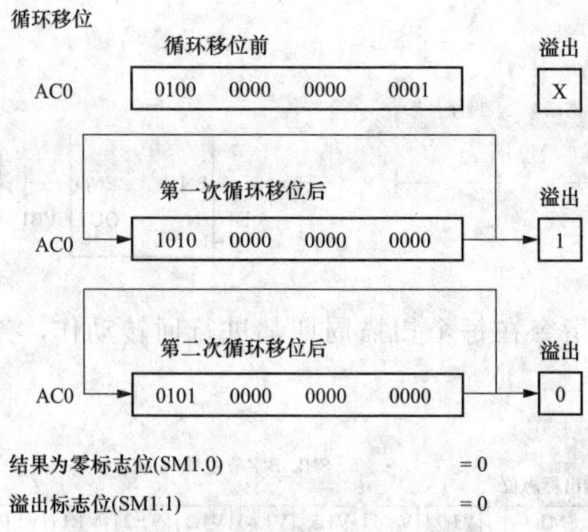

图 1-6 字右移位指令示意图

【例 19】 填表指令

1. 程序

```
网络1
SM0.1
MOV_W
EN ENO
6-IN OUT-VW200
填几个数据
MOV_W
EN ENO
0-IN OUT-VW202
填表指针
网络2
M1.0
P
AD_T_TBL
EN ENO
向表内填的数据 ← VW100-DATA
VW200-TBL
```

2. 说明

填表指针初始时为 0，当 M1.0 接通一次，执行一次填表指令，把 VW100 的值写入 VW204，此时，填表指针 VW202 自动加 1，变为 1。当 M1.0 再接通一次，又执行一次填表指令，把 VW100 的值写入 VW206，此时，填表指针 VW202 又自动加 1，变为 2，如此循环。当表已经填满后，即指针值 VW202＝填表数 VW200 时，即使 M1.0 接通也不再向表内写数据。若复位指针值，则填表指令又重新向第一个数据 VW204 写数据，如图 1-7 所示。此指令可用于模拟量干扰时，采集几组数据，然后取平均值。或者采集几组数据后，舍去最大值及最小值，再取平均值。

【例 20】 先进先出指令

1. 指令介绍

先进先出指令是对应于前面的填表指令，填表指令把数据填入表中，而先进先出指令则是把表中的数据一个个传出来。

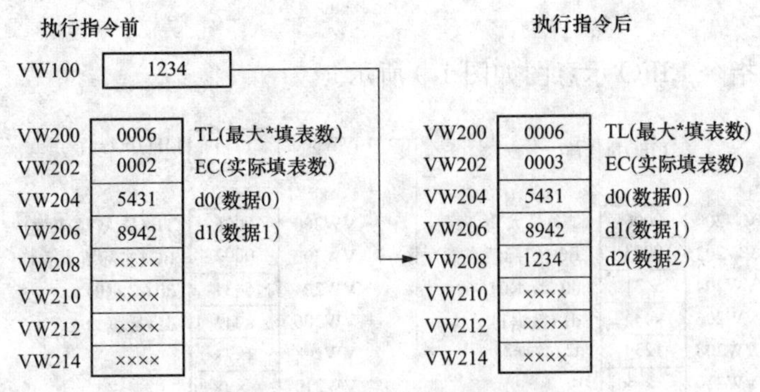

图 1-7 填表指令执行示意图

2. 程序

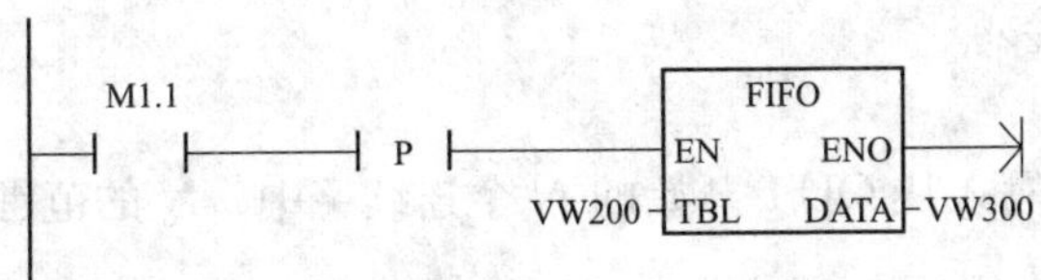

3. 说明

每当 M1.1 接通，先进先出指令把 VW204 的值移出到 VW300 内，并且指针自动减 1，VW206 的值自动补到 VW204 内，同理，VW208 的值自动补到 VW206 内，如此类推，如图 1-8 所示。

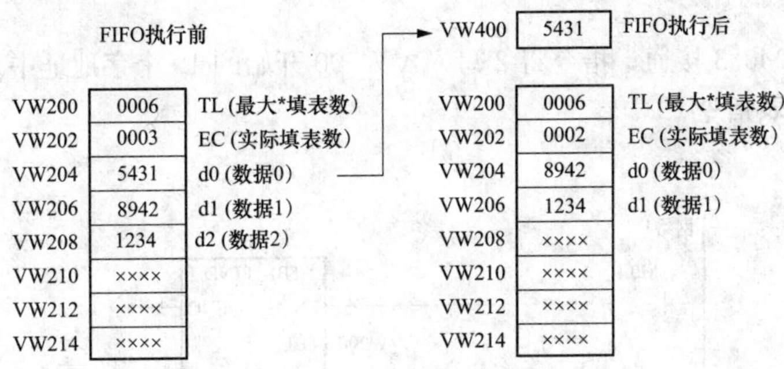

图 1-8 先进先出指令 FIFO 示意图

【例 21】 后先进先出指令

1. 指令介绍

与先进先出指令相反，LIFO 指令将最后填入表中的数据移出，指针自动减 1，因为移出的是最后的数据，因此数据不需再往前填。

2. 程序

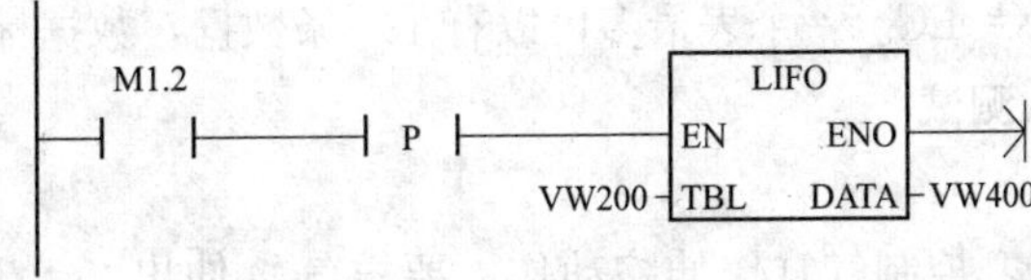

3. 说明

后先进先出指令 LIFO 示意图如图 1-9 所示。

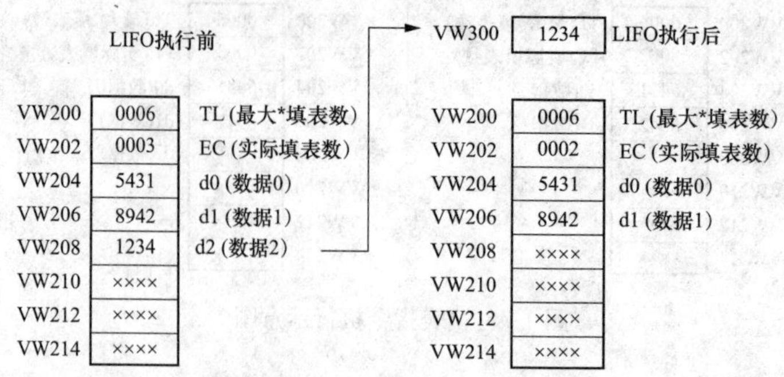

图 1-9 后先进先出指令 LIFO 示意图

【例 22】 填充指令

1. 控制要求

指令把 IN 中的值写入从 OUT 开始的 *N* 个连续字中，*N* 的范围为 1～255。

2. 程序

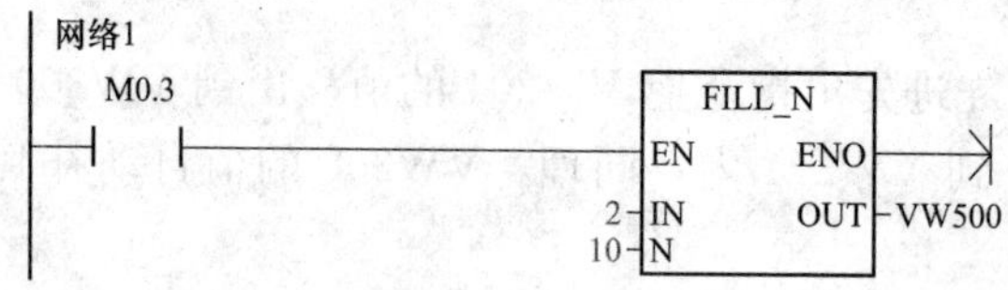

3. 说明

程序中，当 M0.3 接通，指令将 2 写入 VW500 开始的 10 个字地址中。

【例 23】 查表指令

1. 程序

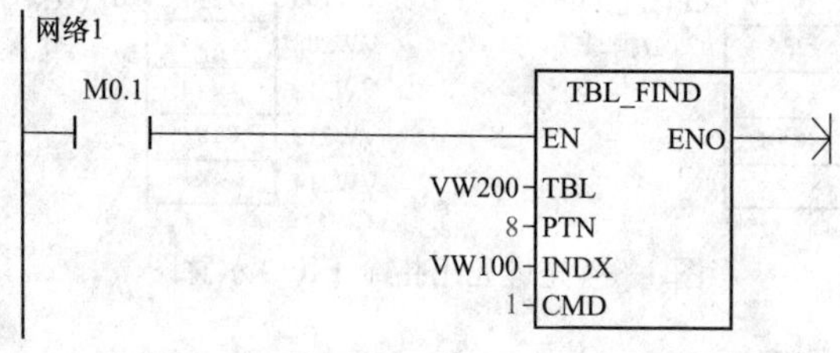

2. 说明

查表指令搜索表，以查找符合一定规律的数据。指令从 INDX 开始搜索表 TBL，寻找符合 PTN 和条件（=、<>、<、>）的数据。命令参数 CMD 是一个 1～4 的数值，分别代表=、<>、<、>。如果发现了一个符合条件的数据，那么 INDX 指向表中该数的位置。为了查找下一个符合条件数据，在激活查表指令前，必须先对 INDX 加 1。如果没有发现符合条件的数据，则 INDX=EC。一个表最多可以有 100 条数据，数据标号从 0～99。

【例 24】 气缸耐久测试

1. 控制要求

按下启动按钮 I0.0，控制气缸作伸缩动作。要求气缸伸出 2s，然后缩回 2s，如此循环动作。这样来回动作 10 次后，气缸测试结束。若要测试其他气缸，再次按下启动按钮，如此循环往复。伸出信号 Q0.0，缩回信号 Q0.1。

2. 程序

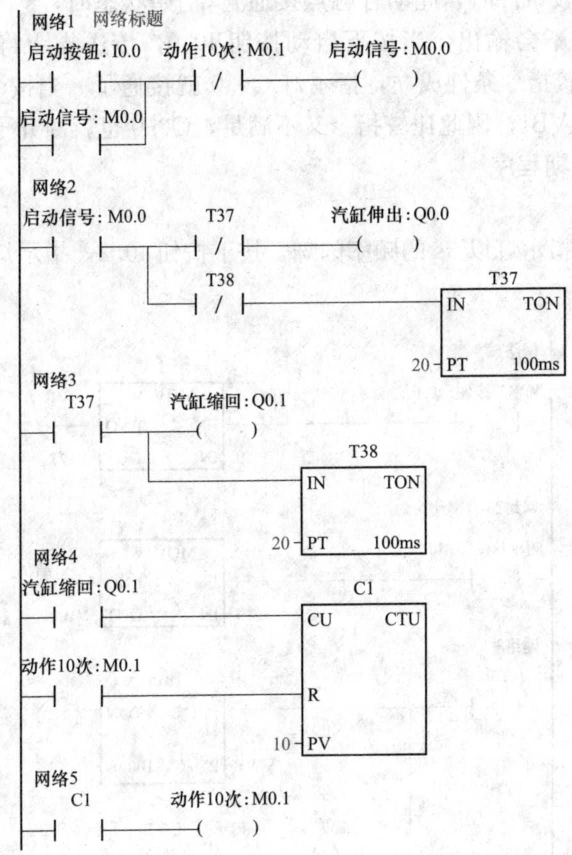

3. 说明

此程序中，计数器到达设定值后，应首先把启动断开，再把计数器复位。

【例 25】 用比较指令写启保停程序

1. 控制要求

按下启动按钮 I0.0，指示灯 Q0.0 一直保持亮，按下停止按钮 I0.1，指示灯断开。

2. 程序

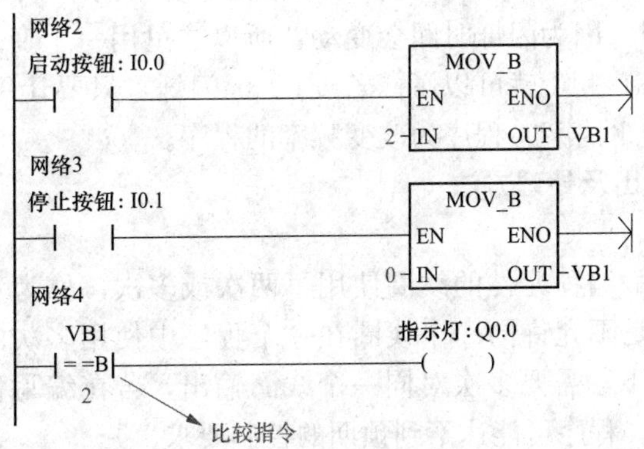

3. 说明

程序中的"==B"为"字节等于"比较指令，"VB1"及"2"是比较的两个数据，把VB1与2进行比较，符合比较条件"==B"时，条件成立接通。(可以把它当作一个动合触点，当满足比较条件时，此动合触点接通)。初始状态时，VB1内数据是0，比较指令不成立，指示灯不会输出，当按下启动按钮I0.0，传送指令将1写入VB1，此时VB1等于1，因此比较指令条件成立，指示灯Q0.0就接通了。当按下停止按钮I0.1后，传送指令又将0写入VB1，因此比较指令又不满足，Q0.0也就断开了。

【例26】 闪烁周期程序

1. 控制要求

按下按钮I0.1，指示灯以3s的频率闪烁，按下按钮I0.2，指示灯以1s的频率闪烁。

2. 程序

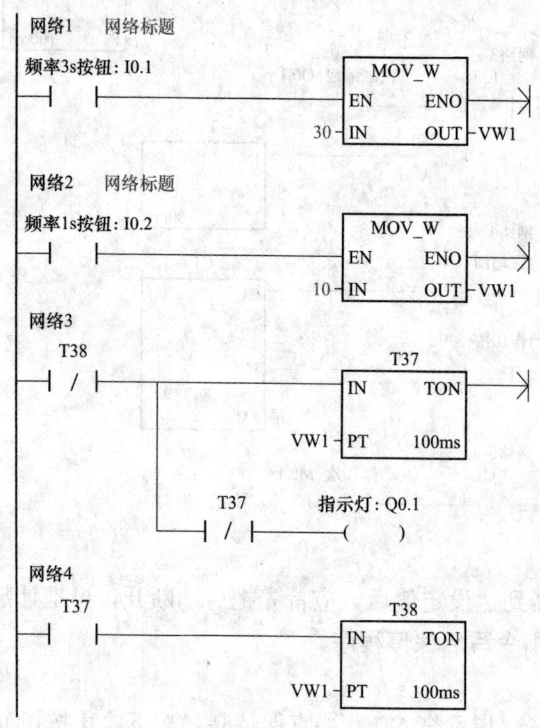

3. 说明

首先控制要求是一个闪烁程序，因此程序中下面2步（网络3、网络4）程序为闪烁程序，闪烁时间是VW1，因为闪烁时间会变动，所以这里用一个变址寄存器表示。若要以1s闪烁，只要让VW1=10就可以了。若要以3s闪烁，只要让VW1=30就可以了。因此上面两步（网络1、网络2）程序为改变频率的程序。

【例27】 双线圈输出及处理方法

1. 双线图输出

在用户程序中，同一编程元件的线圈使用了两次或多次，称为双线圈输出。在梯形图程序中，一般情况下是不允许同一个线圈在一个程序中使用多次的。为了满足控制要求，可能在不同的条件下，需要多次对同一个线圈输出，若在编写程序时，如果要求输出几个相同的线圈的话，程序可能达不到预期的控制要求。

2. 错误程序举例

（1）Q0.1 这个输出线圈在程序中用了两次。程序如下：

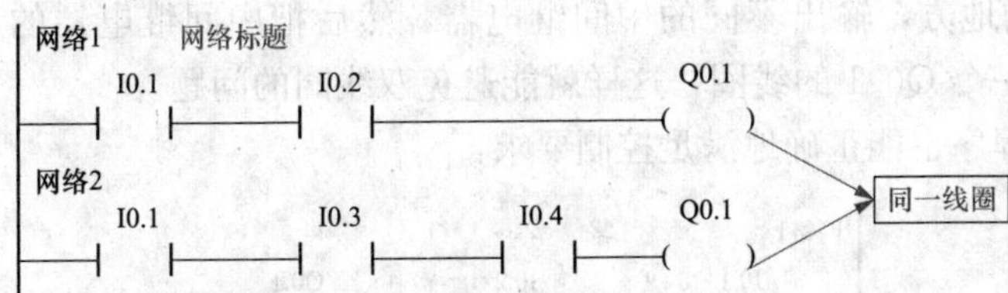

说明：I0.1 及 I0.2 都接通，则 Q0.1 线圈接通。I0.1、I0.3 及 I0.4 都接通，则 Q0.1 线圈也接通。根据 PLC 的工作原理及扫描原理，在程序执行完后，才对输出的 ON/OFF 状态送到外部信号端子。此例中对于 Q0.1 控制的外部负载来说，真正起作用的是最后一个 Q0.1 的线圈的状态。而前面的 Q0.1 的线圈只在程序执行过程中，有 ON/OFF 的信号。

（2）同时按下按钮 I0.1 及 I0.2，指示灯 Q0.1 要亮。按下按钮 I0.4，则 5sQ0.1 也要亮。程序如下：

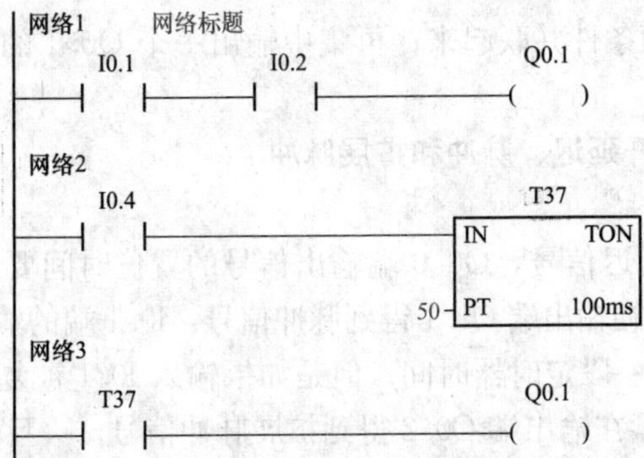

如上程序好像一点问题都没有，能满足控制要求。但实际上，程序中两次使用了同一个线圈 Q0.1，根据前面的讲述，程序对 Q0.1 起作用的只有下面的线圈。因此该程序是不能用来满足控制要求的。

3. 正确的程序

（1）正确的满足控制要求的程序如下：

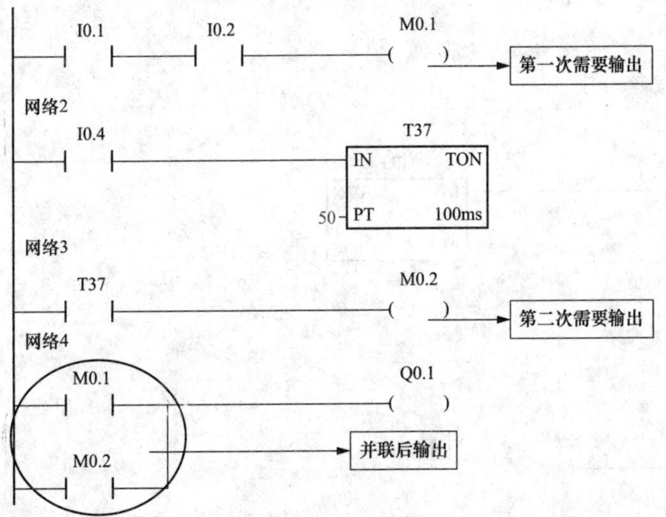

说明：根据控制要求，程序在M0.1处应该输出Q0.1，在M0.2处也应该输出Q0.1。如果在M0.1及M0.2处直接输出Q0.1，则就犯了上面程序双线圈错误，因此在需要输出Q0.1的地方，输出不同的中间继电器，然后把中间继电器的动合触点并联起来，再集中输出一个Q0.1的线圈，这样就能避免双线圈的问题。

（2）下面的程序也能正确地满足控制要求：

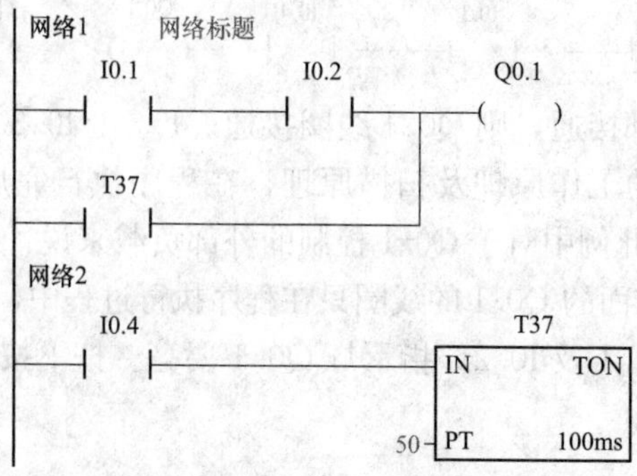

说明：把满足Q0.1输出的条件并联起来，再集中输出一个Q0.1的线圈，也能避免双线圈的问题，满足控制要求。

【例28】 用定时器产生断开延迟、脉冲和扩展脉冲

1. 控制要求

在输出端Q0.0得到断开延迟信号，Q0.0端输出信号的置位时间要比I0.0端的输入信号长一段定时器的时间。为了在输出端Q0.1得到脉冲信号，I0.1端的输入信号被置位之后，信号会在输出端Q0.1停留一段定时器时间；但是如果输入I0.1被复位，那么输出端Q0.1脉冲信号也将被复位。为了在输出端Q0.2得到扩展脉冲信号，一旦输入I0.2已经置位，无论输入I0.2是否复位，在预置定时器时间内Q0.2端输出信号将一直处于置位状态。

2. 程序

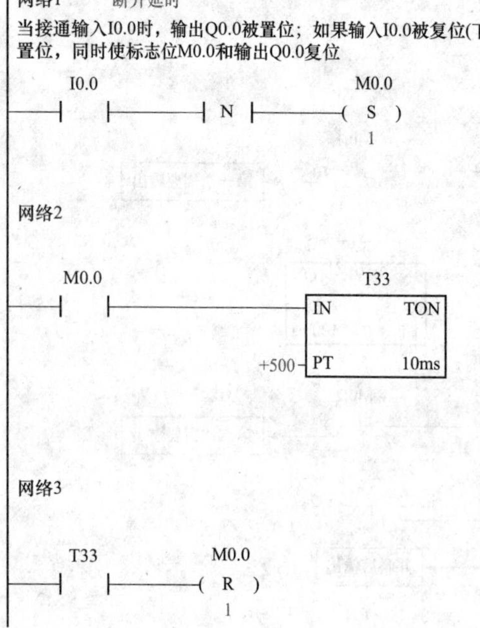

网络4

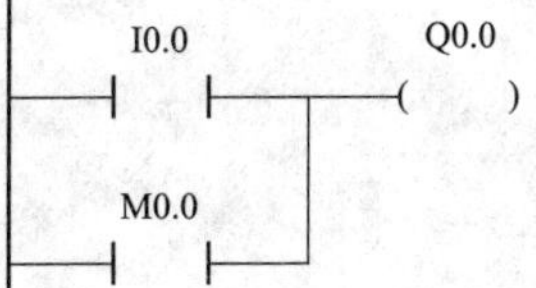

I0.0 Q0.0

M0.0

网络5 脉冲

当接通输入I0.1时，输出Q0.1和标志位M0.1被置位；通过对标志位M0.1置位使定时器T34启动，运行5s后或输入I0.1复位，立即使输出Q0.1复位

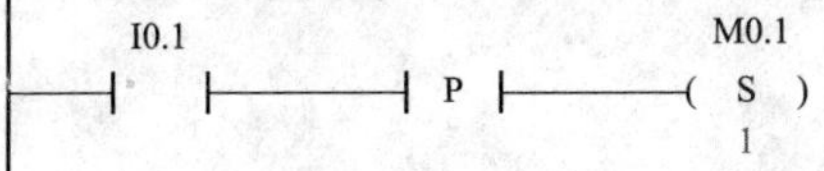

I0.1 P M0.1 S 1

网络6

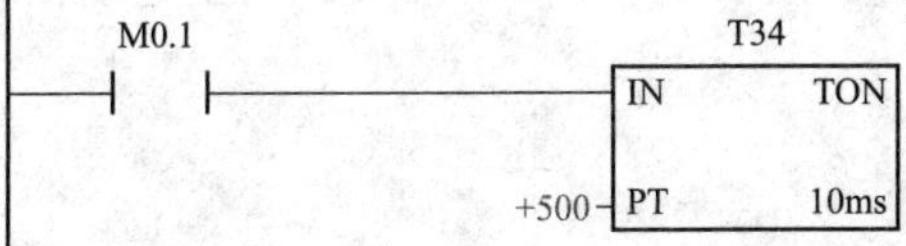

M0.1 T34 IN TON +500 PT 10ms

网络7

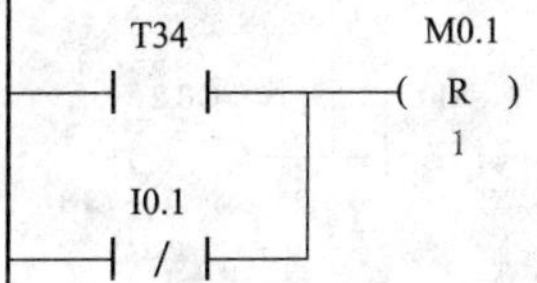

T34 M0.1 R 1

I0.1

网络8

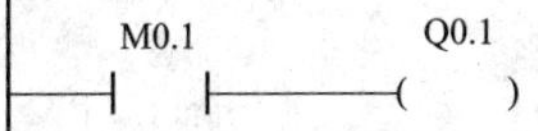

M0.1 Q0.1

网络9 扩展脉冲

当接通输入I0.2时，输出Q0.2和标志位M0.2被置位；通过对标志位M0.2置位使定时器T35启动，运行5s后，立即使输出Q0.2复位

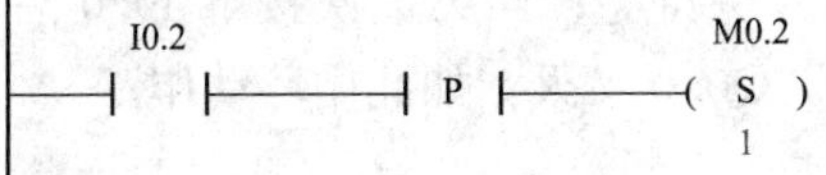

I0.2 P M0.2 S 1

网络10

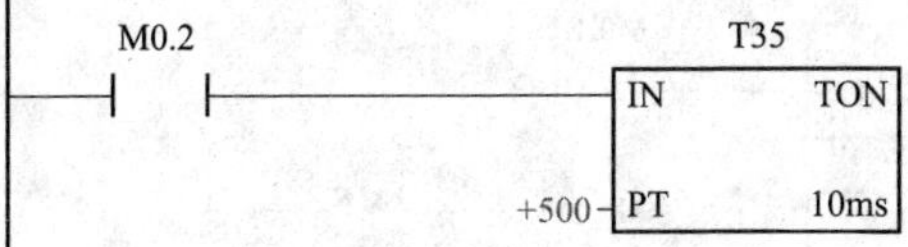

M0.2 T35 IN TON +500 PT 10ms

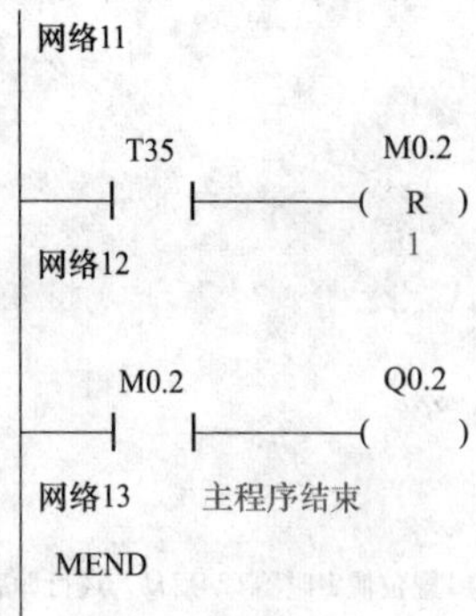

【例 29】 用 1 个按钮控制 3 个输出

1. 控制要求

当 Q0.1、Q0.2、Q0.3 都为 OFF 时，按第 1 下 I0.1，则 Q0.1 变为 ON；按第 2 下 I0.1，则 Q0.1、Q0.2 变为 ON；按第 3 下 I0.1，则 Q0.1、Q0.2、Q0.3 都变 ON；按第 4 下 I0.1，则 Q0.1、Q0.2、Q0.3 都变为 OFF 状态；按第 5 下 I0.1，重复执行上述动作。

2. 程序

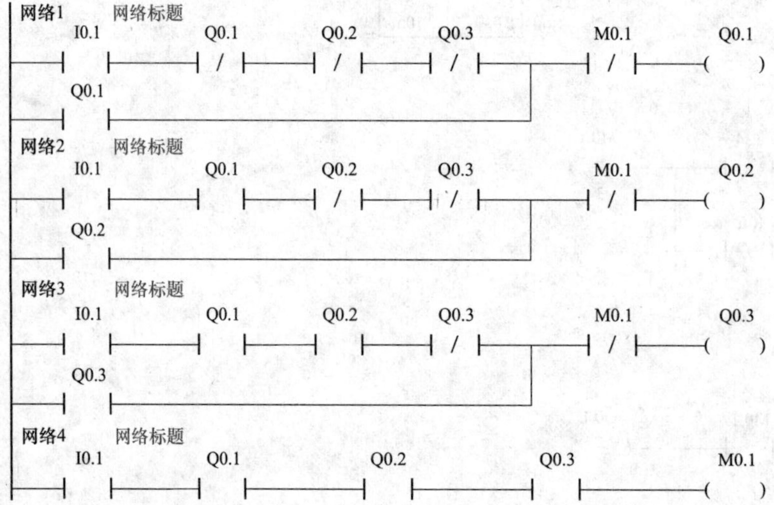

【例 30】 1 个按钮控制灯亮灯灭

1. 控制要求

当第 1 次按下 I0.0 后，指示灯 Q0.0 亮，并保持亮；当第 2 次按下 I0.0 后，Q0.0 灭；第 3 次按下后，Q0.0 又亮；第 4 次按下后，Q0.0 又灭，如此循环动作。

2. 程序

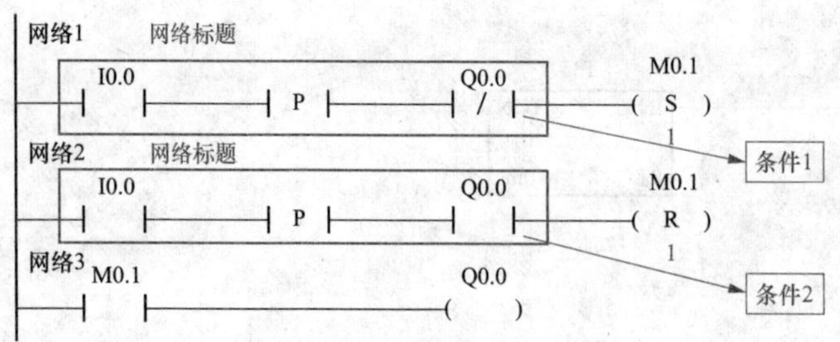

3. 说明

当 Q0.0 断开时，按下 I0.0，第 1 个扫描周期内“条件 1”接通，把 M0.1 置位接通。此时“条件 2”因 Q0.0 还没接通，不会把 M0.1 复位。所以最后 M0.1 驱动 Q0.0 接通，以后的周期内因有一个上升沿 P 故不会接通，所以 M0.1 不会有变化，一直保持原来接通的状态。当 Q0.0 接通后，再按下 I0.0，第一个扫描周期内，“条件 1”断开，“条件 2”满足，把 M0.1 复位断开，最后 M0.1 断开，则 Q0.0 也断开，同样，以后的周期内因上升沿不会接通，所以 M0.1 不会有变化，一直保持原来断开的状态。

【例 31】 车库门控制

1. 控制要求

自动门示意图如图 1-10 所示，小车在车库门前有个感应器 I0.1，在车库门后也有一个感应器 I0.0。小车进库前，感应器感应到，则门自动上升，当小车脱离了门后的感应器后，门自动下降。

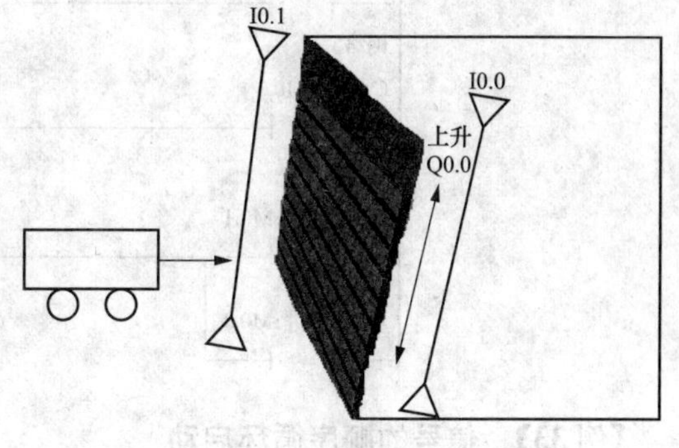

图 1-10 自动门示意图

2. 程序

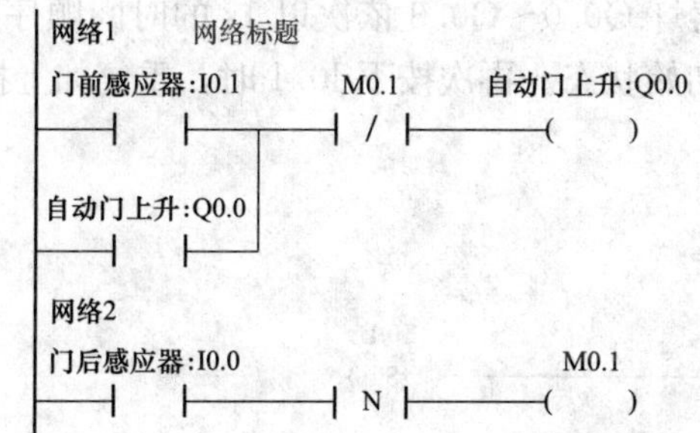

【例 32】 物体运动位置控制

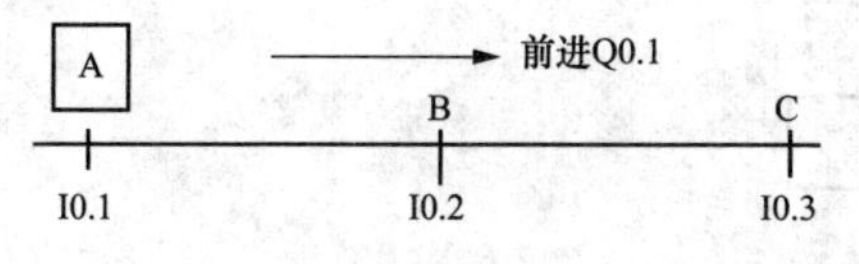

图 1-11 物体运动示意图

1. 控制要求

物体运动示意图如图 1-11 所示。物体原始位置在 A 点，按下启动按钮 I0.1，物体由 A 处运动到 B 处，当物体到达 B 点后，指示灯 Q0.1 亮 5s 后停止，当指示灯灭后，按下启动按钮，物体由 B 点运动到 C 点。

2. 程序

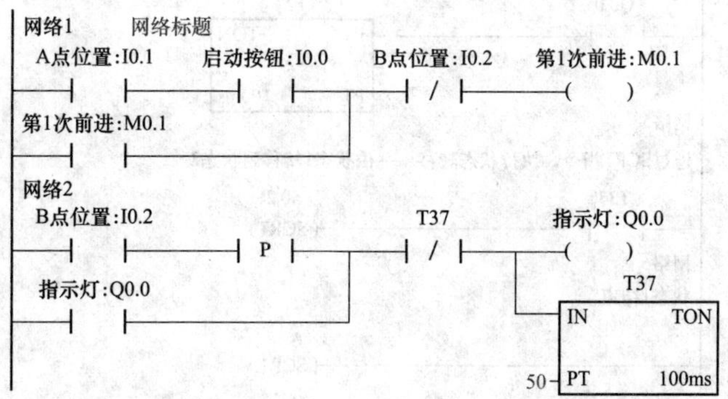

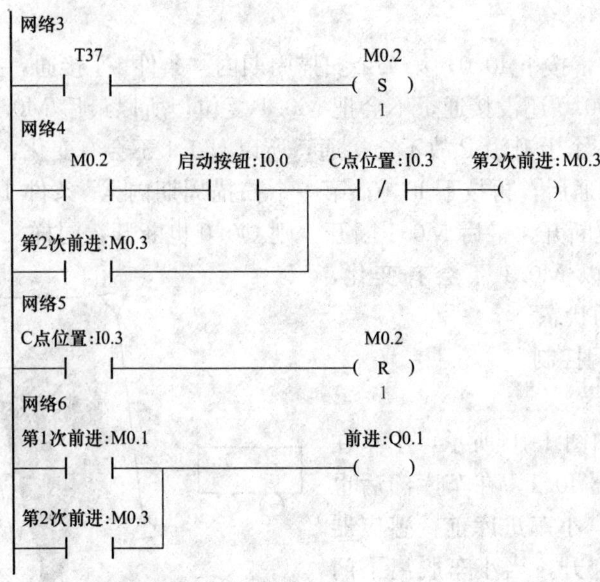

【例 33】 信号的顺序循环启动

1. 控制要求

当按下 I0.1 启动按钮时，4 盏灯 Q0.0～Q0.3 依次以 1s 的时间顺序点亮，当最后的灯 Q0.3 点亮 1s 后，程序返回到初始状态。再次按下 I0.1 时，重复如上操作。

2. 程序

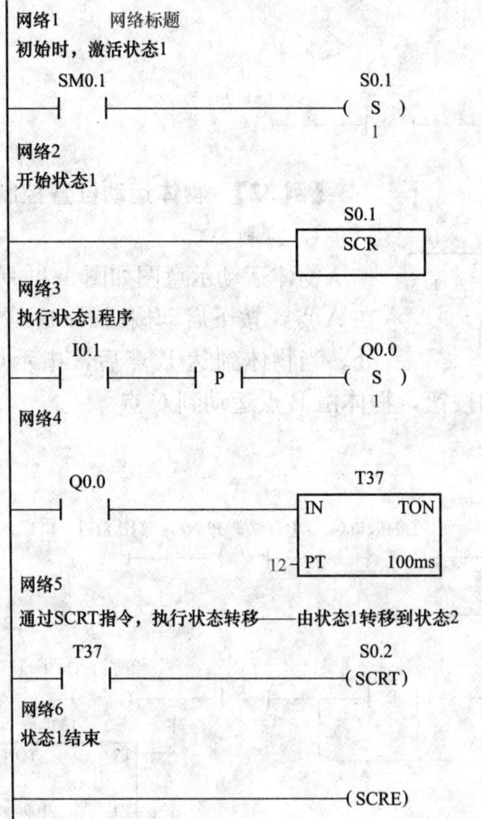

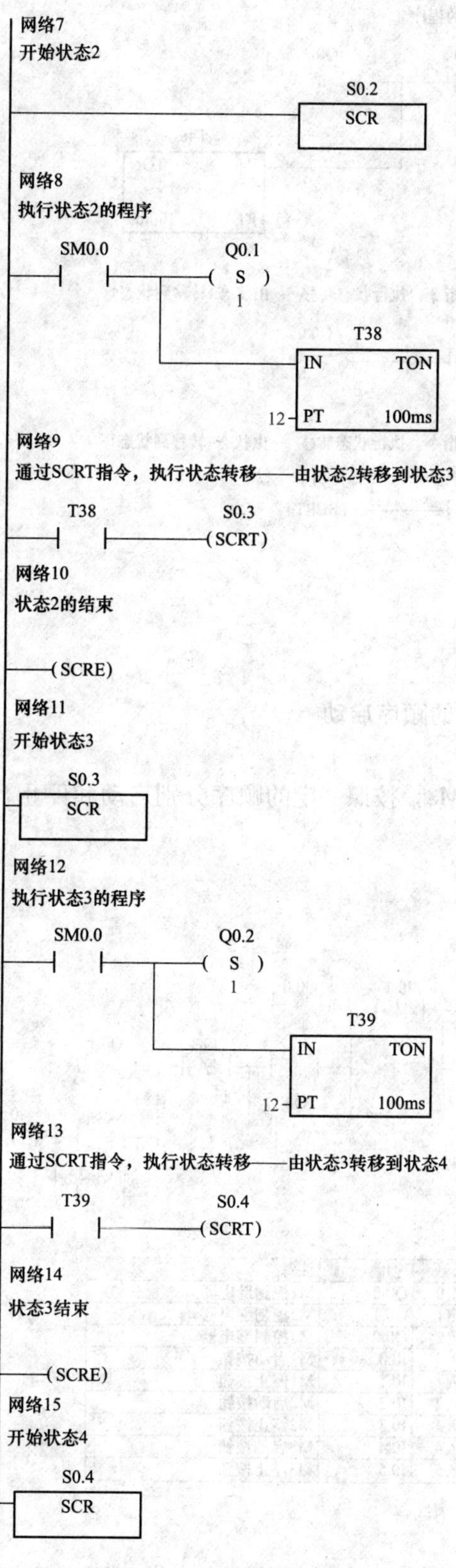
网络7
开始状态2
S0.2
SCR
网络8
执行状态2的程序
SM0.0
Q0.1
S
1
T38
IN
TON
12
PT
100ms
网络9
通过SCRT指令，执行状态转移——由状态2转移到状态3
T38
S0.3
SCRT
网络10
状态2的结束
SCRE
网络11
开始状态3
S0.3
SCR
网络12
执行状态3的程序
SM0.0
Q0.2
S
1
T39
IN
TON
12
PT
100ms
网络13
通过SCRT指令，执行状态转移——由状态3转移到状态4
T39
S0.4
SCRT
网络14
状态3结束
SCRE
网络15
开始状态4
S0.4
SCR

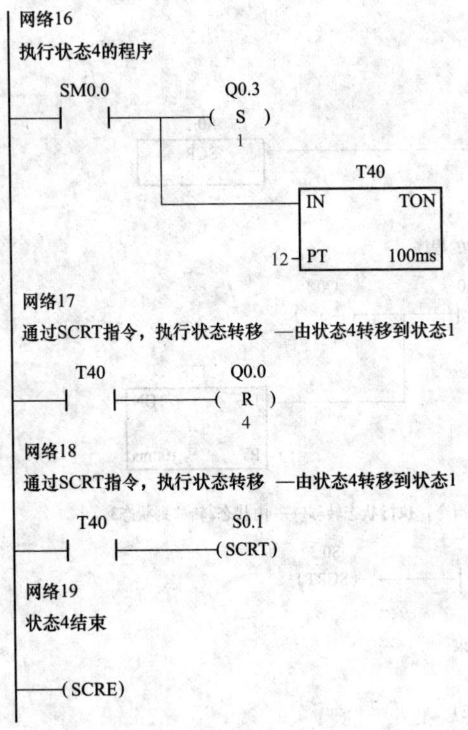

【例 34】 3 台电动机的顺序启动

1. 控制要求

有 3 台电动机 M1～M3，按照一定的顺序分别启动和停止，采用 PLC 的逻辑控制实现这样的功能。

2. 程序

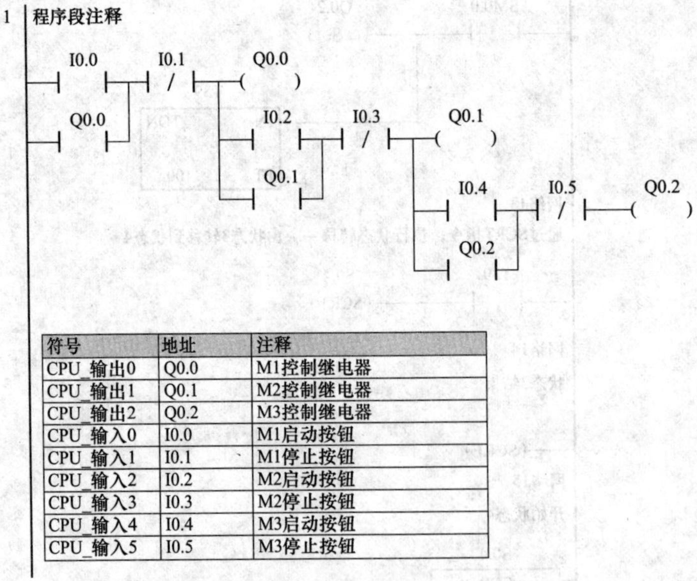

符号	地址	注释
CPU_输出0	Q0.0	M1控制继电器
CPU_输出1	Q0.1	M2控制继电器
CPU_输出2	Q0.2	M3控制继电器
CPU_输入0	I0.0	M1启动按钮
CPU_输入1	I0.1	M1停止按钮
CPU_输入2	I0.2	M2启动按钮
CPU_输入3	I0.3	M2停止按钮
CPU_输入4	I0.4	M3启动按钮
CPU_输入5	I0.5	M3停止按钮

3. 说明

通过这样的控制就可以实现电动机的顺序启动，即前级电动机不启动时，后级电动机无法启动；前级电动机停止时，后面各级电动机也都同时停止。

【例 35】 跑马灯控制

1. 控制要求

采用循环移位指令来实现跑马灯控制，也就是灯的亮、灭，沿某一方向依次移动，给人的感觉就像灯在运动一样。

2. 分析

将跑马灯中每一灯的控制开关分别与 PLC 的输出端口 QB0 连接。根据所需显示的图案，确定 QB0 的哪些位上输出值为 1，哪些位上输出值为 0，从而确定 QB0 的值，假若根据需要所确定的 QB0 的值为 229，则其对应的二进制数为 11100101，这样与 QB0 端口相连接的 8 灯为亮、亮、亮、灭、灭、亮、灭、亮，利用一定的方波信号就可以控制这些灯的亮、灭移动情况。

3. 程序

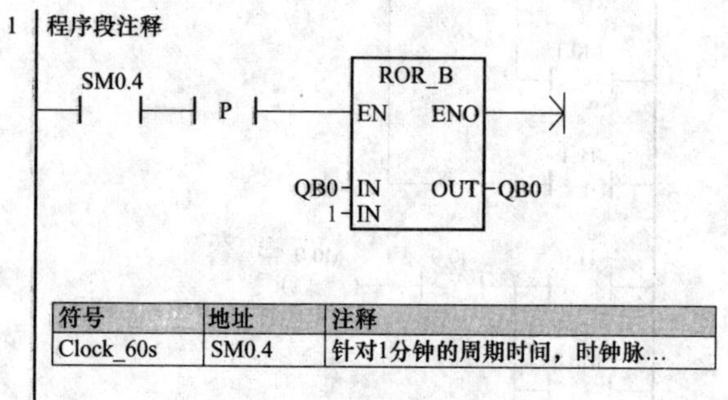

4. 说明

SM0.4 是周期为 1min 的方波信号，也就是每经过 1min 跑马灯就会向前一步，如果要跑马灯运行更快，可以使用定时器或者周期较小的方波信号来控制循环移位指令；如果要改变跑马灯的运动方向只需把右移循环指令改换为左移循环指令即可，当然要跑马灯显示不同的形状，只需要将 QB0 中的值显示为不同的值就可以实现了。

【例 36】 故障报警控制

1. 控制要求

在实际的工程应用中，出现的故障可能不只一个，而是多个，这时的报警控制程序与一个故障的报警程序是不一样的。在声光多故障报警控制程序中，一种故障对应于一个指示灯，蜂鸣器只要用一个就可以。因此，程序设计时要将多个故障用一个蜂鸣器鸣响。

故障 1 用输入信号 I0.0 表示；故障 2 用 I0.1 表示；I1.0 为消除蜂鸣器按钮；I1.1 为试灯、试蜂鸣器按钮。故障 1 指示灯用信号 Q0.0 输出；故障 2 指示灯用信号 Q0.1 输出；Q0.3 为报警蜂鸣器输出信号。

2. 程序

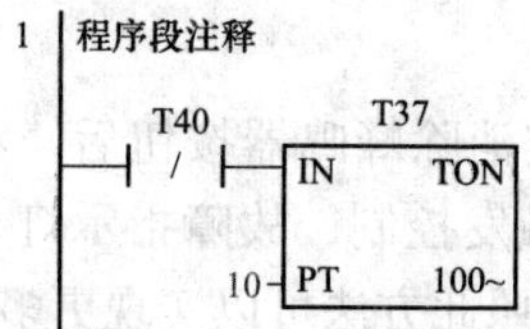

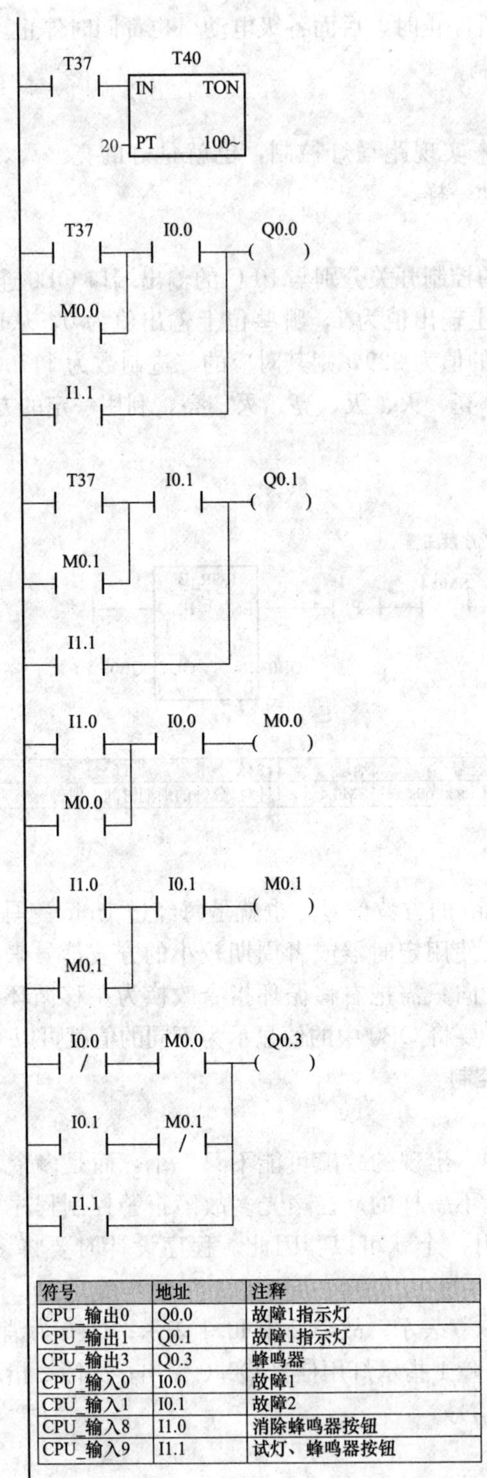

符号	地址	注释
CPU_输出0	Q0.0	故障1指示灯
CPU_输出1	Q0.1	故障1指示灯
CPU_输出3	Q0.3	蜂鸣器
CPU_输入0	I0.0	故障1
CPU_输入1	I0.1	故障2
CPU_输入8	I1.0	消除蜂鸣器按钮
CPU_输入9	I1.1	试灯、蜂鸣器按钮

3. 说明

本例的关键是当任何一种故障发生时，按消除蜂鸣器按钮后，不能影响其他故障发生时报警蜂鸣器的正常鸣响。该程序由脉冲触发控制、故障指示灯、蜂鸣器逻辑控制和报警控制电路 4 部分组成，采用模块化设计，照此方法可以实现更多故障报警控制。

【例 37】 电动机正、反转控制

1. 分析

电动机正、反转控制是电动机控制的重要内容，是工程控制中的典型环节。

(1) 首先确定 I/O 端子数，I/O 地址分配见表 1-1。

表 1-1　I/O 分配表

输入		输出	
功能	地址	功能	地址
停止按钮 SB1	I0.0	正转输出 KM0	Q0.0
正转启动按钮 SB2	I0.1	反转输出 KM1	Q0.1
反转启动按钮 SB3	I0.2		

(2) 外部接线图如图 1-12 所示。

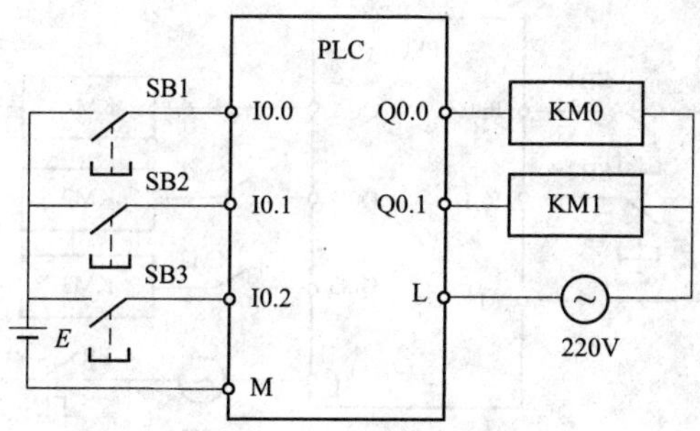

图 1-12　外部接线图

2. 程序

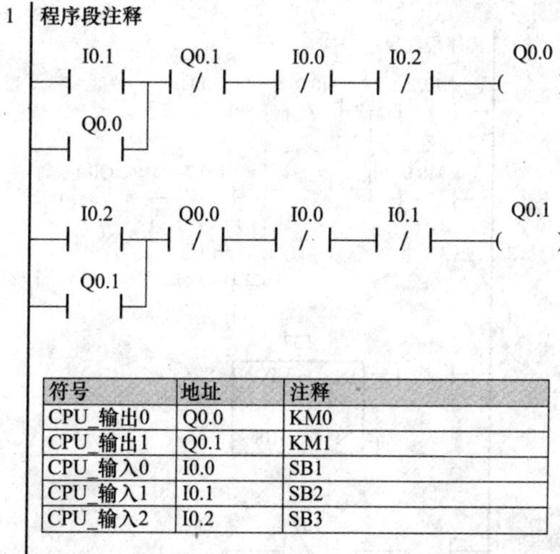

符号	地址	注释
CPU_输出0	Q0.0	KM0
CPU_输出1	Q0.1	KM1
CPU_输入0	I0.0	SB1
CPU_输入1	I0.1	SB2
CPU_输入2	I0.2	SB3

3. 说明

该实例运用了自锁、互锁等基本控制程序，实现常用的电动机正、反转控制。因此，可以说基本控制程序是大型和复杂程序的基础。实际设计程序时，还要考虑控制动作是否会导致电源瞬时短路等情况。

【例 38】 电动机Y—△减压启动控制

1. 分析

电动机Y—△减压启动控制是异步电动机启动控制中的典型控制环节，属常用控制小系统。

(1) 首先确定 I/O 端子数，I/O 地址分配见表 1-2。

表 1-2 I/O 分配表

输入		输出	
停止按钮 SB1	I0.0	KM1	Q0.1
启动按钮 SB2	I0.1	KM2	Q0.2
		KM3	Q0.3

(2) 外部器件接线图如图 1-13 所示。

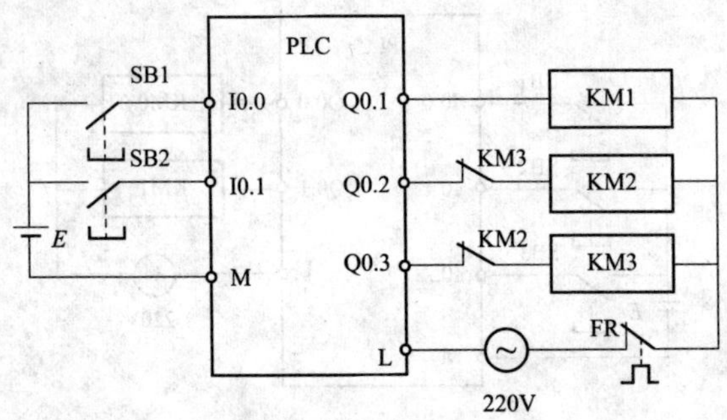

图 1-13 外部接线图

2. 程序

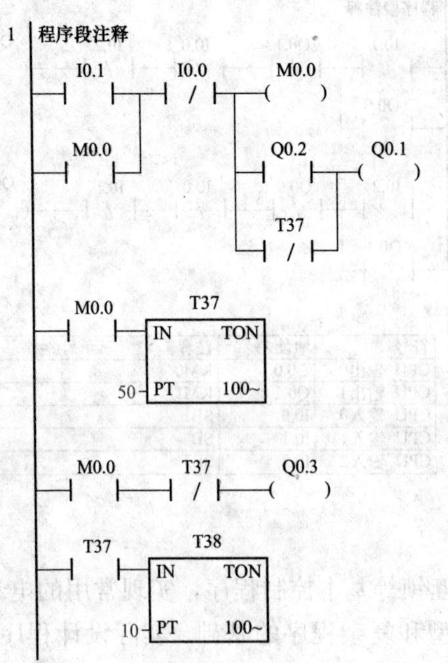

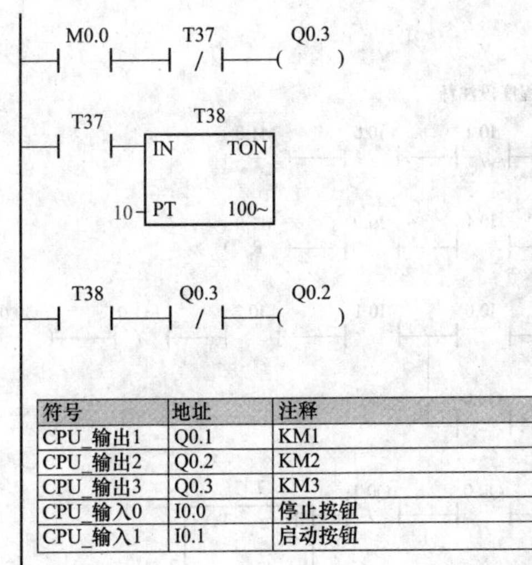

符号	地址	注释
CPU_输出1	Q0.1	KM1
CPU_输出2	Q0.2	KM2
CPU_输出3	Q0.3	KM3
CPU_输入0	I0.0	停止按钮
CPU_输入1	I0.1	启动按钮

3. 说明

使用 T37 定时器，将 KM1 和 KM3 同时通电，电动机星形（Y）减压启动 5s，而后将 KM1 断电，使用 T38 定时器，将 KM2 通电后，再让 KM1 通电，同样避免了电源瞬时短路。

【例 39】 电动机的软启动控制

1. 控制要求

电动机的软启动控制又称为电动机定子串电阻启动控制，属电动机控制中的常见情况。电动机的软启动控制程序说明了带短路软启动开关的笼型三相感应异步电动机的自动启动过程。通过这种短路软启动控制，保证电动机首先减速启动，一定时间段后达到额定转速。

2. 分析

（1）I/O 分配。SB1 为动合触点，SB2 为动断触点。I/O 地址分配表见表 1-3。

表 1-3　　I/O 分配表

输入		输出	
功能	地址	功能	地址
启动按钮 SB1	I0. 0	电动机启动器 KM0	Q0. 0
停止按钮 SB2	I0. 1	旁路接触器 KM1	Q0. 1
电动机电路断路器 SB3	I0. 2		

（2）PLC 接线图如图 1-14 所示。

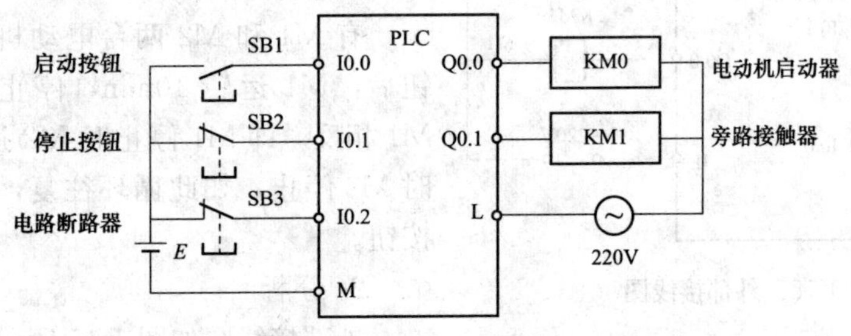

图 1-14　PLC 接线图

3. 程序

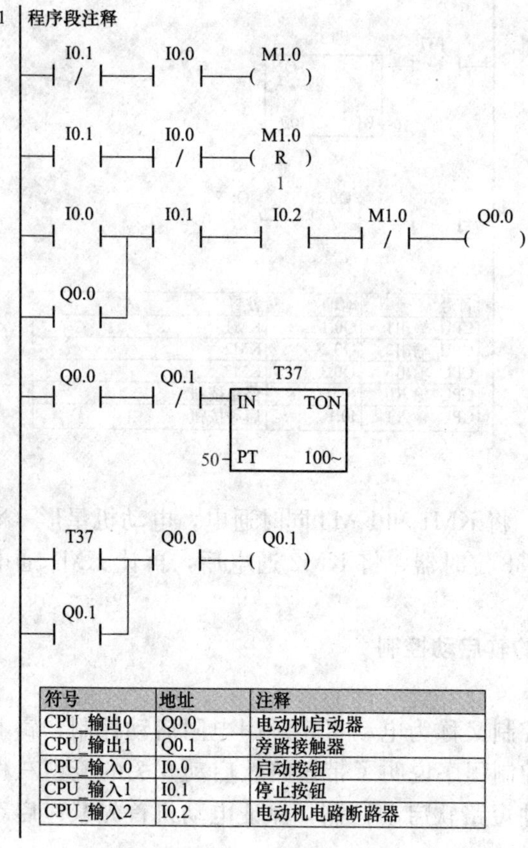

符号	地址	注释
CPU_输出0	Q0.0	电动机启动器
CPU_输出1	Q0.1	旁路接触器
CPU_输入0	I0.0	启动按钮
CPU_输入1	I0.1	停止按钮
CPU_输入2	I0.2	电动机电路断路器

4. 说明

内存标志位 M1.0 互锁取消后，按下 I0.0 的动合触点，即 ON 时，无互锁（M1.0），电动机电路断路器（I0.2）动断触点未动作，I0.1 的动断触点未动作。另外，再通过对 Q0.0 动作或逻辑运算完成启动锁定。此时，启动电阻还未被短接，电动机以减速启动。如果电动机已启动（Q0.0），并且用于旁路接触器的输出 Q0.1 还未被置位，计时器 T37 开始计时，计时 5s 后，如果电动机仍处于启动状态（Q0.0），则启动接在输出端 Q0.1 的旁路接触器，通过对 Q0.1 动作或逻辑运算完成旁路锁定，电动机正常运行。

【例 40】 两台电动机循环启动停止控制

1. 控制要求

有 M1 和 M2 两台电动机，按下启动按钮后，M1 运转 10min，停止 5min；M2 与 M1 相反。即 M1 停止时 M2 运行，M1 运行时 M2 停止，如此循环往复，直至按下停止按钮。

2. 分析

外部接线图如图 1-15 所示。

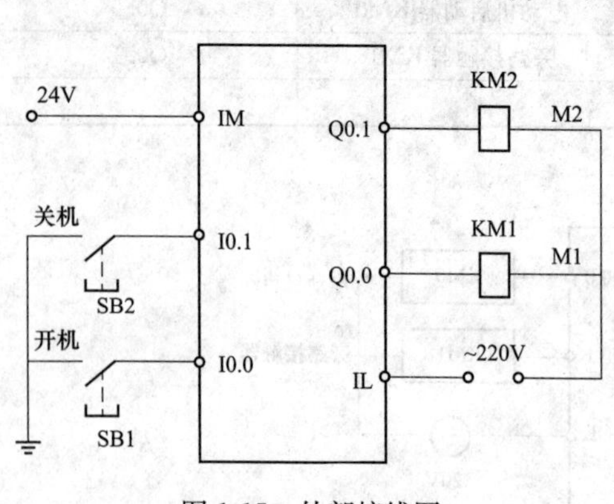

图 1-15　外部接线图

3. 程序

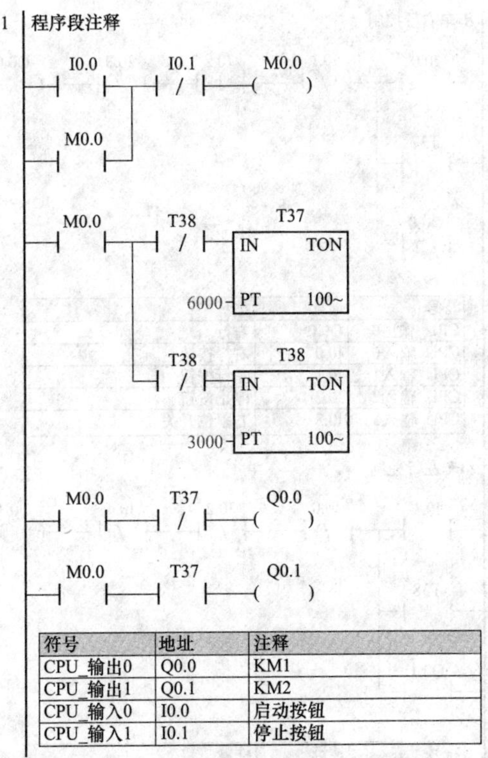

符号	地址	注释
CPU_输出0	Q0.0	KM1
CPU_输出1	Q0.1	KM2
CPU_输入0	I0.0	启动按钮
CPU_输入1	I0.1	停止按钮

4. 说明

由于电动机 M1、M2 周期性交替运行，运行周期 T 为 15min，故考虑采用延时接通定时器 T37（定时设置为 10min）和 T38（定时设置为 15min）控制这两台电动机的运行。当按下开机按钮 I0.0 后，T37 与 T38 开始计时，同时电动机 M1 开始运行。10min 后 T37 定时时间到，并产生相应动作，使电动机 M1 停止，M2 开始运行。当定时器 T38 到达定时时间 15min 时，T38 产生相应动作，使电动机 M2 停止，M1 开始运行，同时将自身和 T37 复位，程序进入下一个循环。如此往复，直到关机按钮按下，两个电动机停止运行，两个定时器也停止定时。

【例 41】 小车两点送料接料控制

1. 控制要求

送料小车示意图如图 1-16 所示，送料小车在左限位开关 I0.4 处装料，20s 后装料结束，开始右行，碰到右限位开关 I0.3 后停下来卸料，25s 后左行，碰到左限位开关 I0.4 后又停下来装料，这样不停地循环工作，直到按下停止按钮 I0.2。按钮 I0.0 和 I0.1 分别用来启动小车右行和左行。

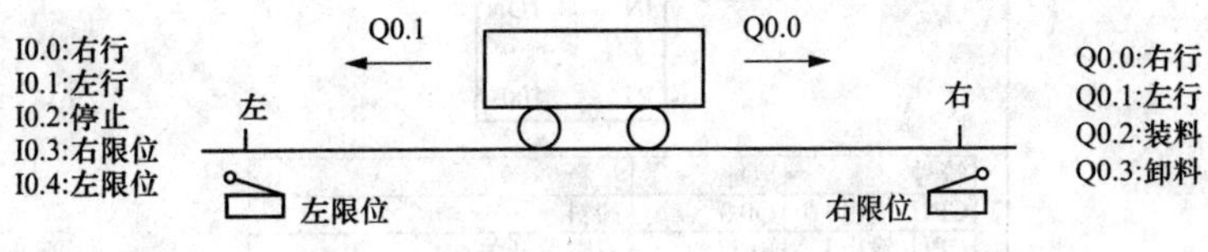

图 1-16 送料小车示意图

2. 程序

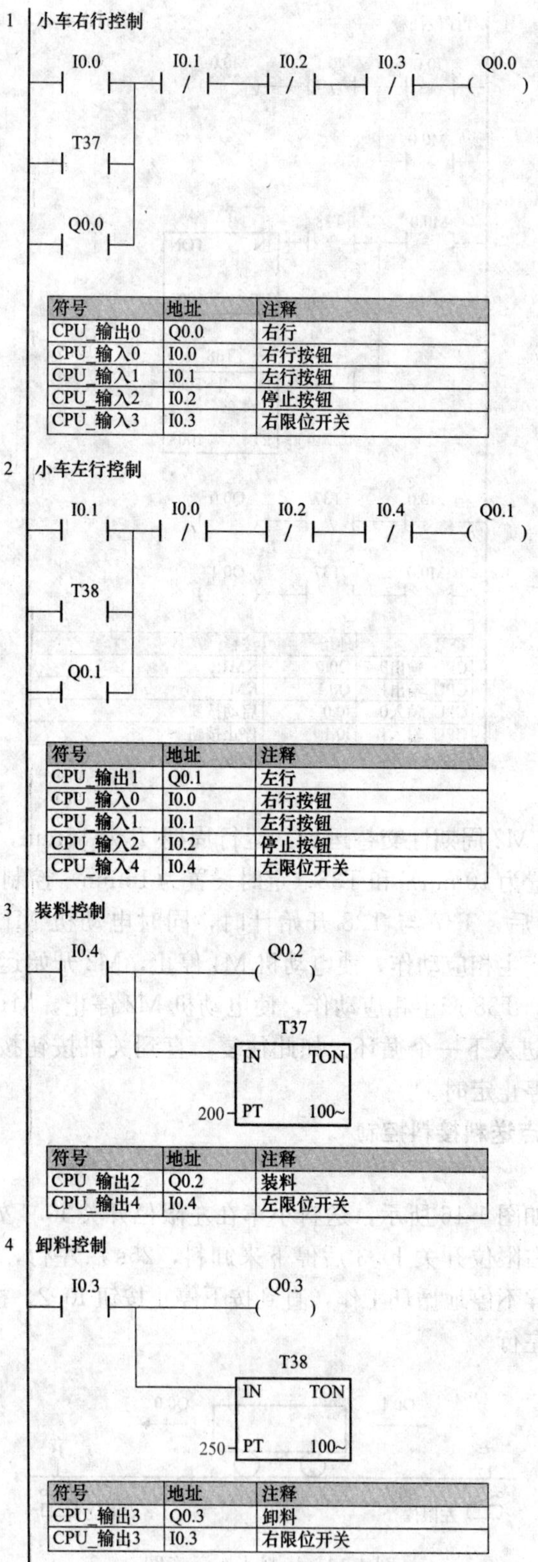

符号	地址	注释
CPU_输出0	Q0.0	右行
CPU_输入0	I0.0	右行按钮
CPU_输入1	I0.1	左行按钮
CPU_输入2	I0.2	停止按钮
CPU_输入3	I0.3	右限位开关

符号	地址	注释
CPU_输出1	Q0.1	左行
CPU_输入0	I0.0	右行按钮
CPU_输入1	I0.1	左行按钮
CPU_输入2	I0.2	停止按钮
CPU_输入4	I0.4	左限位开关

符号	地址	注释
CPU_输出2	Q0.2	装料
CPU_输出4	I0.4	左限位开关

符号	地址	注释
CPU_输出3	Q0.3	卸料
CPU_输出3	I0.3	右限位开关

3. 说明

为使小车自动停止，将 I0.3 和 I0.4 的动断触点分别与 Q0.0 和 Q0.1 的线圈串联。为使小车自动启动，将控制装、卸料延时的定时器 T37 和 T38 的动合触点，分别与手动启动右行和左行的 I0.0、I0.1 的动合触点并联，并用两个限位开关对应的 I0.4 和 I0.3 的常开触点分别接通装料、卸料电磁阀和相应的定时器。设小车在启动时是空车，按下左行启动按钮 I0.1，Q0.1 得电，小车开始左行，碰到左限位开关时，I0.4 的动断触点断开，使 Q0.1 失电，小车停止左行。I0.4 的动合触点接通，使 Q0.2 和 T37 的线圈得电，开始装料和延时。20s 后 T37 的动合触点闭合，使 Q0.0 得电，小车右行。小车离开左限位开关后，I0.4 变为“0”状态，Q0.2 和 T37 的线圈失电，停止装料，T37 被复位。对右行和卸料过程的分析与上面的基本相同。如果小车正在运行时按停止按钮 I0.2，小车将停止运动，系统停止工作。

【例 42】 1 个按钮控制 3 台电动机的启停控制

1. 控制要求

用 1 个按钮控制 3 台电动机，每按 1 次按钮启动 1 台电动机，全部启动后；每按 1 次按钮停止 1 台电动机，要求先启动的电动机先停止。

2. 程序

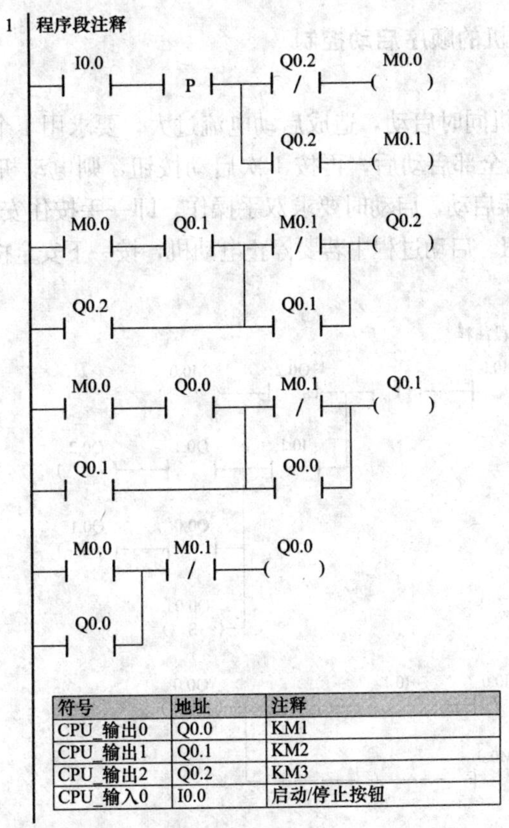

符号	地址	注释
CPU_输出0	Q0.0	KM1
CPU_输出1	Q0.1	KM2
CPU_输出2	Q0.2	KM3
CPU_输入0	I0.0	启动/停止按钮

【例 43】 1 个开关控制 1 台电动机延时正反转

1. 控制要求

用一个开关控制一台电动机，开关闭合时电动机正转 4s、停止 4s、反转 4s、停止 4s，并周而复始。

2. 程序

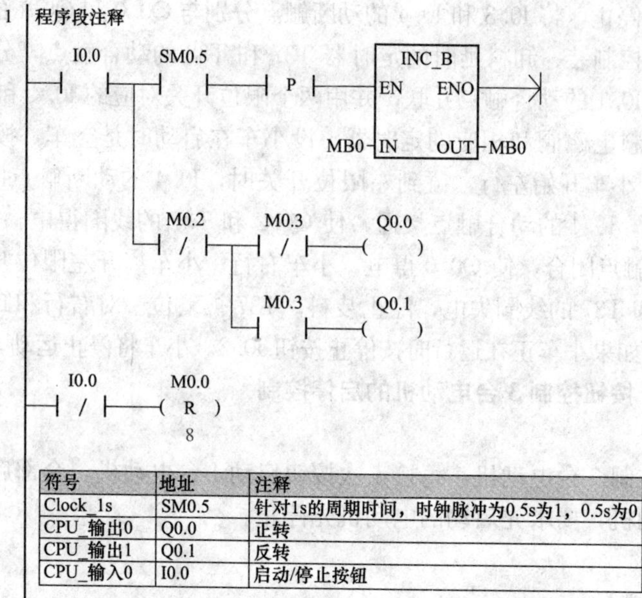

符号	地址	注释
Clock_1s	SM0.5	针对1s的周期时间，时钟脉冲为0.5s为1，0.5s为0
CPU_输出0	Q0.0	正转
CPU_输出1	Q0.1	反转
CPU_输入0	I0.0	启动/停止按钮

【例 44】 3 台电动机的顺序启动控制

1. 控制要求

为了避免多台电动机同时启动，造成启动电流过大，要求用 1 个启动按钮分时顺序启动 3 台电动机，3 台电动机全部启动后，再按 1 次启动按钮，则电动机全部停止，为了保证启动的安全性以及其他人误启动，启动时要求双手操作，即一手按住安全按钮一手按启动按钮。全部启动后松开安全按钮。启动过程中若要停止电动机，按一下安全按钮，即可停止电动机。

2. 程序

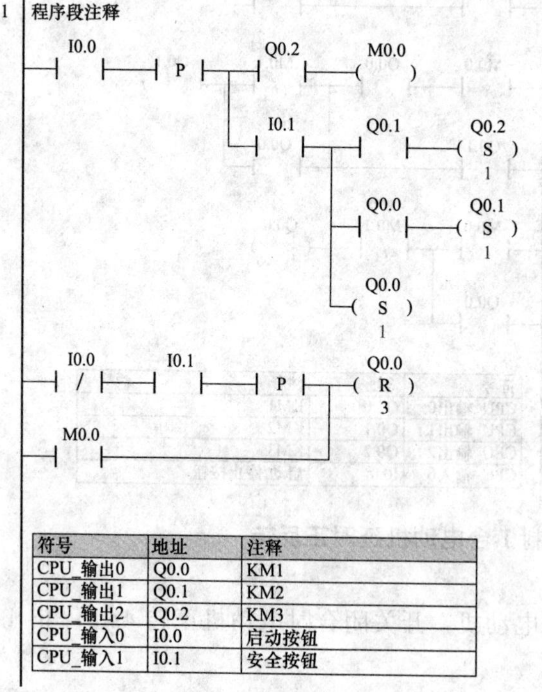

符号	地址	注释
CPU_输出0	Q0.0	KM1
CPU_输出1	Q0.1	KM2
CPU_输出2	Q0.2	KM3
CPU_输入0	I0.0	启动按钮
CPU_输入1	I0.1	安全按钮

【例 45】 汽车自动清洗机

1. 控制要求

某汽车自动清洗机用于对汽车进行清洗，对该机的动作要求如下：将车开到清洗机上，工作人员按下启动按钮，清洗机带动汽车开始移动，同时打开喷淋阀门对汽车开始冲洗，当检测开关检测到汽车达到刷洗距离时，旋转刷子开始旋转，对汽车开始刷洗。当检测到汽车离开清洗机时，清洗机停止移动，旋转刷子停止，喷淋阀门关闭，清洗结束。按停止按钮，全部动作停止。

2. 程序

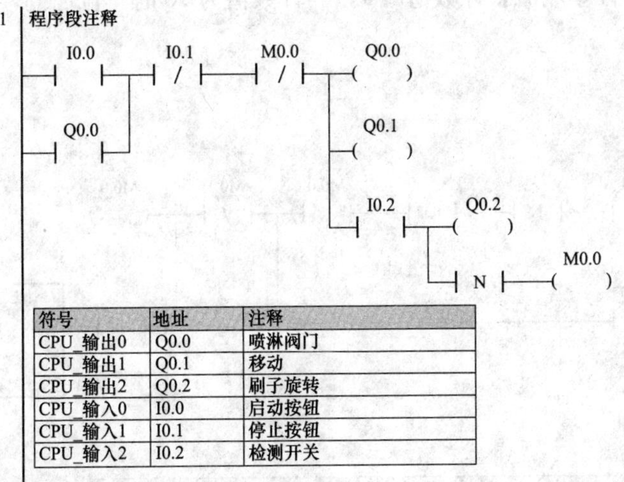

符号	地址	注释
CPU_输出0	Q0.0	喷淋阀门
CPU_输出1	Q0.1	移动
CPU_输出2	Q0.2	刷子旋转
CPU_输入0	I0.0	启动按钮
CPU_输入1	I0.1	停止按钮
CPU_输入2	I0.2	检测开关

【例 46】 涂装生产线外壳的喷漆处理控制

1. 控制要求

某涂装生产线用于对产品外壳的喷漆处理，其中烘干室的燃烧机与防爆插入式风机连动控制，即某台燃烧机在启动前 3min 先启动对应的风机，当燃烧机停止 3min 后停止对应的风机。

2. 程序

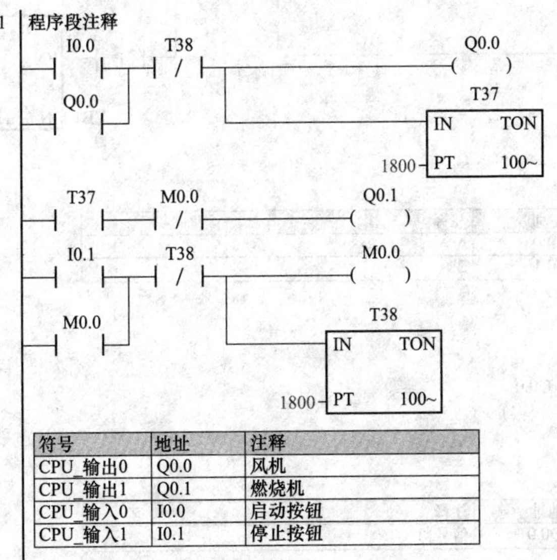

符号	地址	注释
CPU_输出0	Q0.0	风机
CPU_输出1	Q0.1	燃烧机
CPU_输入0	I0.0	启动按钮
CPU_输入1	I0.1	停止按钮

3. 说明

启动时，按下启动按钮 I0.0，Q0.0 得电自锁，风机启动，定时器 T37 得电延时 3min，T37 接点闭合接通 Q0.1，燃烧机得电。停止时，按下停止按钮 I0.1，M0.0 线圈得电自锁，M0.0 动断触点断开 Q0.1，燃烧机失电。同时定时器 T38 得电延时 3min，T38 动断触点断开 Q0.0，风机得电。同时 T38 动断触点断开 M0.0 和 T38。

【例 47】 停车场车位计数控制

1. 控制要求

某停车场有 50 个车位，用 PLC 对进出车辆进行计数，当车辆进入停车场时，计数值加 1，当车辆离开停车场时，计数值减 1，当计数值为 50 时车位已满，信号灯亮。

2. 程序

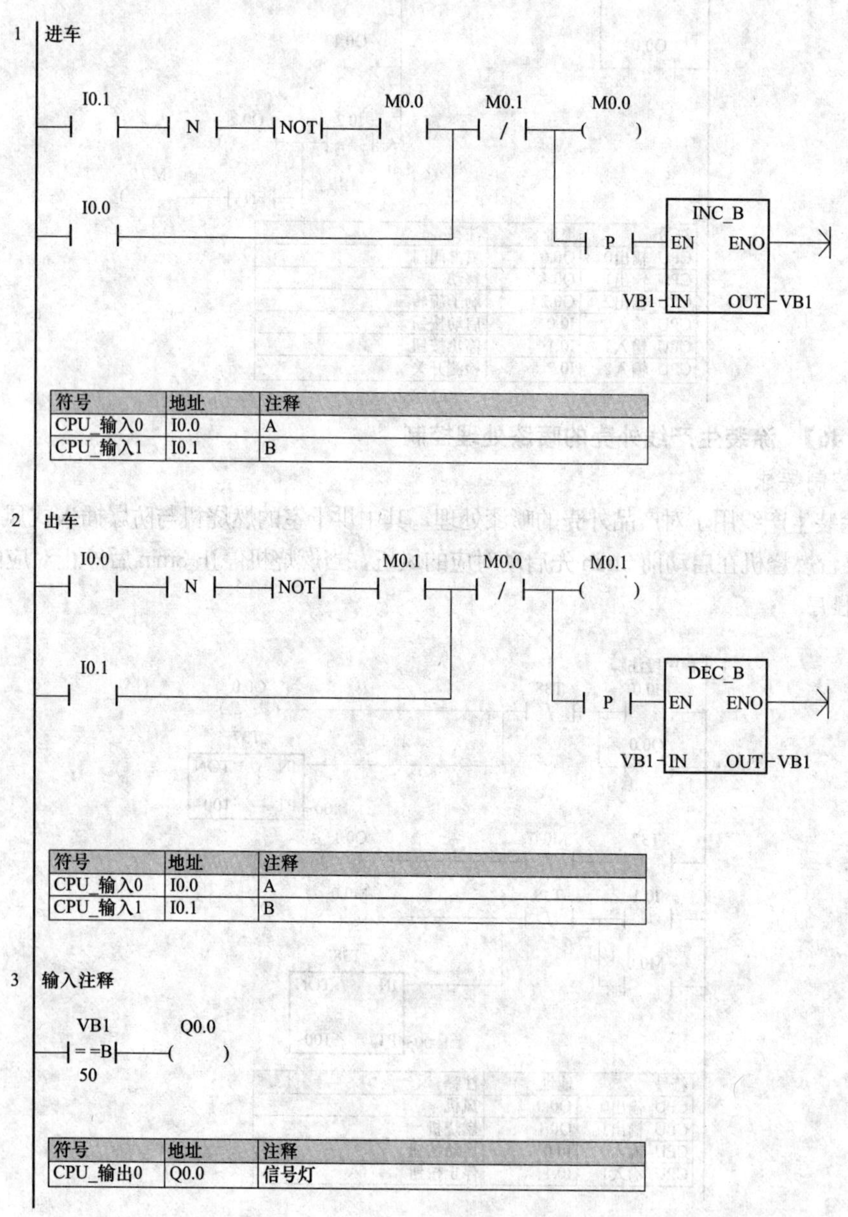

符号	地址	注释
CPU_输入0	I0.0	A
CPU_输入1	I0.1	B

符号	地址	注释
CPU_输入0	I0.0	A
CPU_输入1	I0.1	B

符号	地址	注释
CPU_输出0	Q0.0	信号灯

【例 48】 高速计数器测量转速

1. 控制要求

用一个高数计数器来测量转速，该程序用主程序调用子程序的方式来实现。

2. 程序

（1）主程序。

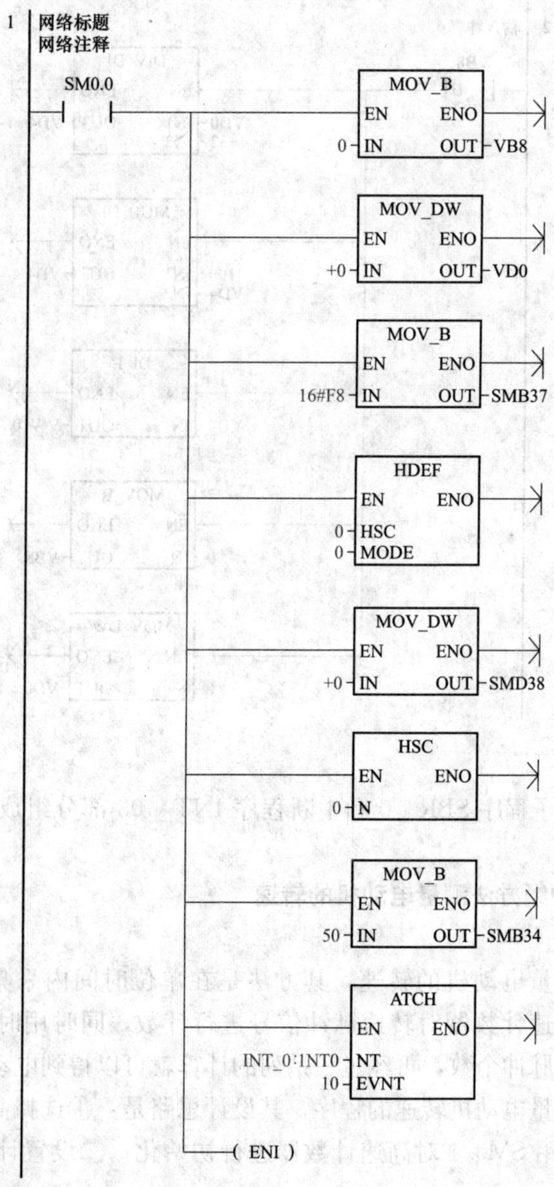

（2）子程序 SBR _ 0。

（3）中断程序 INT _ 0。

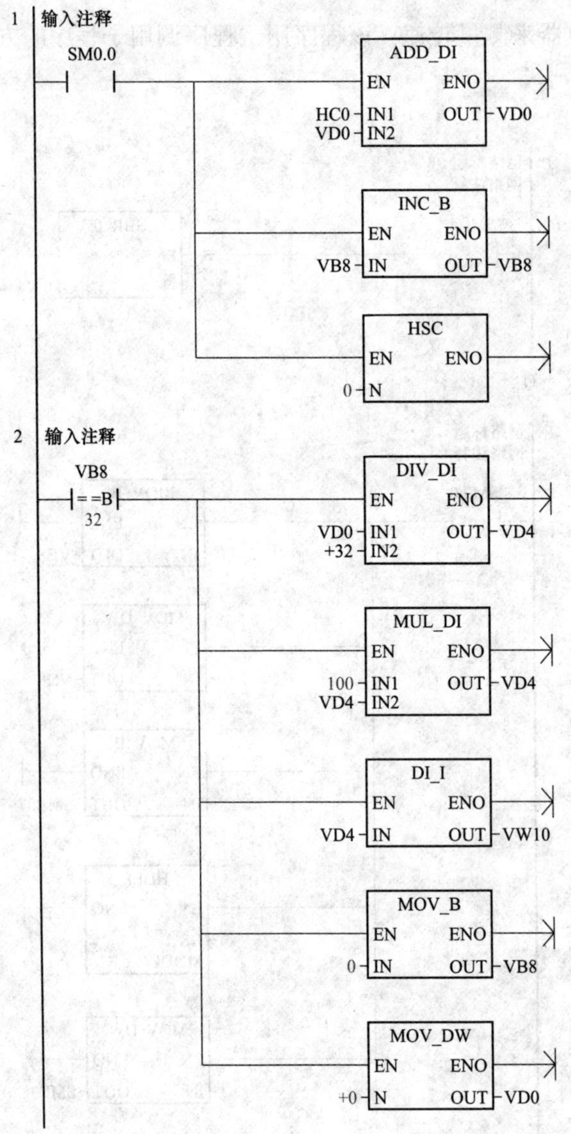

3. 说明

程序由主程序、子程序 SBR _ 0 和中断程序 INT _ 03 部分组成，实现高速计数器来测量转速控制。

【例 49】 采用测频方法测量电动机的转速

1. 程序设计思路

采用测频方法测量电动机的转速，其方法是在单位时间内采集编码器脉冲的个数。采集时，可以选用高速计数器对转速脉冲信号进行计数，同时用时基来完成定时。如果在单位时间内得到了脉冲个数，再经过一系列的计算就可以得到电动机的转速。

采用测频方法测量电动机转速的程序，其设计思路是：①选择高速计数器 HSC0，并确定工作模式为 0，用 SM0.1 对高速计数器进行初始化；②设置计数方向为增，允许更新计数方向，允许写入新初始值，允许写入新预置值，允许执行 HSC 指令，因此控制字节 SMB37 为 16＃F8；③执行 HDEF 指令，输入端 HSC 为 0，MODE 为 1；④写入初始值，令 SMD38 为 0；⑤写入时基定时设定值，令 SMB34 为 200；⑥执行中断连接 ATCH 指令，中断事件号为 10，执行中断允许指令 ENI，重新启动时基定时器，清除高速计数器的初始值；⑦执行 HSC 指令，对高速计数器编程。

2. 程序

(1) 主程序。

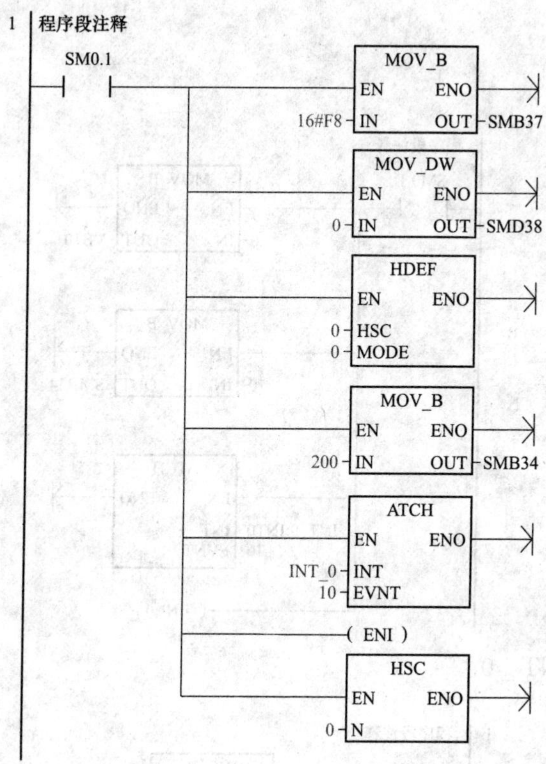

(2) 中断程序 INT _ 0。

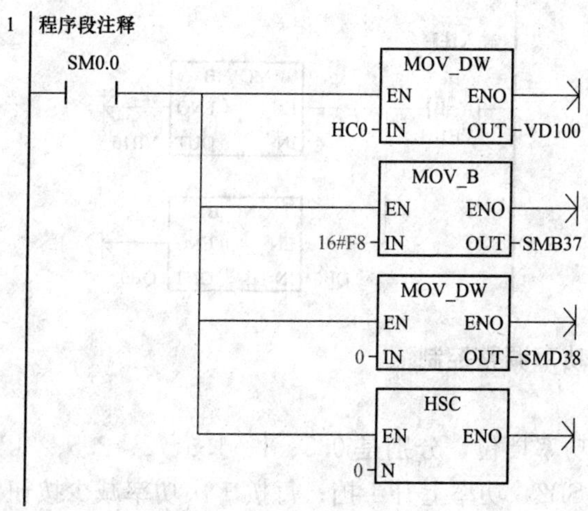

【例 50】 定时中断服务

1. 程序设计思路

用定时中断 0 实现每隔 4s 时间 QB0 加 1。定时中断 0 和定时中断 1 的 1～255ms 时间间隔可分别写入特殊存储器 SMB34 和 SMB35 中，修改 SMB34 或 SMB35 中的数值就改变了时间间隔。将定时中断的时间间隔设为 250ms，在定时器 0 的中断程序中，每当一次定时中断到时，VB10 加 1，然后再使用比较触点指令“LD＝＝B”判断 VB10 是否等于 16。如果正好等于 16 时，表示中断了 16 次，QB0 加 1。定时中断 0 的中断事件号为 10。

2. 程序

(1) 主程序。

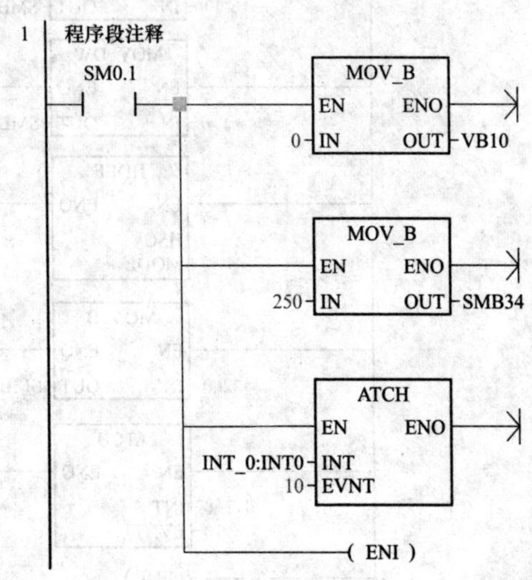

(2) 中断程序 INT _ 0。

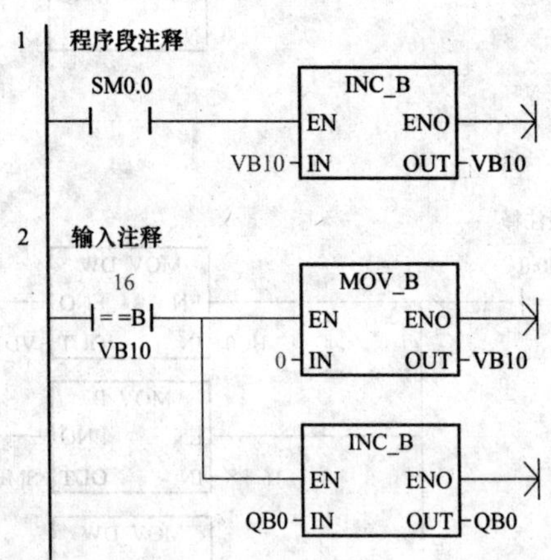

【例 51】 多挡位功率调整控制

1. 控制要求

某加热器有 7 个功率挡位，分别是 0.5、1、1.5、2、2.5、3kW 和 3.5kW。要求每按 1 次功率增加按钮 SB2，功率上升 1 挡；每按 1 次功率减少按钮 SB3，功率下降 1 挡；

按下停止按钮 SB1 后，加热停止。

2. 分析

I/O 地址分配见表 1-4。其中 SB1 为动断触点，SB2 和 SB3 为动合触点。KM1 用于控制 0.5kW 负载，KM2 用于控制 1kW 负载，KM3 用于控制 2kW 负载。

表 1-4　　I/O 分配表

输入		输出	
功能	地址	功能	地址
停止按钮 SB1	I0.0	KM1	Q0.0
功率增加按钮 SB2	I0.1	KM2	Q0.1
功率减少按钮 SB3	I0.2	KM3	Q0.2

3. 程序

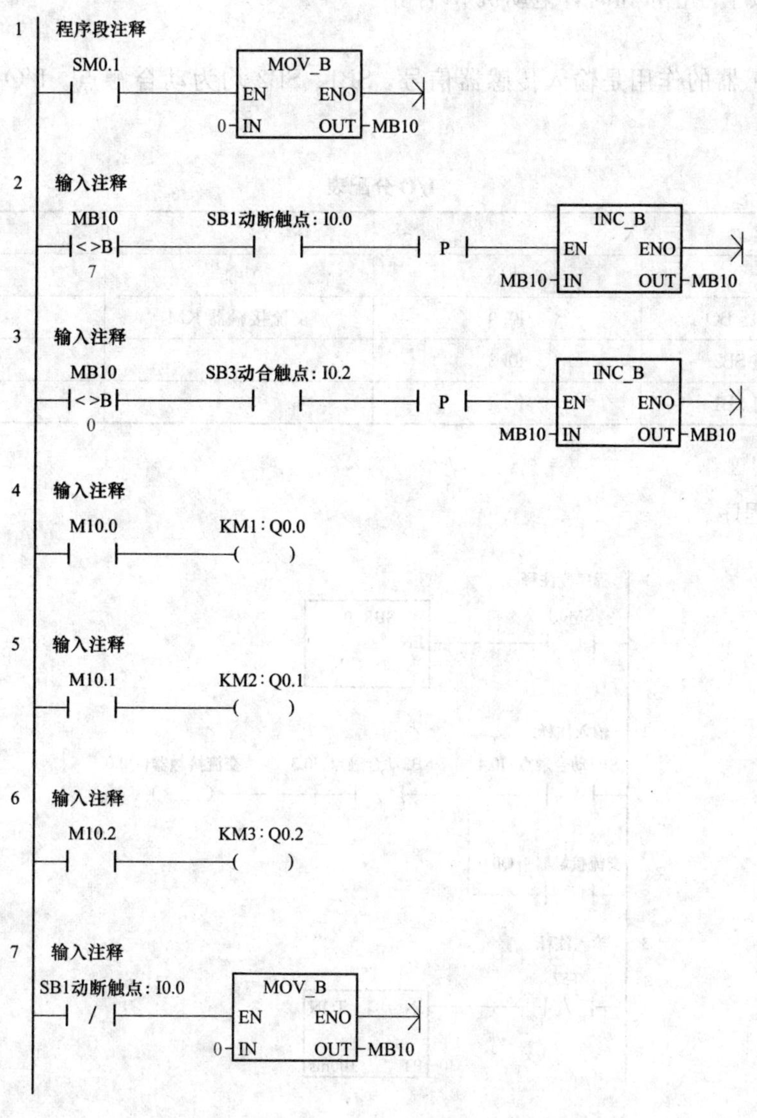

4. 说明

(1) 增加功率。开机后首次按下功率增加按钮 SB2 时，M10.0 状态为 1，Q0.0 通电，KM1 通电动作，加热功率为 0.5kW。以后每按一次按钮 SB2，KM1～KM3 按加 1 规律通电动作，直到 KM1～KM3 全部通电为止，最大加热功率为 3.5kW。

(2) 减小功率。每按一次减小功率按钮 SB3，KM1～KM3 按减 1 规律动作，直到 KM1～KM3 全部断电为止。

(3) 停止。当按下停止按钮 SB1 时，KM1～KM3 同时断电。

【例 52】 用单相高速计数器实现速度测量

1. 控制要求

与电动机同轴的测量轴沿圆周安装 6 个磁钢，用霍尔传感器测量转速，则每周输出 6 个脉冲，具体要求如下。

(1) 当按下启动按钮时，电动机 M 启动，霍尔传感器测量的转速送入 VW122 单元中。

(2) 当按下停止按钮时，电动机 M 停止。

2. 分析

霍尔传感器的作用是输入传感器信号，SB1、SB2 均为动合触点。I/O 地址分配见表 1-5。

表 1-5　　I/O 分配表

输入		输出	
功能	地址	功能	地址
霍尔传感器 BO	I0.0	交流接触器 KM	Q0.0
停止按钮 SB2	I0.3		
启动按钮 SB1	I0.4		

3. 程序

(1) 主程序。

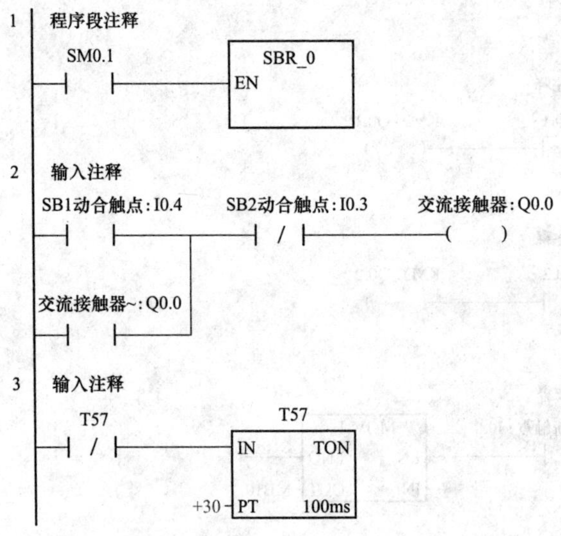

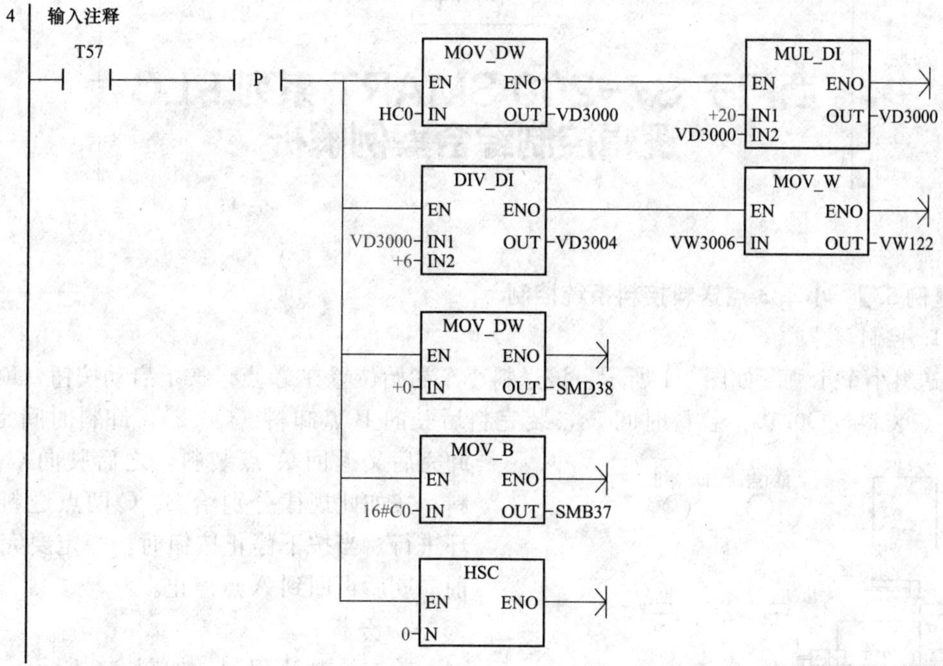

（2）子程序。

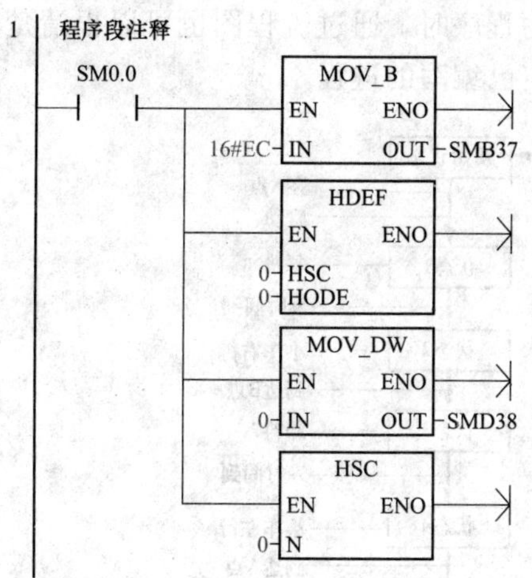

4．说明

在主程序的网络 1 中，调用子程序“测速初始化”对高速计数器 HSC 进行初始化；网络 2 为启动停止控制，I0.4 启动，I0.3 停止；网络 3 为 3s 的振荡周期，用于采样；在网络 4 中，3s 时间到，将 3s 时间内高速计数器测量值 HSC 乘以 20，得到 1min 内的脉冲数，再除以 6 变为转轴的转速（r/min），取 VD3004 的低 16 位（存放转速）送入 VW122，然后设置高速计数器初始值（SMD38）为零，将 16＃C0 送入 SMB37 中，使初始值更新，最后重启高速计数器 HSC。

在“测速初始化”子程序中，先将 16＃EC（2＃1110 1100）送入 SMB37 中，分别是允许 HSC、初始值更新、计数方向不更新、增计数器、1 倍速率计数；定义高速计数器 HSC 为 0 模式；计数器初始值为 0，最后启动高速计数器 HSC。

第二章

西门子 S7-200 SMART 系列 PLC 逻辑控制综合案例解析

【例 53】 小车 3 点送料接料系统控制

1. 控制要求

送料小车示意图如图 2-1 所示。该送料小车初始位置在 A 点，按下启动按钮（I0.4），在 A 点装料（Q0.1），装料时间 5s，装完料后驶向 B 点卸料（Q0.2），卸料时间是 7s，卸完后又返回 A 点装料，之后驶向 C 点卸料，按如此规律分别给 B、C 两点送料，循环进行。当按下停止按钮时，一定要完成当前周期后再回到 A 点停止。

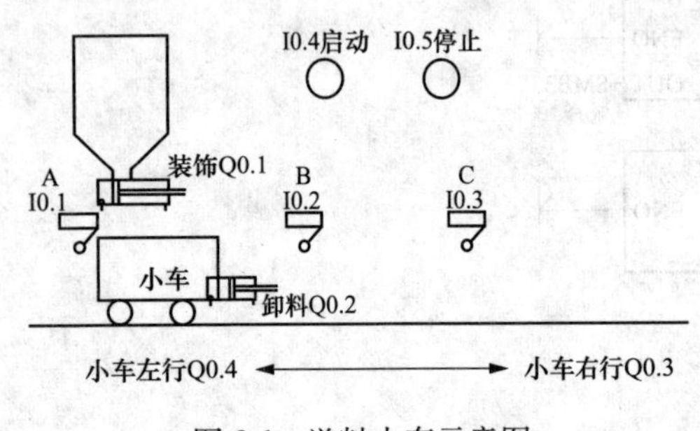

图 2-1 送料小车示意图

2. 分析

首先绘制流程图，如图 2-2 所示。流程图可以清晰地反映整套系统的动作顺序。在编写程序时，通过流程图也可以很清楚地知道自己编写的进程。

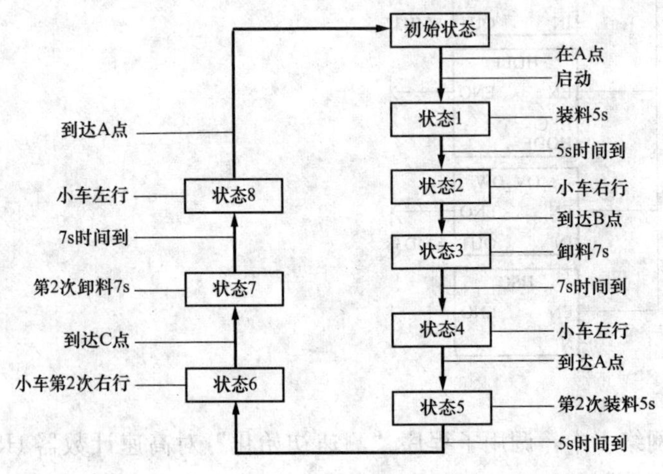

图 2-2 流程图

3. 程序

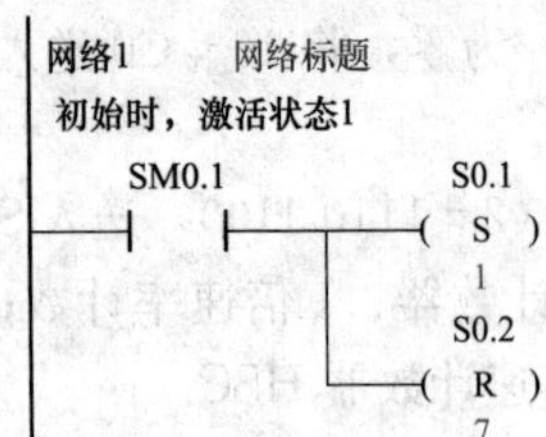

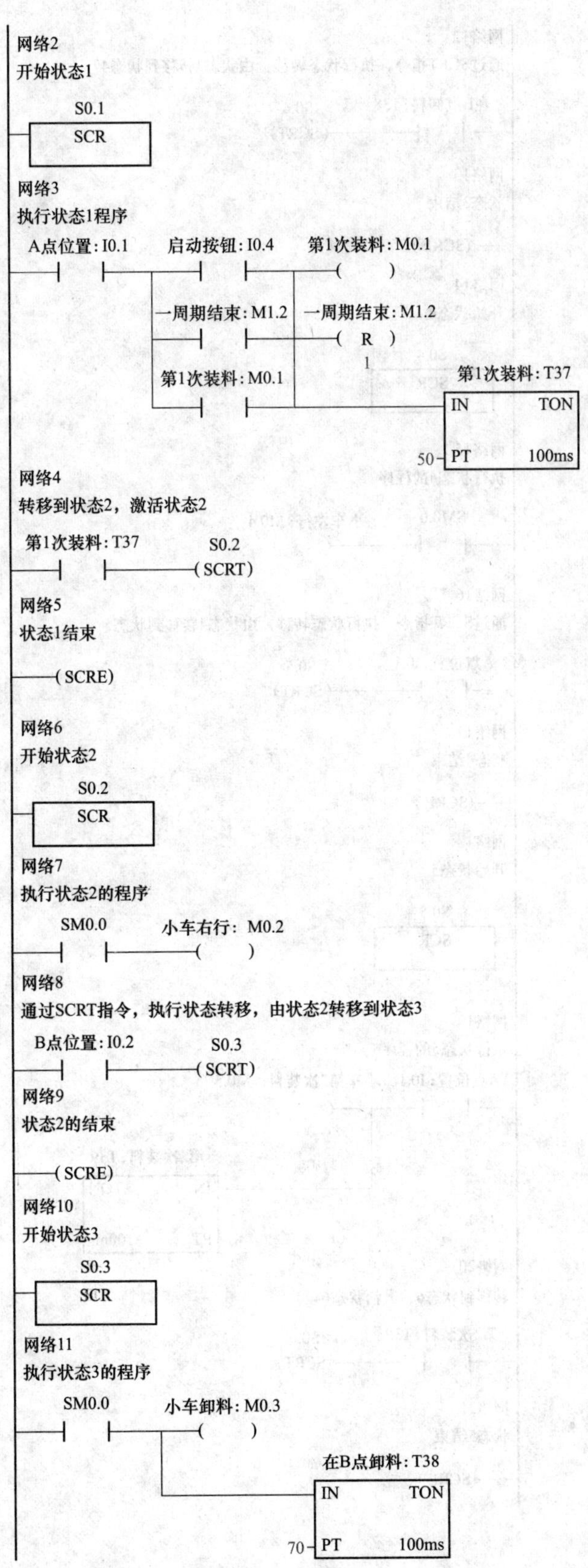
网络2
开始状态1
S0.1
SCR
网络3
执行状态1程序
A点位置:I0.1
启动按钮:I0.4
第1次装料:M0.1
一周期结束:M1.2
一周期结束:M1.2
R
1
第1次装料:M0.1
第1次装料:T37
IN TON
50 PT 100ms
网络4
转移到状态2，激活状态2
第1次装料:T37
S0.2
SCRT
网络5
状态1结束
SCRE
网络6
开始状态2
S0.2
SCR
网络7
执行状态2的程序
SM0.0
小车右行：M0.2
网络8
通过SCRT指令，执行状态转移，由状态2转移到状态3
B点位置:I0.2
S0.3
SCRT
网络9
状态2的结束
SCRE
网络10
开始状态3
S0.3
SCR
网络11
执行状态3的程序
SM0.0
小车卸料:M0.3
在B点卸料:T38
IN TON
70 PT 100ms

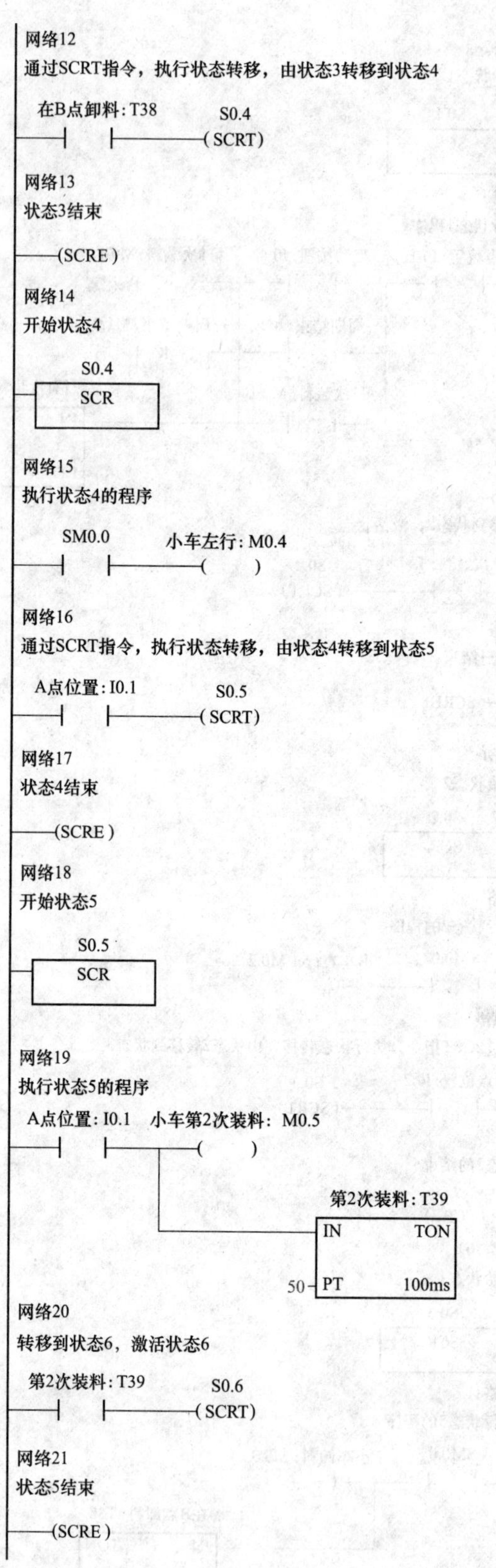
网络12
通过SCRT指令，执行状态转移，由状态3转移到状态4
在B点卸料：T38
S0.4
(SCRT)
网络13
状态3结束
(SCRE)
网络14
开始状态4
S0.4
SCR
网络15
执行状态4的程序
SM0.0
小车左行：M0.4
网络16
通过SCRT指令，执行状态转移，由状态4转移到状态5
A点位置：I0.1
S0.5
(SCRT)
网络17
状态4结束
(SCRE)
网络18
开始状态5
S0.5
SCR
网络19
执行状态5的程序
A点位置：I0.1
小车第2次装料：M0.5
第2次装料：T39
IN
TON
50
PT
100ms
网络20
转移到状态6，激活状态6
第2次装料：T39
S0.6
(SCRT)
网络21
状态5结束
(SCRE)

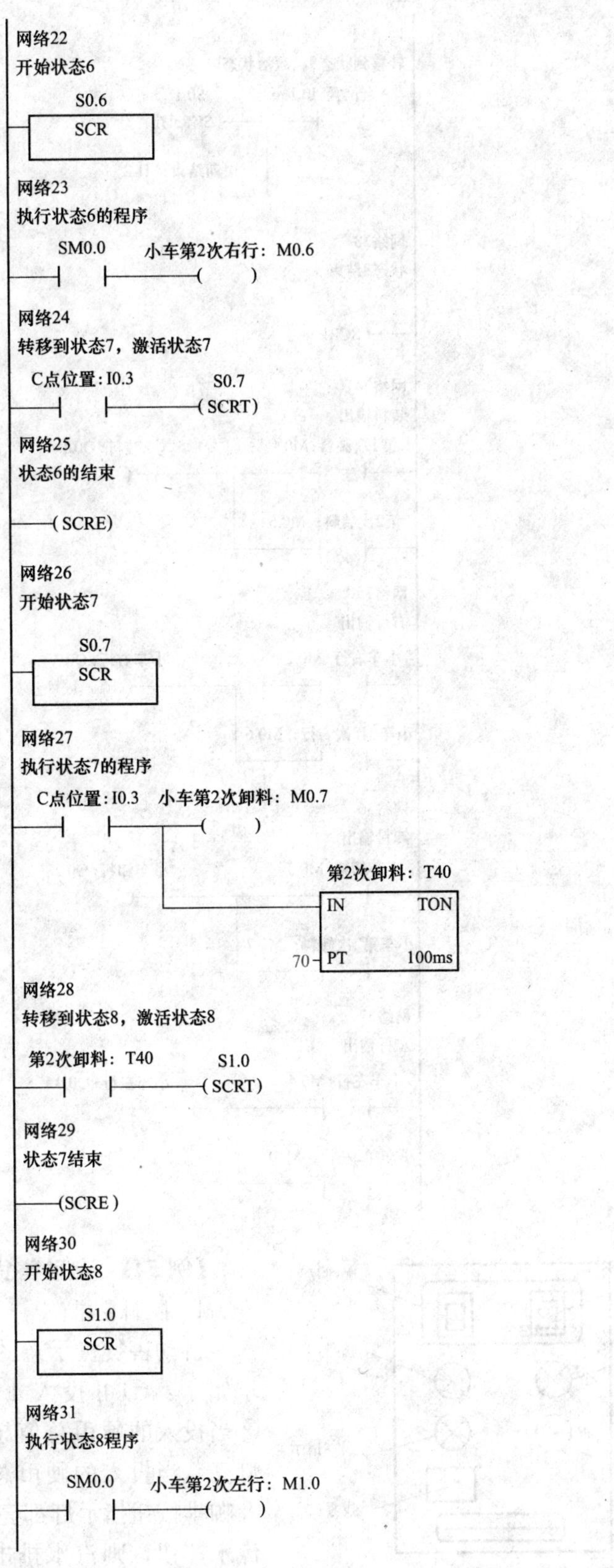
网络22
开始状态6
S0.6
SCR
网络23
执行状态6的程序
SM0.0
小车第2次右行：M0.6
网络24
转移到状态7，激活状态7
C点位置：I0.3
S0.7
SCRT
网络25
状态6的结束
SCRE
网络26
开始状态7
S0.7
SCR
网络27
执行状态7的程序
C点位置：I0.3
小车第2次卸料：M0.7
第2次卸料：T40
IN
TON
70
PT
100ms
网络28
转移到状态8，激活状态8
第2次卸料：T40
S1.0
SCRT
网络29
状态7结束
SCRE
网络30
开始状态8
S1.0
SCR
网络31
执行状态8程序
SM0.0
小车第2次左行：M1.0

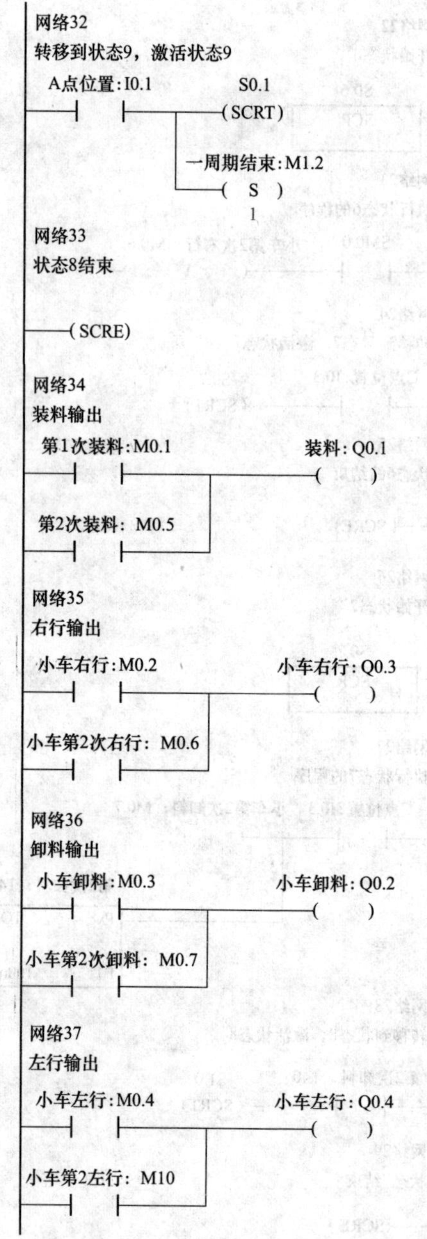

【例 54】 自动售货机控制系统

1. 控制要求

自动售货机示意图如图 2-3 所示，具体要求如下：①可投入 1 元、3 元或 5 元硬币；②当投入的硬币总值超过 12 元时，汽水指示灯亮，当投入的硬币总值超过 15 元时，汽水及咖啡按钮指示灯都亮；③当汽水灯亮时，按汽水按钮，则汽水排出 7s 后自动停止，这段时间内，汽水指示灯闪动；④当咖啡灯亮时，

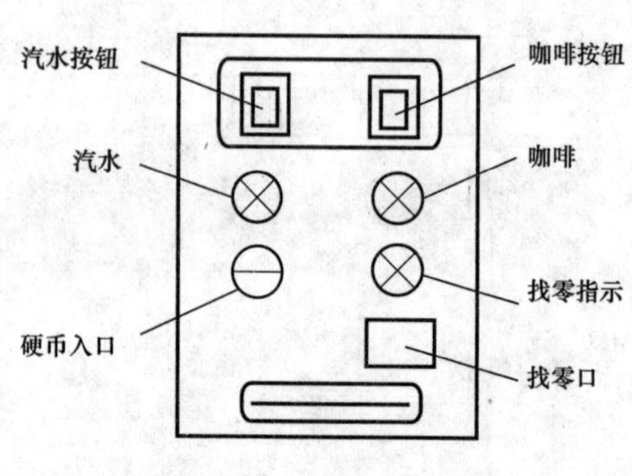

图 2-3　自动售货机示意图

按咖啡按钮，则咖啡排出 7s 后自动停止，这段时间内，咖啡指示灯闪动；⑤若汽水或咖啡按出后，还有一部分余额，则找钱指示灯亮，按下找钱按钮，自动退出多余的钱，随后找钱指示灯灭掉。

2. 分析

I/O 地址分配见表 2-1。

表 2-1　　I/O 分配表

输入		输出	
功能	地址	功能	地址
1 元币感应器	I0.0	汽水指示灯	Q0.0
3 元币感应器	I0.1	咖啡指示灯	Q0.1
5 元币感应器	I0.2	找钱指示灯	Q0.2
汽水按钮	I0.3	汽水阀门	Q0.3
咖啡按钮	I0.4	咖啡阀门	Q0.4
找钱按钮	I0.5		

3. 程序

(1) 计算投入的钱的总额。程序如下：

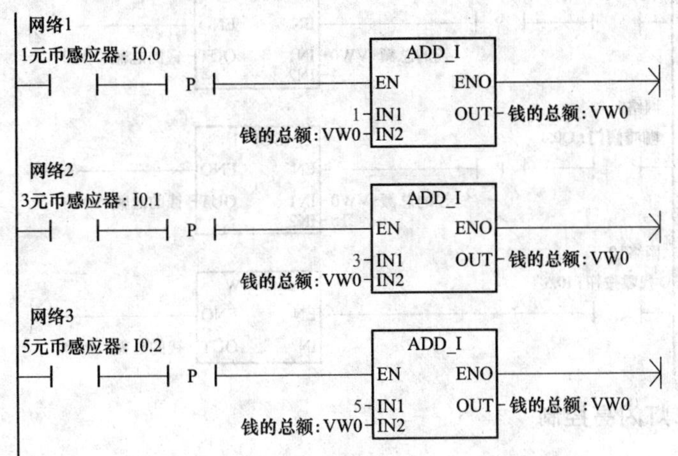

(2) 指示灯的控制。程序如下：

网络4
钱的总额: VW0　汽水阀门: Q0.3　汽水指示灯: Q0.0
>=I　/　( )
12
汽水阀门: Q0.3　SM0.5

网络5
钱的总额: VW0　汽水阀门: Q0.4　咖啡指示灯: Q0.1
>=I　/　( )
15
汽水阀门: Q0.3　SM0.5

（3）阀门的开启。程序如下：

网络6
汽水指示灯：Q0.0　汽水按钮：I0.3　T37　汽水阀门：Q0.3
汽水阀门：Q0.3
T37
IN　TON
70 PT　100ms

网络7
咖啡指示灯：Q0.1　咖啡按钮：I0.4　T38　咖啡阀门：Q0.4
咖啡阀门：Q0.4
T38
IN　TON
70 PT　100ms

（4）余额的计算。程序如下：

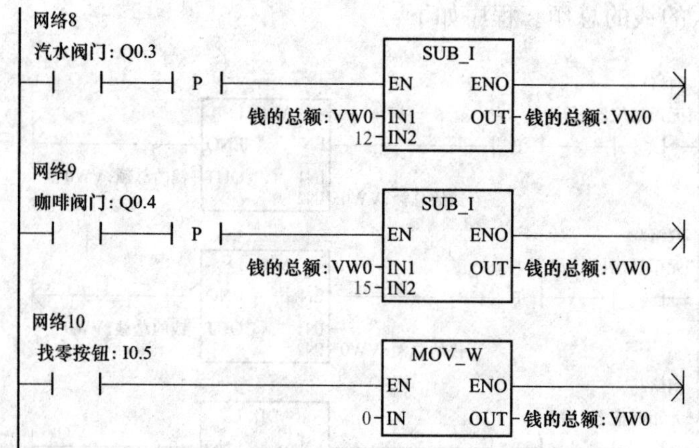

【例55】 彩灯闪亮控制

1. 控制要求

PLC实现彩灯闪亮控制，具有结构简单、变换形式多样、价格低的特点，应用广泛。彩灯控制变换形式主要有长通类、变换类和流水类3种。长通类是指彩灯照明或衬托底色作用，一旦彩灯接通，将长时间亮，没有闪烁；变换类是指彩灯的定时控制作用，彩灯时亮时灭，形成需要各种变换，如字形变换、色彩变换、位置变换等，其特点是定时通断，频率不高；流水类是指彩灯变换速度快，犹如行云流水、星光闪烁，其特点虽也是定时通断，但频率较高。对长通类亮灯，控制简单，只需一次接通或断开，属一般控制；对变换类和流水类闪亮，则要按预定节拍产生一个“环形分配器”，这个环形分配器控制彩灯按预设频率和花样变换闪亮。本例要求程序控制A、B、C、D4盏彩灯，工作时，按下启动按钮（即I0.0接通）4盏灯间隔2s依次点亮，然后4盏灯以同样的频率同时闪烁1次，如此循环往复。按下停止按钮（即I0.1断开）后，4盏灯全部熄灭。

2. 程序

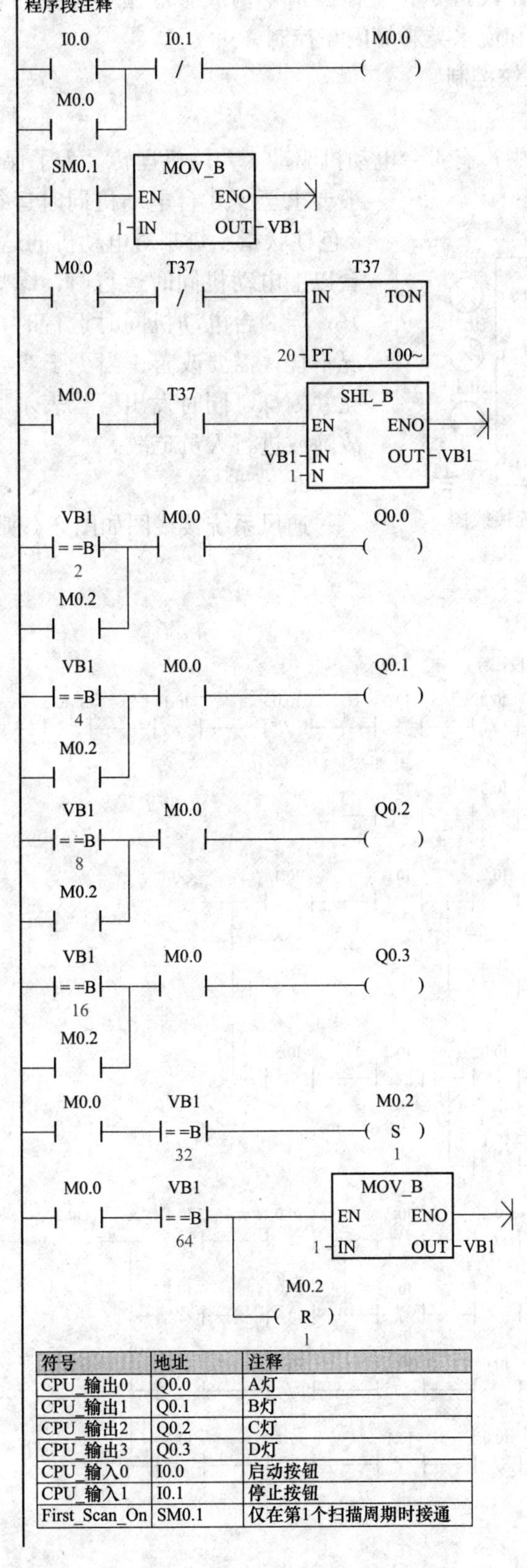

符号	地址	注释
CPU_输出0	Q0.0	A灯
CPU_输出1	Q0.1	B灯
CPU_输出2	Q0.2	C灯
CPU_输出3	Q0.3	D灯
CPU_输入0	I0.0	启动按钮
CPU_输入1	I0.1	停止按钮
First_Scan_On	SM0.1	仅在第1个扫描周期时接通

3. 说明

程序用定时器、比较指令和左移位指令构成彩灯循环闪亮的环形分配器，控制彩灯循环闪亮，属变换类和流水类彩灯闪亮控制。

【例 56】 通风系统控制

1. 控制要求

在一个通风系统中，有 4 台电动机驱动 4 台风机运转。为了保证工作人员的安全，一般要求至少 3 台电动机同时运行。因此用绿、黄、红 3 色柱状指示灯来对电动机的运动状态进行指示。当 3 台以上电动机同时运行时，绿灯亮，表示系统通风良好；当 2 台电动机同时运行时，黄灯亮，表示通风状况不佳，需要改善；当少于 2 台电动机运行时，红灯亮并闪烁，同时发出警告表示通风太差，需马上排除故障或进行人员疏散。

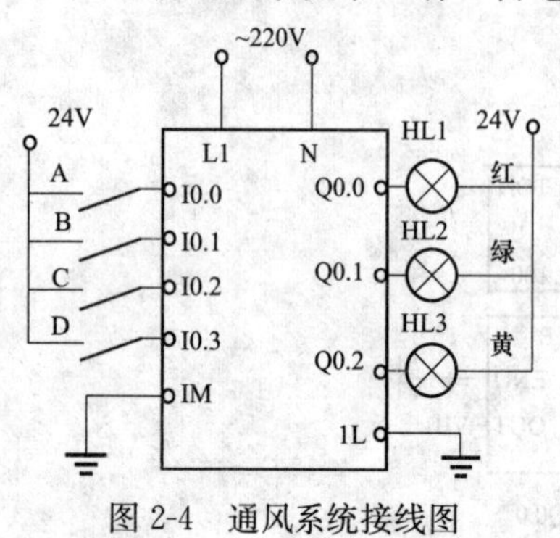

图 2-4　通风系统接线图

2. 分析

通风系统接线图如图 2-4 所示。

3. 程序

```
1 | 程序段注释
  |--|/|I0.2--| |I0.3--+--|/|I0.0--|/|I0.1--| |SM0.5--( Q0.0 )
  |--|/|I0.3--| |I0.2--+
  |
  |--| |I0.2--+--| |I0.0--| |I0.1--+--( Q0.1 )
  |--| |I0.3--+                    |
  |--| |I0.0--+--| |I0.2--| |I0.3--+
  |--| |I0.1--+
  |
  |--|/|I0.2--| |I0.3--+--|/|I0.0--|/|I0.1--+--( Q0.2 )
  |--| |I0.2--|/|I0.3--+--| |I0.0--|/|I0.1--+
  |--| |I0.0--| |I0.1--|/|I0.2--|/|I0.3-----+
  |--|/|I0.0--|/|I0.1--| |I0.2--| |I0.3-----+
```

符号	地址	注释
Clock_1s	SM0.5	针对1s的周期时间，时钟脉冲为0.5s为1,0.5s为0
CPU_输出0	Q0.0	红
CPU_输出1	Q0.1	绿
CPU_输出2	Q0.2	黄
CPU_输入0	I0.0	A
CPU_输入1	I0.1	B
CPU_输入2	I0.2	C
CPU_输入3	I0.3	D

4. 说明

在红灯控制程序中，动合触点 SM0.5 是特殊存储器标志位，用来发生秒脉冲，以实现红灯闪烁。

【例 57】 简易桥式起重机的控制

1. 控制要求

(1) 吊钩升降控制。吊钩是通过电动机拖动钢丝完成升降动作的，电动机的正、反向运转决定吊钩的动作方向，在运转中需要考虑钢丝的极限范围。

(2) 小车前、后运行控制。起重机运载小车的前后运动也是通过电动机驱动的，在动作过程中，不允许超出起重机的两侧极限位置。

(3) 起重机左、右运行控制。起重机左右运行由拖动电动机带动整个车体在轨道上左、右运动，其运动范围应该控制在轨道离两个尽头一定距离处，以确保设备不会脱离轨道。

(4) 声光指示。起重机处于运动过程状态时，要给出铃声和警告；运转到对应的极限位置时，在驾驶室给出指示灯显示。

2. 分析

I/O 地址分配见表 2-2。

表 2-2　　I/O 分配表

输入		输出	
功能	地址	功能	地址
电源控制 SA	I0.0	上升控制 KM1	Q0.0
吊钩上升 SB1	I0.1	下降控制 KM2	Q0.1
吊钩下降 SB2	I0.2	前进控制 KM3	Q0.2
横梁前进 SB3	I0.3	后退控制 KM4	Q0.3
横梁后退 SB4	I0.4	左行控制 KM5	Q0.4
小车左行 SB5	I0.5	左行控制 KM6	Q0.5
小车右行 SB6	I0.6	电源控制 KM7	Q1.0
上升极限 SQ1	I1.0	极限指示 HL	Q0.6
下降极限 SQ2	I1.1	警铃 HA	Q0.7
前进极限 SQ3	I1.2		
后退极限 SQ4	I1.3		
左行极限 SQ5	I1.4		
右行极限 SQ6	I1.5		

3. 程序

1 程序段注释

I0.0 Q1.0

I0.1 M1.2 I1.0 Q1.0 M1.1

M1.1

I0.2 I1.1 M1.1 Q1.0 M1.2

M1.2

M1.1 I1.0 M2.0

M1.2 I1.1

I0.3 M1.4 I1.2 Q1.0 M1.3

M1.3

I0.4 I1.3 M1.3 Q1.0 M1.4

M1.4

M1.3 I1.2 M2.1

M1.4 I1.3

I0.5 M1.6 I1.4 Q1.0 M1.5

M1.5

I0.6 I1.5 M1.5 Q1.0 M1.6

M1.6

M1.5 I1.4 M2.2

M1.6 I1.5

```
M1.1        Q0.0
─┤ ├────────( )

M1.2        Q0.1
─┤ ├────────( )

M1.3        Q0.2
─┤ ├────────( )

M1.4        Q0.3
─┤ ├────────( )

M1.5        Q0.4
─┤ ├────────( )

M1.6        Q0.5
─┤ ├────────( )

M2.0        Q0.6
─┤ ├──┬─────( )
M2.1  │
─┤ ├──┤
M2.2  │
─┤ ├──┘

Q0.0        M1.7
─┤ ├──┬─────( )
Q0.1  │
─┤ ├──┤
Q0.2  │
─┤ ├──┘

M1.7        Q0.7
─┤ ├──┬─────( )
Q0.3  │
─┤ ├──┤
Q0.4  │
─┤ ├──┤
Q0.5  │
─┤ ├──┘
```

【例 58】 恒压供水系统的 PLC 控制

1. 控制要求

在实际应用中，恒压供水的控制解决方案有多种，本例要求利用 4 台水泵根据压力的设定上下限变化来进行控制。

（1）水泵的启停控制。水泵的启停是根据主管道的压力信号来决定的，当压力低于正常压力时启动一台水泵，若15s后压力仍然低，则启动下一台。当压力高于正常压力时停止一台水泵，若15s后压力仍然高，则停止下一台。

（2）水泵的切换控制。本例的控制由4台水泵完成，考虑到对电动机的保护，要求4台水泵轮流运行，并且要求启动时首先启动停止时间最长的那台，停止时首先停止运行时间最长的那台。

2. 分析

根据控制要求进行I/O地址分配。本例需要8个输入点，4个输出点，见表2-3。

表2-3　I/O分配表

输入		输出	
功能	地址	功能	地址
启动SB1	I0.0	控制KM1	Q0.0
停止SB2	I0.1	控制KM2	Q0.1
压力下限SQ1	I0.2	控制KM3	Q0.2
压力上限SQ2	I0.3	控制KM4	Q0.3
M1过载保护FR1	I0.4		
M2过载保护FR2	I0.5		
M3过载保护FR3	I0.6		
M4过载保护FR4	I0.7		

3. 程序

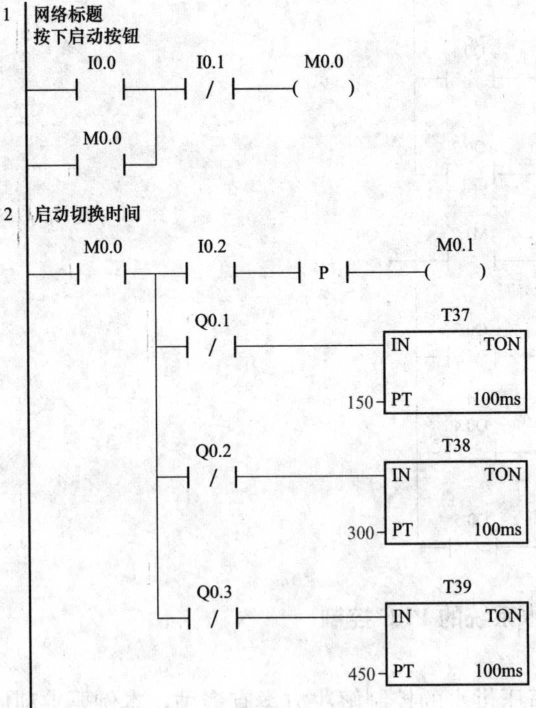

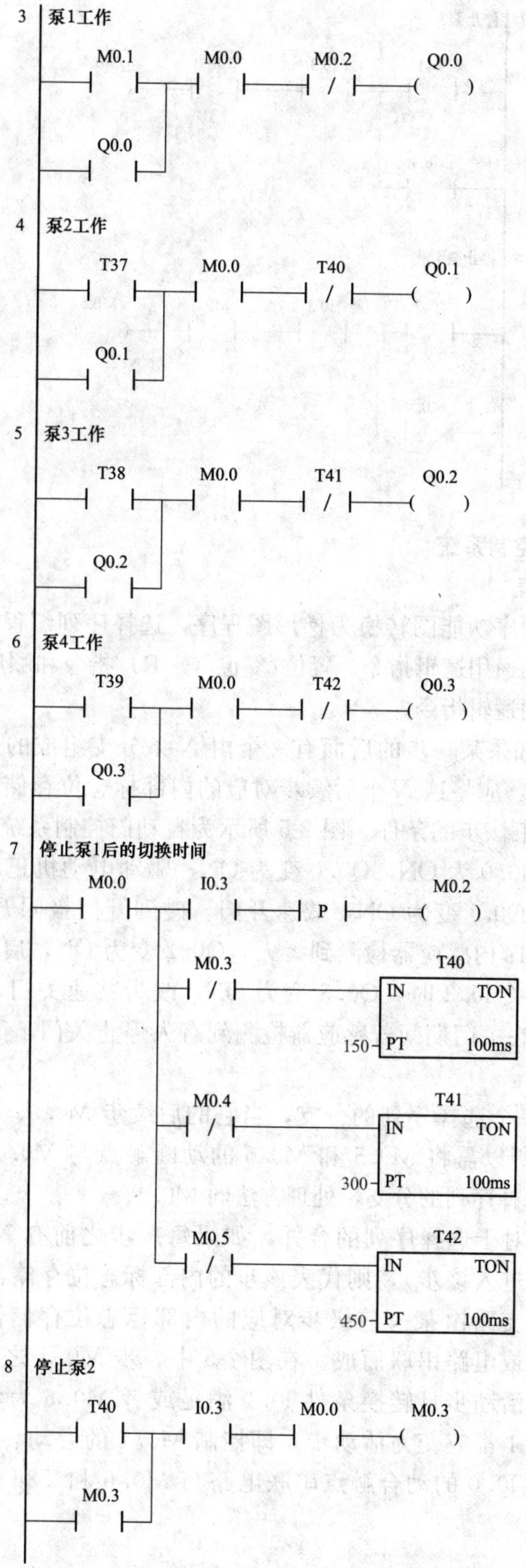

3 泵1工作

M0.1 M0.0 M0.2 Q0.0

Q0.0

4 泵2工作

T37 M0.0 T40 Q0.1

Q0.1

5 泵3工作

T38 M0.0 T41 Q0.2

Q0.2

6 泵4工作

T39 M0.0 T42 Q0.3

Q0.3

7 停止泵1后的切换时间

M0.0 I0.3 P M0.2

M0.3 T40 IN TON 150 PT 100ms

M0.4 T41 IN TON 300 PT 100ms

M0.5 T42 IN TON 450 PT 100ms

8 停止泵2

T40 I0.3 M0.0 M0.3

M0.3

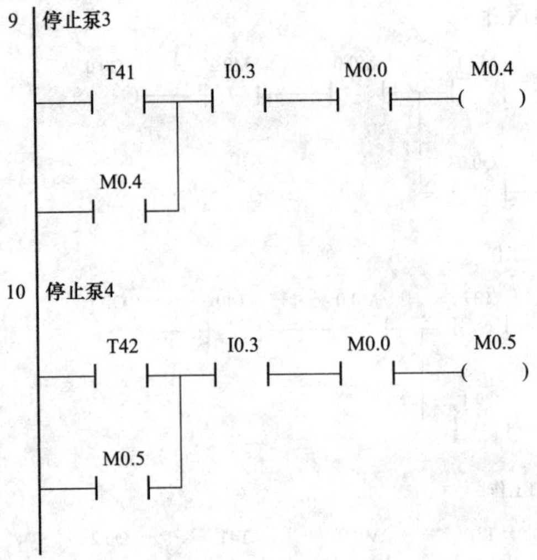

9 停止泵3

T41 I0.3 M0.0 M0.4

M0.4

10 停止泵4

T42 I0.3 M0.0 M0.5

M0.5

【例 59】 自动门控制系统

1. 分支与合并编程

本例将选择序列顺序功能图转换为梯形图程序，选择序列编程时的重点是对分支与合并编程的处理，可用通用逻辑指令。置位/复位（S/R）指令和顺序控制 SCR 指令等方法编程。本例采用通用逻辑指令。

（1）分支编程。如果某一步的后面有一个由 N 条分支组成的选择序列，该步可能转到不同的 N 步中去，应将这 N 个后续步对应的内部标志位存储器的动断触点与该步的线圈串联，作为结束该步的条件。图 2-5 所示为自动门控制系统的顺序功能图。人靠近自动门时，感应器 I0.0 为 ON，Q0.0 变为 ON，驱动电动机正转高速开门，碰到开门减速开关 I0.1 时，Q0.1 变为 ON，减速开门。碰到开门极限开关 I0.2 时电动机停转，开始延时。若在 1s 内感应器检测到无人，Q0.2 变为 ON，启动电动机反转高速关门。碰到关门减速开关 I0.3 时，Q0.3 变为 ON，改为减速关门，碰到关门极限开关 I0.4 时电动机停转。在关门期间若感应器检测到有人停止关门，T38 延时 1s 后自动转换为高速开门。

步 M0.4 之后有一个选择序列的分支，当它的后续步 M0.5、M0.6 变为活动步时，它应变为不活动步。所以需将 M0.5 和 M0.6 的动断触点与 M0.4 的线圈串联。同样，M0.5 之后也有一个选择序列的分支，处理方法同 M0.4。

（2）合并编程。对于选择序列的合并，如果每一步之前有 N 个转换（有 N 条分支在该步之前合并后进入该步），则代表该步的内部标志位存储器 M 的启动电路由 N 条支路并列而成，各支路由某一前级步对应的内部标志位存储器的动合触点与相应转换条件对应的触点或电路串联而成。在图 2-5 中，步 M0.1 之前有一个选择序列的合并，当步 M0.0 为活动步且转换条件 I0.0 满足或者 M0.6 为活动步并且转换条件 T38 满足时，步 M0.1 都应变为活动步，即控制 M0.1 的启动、保持、停止电路的启动条件应为 M0.0 和 I0.0 的动合触点串联电路与 M0.6 和 T38 的动合触点串联电路进行并联。

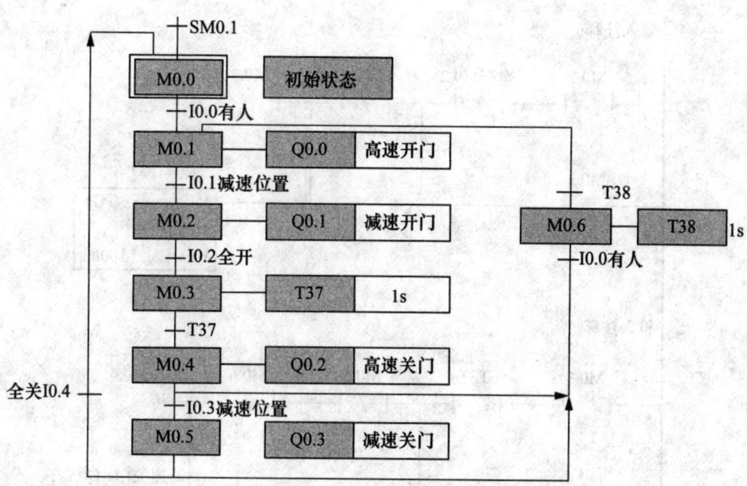

图 2-5　自动门控制系统的顺序功能图

2. 程序

1　网络标题
网络注释

M0.5　CPU_输入4:I0.4　M0.1　M0.0
First_Sc~:SM0.1
M0.0

2　输入注释

M0.0　有人:I0.0　M0.2　M0.1
M0.6　T38　高速开门:Q0.0
M0.1

3　输入注释

M0.1　减速位置:I0.1　M0.3　M0.2
M0.2　减速开门:Q0.1

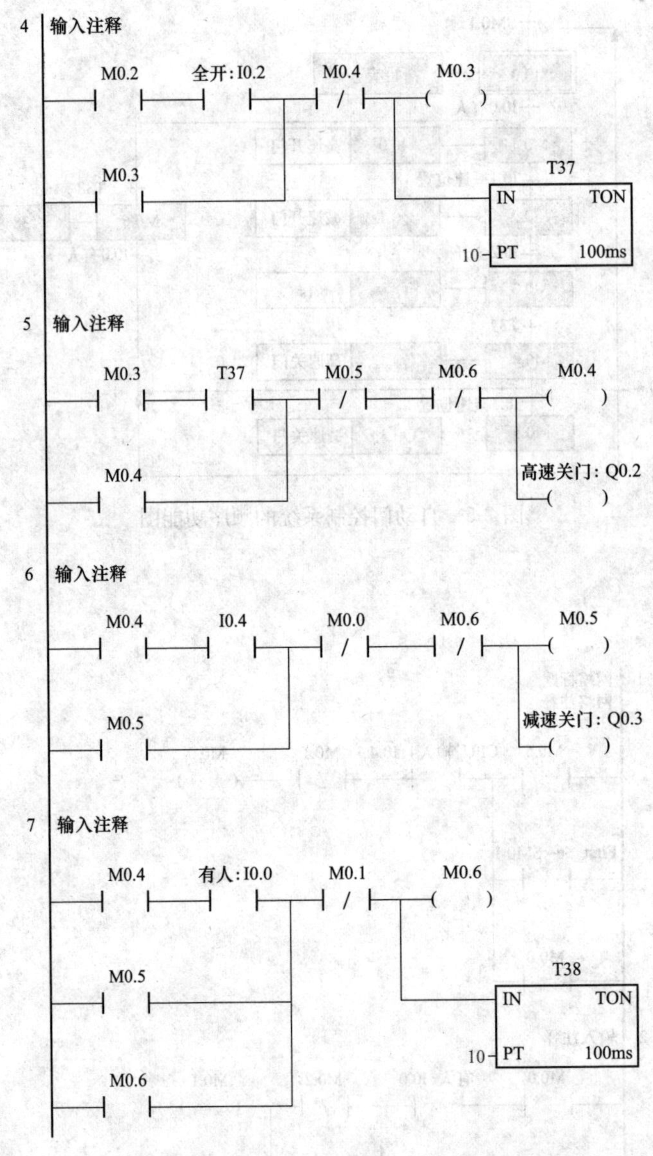

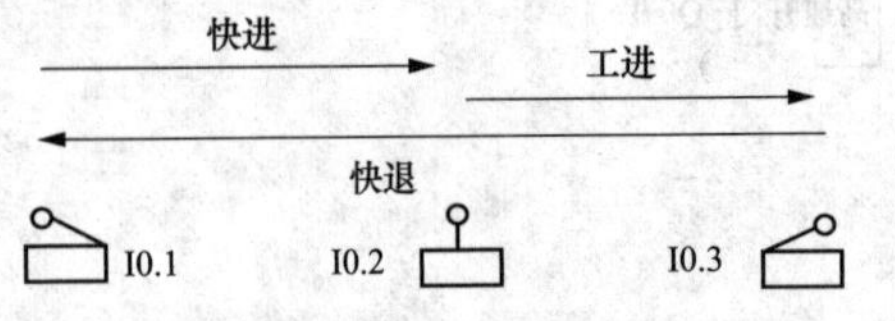

图 2-6 进给运动示意图

【例 60】 冲床动力头进给运动控制

1. 控制要求

某专用冲床动力头的进给运动示意图如图 2-6 所示。系统的一个周期分为快进、工进和快退 3 步，另外还设置有一个等待启动的初始步。动力头初始状态停留在最左边，限位开关 I0.1 状态为 1。启动按钮为 I0.0，Q0.0～Q0.2 控制 3 个电磁阀，这 3 个电磁阀依次控制快进、工进和快退 3 步。按下启动按钮，动力头的运动如图 2-6 所示，工作一个循环后，动力头返回并停留在初始位置。

2. 程序

可用通用逻辑指令，置位/复位（S/R）指令和顺序控制 SCR 指令的方法编程。本例采用通用逻辑指令方法，程序如下：

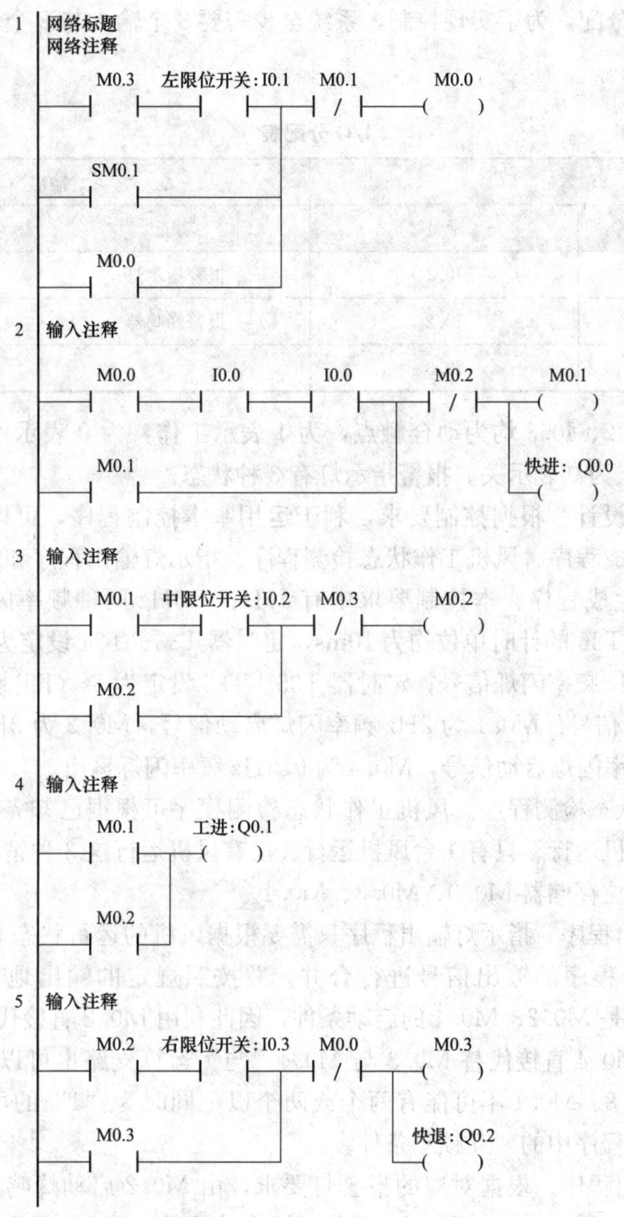

【例 61】 车间排风系统状态监控

1. 控制要求

某飞机喷漆车间在喷漆时要保持车间通畅排风，排风系统由 3 台风机组成，风机工作状态用状态指示灯进行监控。当排风系统中有两台以上风机工作时，指示灯保持连续发光，表示通风状况良好；当只有 1 台风机工作时，指示灯以 0.5Hz 频率闪烁报警，表示通风状况不佳，需要检修；当没有风机工作时，指示灯以 2Hz 频率闪烁报警，报警蜂鸣器发生，车间处于危险状态，需要停工。

2. 分析

根据控制要求，首先确定 I/O 地址，然后应用前面介绍的基本程序或典型程序设计系统控制程序。

（1）I/O地址分配。为了实现控制，系统至少需要3个输入与2个输出，I/O地址分配见表2-4。

表2-4　　I/O分配表

输入		输出	
功能	地址	功能	地址
风机工作	I0.1	报警指示灯	Q0.1
风机工作	I0.2	报警蜂鸣器	Q0.2
风机工作	I0.3		

其中I0.1、I0.2、I0.3均为动合触点，为1表示工作，为0表示停止。蜂鸣报警器Q0.2为1表示开，为0表示关。报警指示灯有3种状态。

（2）控制程序设计。根据控制要求，利于运用基本控制程序，可以将控制程序分为指示灯闪烁信号生成程序、风机工作状态检测程序、指示灯输出程序和蜂鸣器输出程序。

1）闪烁信号生成程序。本控制要求中有2Hz、0.5Hz两种频率闪烁信号，定时器T33、T34、T35、T36的计时单位均为10ms，定时器T33、T34设定为250ms（PT设定值为25），产生2Hz频率闪烁信号；定时器T35、T36设定为1s（PT设定值为100），产生0.5Hz频率闪烁信号。M0.1为2Hz频率闪烁启动信号，M0.2为2Hz频率闪烁输出，M0.3为0.5Hz频率闪烁启动信号，M0.4为0.5Hz频率闪烁输出。

2）风机工作状态检测程序。风机工作状态检测程序可根据已知条件及I/O地址表，分别对2台以上风机运行、只有1台风机运行、没有风机运行这3种情况进行编程，3种情况对应内部标志位存储器M0.0、M0.3、M0.1。

3）指示灯输出程序。指示灯输出程序只需要根据风机的运行状态与对应的报警灯要求，将以上两部分程序的输出信号进行合并，并按照规定的输出地址控制输出即可。M0.1、M0.3分别是M0.2、M0.4的启动条件，因此利用M0.2直接代替M0.1与M0.2“与”运算支路；M0.4直接代替M0.3与M0.4“与”运算支路也可以得到同样的结果。此外，M0.0、M0.3、M0.1不可能有两个或两个以上同时为“1”的可能性，程序设计时没有再考虑输出程序中的“互锁”条件。

4）蜂鸣器输出程序。根据对应的报警灯要求，由M0.2启动蜂鸣器输出Q0.2并自锁，实现连续蜂鸣报警，M0.1是2Hz频率闪烁启动信号，M0.2得电时，M0.1当然闭合了。

3. 程序

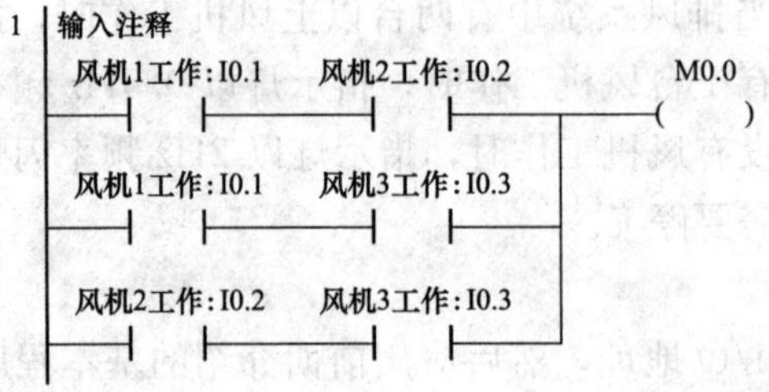

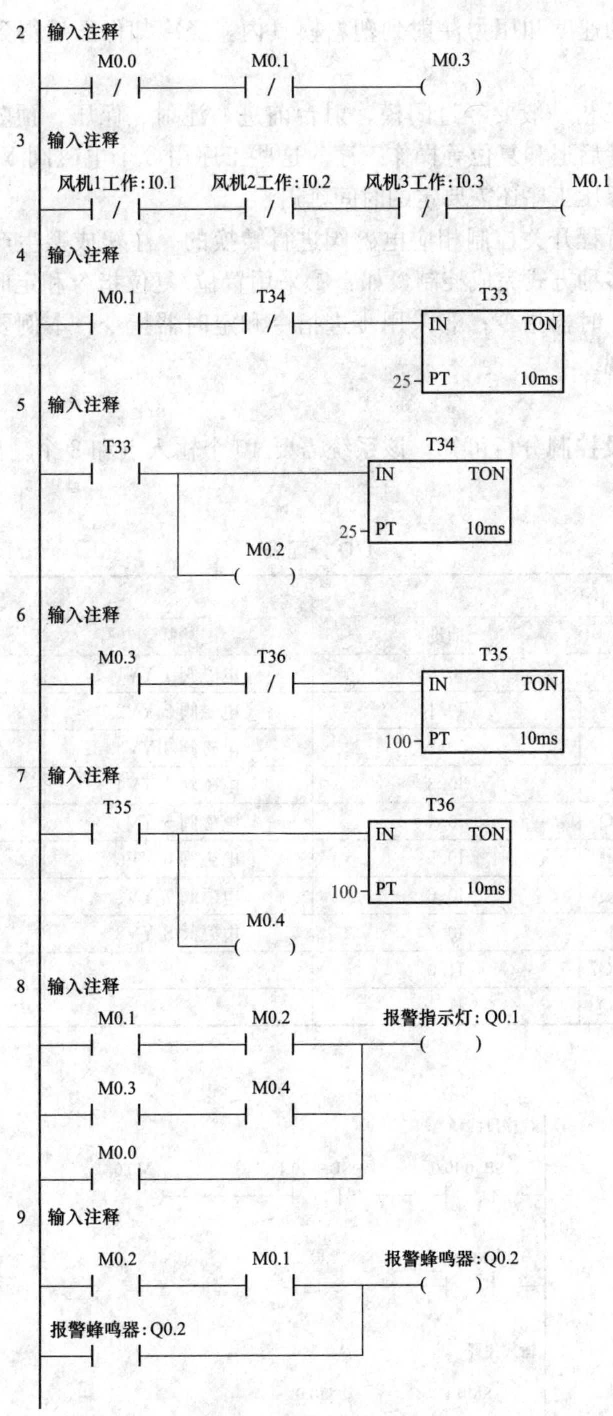

【例 62】 PLC 在注塑成型生产线控制系统中的应用

1. 控制要求

在塑胶制品中，以制品的加工方法不同来分类，主要可以分为四大类：①注塑成型产品；②吹塑成型产品；③挤出成型产品；④压延成型产品。其中应用面最广、品种最多、精密度最高的为注塑成品产品类。注塑成型机是将各种热塑性或热固性塑料经过加热熔化后，以一定的速度和压力注射到塑料模具内，经冷却保压后得到所需塑料制品的设备。

注塑成型生产工艺一般要经过闭模、射台前进、注射、保压、预塑、射台后退、开模、顶针前进、顶针后退和复位等操作工序。这些工序由 8 个电磁阀 YV1～YV8 来控制完成，其中注射和保压工序还需要定的时间延迟。

各操作都是由行程开关控制相应电磁阀进行转换的。注塑成型生产工艺是典型的顺序控制，可以采用多种方式完成控制，如：①采用置位/复位指令和定时器指令；②采用移位寄存器指令和定时器指令；③采用步进指令和定时器指令。本例要求采用步进指令和定时器指令来实现。

2. 分析

根据控制要求及控制分析可知，该系统需要 10 个输入点和 8 个输出点，I/O 分配见表 2-5。

表 2-5　　I/O 分配表

输入		输出	
功能	地址	功能	地址
启动按钮 SB0	I0. 0	电磁阀 1 YV1	Q0. 0
停止按钮 SB1	I0. 1	电磁阀 2 YV2	Q0. 1
原点行程开关 SQ1	I0. 2	电磁阀 3 YV3	Q0. 2
闭模终止限位开关 SQ2	I0. 3	电磁阀 4 YV4	Q0. 3
射台前进终止限位开关 SQ3	I0. 4	电磁阀 5 YV5	Q0. 4
加料限位开关 SQ4	I0. 5	电磁阀 6 YV6	Q0. 5
射台后退终止限位开关 SQ5	I0. 6	电磁阀 7 YV7	Q0. 6
开模终止限位开关 SQ6	I0. 7	电磁阀 8 YV8	Q0. 7
顶针前进终止限位开关 SQ7	I1. 0		
顶针后退终止限位开关 SQ8	I1. 1		

3. 程序

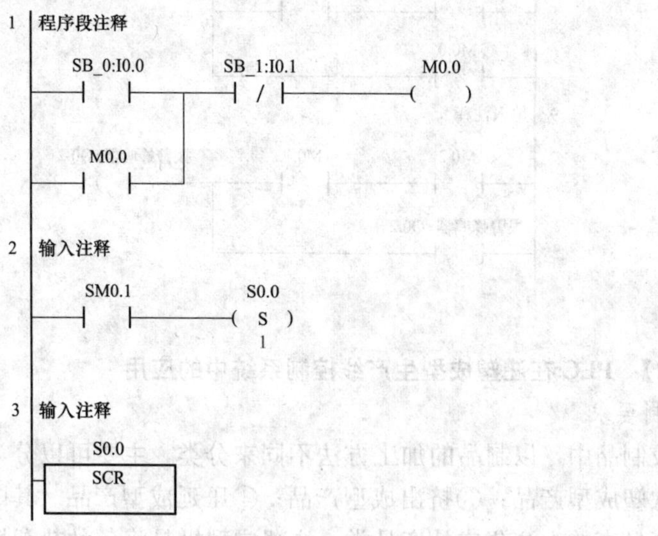

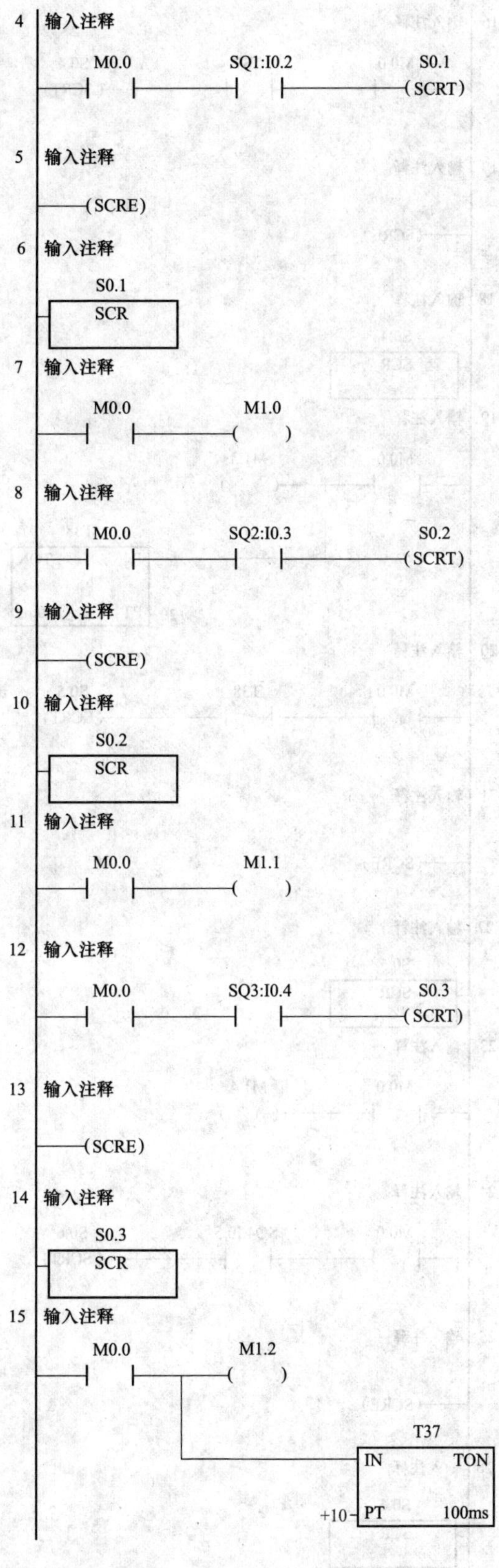
4 输入注释
M0.0
SQ1:I0.2
S0.1
(SCRT)
5 输入注释
(SCRE)
6 输入注释
S0.1
SCR
7 输入注释
M0.0
M1.0
8 输入注释
M0.0
SQ2:I0.3
S0.2
(SCRT)
9 输入注释
(SCRE)
10 输入注释
S0.2
SCR
11 输入注释
M0.0
M1.1
12 输入注释
M0.0
SQ3:I0.4
S0.3
(SCRT)
13 输入注释
(SCRE)
14 输入注释
S0.3
SCR
15 输入注释
M0.0
M1.2
T37
IN
TON
+10
PT
100ms

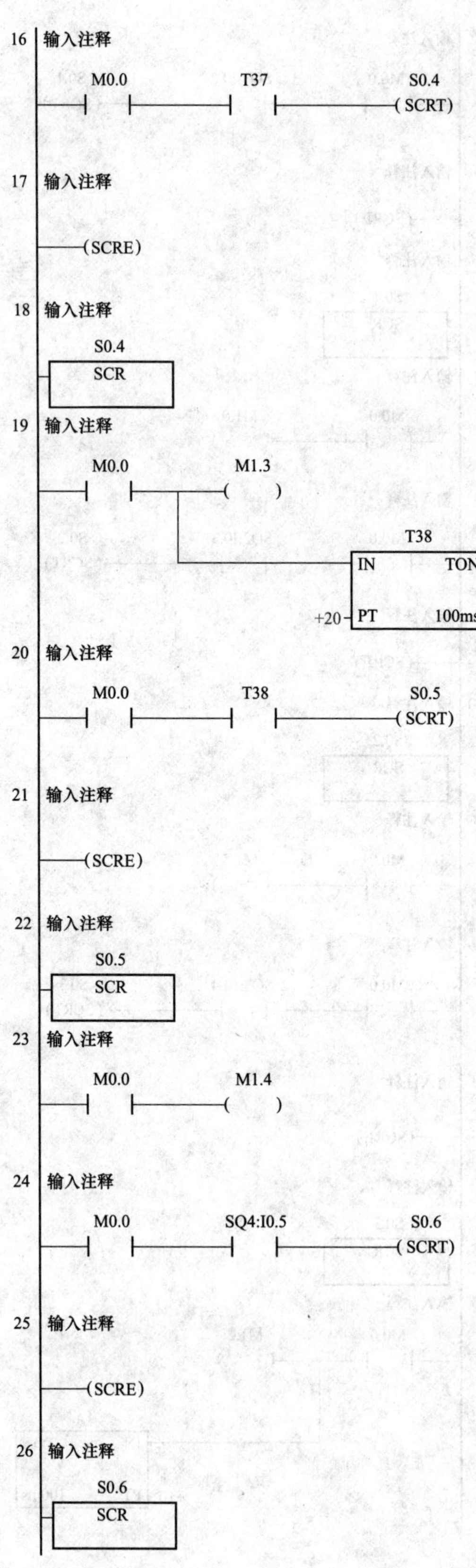
16 输入注释
M0.0
T37
S0.4
SCRT
17 输入注释
SCRE
18 输入注释
S0.4
SCR
19 输入注释
M0.0
M1.3
T38
IN
TON
+20
PT
100ms
20 输入注释
M0.0
T38
S0.5
SCRT
21 输入注释
SCRE
22 输入注释
S0.5
SCR
23 输入注释
M0.0
M1.4
24 输入注释
M0.0
SQ4:I0.5
S0.6
SCRT
25 输入注释
SCRE
26 输入注释
S0.6
SCR

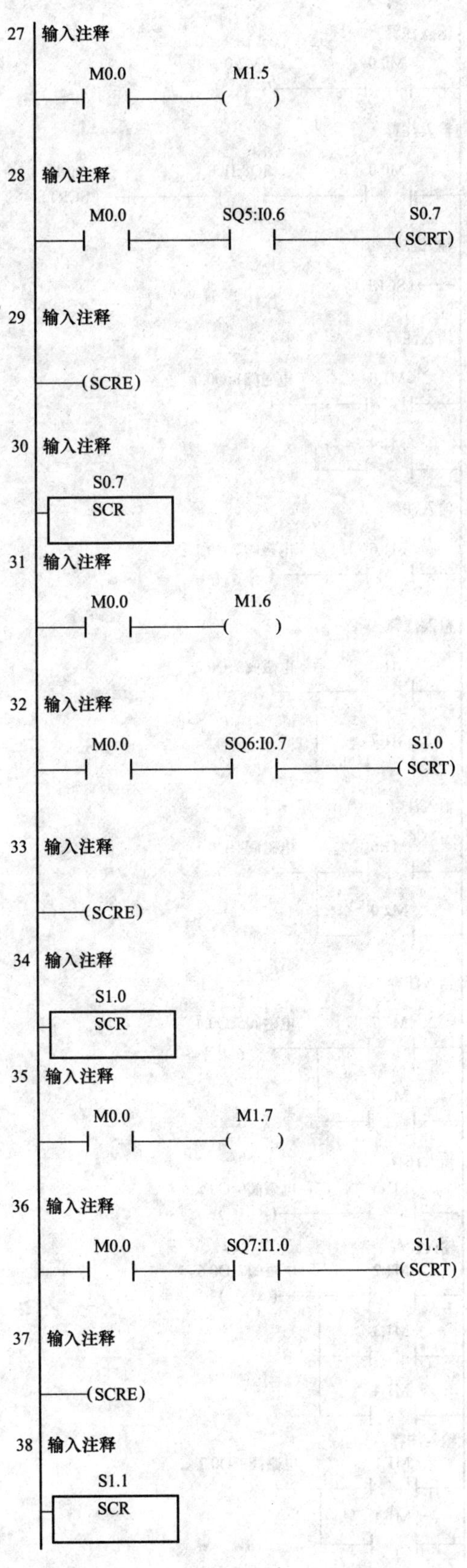
27 输入注释
M0.0
M1.5
28 输入注释
M0.0
SQ5:I0.6
S0.7
(SCRT)
29 输入注释
(SCRE)
30 输入注释
S0.7
SCR
31 输入注释
M0.0
M1.6
32 输入注释
M0.0
SQ6:I0.7
S1.0
(SCRT)
33 输入注释
(SCRE)
34 输入注释
S1.0
SCR
35 输入注释
M0.0
M1.7
36 输入注释
M0.0
SQ7:I1.0
S1.1
(SCRT)
37 输入注释
(SCRE)
38 输入注释
S1.1
SCR

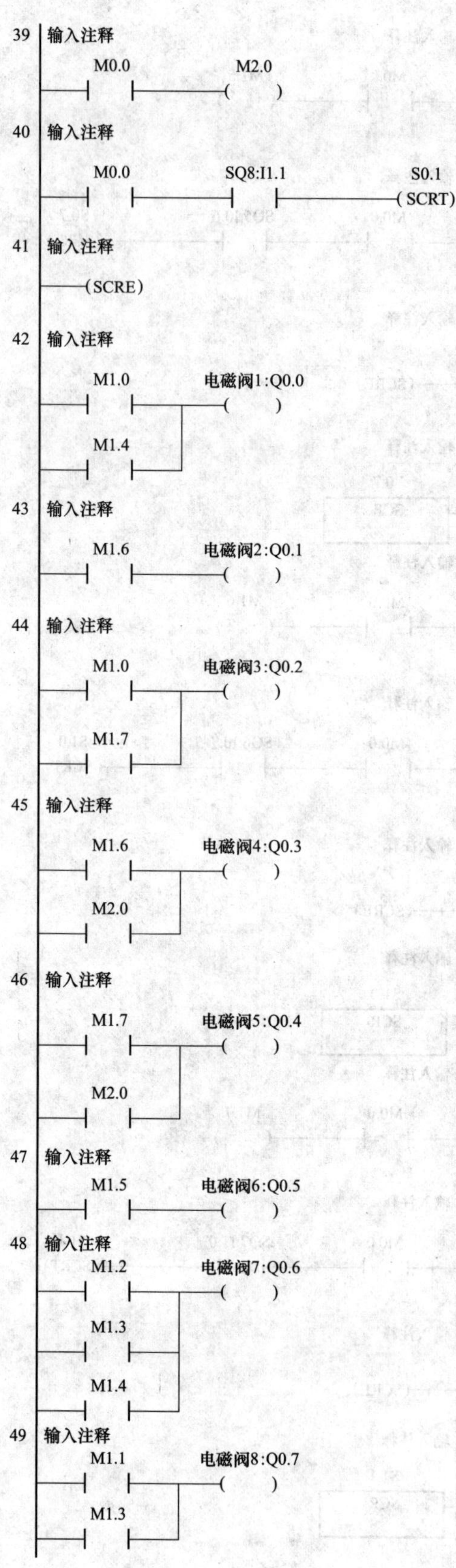
39 输入注释
M0.0
M2.0
40 输入注释
M0.0
SQ8:I1.1
S0.1
SCRT
41 输入注释
SCRE
42 输入注释
M1.0
电磁阀1:Q0.0
M1.4
43 输入注释
M1.6
电磁阀2:Q0.1
44 输入注释
M1.0
电磁阀3:Q0.2
M1.7
45 输入注释
M1.6
电磁阀4:Q0.3
M2.0
46 输入注释
M1.7
电磁阀5:Q0.4
M2.0
47 输入注释
M1.5
电磁阀6:Q0.5
48 输入注释
M1.2
电磁阀7:Q0.6
M1.3
M1.4
49 输入注释
M1.1
电磁阀8:Q0.7
M1.3

【例 63】 使用高速计数器指令实现加工器件清洗控制

1. 控制要求

某传输带的旋转轴上连接了一个 A/B 两相正交脉冲的增量旋转编码器。计数脉冲的个数代表旋转轴的位置，也就是加工器件的传送位移量。编码器旋转一圈产生 10 个 A/B 相脉冲和 1 个复位脉冲，需要在第 5 个和第 8 个脉冲所代表的位置之间接通打开电磁阀并对加工器件进行清洗，其余位置时不对加工器件进行清洗。

2. 程序

电磁阀的关闭由 Q0.0 进行控制，A 相接 I0.0，B 相接 I0.1，复位脉冲接入 I0.2，利用 HSC 的 CV=PV（当前值=预置值）的中断，就可实现此功能。

在主程序中，用首次扫描时接通一个扫描周期的特殊内部存储器 SM0.1 去调用一个子程序，完成初始化操作。在初始化子程序中定义 HSC 为模式 10（两路脉冲输入的双相正交计数，具有复位输入功能）。

（1）主程序。

1 程序段注释
SM0.1
SBR_0
EN

（2）初始化子程序 SBR_0。

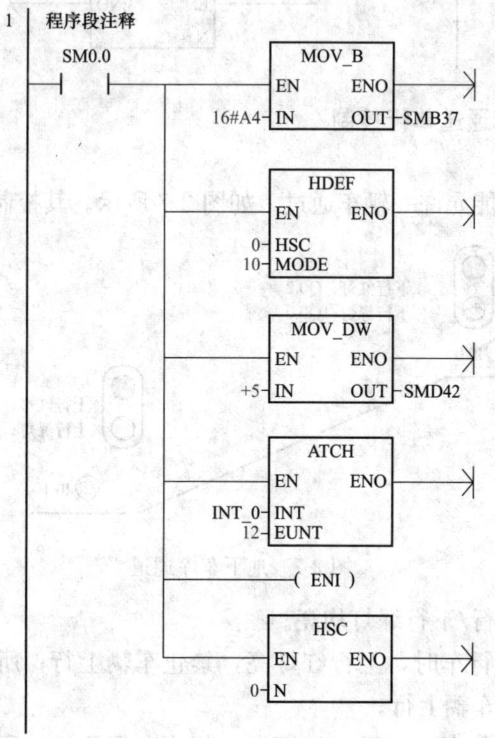

（3）中断程序 INT_0。

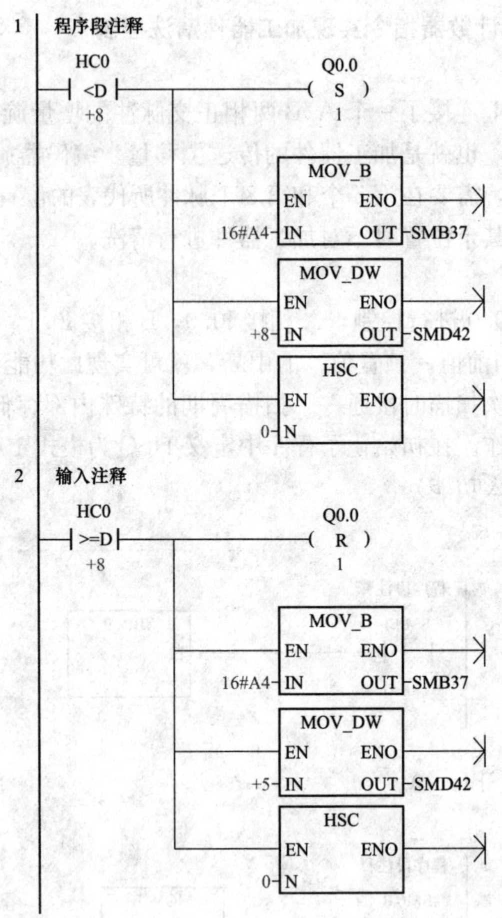

【例 64】 地下车库通道单行控制

1. 控制要求

某地下车库通道只能允许一辆车通过，如图 2-7 所示。其控制要求如下。

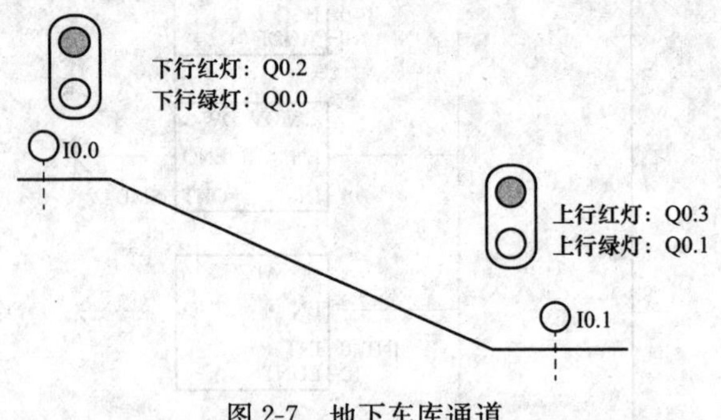

图 2-7　地下车库通道

（1）无车通行时上行/下行绿灯均亮。

（2）当通道内有下行车时，上行红灯亮，禁止车辆上行；所有的下行车驶出通道口后，上行绿灯亮，允许车辆上行。

（3）当通道内有上行车时，下行红灯亮，禁止车辆下行；所有的上行车驶出通道口后，下行绿灯亮，允许车辆下行。

2. 分析

(1) I/O 地址分配表表 2-6 所示。其中 I0.0、I0.1、I0.2 均为动合触点。

表 2-6 **I/O 分配表**

输入		输出	
功能	地址	功能	地址
传感器 B1	I0.0	下行绿灯 HL1	Q0.0
传感器 B2	I0.1	上行绿灯 HL2	Q0.1
复位按钮 SB	I0.2	下行红灯 HL3	Q0.2
		上行红灯 HL4	Q0.3

(2) 根据控制要求，画出流程图，如图 2-8 所示。

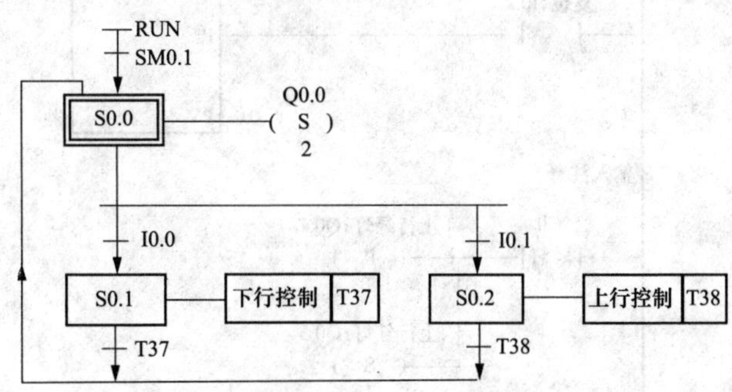

图 2-8 流程图

3. 程序

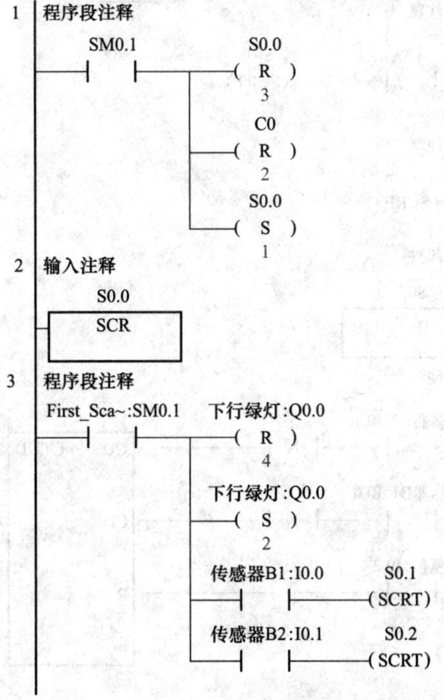

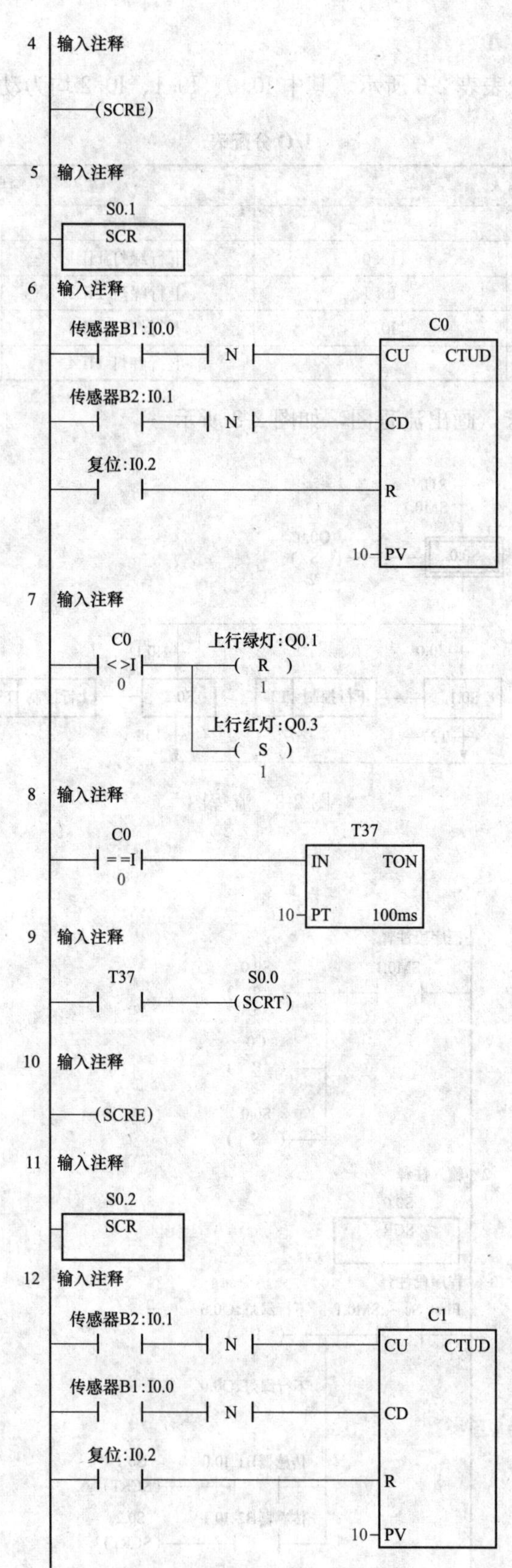

4 输入注释
(SCRE)
5 输入注释
S0.1
SCR
6 输入注释
传感器B1:I0.0
N
C0
CU CTUD
传感器B2:I0.1
N
CD
复位:I0.2
R
10 PV
7 输入注释
C0
<>I
0
上行绿灯:Q0.1
(R)
1
上行红灯:Q0.3
(S)
1
8 输入注释
C0
==I
0
T37
IN TON
10 PT 100ms
9 输入注释
T37
S0.0
(SCRT)
10 输入注释
(SCRE)
11 输入注释
S0.2
SCR
12 输入注释
传感器B2:I0.1
N
C1
CU CTUD
传感器B1:I0.0
N
CD
复位:I0.2
R
10 PV

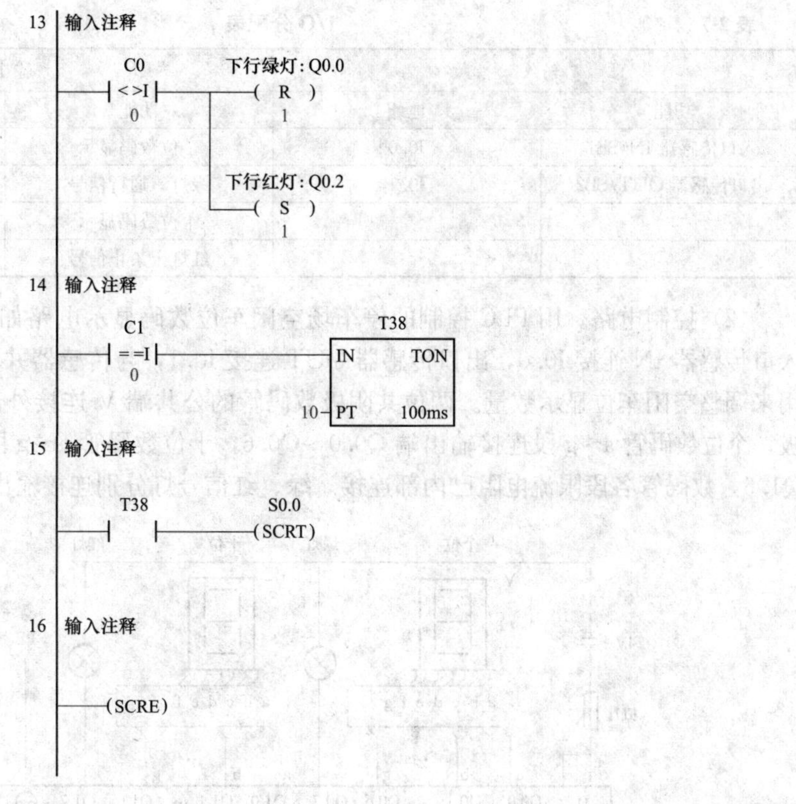

4. 说明

(1) 程序段 1，开机初始化，进入状态 S0.0。

(2) 程序段 2～4 为状态 S0.0，下行绿灯（Q0.0）和上行绿灯（Q0.1）全亮，车辆上下行都可以进入。当有下行车辆进入（I0.0=1）时，转移到分支 S0.1；当有上行车辆进入（I0.1=1）时，转移到分支 S0.2。

(3) 程序段 5～10 为状态 S0.1，当有下行车辆进入（I0.0=1）时，C0 加 1，下行绿灯（Q0.0）和上行红灯（Q0.3）亮；当下行车辆出去（I0.1=1）时，CO 减 1。当通道内没有车辆（C0=0）时，返回 S0.0。

(4) 程序段 11～16 为状态 S0.2，当上行车辆进入（I0.1=1）时，C1 加 1，上行绿灯（Q0.1）和下行红灯（Q0.2）亮。当上行车辆出去（I0.0=1）时，C1 减 1。当通道内没有车辆（C1=0）时，返回 S0.0。

【例 65】 停车场空闲车位数码显示

1. 控制要求

某停车场最多可停 50 辆车，要求用两位数码管显示空闲车位的数量，用出/入传感器检测进出停车场的车辆数目，每进一辆车停车场空闲车位数量减 1，每出一辆车空闲车位数量增 1。当空闲车位的数量大于 5 时，入口处绿灯亮，允许入场；当空闲车位的数量等于或小于 5 时，绿灯闪烁，提醒待进场车辆将满场；当空闲车位的数量等于 0 时，红灯亮，禁止车辆入场。

2. 分析

(1) I/O 地址分配见表 2-7。

表 2-7　　　　I/O分配表

输入		输出	
功能	地址	功能	地址
入口传感器 IN/SB1	I0.0	个位数码显示	Q0.0～Q0.6
出口传感器 OUT/SB2	I0.1	绿灯，通行信号	Q0.7
		十位数码显示	Q1.0～Q1.6
		红灯，禁止信号	Q1.7

（2）控制电路。用 PLC 控制的停车场空闲车位数码显示电路如图 2-9 所示。两线式入口传感器 IN 连接 I0.0，出口传感器 OUT 连接 I0.1，与传感器并联的按钮 SB1 和 SB2 用来调整空闲车位显示数量。两位共阴极数码管的公共端 V-连接外部直流电源 24V 的负极，个位数码管 a～g 段连接输出端 Q0.0～Q0.6，十位数码管 a～g 段连接输出端 Q1.0～Q1.6，数码管各段限流电阻已内部连接。绿、红信号灯分别连接输出端 Q0.7 和 Q1.7。

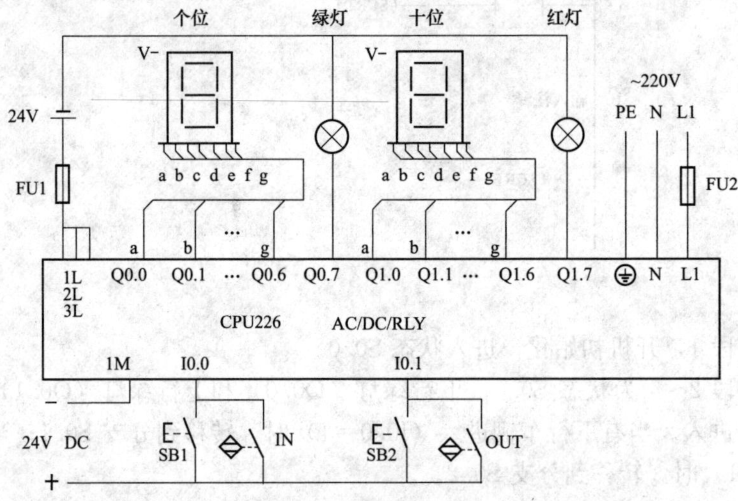

图 2-9　停车场空闲车位数码显示电路

3. 程序

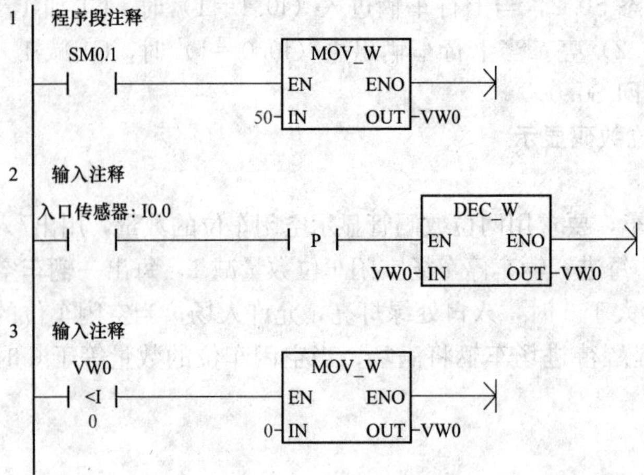

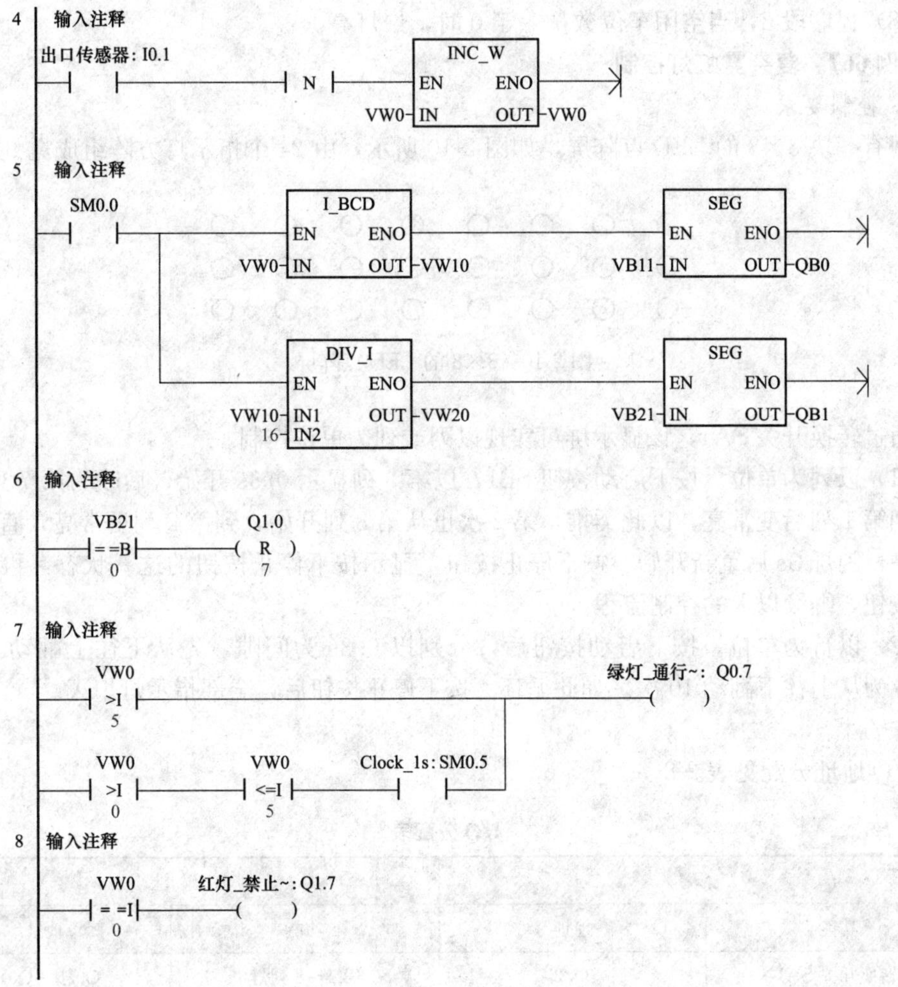

4. 说明

由于需要显示两位数码，所以在程序中应用了 BCD 码转换指令 I _ BCD。I _ BCD 指令将源操作数的二进制数据转换成 8421BCD 码并存入目标操作数中。在目标操作数中每 4 位表示 1 位十进制数，从低至高分别表示个位、十位、百位、千位。

（1）程序段 1，初始化脉冲 SM0.1 设置空闲车位数量初值为 50。

（2）程序段 2，每进 1 车，空闲车位数量减 1。

（3）程序段 3，通过比较和传送指令使空闲车位数量最小为 0，不出现负数。

（4）程序段 4，每出 1 车，空闲车位数量加 1。

（5）程序段 5，将空闲车位数量转换为 BCD 码存储于 VW10 的低位字节 VB11 中，其中个位码存储于低 4 位，十位码存储于高 4 位；将 VB11 的低 4 位 BCD 码转换为七段显示代码送 QB0 显示；通过除以 16 的运算，使 VB11 的高 4 位右移 4 位至低 4 位，然后转换为七段显示代码送 QB1 显示。

（6）程序段 6，当十位 BCD 码为 0 时，Q1.0～Q1.6 复位，不显示十位“0”。

（7）程序段 7，当空闲车位数量大于 5 时，绿灯常亮；当空闲车位数量大于 0 且小于等于 5 时，绿灯闪烁。

(8) 程序段 8，当空闲车位数量等于 0 时，红灯亮。

【例 66】 复杂霓虹灯控制

1. 控制要求

现有一块 3×8 的 LED 点阵屏，如图 2-10 所示，由 24 个指示灯方阵组成霓虹灯。

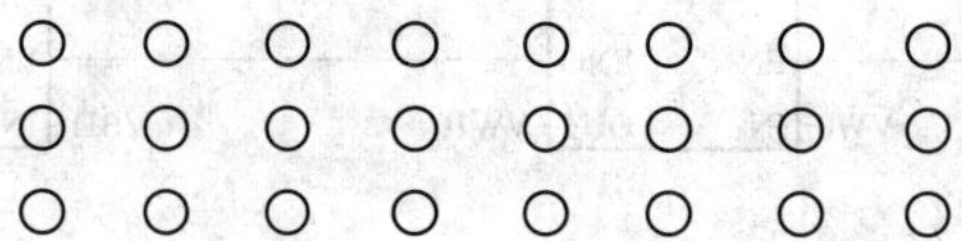

图 2-10 3×8 的 LED 点阵屏

通过转换开关 SA1，该显示屏可实现以列或列为单位控制。

(1) 以列为单位。按下启动按钮 SB1，以第 8 列显示 0.3s 开始，后改为第 7 列……，移动到第 1 列后变常亮，以此类推，第 2 次也从第 8 列开始，到第 2 列后常亮，直至 8 列全部亮，闪烁 3s 后重新开始。按下停止按钮，显示按下停止按钮的这一状态，再次按下启动按钮，继续以上的控制流程。

(2) 以行为单位。按下启动按钮后，分别以 0.3s 为间隙，先从下往上翻动，10 次后，改为从上往下翻动 10 次。如此循环。按下停止按钮后，全部指示灯熄灭。

2. 分析

I/O 地址分配见表 2-8。

表 2-8　I/O 分配表

输入		输出	
功能	地址	功能	地址
转换开关 SA1	I0.2	第 1～8 列灯	Q0.0～Q0.7
启动按钮 SB1	I0.0	第 1～3 行灯	Q1.0～Q1.2

3. 程序

(1) 主程序。

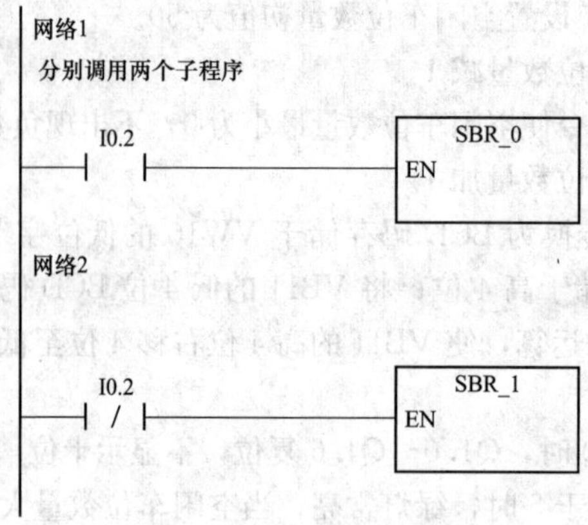

（2）模式 1 子程序。

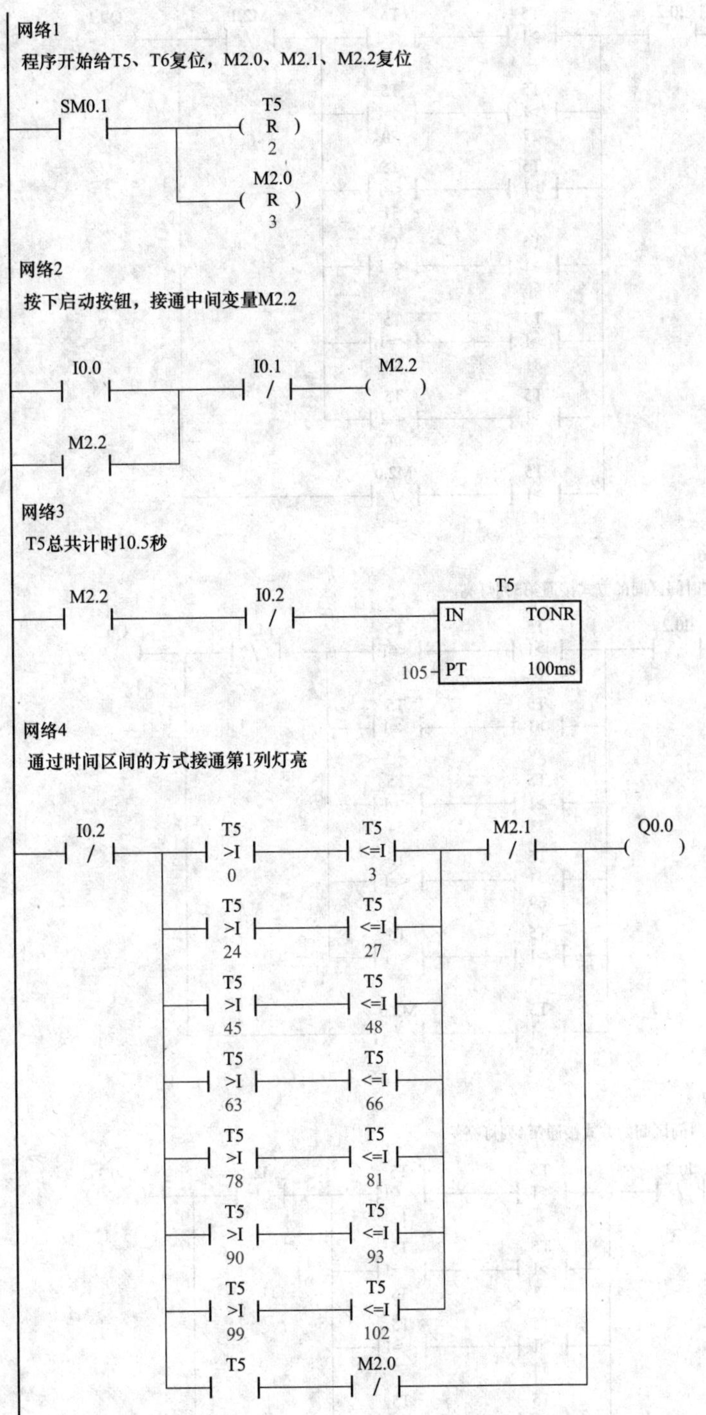
网络1
程序开始给T5、T6复位，M2.0、M2.1、M2.2复位
SM0.1
T5
R
2
M2.0
R
3
网络2
按下启动按钮，接通中间变量M2.2
I0.0
I0.1
M2.2
M2.2
网络3
T5总共计时10.5秒
M2.2
I0.2
T5
IN
TONR
105
PT
100ms
网络4
通过时间区间的方式接通第1列灯亮
I0.2
T5
>I
0
T5
<=I
3
M2.1
Q0.0
T5
>I
24
T5
<=I
27
T5
>I
45
T5
<=I
48
T5
>I
63
T5
<=I
66
T5
>I
78
T5
<=I
81
T5
>I
90
T5
<=I
93
T5
>I
99
T5
<=I
102
T5
M2.0

网络5

通过时间区间的方式接通第2列灯亮

I0.2 / T5 >I 3 T5 <=I 6 M2.1 / Q0.1 ( )

T5 >I 27 T5 <=I 30

T5 >I 48 T5 <=I 51

T5 >I 66 T5 <=I 69

T5 >I 81 T5 <=I 84

T5 >I 93 T5 <=I 96

T5 >I 102 M2.0 /

网络6

通过时间区间的方式接通第3列灯亮

I0.2 / T5 >I 6 T5 <=I 9 M2.1 / Q0.2 ( )

T5 >I 30 T5 <=I 33

T5 >I 51 T5 <=I 54

T5 >I 69 T5 <=I 72

T5 >I 84 T5 <=I 87

T5 >I 96 M2.0 /

网络7

通过时间区间的方式接通第4列灯亮

I0.2 / T5 >I 9 T5 < =I 12 M2.1 / Q0.3 ( )

T5 >I 33 T5 < =I 36

T5 >I 54 T5 < =I 57

T5 >I 72 T5 < =I 75

T5 >I 87 M2.0 /

网络8
通过时间区间的方式接通第5列灯亮

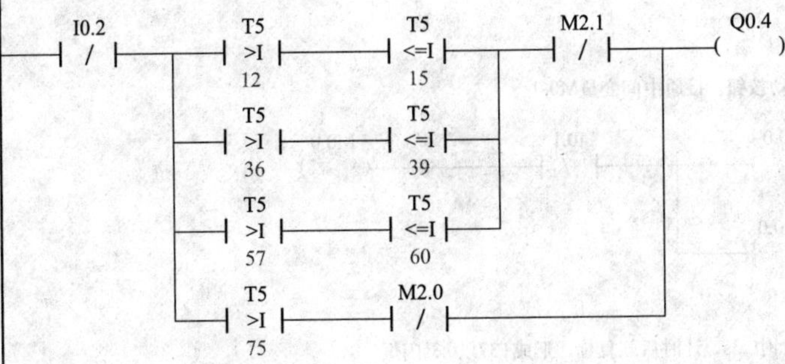

网络9
通过时间区间的方式接通第6列灯亮

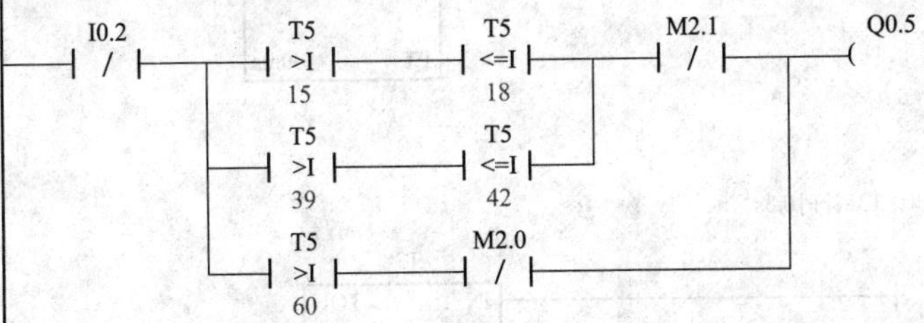

网络10
通过时间区间的方式接通第7列灯亮

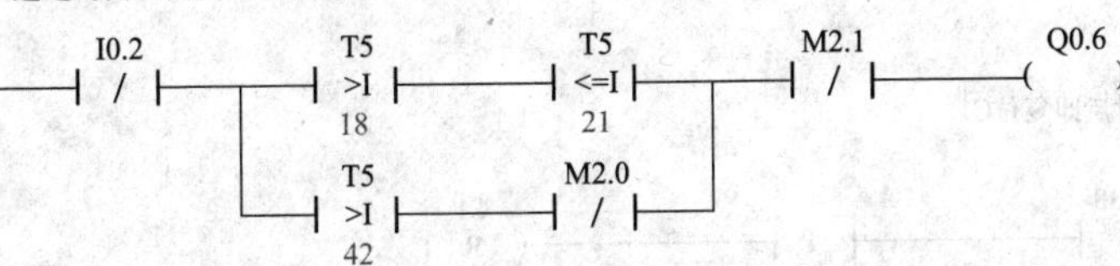

网络11
通过时间区间的方式接通第8列灯亮

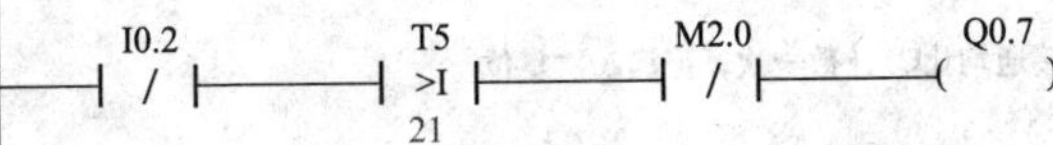

网络12
全亮并闪烁3s，同时让T6计时3s

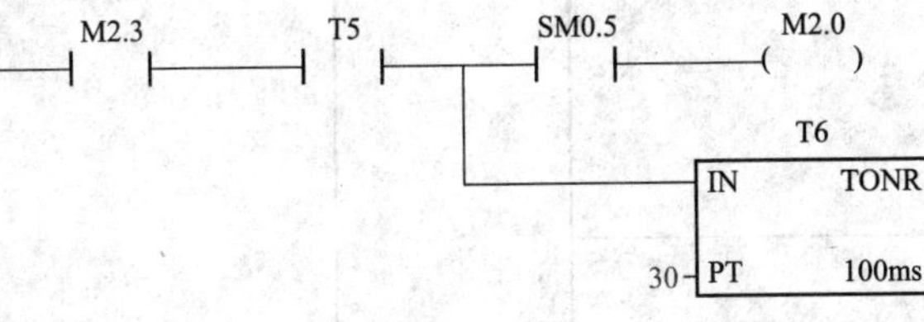

网络13
T6计时结束即复位T5、T6，M2.0、M2.1、M2.2

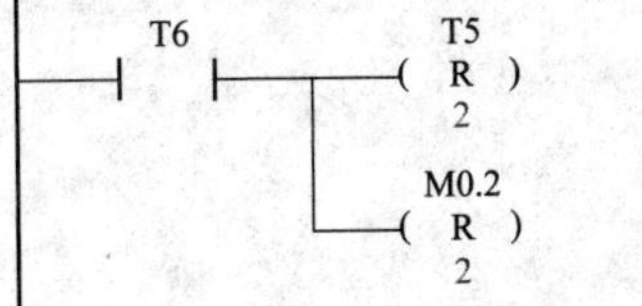

（3）模式 2 子程序。

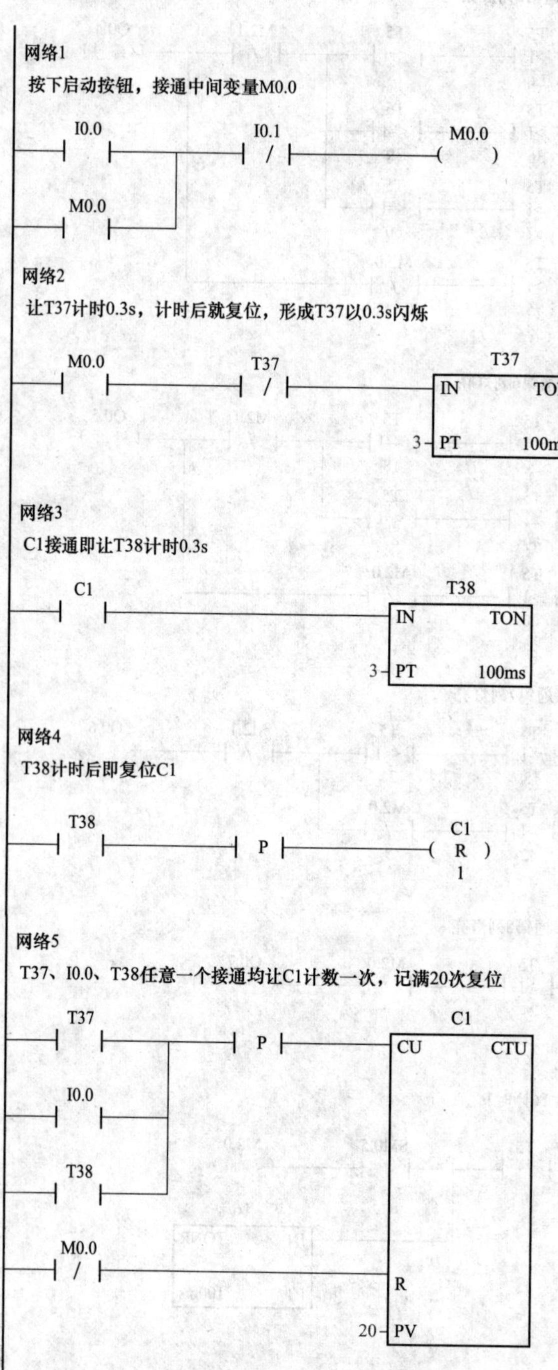
网络1
按下启动按钮，接通中间变量M0.0
I0.0
I0.1
M0.0
M0.0
网络2
让T37计时0.3s，计时后就复位，形成T37以0.3s闪烁
M0.0
T37
T37
IN
TON
3
PT
100ms
网络3
C1接通即让T38计时0.3s
C1
T38
IN
TON
3
PT
100ms
网络4
T38计时后即复位C1
T38
P
C1
R
1
网络5
T37、I0.0、T38任意一个接通均让C1计数一次，记满20次复位
T37
P
C1
CU
CTU
I0.0
T38
M0.0
R
20
PV

网络6

按照灯翻动的规则第1行灯闪烁的次数接通第1行灯

C1 ==I 1
C1 ==I 4
C1 ==I 7
C1 ==I 10
C1 ==I 13
C1 ==I 16
C1 ==I 19
Q1.0 ( )

网络7

按照灯翻动的规则第2行灯闪烁的次数接通第2行灯

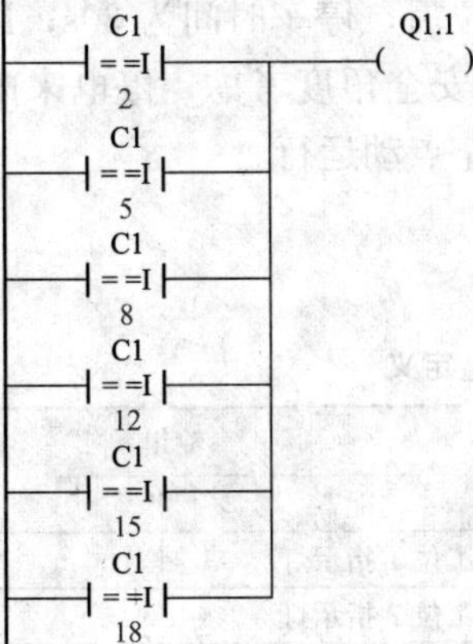

网络8

按照灯翻动的规则第3行灯闪烁的次数接通第3行灯

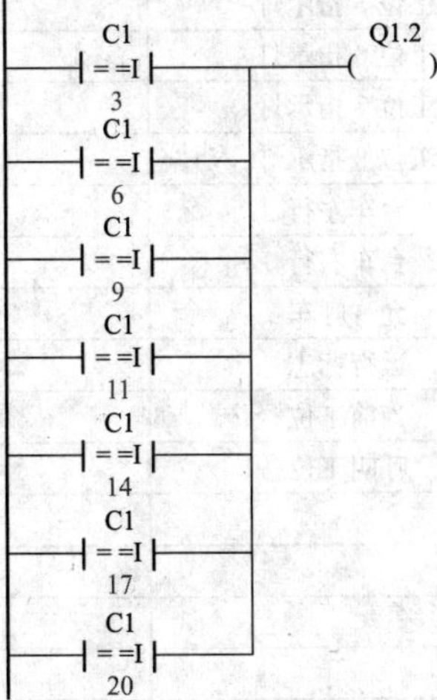

【例 67】 8 工位台车呼叫系统

1. 控制要求

某台车供 8 个工位使用，如图 2-11 所示。台车的运行均采用接触器进行控制。

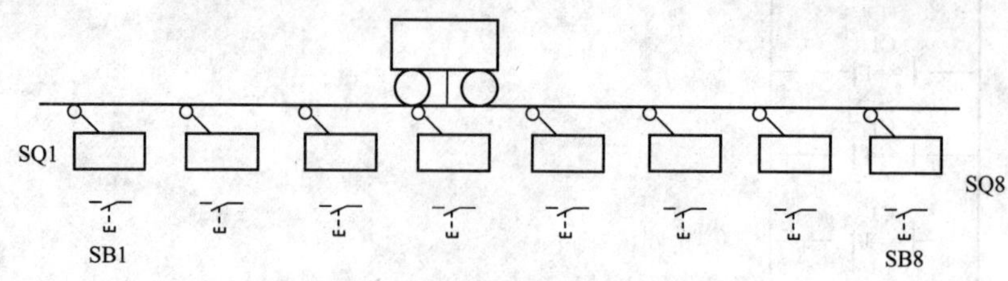

图 2-11　台车呼叫示意图

上电时，台车初始状态可以处于任意工位，如果处于某两工位之间，可以通过点动按钮，调整到任意确定工位位置，默认为 1 号工位。此时，除本工位指示灯不亮外，其余工位指示灯都亮，表示允许呼车。当某工位呼车按钮按下，各工位指示灯全部熄灭，台车运动至该工位，运动期间全部呼车按钮失效，各工位指示灯全部熄灭。呼车工位号大于停车位时，小车右行，反之则左行。比如，台车当前停于 2 号工位，现在 5 号工位呼叫，则台车右行。当小车响应呼车信号停在某一工位后，停车时间为 30s，以便处理该工位工作流程。在此时间段，其他呼车信号无效。从安全角度考虑，停电来电后，小车不允许运行。在点动运行时，按动相应点动按钮，呼车点动运行。

2. 分析

I/O 地址分配及内部变量定义见表 2-9。

表 2-9　　I/O 分配表及内部变量定义

输入		输出	
功能	地址	功能	地址
工位 1 行程开关 SQ1	I0.0	工位 1 指示灯	Q0.1
工位 2 行程开关 SQ2	I0.1	工位 2 指示灯	Q0.1
工位 3 行程开关 SQ3	I0.2	工位 3 指示灯	Q0.2
工位 4 行程开关 SQ4	I0.3	工位 4 指示灯	Q0.3
工位 5 行程开关 SQ5	I0.4	工位 5 指示灯	Q0.4
工位 6 行程开关 SQ6	I0.5	工位 6 指示灯	Q0.5
工位 7 行程开关 SQ7	I0.6	工位 7 指示灯	Q0.6
工位 8 行程开关 SQ8	I0.7	工位 8 指示灯	Q0.7
工位 1 呼叫按钮 SB1	I1.0	台车左行	Q1.0
工位 2 呼叫按钮 SB2	I1.1	台车右行	Q1.1
工位 3 呼叫按钮 SB3	I1.2	允许呼车	Q1.2
工位 4 呼叫按钮 SB4	I1.3	运行标志	M0.1
工位 5 呼叫按钮 SB5	I1.4	当前工位	VB0
工位 6 呼叫按钮 SB6	I1.5	呼叫工位	VB1
工位 7 呼叫按钮 SB7	I1.6		
工位 8 呼叫按钮 SB8	I1.7		
左行点动	I2.0		
右行点动	I2.1		
左行限位	I2.2		
右行限位	I2.3		

3. 程序

(1) 主程序。

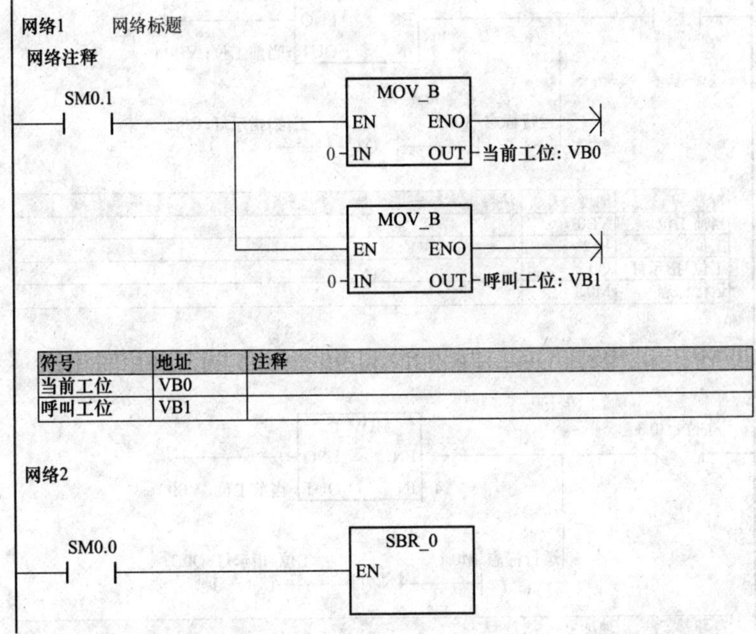

(2) 子程序。

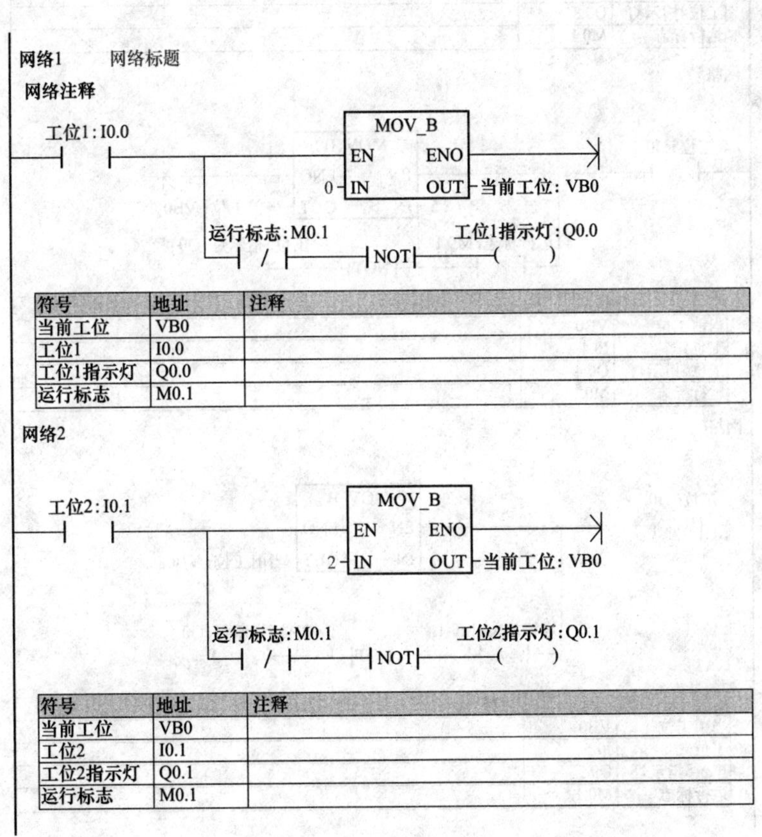

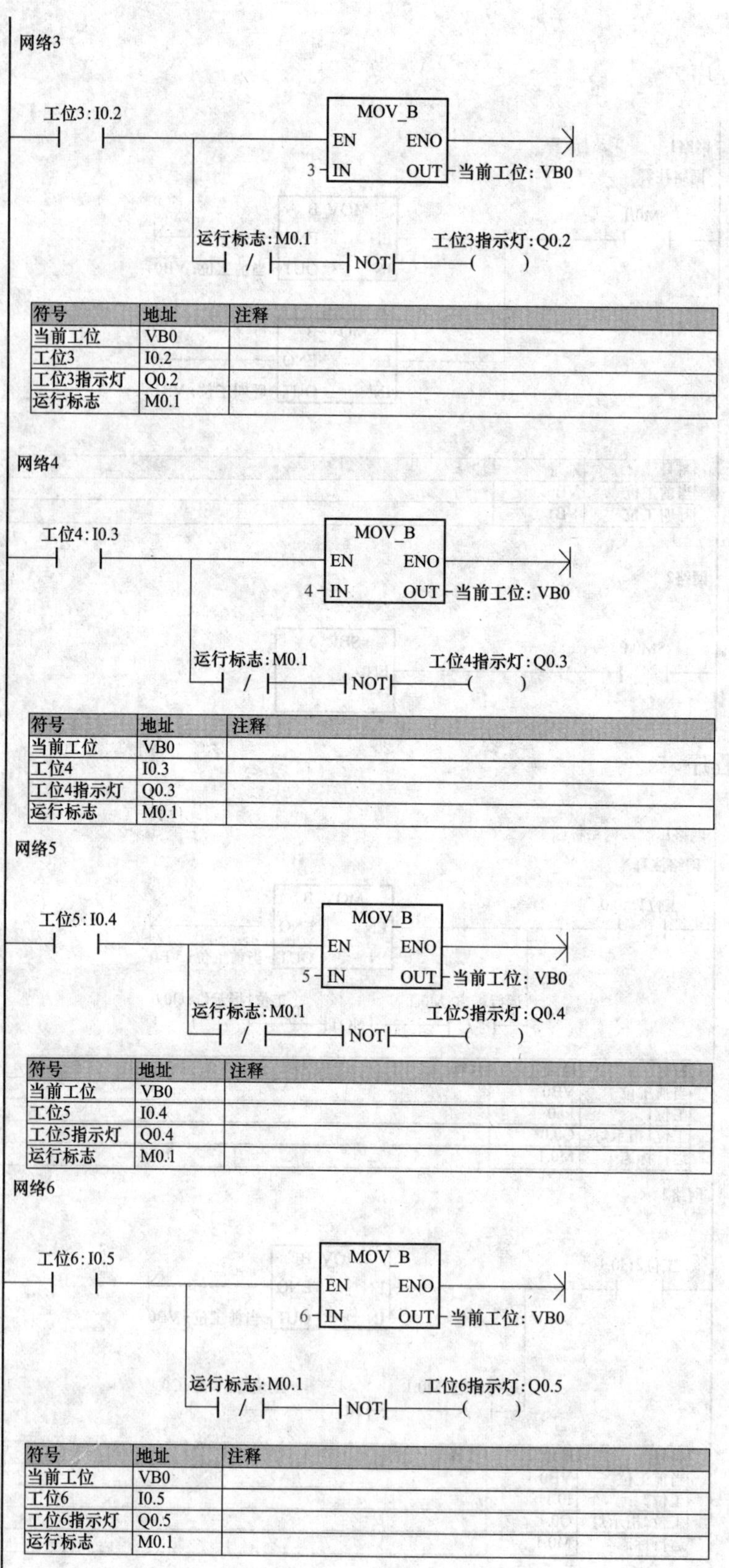

符号	地址	注释
当前工位	VB0	
工位3	I0.2	
工位3指示灯	Q0.2	
运行标志	M0.1	

符号	地址	注释
当前工位	VB0	
工位4	I0.3	
工位4指示灯	Q0.3	
运行标志	M0.1	

符号	地址	注释
当前工位	VB0	
工位5	I0.4	
工位5指示灯	Q0.4	
运行标志	M0.1	

符号	地址	注释
当前工位	VB0	
工位6	I0.5	
工位6指示灯	Q0.5	
运行标志	M0.1	

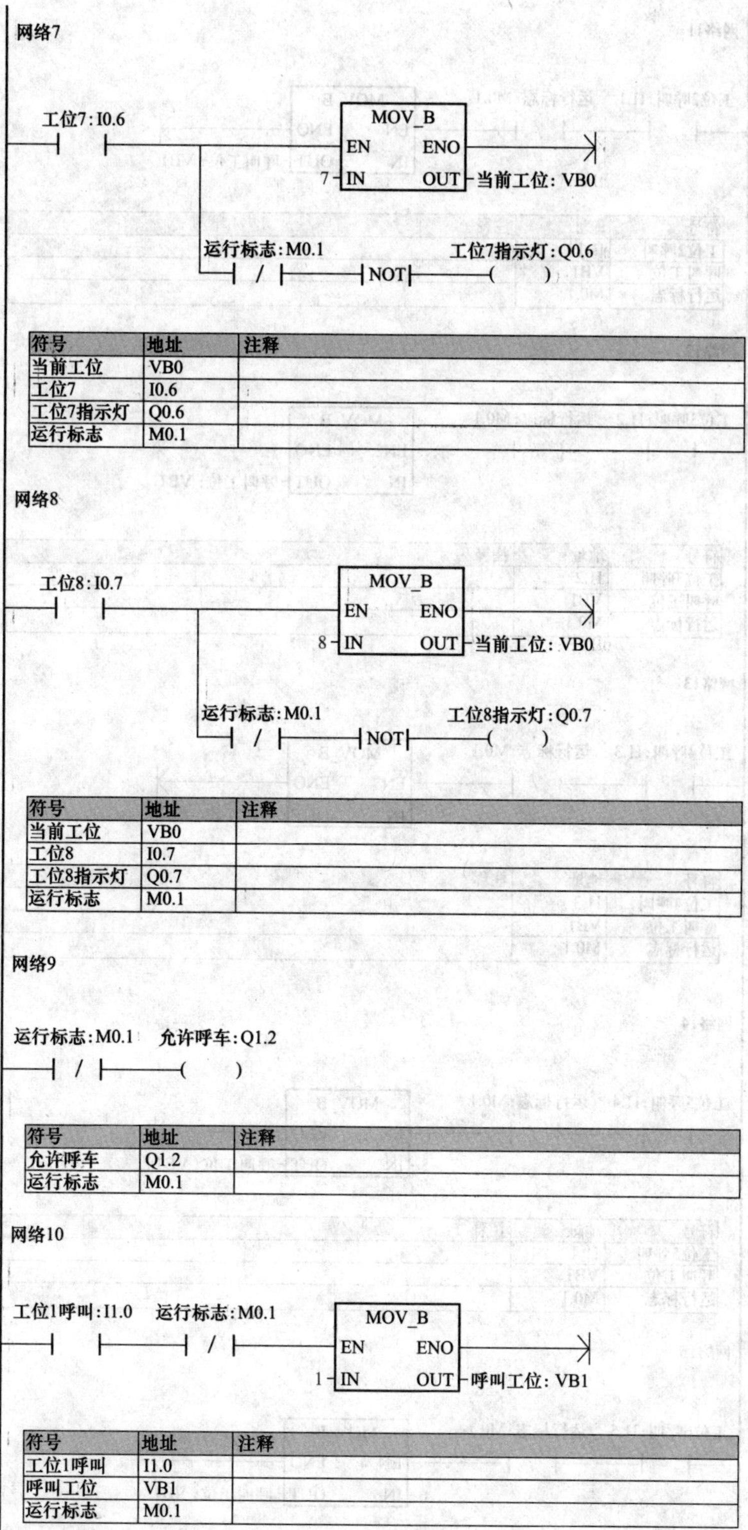

网络7

符号	地址	注释
当前工位	VB0	
工位7	I0.6	
工位7指示灯	Q0.6	
运行标志	M0.1	

网络8

符号	地址	注释
当前工位	VB0	
工位8	I0.7	
工位8指示灯	Q0.7	
运行标志	M0.1	

网络9

符号	地址	注释
允许呼车	Q1.2	
运行标志	M0.1	

网络10

符号	地址	注释
工位1呼叫	I1.0	
呼叫工位	VB1	
运行标志	M0.1	

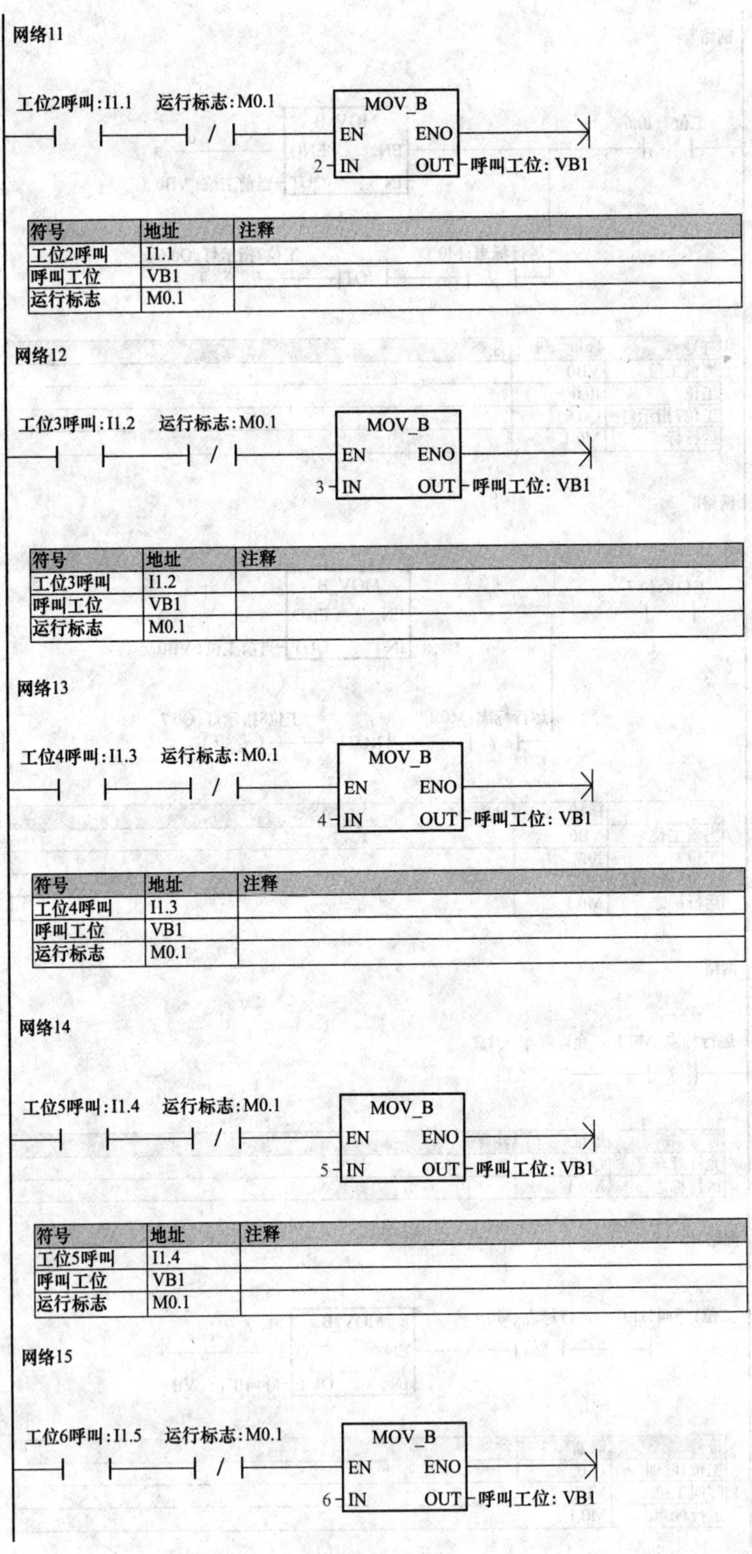

符号	地址	注释
工位2呼叫	I1.1	
呼叫工位	VB1	
运行标志	M0.1	

符号	地址	注释
工位3呼叫	I1.2	
呼叫工位	VB1	
运行标志	M0.1	

符号	地址	注释
工位4呼叫	I1.3	
呼叫工位	VB1	
运行标志	M0.1	

符号	地址	注释
工位5呼叫	I1.4	
呼叫工位	VB1	
运行标志	M0.1	

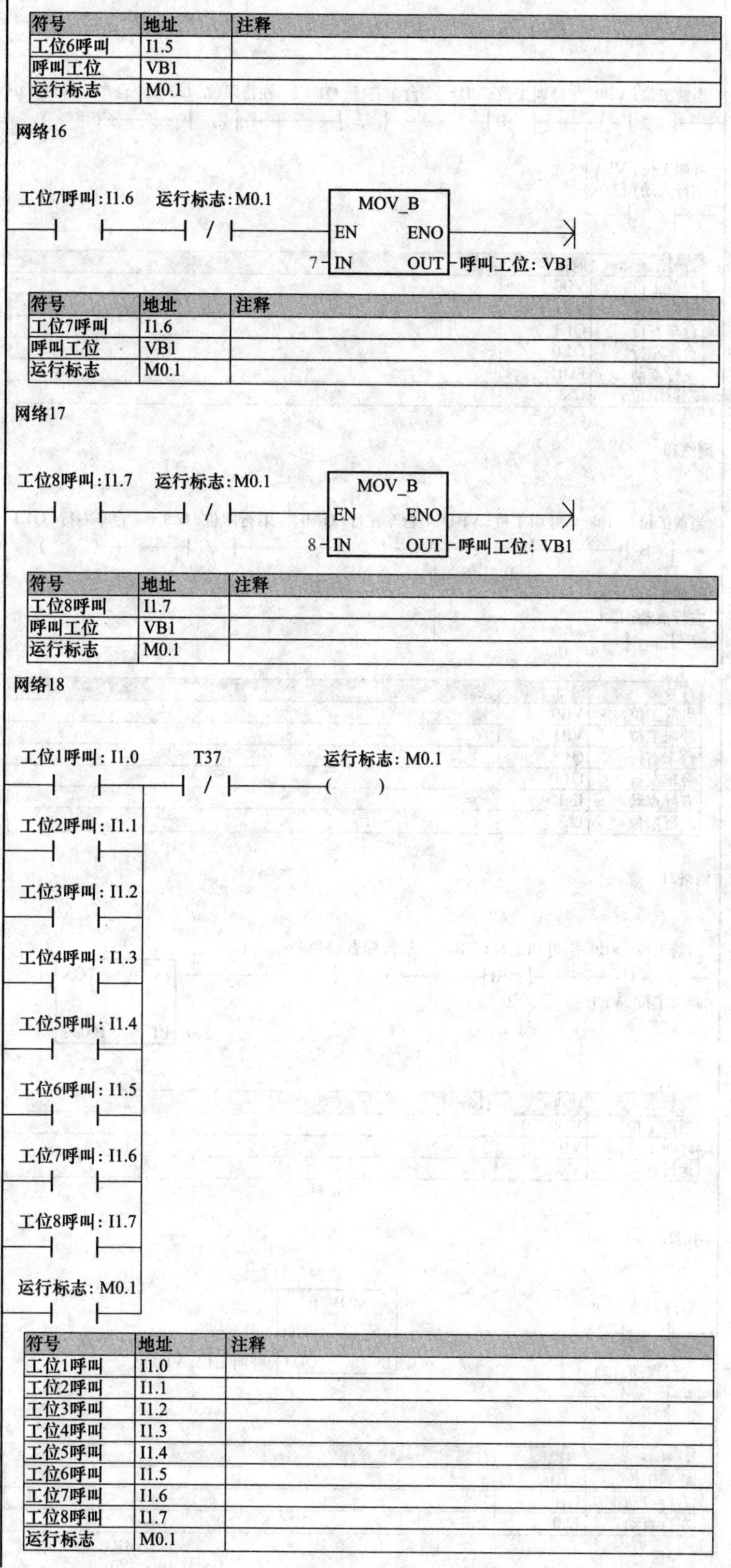

符号	地址	注释
工位6呼叫	I1.5	
呼叫工位	VB1	
运行标志	M0.1	

网络16

符号	地址	注释
工位7呼叫	I1.6	
呼叫工位	VB1	
运行标志	M0.1	

网络17

符号	地址	注释
工位8呼叫	I1.7	
呼叫工位	VB1	
运行标志	M0.1	

网络18

符号	地址	注释
工位1呼叫	I1.0	
工位2呼叫	I1.1	
工位3呼叫	I1.2	
工位4呼叫	I1.3	
工位5呼叫	I1.4	
工位6呼叫	I1.5	
工位7呼叫	I1.6	
工位8呼叫	I1.7	
运行标志	M0.1	

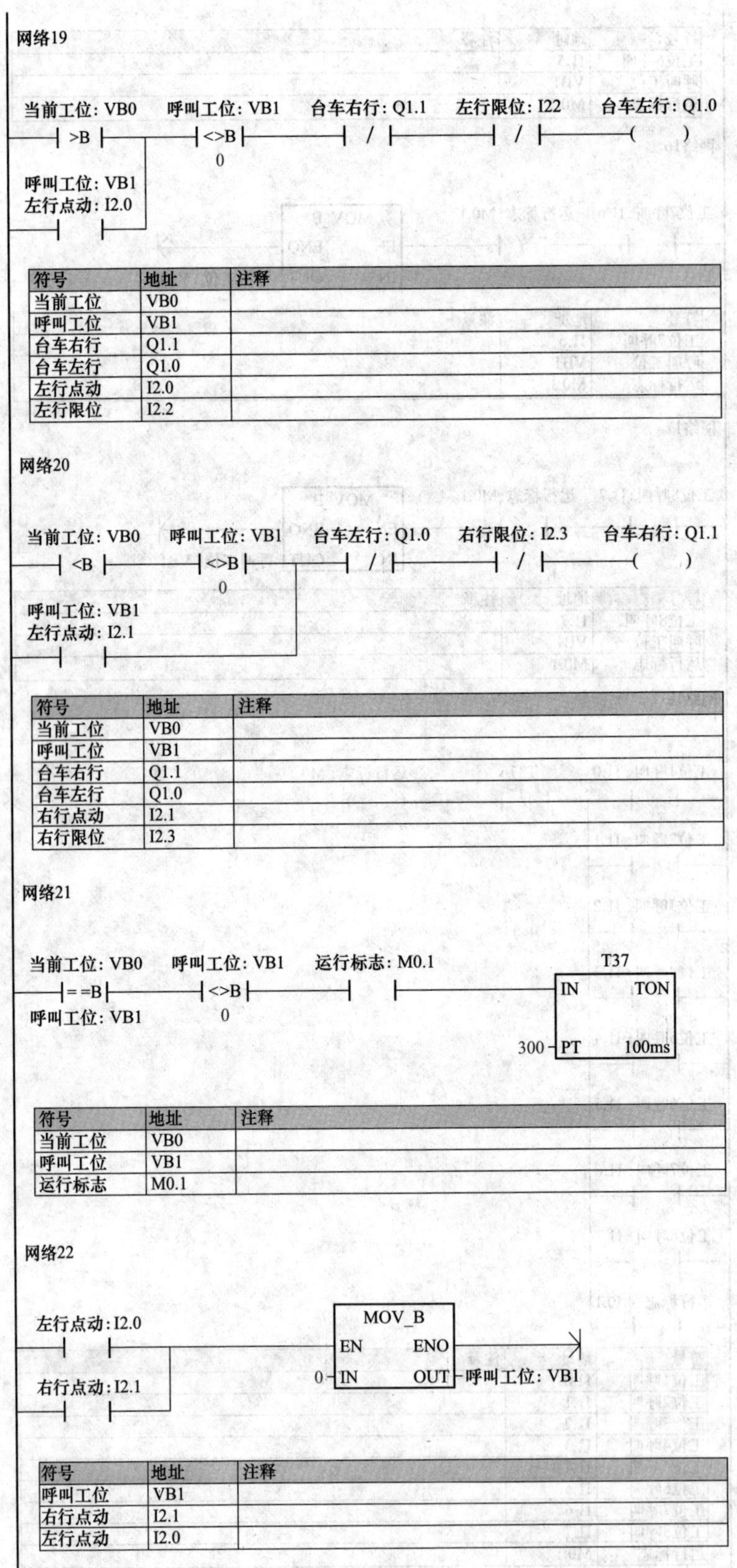

网络19

符号	地址	注释
当前工位	VB0	
呼叫工位	VB1	
台车右行	Q1.1	
台车左行	Q1.0	
左行点动	I2.0	
左行限位	I2.2	

网络20

符号	地址	注释
当前工位	VB0	
呼叫工位	VB1	
台车右行	Q1.1	
台车左行	Q1.0	
右行点动	I2.1	
右行限位	I2.3	

网络21

符号	地址	注释
当前工位	VB0	
呼叫工位	VB1	
运行标志	M0.1	

网络22

符号	地址	注释
呼叫工位	VB1	
右行点动	I2.1	
左行点动	I2.0	

【例 68】 交通灯控制

1. 控制要求

某十字路口的交通灯示意如图 2-12 所示。其中，R、Y、G 分别代表红、黄、绿。

设置启动按钮、停止按钮。正常启动情况下，东西向绿灯亮 30s，转东西绿灯以 0.5s 间隔闪烁 4s，转东西黄灯亮 3s，转南北向绿灯亮 30s，转南北绿灯以 0.5s 间隔闪烁 4s，转南北黄灯亮 3s，再转东西绿灯亮 30s，以此类推。

假设 PLC 内部时钟为北京时间，在上午 7：30～9：00 及下午 16：30～18：00 为上班高峰时段，在这一时间段内，绿灯的常亮时间为 45s，其余闪烁及黄灯时间不变。

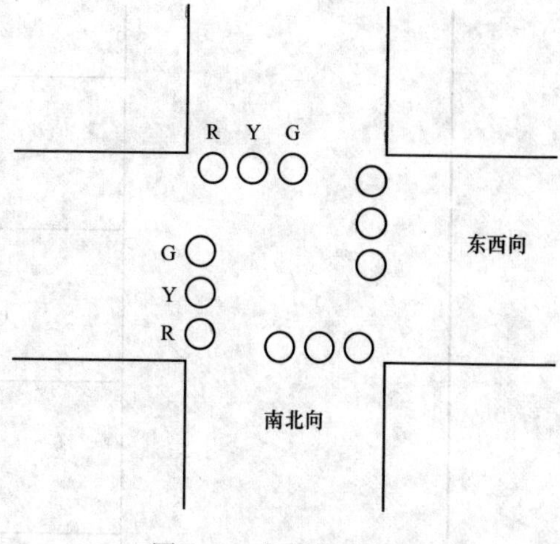

图 2-12 红绿灯示意图

在东西向绿灯时，南北向应显示红灯。当东西向转黄灯亮时，南北向红灯以 0.5s 间隔闪烁；同理，南北绿灯时，东西向应显示红灯，当南北向黄灯时，东西向应红灯以 0.5s 间隔闪烁。

2. 分析

I/O 地址分配见表 2-10。

表 2-10 **I/O 分配表**

输入		输出	
功能	地址	功能	地址
启动信号	I0.0	东西向绿灯	Q0.0
停止信号	I0.1	东西向黄灯	Q0.1
设定时间	I0.1	东西向红灯	Q0.2
		南北向绿灯	Q0.3
		南北向黄灯	Q0.4
		南北向红灯	Q0.5
		运行状态位	M0.0

3. 程序

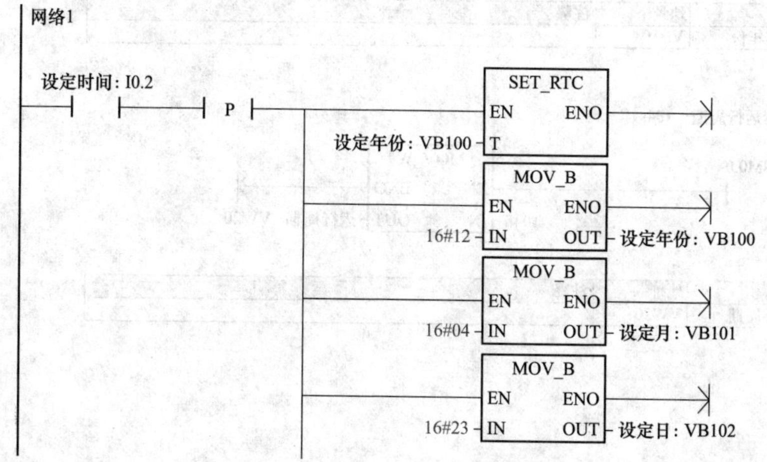

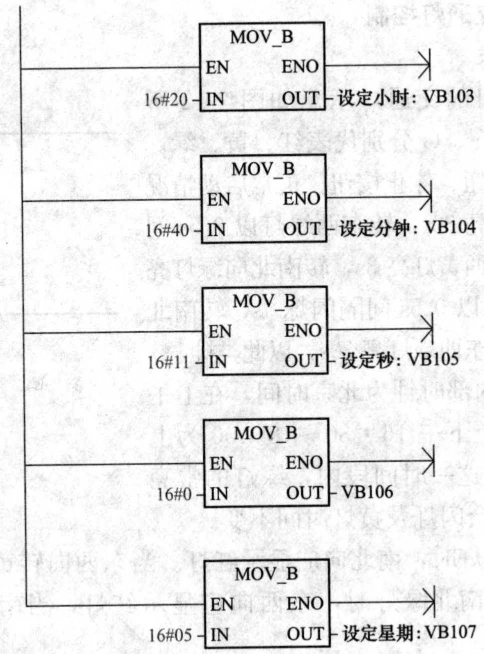

符号	地址	注释
设定分钟	VB104	
设定秒	VB105	
设定年份	VB100	
设定日	VB102	
设定时间	I0.2	
设定小时	VB103	
设定星期	VB107	
设定月	VB101	

网络2

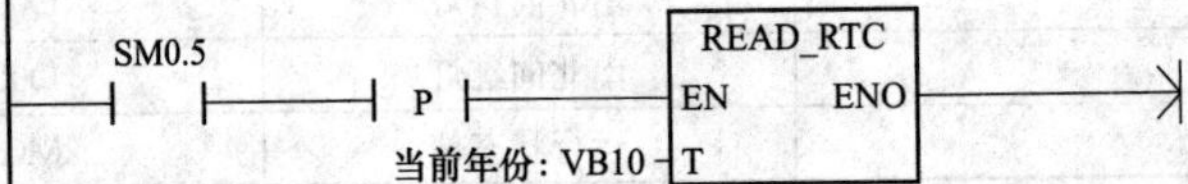

符号	地址	注释
当前年份	VB10	

网络3

高峰运行周期：104s

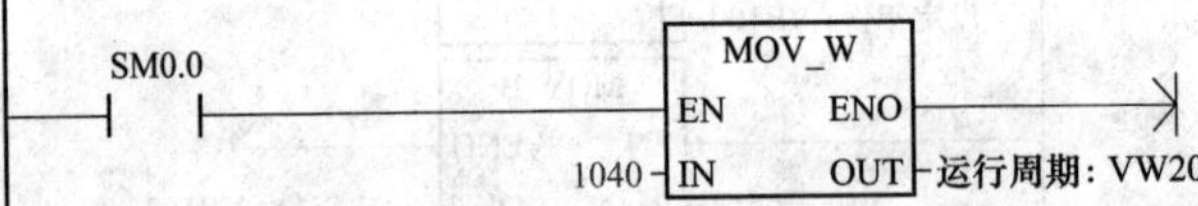

符号	地址	注释
运行周期	VW20	

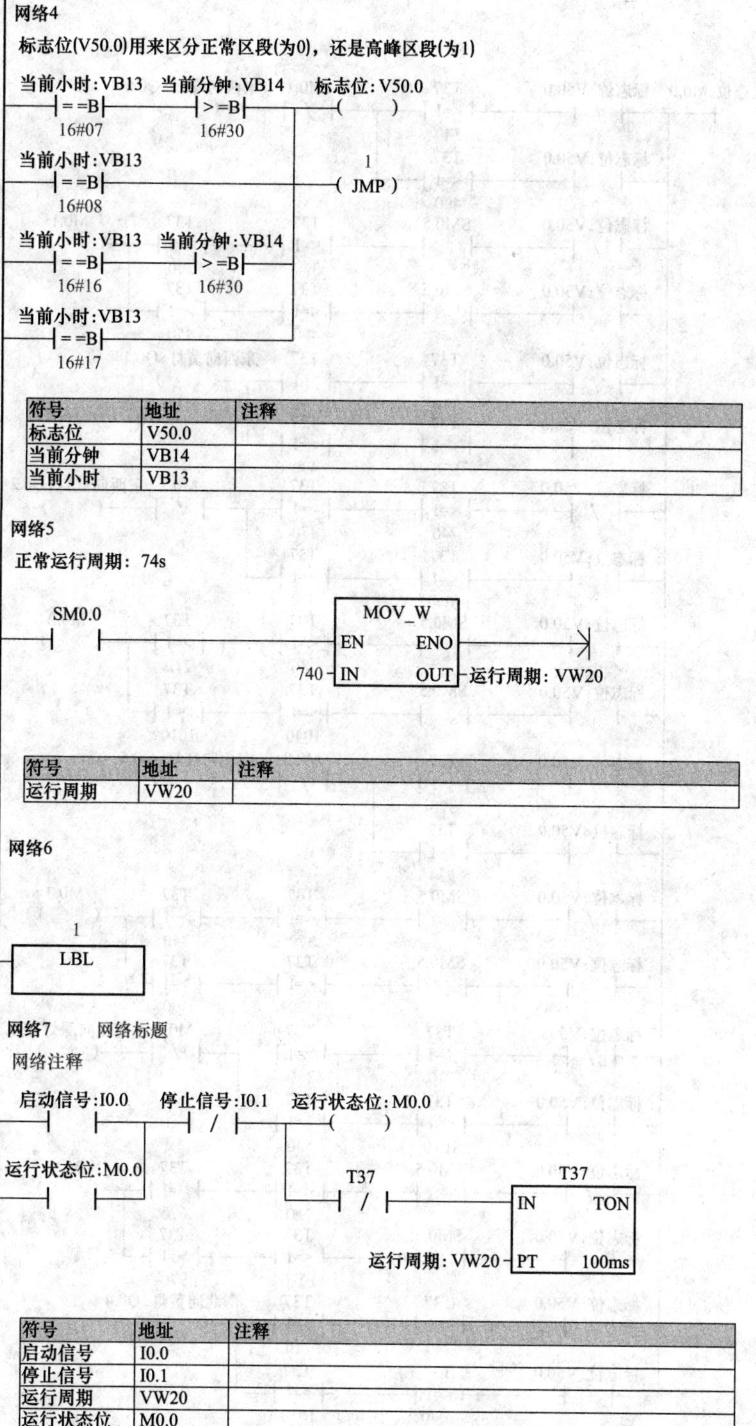

符号	地址	注释
标志位	V50.0	
当前分钟	VB14	
当前小时	VB13	

符号	地址	注释
运行周期	VW20	

符号	地址	注释
启动信号	I0.0	
停止信号	I0.1	
运行周期	VW20	
运行状态位	M0.0	

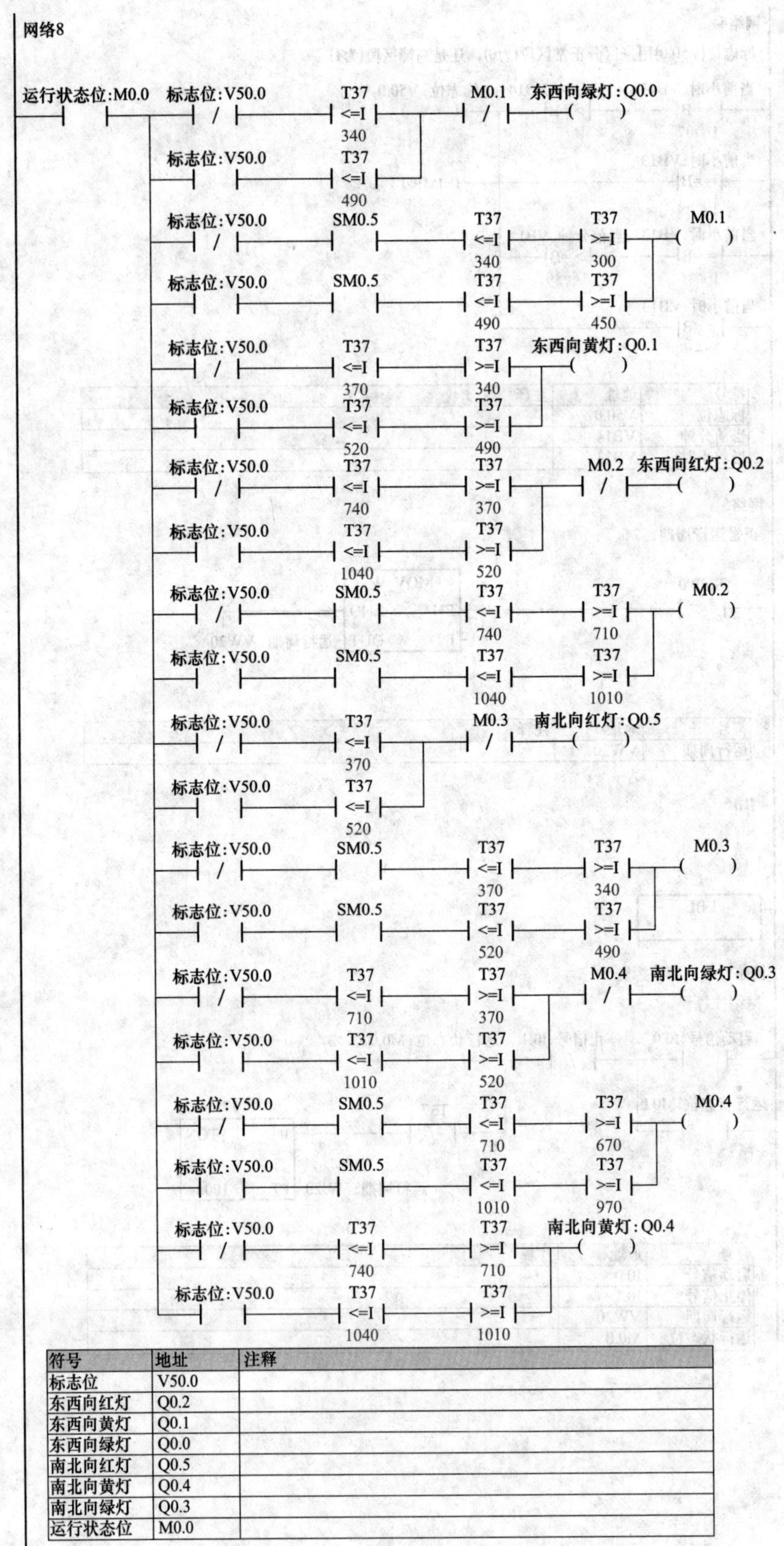

符号	地址	注释
标志位	V50.0	
东西向红灯	Q0.2	
东西向黄灯	Q0.1	
东西向绿灯	Q0.0	
南北向红灯	Q0.5	
南北向黄灯	Q0.4	
南北向绿灯	Q0.3	
运行状态位	M0.0	

【例 69】 4 路抢答器控制系统

1. 控制要求

某 4 路抢答器每一抢答位均有抢答按钮（SB1、SB2、SB3、SB4）及指示灯。主持人位设置抢答开始（SB9）及清零按钮（SB10）。系统中，另有一个七段数码管，用于显示抢答位。

（1）上电时，系统开始运行。主持人按下抢答开始按钮，倒计时 15s 开始。在这 15s 内按下抢答按钮，相应抢答位指示灯常亮，同时抢答位数码管同时显示该抢答位数。

（2）主持人按下清零按钮后，指示灯熄灭，同时数码管也熄灭。这时，抢答按钮应有效。在主持人按下开始按钮前抢答位按钮按下，则属违规。此时抢答位指示灯闪烁，同时抢答位数码管显示违规位。

（3）在主持人按下抢答开始后，若有人成功抢答，则其他位抢答按钮均无效。同理，在主持人按下清零按钮未按开始按钮，有人违规抢答也应互锁。

（4）若支持人按下抢答开始按钮后，15s 倒计时结束无人抢答，视为本次抢答无效，每个抢答位指示灯同时闪烁，同时所有抢答按钮均无效。

2. 分析

I/O 地址分配见表 2-11。

表 2-11　　I/O 分配表

输入		输出	
功能	地址	功能	地址
抢答位按钮 1 SB1	I0.0	位 1 指示灯	Q0.0
抢答位按钮 2 SB2	I0.1	位 2 指示灯	Q0.1
抢答位按钮 3 SB3	I0.2	位 3 指示灯	Q0.2
抢答位按钮 4 SB4	I0.3	位 4 指示灯	Q0.3
总控开始按钮 SB9	I1.0	数码管显示	QB1
总控清零按钮 SB10	I1.1		

3. 程序

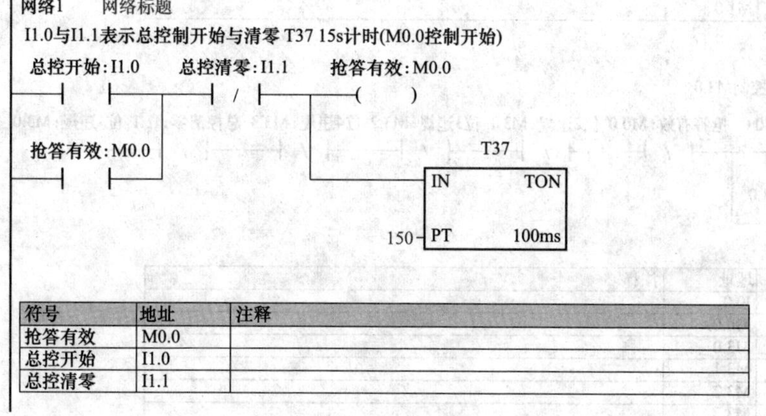

网络2

总开始15s后无人抢答，所有指示灯闪烁(M2.0控制闪烁)

抢答有效:M0.0 选手1:M1.0 选手2:M1.1 选手3:M1.2 选手4:M1.3 T37 超时15s:M2.0

符号	地址	注释
超时15s	M2.0	
抢答有效	M0.0	
选手1	M1.0	
选手2	M1.1	
选手3	M1.2	
选手4	M1.3	

网络3

I0.0表示1号选手抢答

抢答位按钮1:I0.0 抢答有效:M0.0 选手2:M1.1 选手3:M1.2 超时15s:M2.0 选手4:M1.3 选手1:M1.0

选手1:M1.0

符号	地址	注释
超时15s	M2.0	
抢答位按钮1	I0.0	
抢答有效	M0.0	
选手1	M1.0	
选手2	M1.1	
选手3	M1.2	
选手4	M1.3	

网络4 网络标题

违规操作抢答闪烁与无人抢答闪烁

超时15s:M2.0 SM0.5 位1指示灯:Q0.0

位1违规:M3.0

选手1:M1.0

符号	地址	注释
超时15s	M2.0	
位1违规	M3.0	
位1指示灯	Q0.0	
选手1	M1.0	

网络5

违规操作闪烁控制M3.0

抢答位按钮1:I0.0 抢答有效:M0.0 位2违规:M3.1 位3违规:M3.2 位4违规:M3.3 总控清零:I1.1 位1违规:M3.0

位1违规:M3.0

符号	地址	注释
抢答位按钮1	I0.0	
抢答有效	M0.0	
位1违规	M3.0	
位2违规	M3.1	
位3违规	M3.2	
位4违规	M3.3	
总控清零	I1.1	

网络6

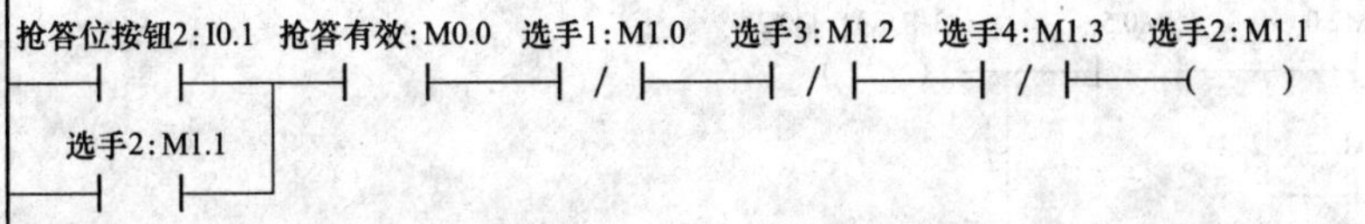

抢答位按钮2:I0.1 抢答有效:M0.0 选手1:M1.0 选手3:M1.2 选手4:M1.3 选手2:M1.1

选手2:M1.1

符号	地址	注释
抢答位按钮2	I0.1	
抢答有效	M0.0	
选手1	M1.0	
选手2	M1.1	
选手3	M1.2	
选手4	M1.3	

网络7 网络标题

网络注释

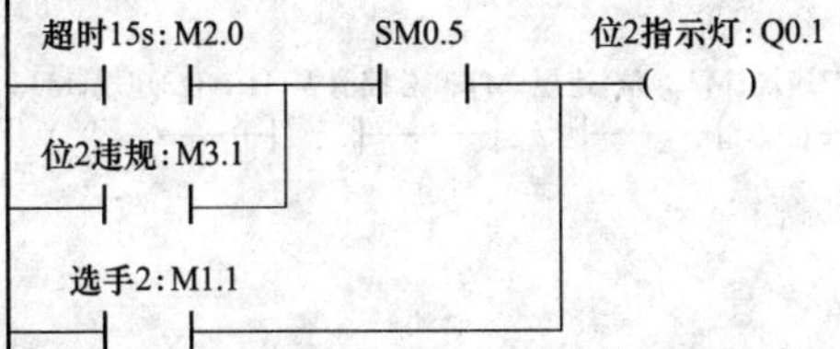

超时15s:M2.0 SM0.5 位2指示灯:Q0.1

位2违规:M3.1

选手2:M1.1

符号	地址	注释
超时15s	M2.0	
位2违规	M3.1	
位2指示灯	Q0.1	
选手2	M1.1	

网络8

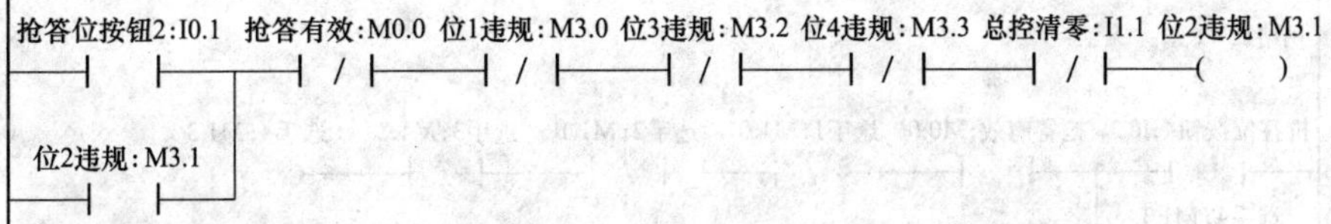

抢答位按钮2:I0.1 抢答有效:M0.0 位1违规:M3.0 位3违规:M3.2 位4违规:M3.3 总控清零:I1.1 位2违规:M3.1

位2违规:M3.1

符号	地址	注释
抢答位按钮2	I0.1	
抢答有效	M0.0	
位1违规	M3.0	
位2违规	M3.1	
位3违规	M3.2	
位4违规	M3.3	
总控清零	I1.1	

网络9

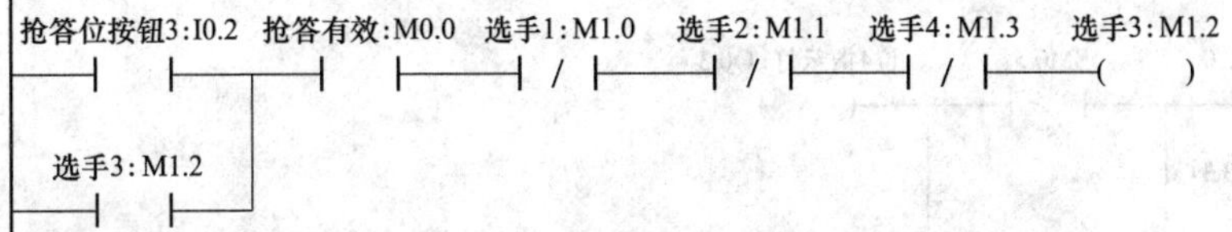

抢答位按钮3:I0.2 抢答有效:M0.0 选手1:M1.0 选手2:M1.1 选手4:M1.3 选手3:M1.2

选手3:M1.2

符号	地址	注释
抢答位按钮3	I0.2	
抢答有效	M0.0	
选手1	M1.0	
选手2	M1.1	
选手3	M1.2	
选手4	M1.3	

网络10　网络标题

网络注释

超时15s:M2.0　SM0.5　位3指示灯:Q0.2

位3违规:M3.2

选手3:M1.2

符号	地址	注释
超时15s	M2.0	
位3违规	M3.2	
位3指示灯	Q0.2	
选手3	M1.2	

网络11

抢答位按钮3:I0.2　抢答有效:M0.0　位1违规:M3.0　位2违规:M3.1　位4违规:M3.3　总控清零:I1.1　位3违规:M3.2

位3违规:M3.2

符号	地址	注释
抢答位按钮3	I0.2	
抢答有效	M0.0	
位1违规	M3.0	
位2违规	M3.1	
位3违规	M3.2	
位4违规	M3.3	
总控清零	I1.1	

网络12

抢答位按钮4:I0.3　抢答有效:M0.0　选手1:M1.0　选手2:M1.1　选手3:M1.2　选手4:M1.3

选手4:M1.3

符号	地址	注释
抢答位按钮4	I0.3	
抢答有效	M0.0	
选手1	M1.0	
选手2	M1.1	
选手3	M1.2	
选手4	M1.3	

网络13　网络标题

网络注释

超时15s:M2.0　SM0.5　位4指示灯:Q0.3

位4违规:M3.3

选手4:M1.3

符号	地址	注释
超时15s	M2.0	
位4违规	M3.3	
位4指示灯	Q0.3	
选手4	M1.3	

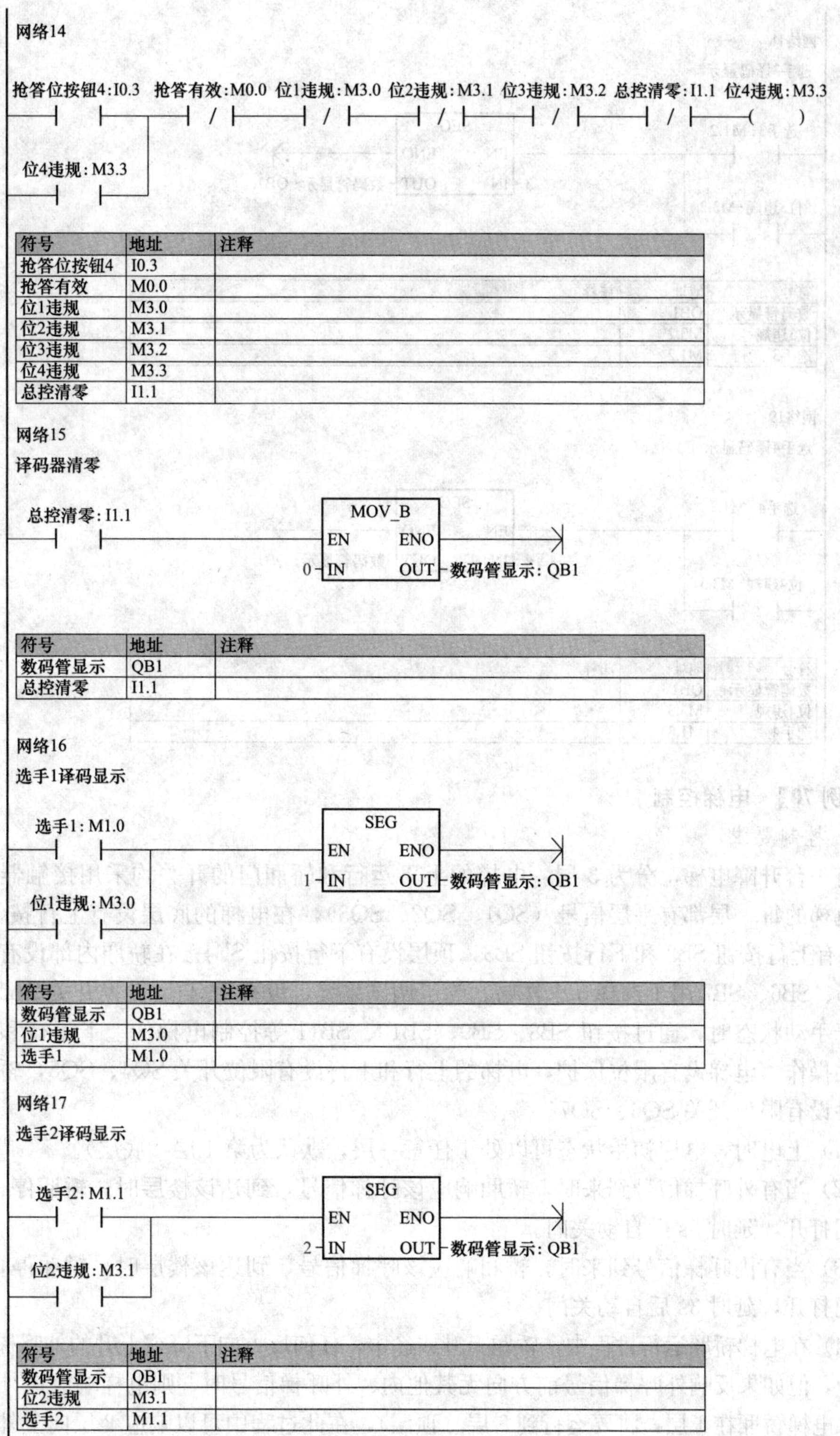

符号	地址	注释
抢答位按钮4	I0.3	
抢答有效	M0.0	
位1违规	M3.0	
位2违规	M3.1	
位3违规	M3.2	
位4违规	M3.3	
总控清零	I1.1	

符号	地址	注释
数码管显示	QB1	
总控清零	I1.1	

符号	地址	注释
数码管显示	QB1	
位1违规	M3.0	
选手1	M1.0	

符号	地址	注释
数码管显示	QB1	
位2违规	M3.1	
选手2	M1.1	

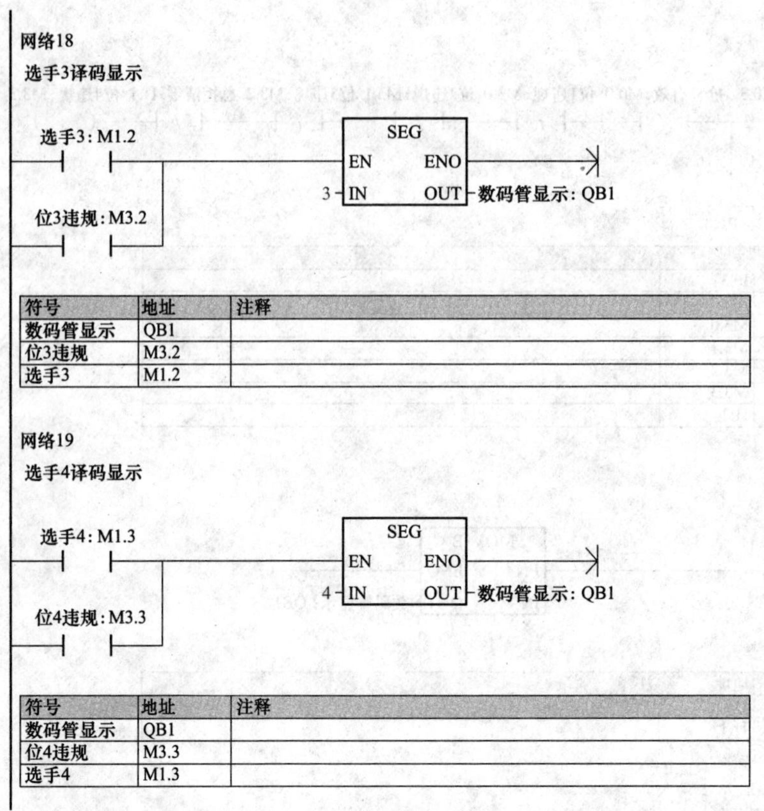

符号	地址	注释
数码管显示	QB1	
位3违规	M3.2	
选手3	M1.2	

符号	地址	注释
数码管显示	QB1	
位4违规	M3.3	
选手4	M1.3	

【例70】 电梯控制

1. 控制要求

有一台升降电梯，分为3层。电梯的上下运行和轿厢门的开关均采用接触器进行控制。电梯的每一层都有平层信号（SQ1、SQ2、SQ3），在电梯的底层设有上行按钮SB1，2层设有上行按钮SB2和下行按钮SB3，顶层设有下行按钮SB4。在轿厢内部设有内选信号SB5、SB6、SB7用于选择3个楼层。为了调试系统，设有手/自动转换开关SA1。当系统处于手动状态时，通过按钮SB8、SB9、SB10、SB11等控制电梯的上下运行和轿厢门的开关操作。电梯设有限位保护，电梯的上行和下行设有限位开关SQ4、SQ5，轿厢门的开和关设有限位开关SQ6、SQ7。

（1）上电时，电梯初始状态可以处于任意一层，默认为第1层（底层）。

（2）当有外呼梯信号到来时，轿厢响应该呼梯信号，到达该楼层时，轿厢停止运行，轿厢门打开，延时3s后自动关门。

（3）当有内呼梯信号到来时，轿厢响应该呼梯信号，到达该楼层时，轿厢停止运行，轿厢门打开，延时3s后自动关门。

（4）在电梯轿厢运行过程中，轿厢上升或途中，任何反方向下降或上升的外呼梯信号均不响应，但如果反响外呼梯信号前方向无其他内、外呼梯信号时，则电梯响应该外呼梯信号。如电梯轿厢在1层，将要运行到3层（顶层），在此过程中可以响应2层向上外呼梯信号，但不响应2层向下外呼梯信号。同时，电梯到达3层后再响应2层向下外呼梯信号。

（5）电梯应具有最远反向外呼梯响应功能。如电梯轿厢在1层，而同时有2层向下外呼梯，3层向下外呼梯，则电梯轿厢先去3层响应3层向下外呼梯信号。

(6) 电梯未平层或运行时，开门按钮盒关门按钮均不起作用。电梯处于平层位置且轿厢停止运行后，按开门按钮轿厢门打开，按关门按钮轿厢门关闭。

(7) 在手动运行时，按动相应手动按钮，电梯手动运行。

2. 分析

I/O 地址分配见表 2-12。

表 2-12　I/O 分配表

输入		输出	
功能	地址	功能	地址
1 层平层信号 SQ1	I0.0	电梯上行	Q0.0
2 层平层信号 SQ2	I0.1	电梯下行	Q0.1
3 层平层信号 SQ3	I0.2	电梯开门	Q0.2
1 层外呼按钮 SB1	I0.3	电梯关门	Q0.3
2 层上呼按钮 SB2	I0.4	1 层外呼指示	Q1.0
2 层下呼按钮 SB3	I0.5	2 层上呼指示	Q1.1
3 层外呼按钮 SB4	I0.6	3 层下呼指示	Q1.2
1 层内选按钮 SB5	I0.7	3 层外呼指示	Q1.3
2 层内选按钮 SB6	I1.0	1 层指示	Q1.4
3 层内选按钮 SB7	I1.1	2 层指示	Q1.5
手动自动转换开关 SA1	I1.2	3 层指示	Q1.6
手动上行 SB8	I1.3		
手动上行 SB9	I1.4		
手动开门 SB10	I1.5		
手动关门 SB11	I1.6		
上行限位 SQ4	I1.7		
下行限位 SQ5	I2.0		
门开限位 SQ6	I2.1		
门关限位 SQ7	I2.2		

3. 程序

(1) 主程序。

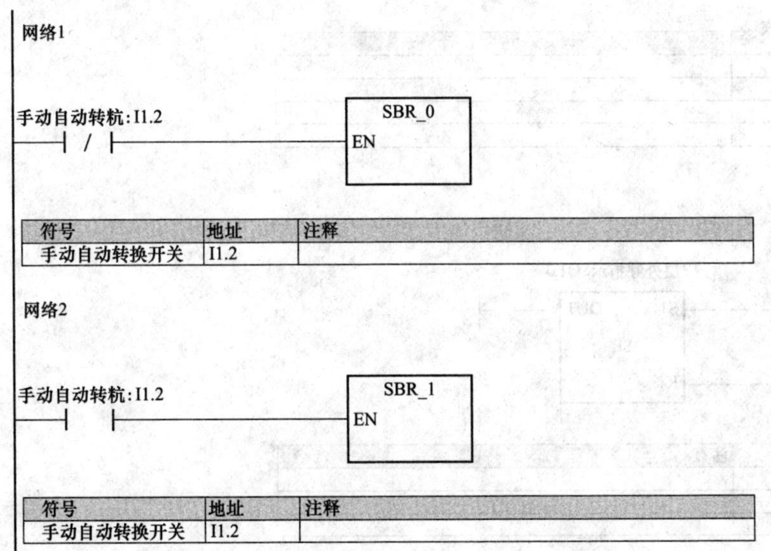

（2）自动运行子程序。

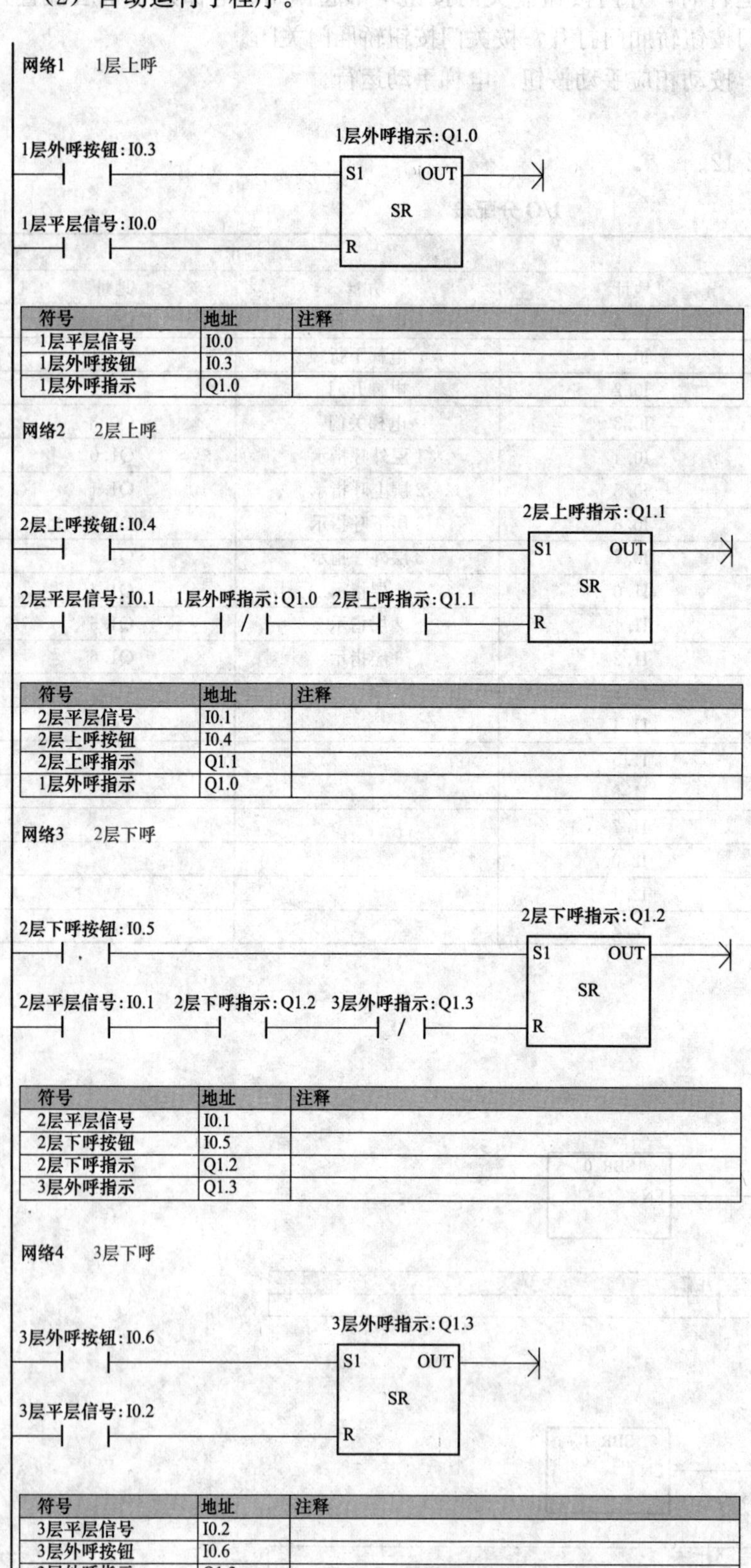

符号	地址	注释
1层平层信号	I0.0	
1层外呼按钮	I0.3	
1层外呼指示	Q1.0	

符号	地址	注释
2层平层信号	I0.1	
2层上呼按钮	I0.4	
2层上呼指示	Q1.1	
1层外呼指示	Q1.0	

符号	地址	注释
2层平层信号	I0.1	
2层下呼按钮	I0.5	
2层下呼指示	Q1.2	
3层外呼指示	Q1.3	

符号	地址	注释
3层平层信号	I0.2	
3层外呼按钮	I0.6	
3层外呼指示	Q1.3	

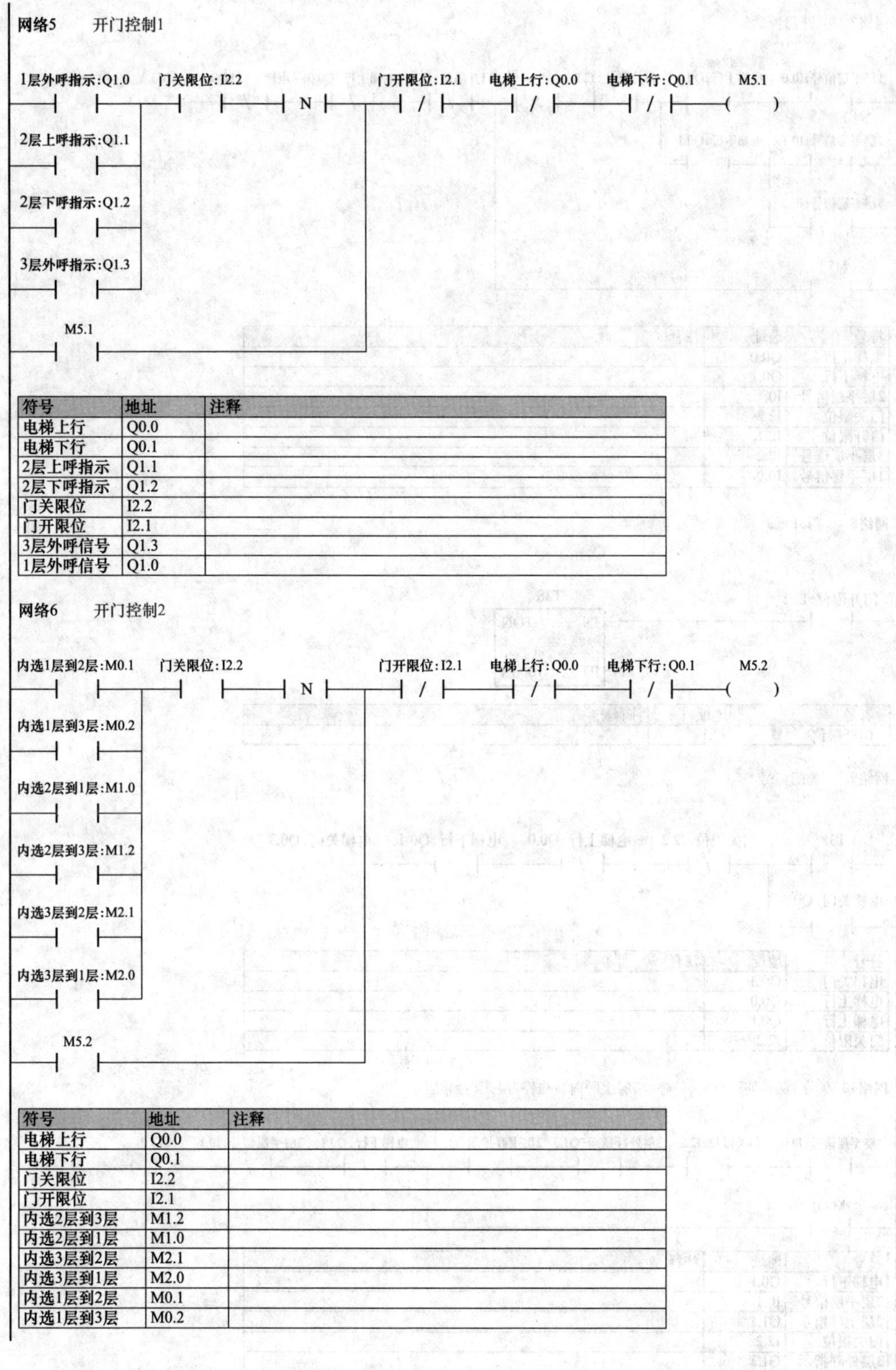

符号	地址	注释
电梯上行	Q0.0	
电梯下行	Q0.1	
2层上呼指示	Q1.1	
2层下呼指示	Q1.2	
门关限位	I2.2	
门开限位	I2.1	
3层外呼信号	Q1.3	
1层外呼信号	Q1.0	

符号	地址	注释
电梯上行	Q0.0	
电梯下行	Q0.1	
门关限位	I2.2	
门开限位	I2.1	
内选2层到3层	M1.2	
内选2层到1层	M1.0	
内选3层到2层	M2.1	
内选3层到1层	M2.0	
内选1层到2层	M0.1	
内选1层到3层	M0.2	

网络7　开门控制3

1层平层信号:I0.0　电梯上行:Q0.0　门关限位:I2.2　N　门开限位:I2.1　电梯上行:Q0.0　电梯下行:Q0.1　M5.3

2层平层信号:I0.1　电梯下行:Q0.1

3层平层信号:I0.2

M5.3

符号	地址	注释
电梯上行	Q0.0	
电梯下行	Q0.1	
2层平层信号	I0.1	
门关限位	I2.2	
门开限位	I2.1	
3层平层信号	I0.2	
1层平层信号	I0.0	

网络8　门开延时

门开限位:I2.1　T38

IN　TON

30-PT　100ms

符号	地址	注释
门开限位	I2.1	

网络9　关门信号

T38　门关限位:I2.2　电梯上行:Q0.0　电梯下行:Q0.1　电梯关门:Q0.3

电梯关门:Q0.3

符号	地址	注释
电梯关门	Q0.3	
电梯上行	Q0.0	
电梯上行	Q0.1	
门关限位	I2.2	

网络10　在1层：同时有3层外呼、2层上呼时，先停2层，再到3层

1层平层信号:I0.0　门关限位:I2.2　3层外呼指示:Q1.3　2层上呼指示:Q1.1　电梯下行:Q0.1　2层平层信号:I0.1　M3.0

M3.0

符号	地址	注释
电梯下行	Q0.1	
2层平层信号	I0.1	
2层上呼指示	Q1.1	
门关限位	I2.2	
3层外呼指示	Q1.3	
1层平层信号	I0.0	

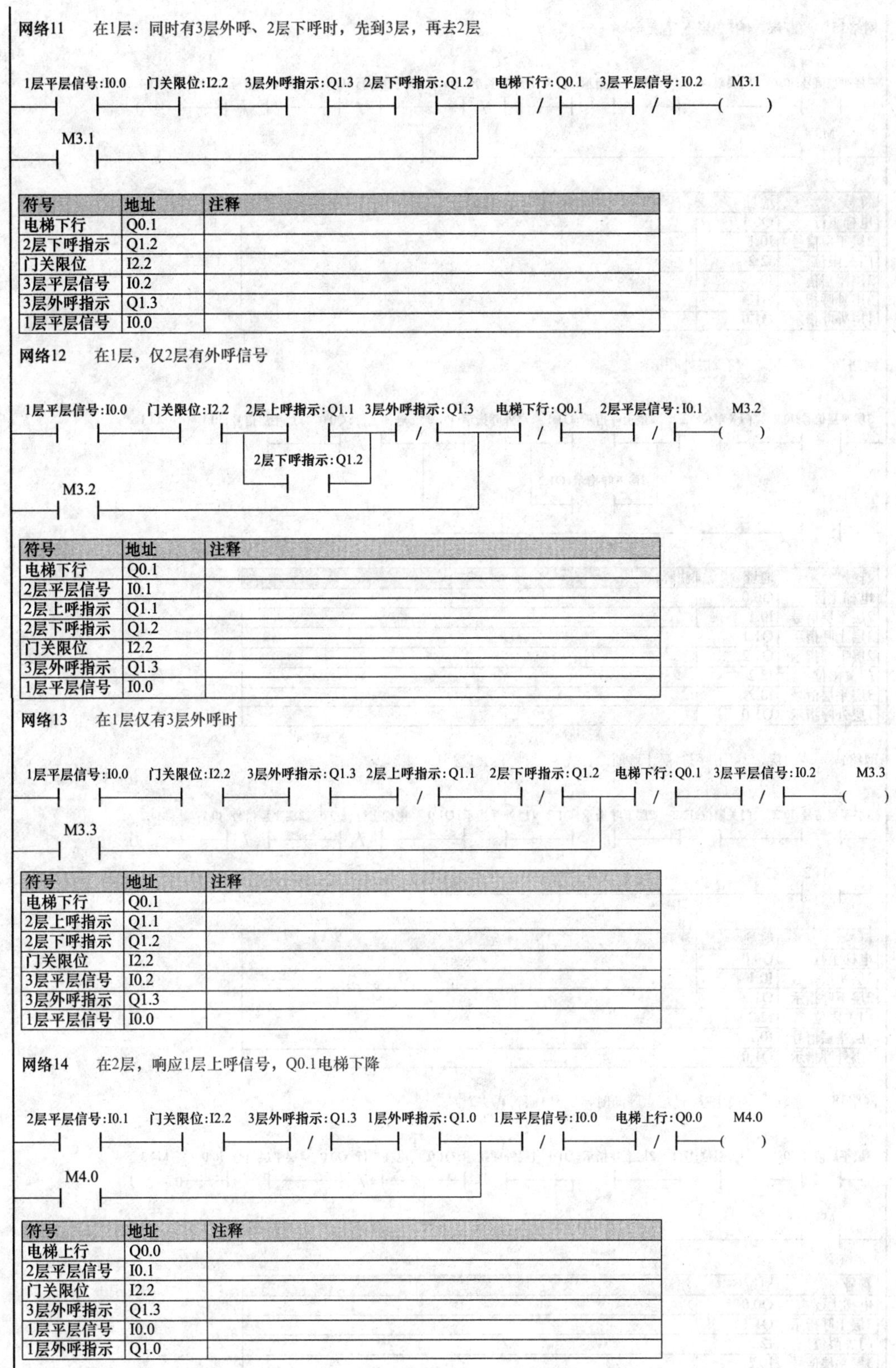

网络11　在1层：同时有3层外呼、2层下呼时，先到3层，再去2层

符号	地址	注释
电梯下行	Q0.1	
2层下呼指示	Q1.2	
门关限位	I2.2	
3层平层信号	I0.2	
3层外呼指示	Q1.3	
1层平层信号	I0.0	

网络12　在1层，仅2层有外呼信号

符号	地址	注释
电梯下行	Q0.1	
2层平层信号	I0.1	
2层上呼指示	Q1.1	
2层下呼指示	Q1.2	
门关限位	I2.2	
3层外呼指示	Q1.3	
1层平层信号	I0.0	

网络13　在1层仅有3层外呼时

符号	地址	注释
电梯下行	Q0.1	
2层上呼指示	Q1.1	
2层下呼指示	Q1.2	
门关限位	I2.2	
3层平层信号	I0.2	
3层外呼指示	Q1.3	
1层平层信号	I0.0	

网络14　在2层，响应1层上呼信号，Q0.1电梯下降

符号	地址	注释
电梯上行	Q0.0	
2层平层信号	I0.1	
门关限位	I2.2	
3层外呼指示	Q1.3	
1层平层信号	I0.0	
1层外呼指示	Q1.0	

网络15　在2层，响应3层下呼信号

2层平层信号:I0.1　门关限位:I2.2　3层外呼指示:Q1.3　1层外呼指示:Q1.0　电梯下行:Q0.1　3层平层信号:I0.2　M3.4

M3.4

符号	地址	注释
电梯下行	Q0.1	
2层平层信号	I0.1	
门关限位	I2.2	
3层平层信号	I0.2	
3层外呼指示	Q1.3	
1层外呼指示	Q1.0	

网络16　在3层，仅有2层外呼信号

3层平层信号:I0.2　门关限位:I2.2　2层上呼指示:Q1.1　1层外呼指示:Q1.0　电梯上行:Q0.0　2层平层信号:I0.1　M4.1

2层下呼指示:Q1.2

M4.1

符号	地址	注释
电梯上行	Q0.0	
2层平层信号	I0.1	
2层上呼指示	Q1.1	
2层下呼指示	Q1.2	
门关限位	I2.2	
3层平层信号	I0.2	
1层外呼指示	Q1.0	

网络17　在3层，2层下呼与1层上呼同时，先到2层，再去1层

3层平层信号:I0.2　门关限位:I2.2　2层下呼指示:Q1.2　1层外呼指示:Q1.0　电梯上行:Q0.0　2层平层信号:I0.1　M4.2

M4.2

符号	地址	注释
电梯上行	Q0.0	
2层平层信号	I0.1	
2层下呼指示	Q1.2	
门关限位	I2.2	
3层平层信号	I0.2	
1层外呼指示	Q1.0	

网络18　在3层，2层上呼与1层上呼同时，先到1层，再去2层

3层平层信号:I0.2　门关限位:I2.2　2层上呼指示:Q1.1　1层外呼指示:Q1.0　电梯上行:Q0.0　1层平层信号:I0.0　M4.3

M4.3

符号	地址	注释
电梯上行	Q0.0	
2层上呼指示	Q1.1	
门关限位	I2.2	
3层平层信号	I0.2	
1层平层信号	I0.0	
1层外呼指示	Q1.0	

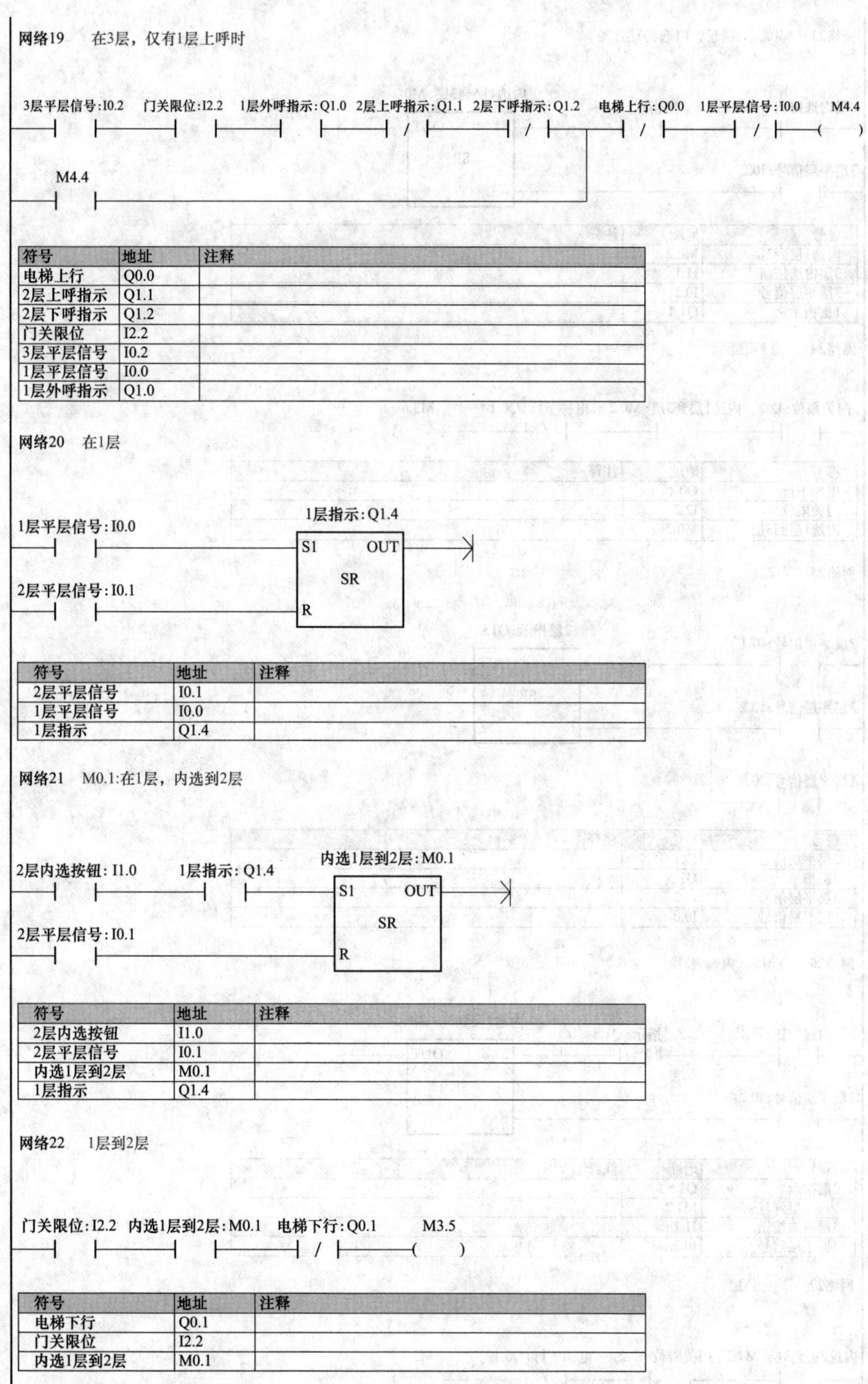

符号	地址	注释
电梯上行	Q0.0	
2层上呼指示	Q1.1	
2层下呼指示	Q1.2	
门关限位	I2.2	
3层平层信号	I0.2	
1层平层信号	I0.0	
1层外呼指示	Q1.0	

符号	地址	注释
2层平层信号	I0.1	
1层平层信号	I0.0	
1层指示	Q1.4	

符号	地址	注释
2层内选按钮	I1.0	
2层平层信号	I0.1	
内选1层到2层	M0.1	
1层指示	Q1.4	

符号	地址	注释
电梯下行	Q0.1	
门关限位	I2.2	
内选1层到2层	M0.1	

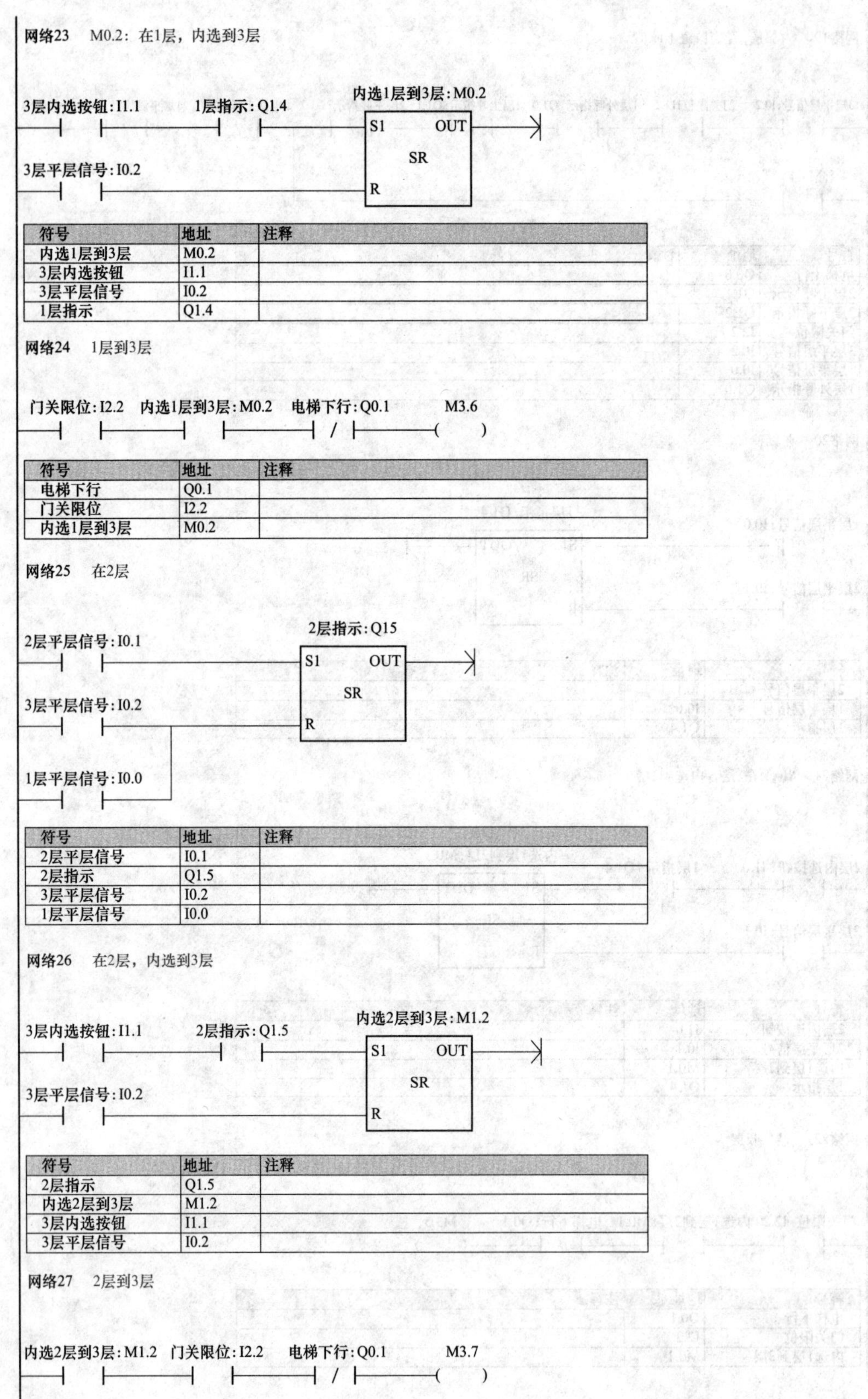

符号	地址	注释
内选1层到3层	M0.2	
3层内选按钮	I1.1	
3层平层信号	I0.2	
1层指示	Q1.4	

符号	地址	注释
电梯下行	Q0.1	
门关限位	I2.2	
内选1层到3层	M0.2	

符号	地址	注释
2层平层信号	I0.1	
2层指示	Q1.5	
3层平层信号	I0.2	
1层平层信号	I0.0	

符号	地址	注释
2层指示	Q1.5	
内选2层到3层	M1.2	
3层内选按钮	I1.1	
3层平层信号	I0.2	

符号	地址	注释
电梯下行	Q0.1	
门关限位	I2.2	
内选2层到3层	M1.2	

网络28　在2层，内选1层

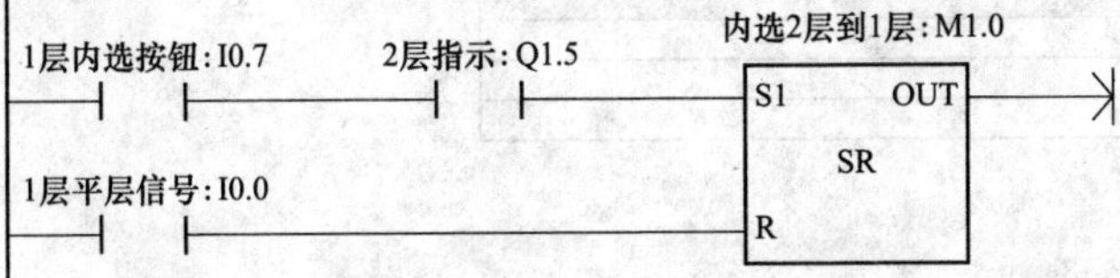

符号	地址	注释
2层指示	Q1.5	
内选2层到1层	M1.0	
1层内选按钮	I0.7	
1层平层信号	I0.0	

网络29　2层到1层

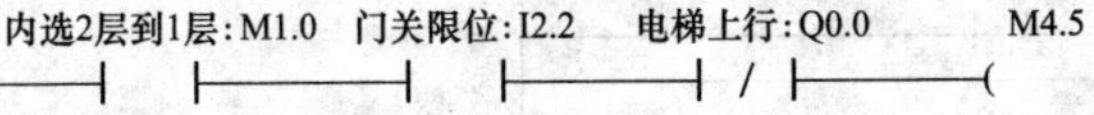

符号	地址	注释
电梯上行	Q0.0	
门关限位	I2.2	
内选2层到1层	M1.0	

网络30　在3层

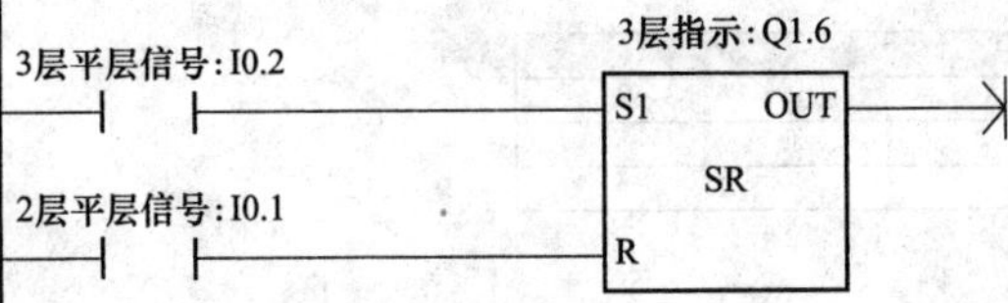

符号	地址	注释
2层平层信号	I0.1	
3层平层信号	I0.2	
3层指示	Q1.6	

网络31　在3层，内选到2层

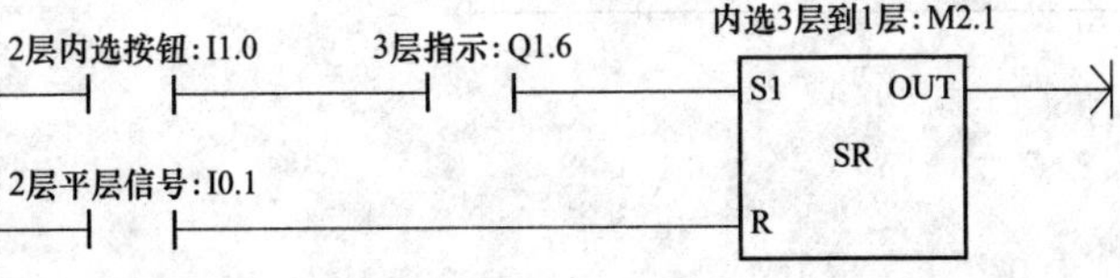

符号	地址	注释
2层内选按钮	I1.0	
2层平层信号	I0.1	
内选3层到2层	M2.1	
3层指示	Q1.6	

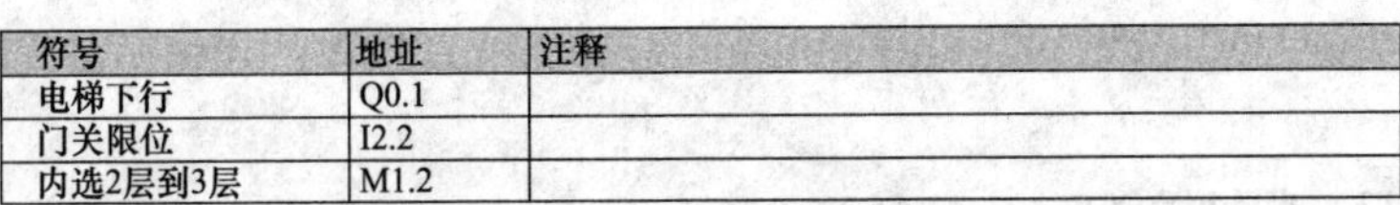

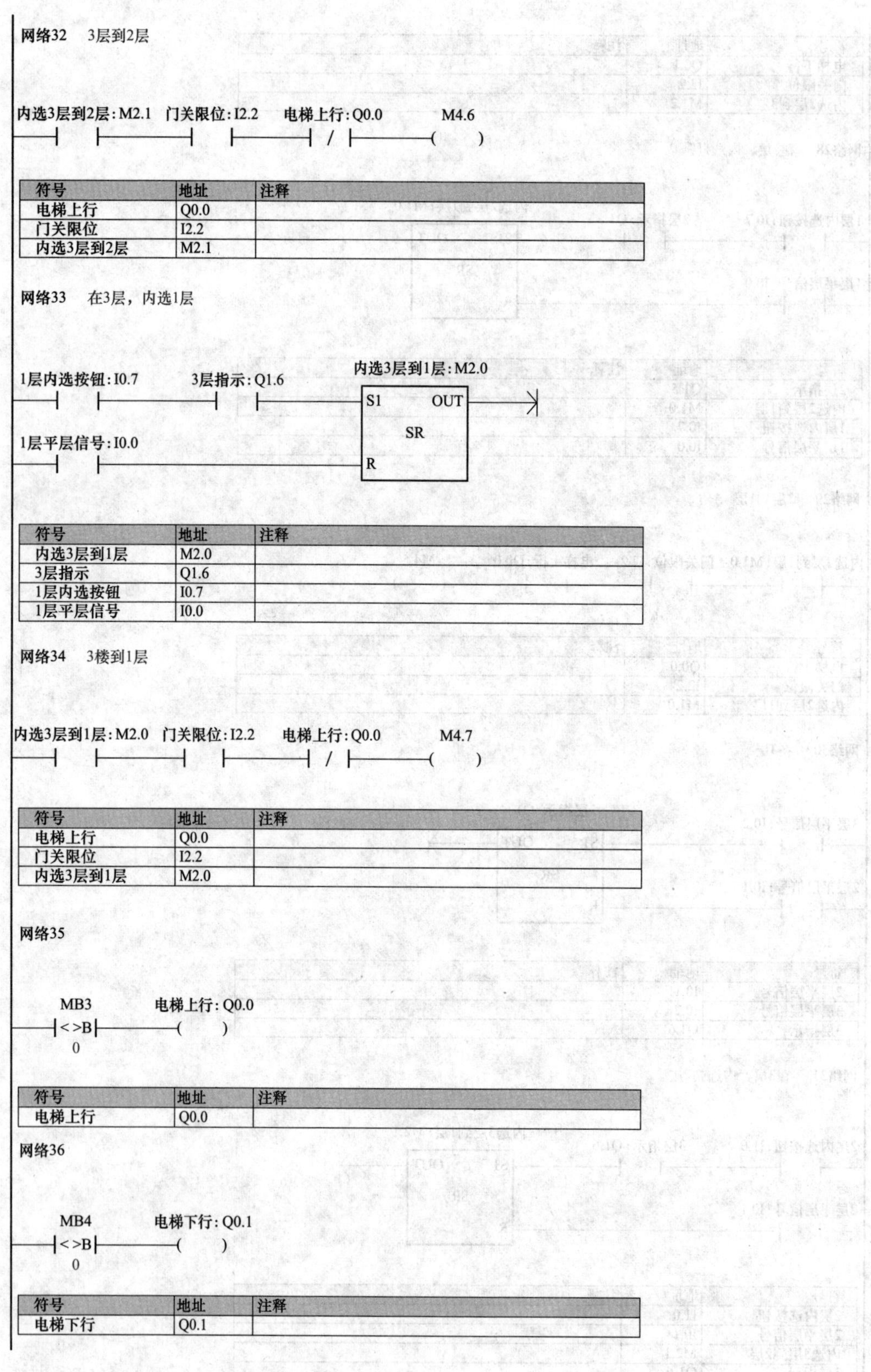

网络32　3层到2层

符号	地址	注释
电梯上行	Q0.0	
门关限位	I2.2	
内选3层到2层	M2.1	

网络33　在3层，内选1层

符号	地址	注释
内选3层到1层	M2.0	
3层指示	Q1.6	
1层内选按钮	I0.7	
1层平层信号	I0.0	

网络34　3楼到1层

符号	地址	注释
电梯上行	Q0.0	
门关限位	I2.2	
内选3层到1层	M2.0	

网络35

符号	地址	注释
电梯上行	Q0.0	

网络36

符号	地址	注释
电梯下行	Q0.1	

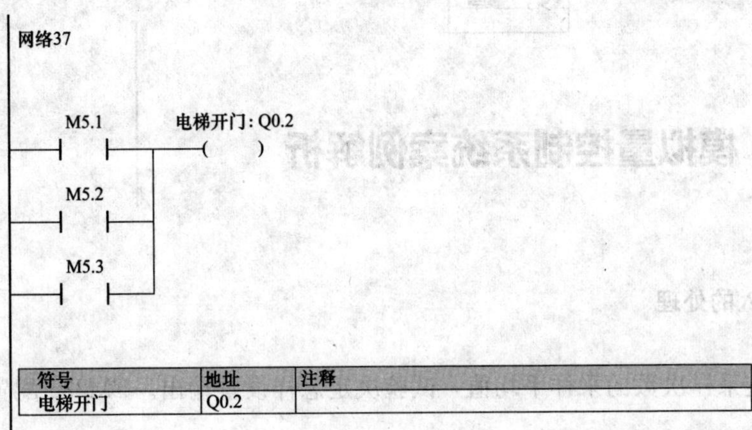

符号	地址	注释
电梯开门	Q0.2	

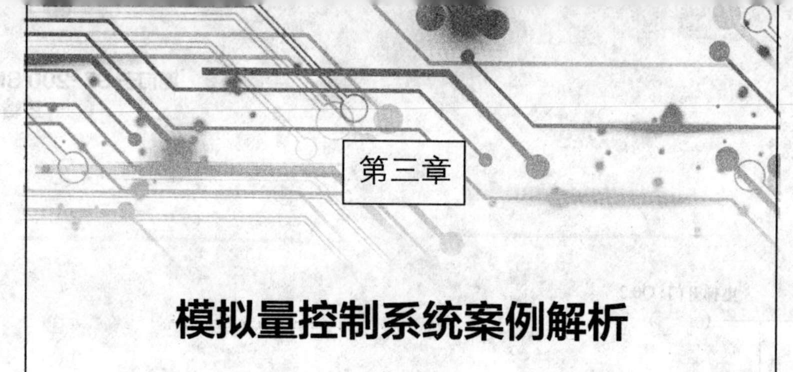

第三章

模拟量控制系统案例解析

【例 71】 模拟量输入的处理

1. 控制要求

模拟量输入值为给定采样次数的采样平均值，试验决定怎样设置输出。EM235 配置成正负 10V。

2. 程序

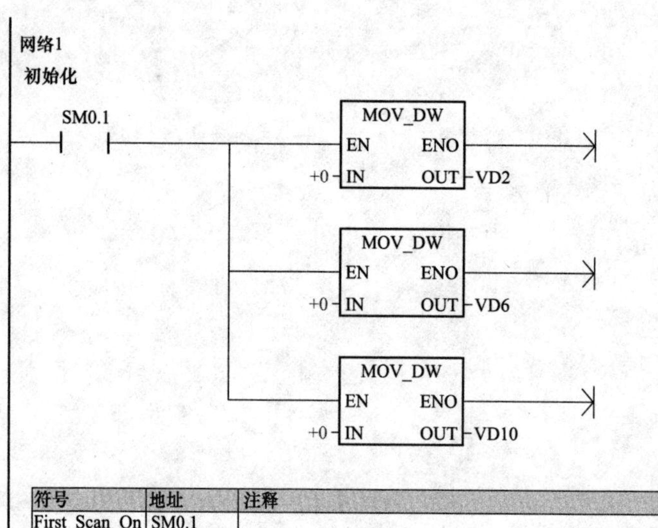

符号	地址	注释
First_Scan_On	SM0.1	

网络2　计算新值和均值之间的差值

模拟量输入采样并计算采样新值和平均值之间的差量，用采样值AIW0减去以前的平均值VW12，差值放到VW4中

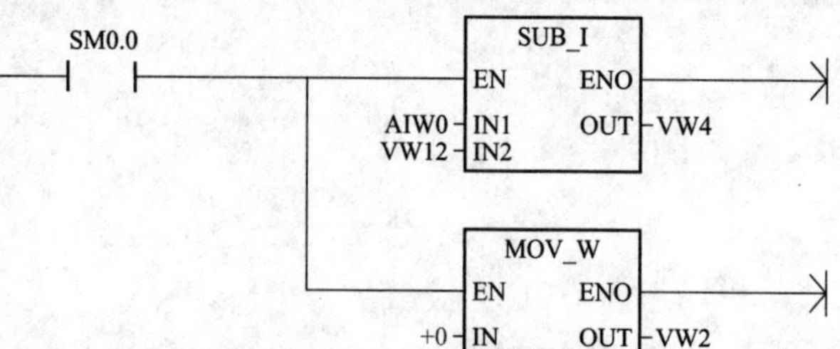

符号	地址	注释
Always_On	SM0.0	
Filtered_Value	VW12	包括模拟量输入的均值
Unfiltered_AIW0	AIW0	每个扫描周期获得外部模拟量输入值

网络3　如果新值和均值相差较大，保存新的采样值

如果差值VW4的值大于等于320或者小于等于-320，则将该差值与均值VW12相加（即求得本次AIW0采样值），并将结果放到VW4中，将VW4中的值放到VW8中
如果采样值为负值，则位V8.7为1，将十六进制数FFFF(二进制为1111 1111 1111 1111)赋值给VW6
将VD6左移6位，将结果放到VD6中
为VW4赋值0

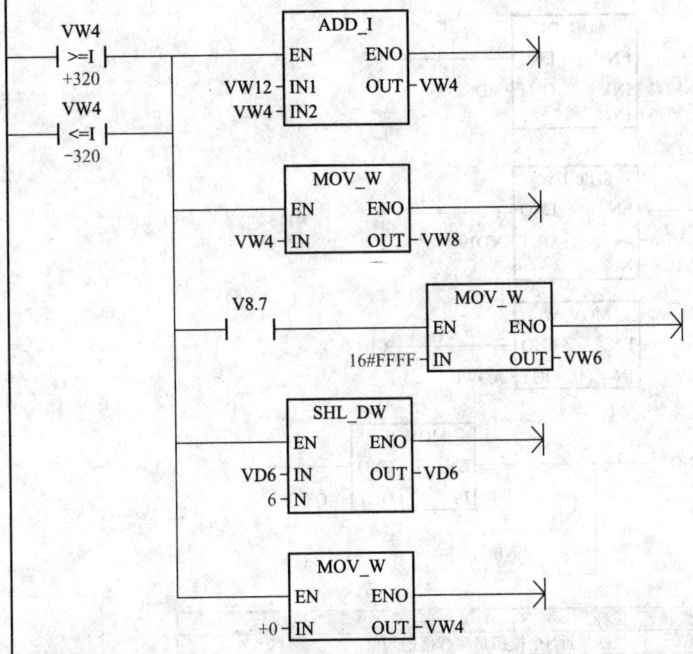

符号	地址	注释
Filtered_Value	VW12	包括模拟量输入的均值

网络4　如果结果为负值，且与均值的差值不在-320与320范围之内时，由标记位扩展差值

V4.7是新采样值AIW0的符号标志位。如果V4.7为高，也就是说如果AIW的值为负数，将十六进制数FFFF (二进制为1111 1111 1111 1111) 放到VW2中扩展符号，从而使整个双字为负数

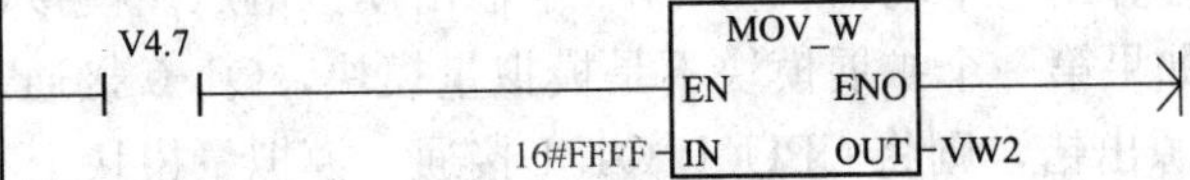

网络5　计算和输出均值，或者列出错误的情况

如果扩展模块是一个模拟量输入模块，并且没有错误，则计算并输出均值；否则，执行错误情况处理
对特殊寄存器SM8.3和SM8.2的动断触点的串联取反，当其状态为高时，能流便可以流过(如果有扩展模块存在的话，这两个输入的状态都为1时表明扩展模块或者是8个模拟量输入或者32个数字量输出)
特殊寄存器SM8.7,当其状态为0时，能流能够流过（该位状态为0时表明有模块存在）特殊寄存器SM8.4，当若有一个扩展模块存在且其状态为1时，表明扩展模块是模拟量模块
如果能流到了特殊位SMB9且其值为0，则说明该模拟量模块没有错误，计算并输出均值
将双字VD2的值加到VD6上来更新连续和值，将结果存放到VD6中
将VD6中的值右(和值)移6位获得连续均值，并将结果存放到VD10中将VW12中的均值在AQW0中输出
任何前面的条件没有满足，如当前模块不是模拟量模块或者模块存在错误，则为AQW0赋值0来设定输出为错误值并且将Q0.0置位（在模拟量模块中有错误）来处理错误情况

SM8.3　SM8.2　NOT　SM8.7　SM8.4　SMB9 ==B 0　M0.0

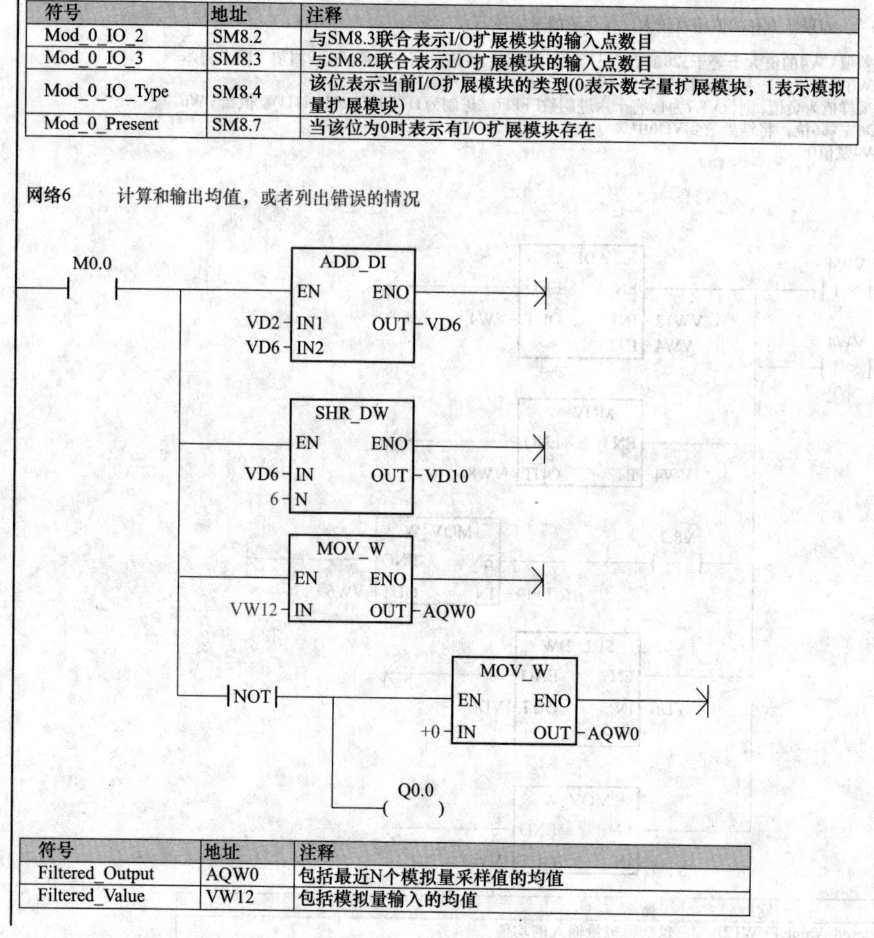

符号	地址	注释
Mod_0_IO_2	SM8.2	与SM8.3联合表示I/O扩展模块的输入点数目
Mod_0_IO_3	SM8.3	与SM8.2联合表示I/O扩展模块的输入点数目
Mod_0_IO_Type	SM8.4	该位表示当前I/O扩展模块的类型(0表示数字量扩展模块，1表示模拟量扩展模块)
Mod_0_Present	SM8.7	当该位为0时表示有I/O扩展模块存在

网络6　　计算和输出均值，或者列出错误的情况

符号	地址	注释
Filtered_Output	AQW0	包括最近N个模拟量采样值的均值
Filtered_Value	VW12	包括模拟量输入的均值

3. 说明

模拟量模块 EM235（3AI/1AQ）的功能是从 AIW0 中取输入值，为了增加稳定性而求多次采样值的平均值，再依据计算出的平均值在 AQW0 中输出模拟电压。模拟量模块经过测试可提供模块错误信息。如果第一个扩展模块不是模拟量模块，Q1.0 接通。另外若模拟量模块检查到的错误是电源出错，则将 CPU 上 Q1.1 接通。模拟量模块上有 EX-TF 字样。本程序中所用除法是简单的移位除法（用采样次数的 2 的方次）。因为移位只花费较短的扫描时间，该数能从 2 变化到 32768。输入字是 12 位长。如果采样次数大于 16（2 的 4 次方），那么和的长度将大于一个字（16 位）。于是需要用双字（32 位）存储采样和。为把输入值加到采样和中，应当把它转成双字。当输入数为负数时，最高有效字增添 1；若为正值，最高有效字增添/0 来校正输入值。

【例 72】 模拟量输出的处理

1. 控制要求

PLC、HMI、变频器综合系统集成。PLC 采用模拟量输出模块控制变频器运行。设置 SA1、SA2 两个选择开关，根据两个选择开关的状态，使变频器按照 4 种不同的速度运转。变频器的具体运转速度由 HMI 设定（如 20Hz、35Hz、42Hz、48Hz），由于模拟量输出模块具有一定的线性精度，变频器运行时频率允许有一定的线性误差，但如果改变 HMI 的设定值（如 20Hz 改为 25Hz），变频器的输出频率应该随之变化。系统应有启动、停止按钮。按下启动按钮，变频器按照选择按钮所选择的频率运行。改变选择按钮状态，变频器的运行频率应随之变化。

2. 程序

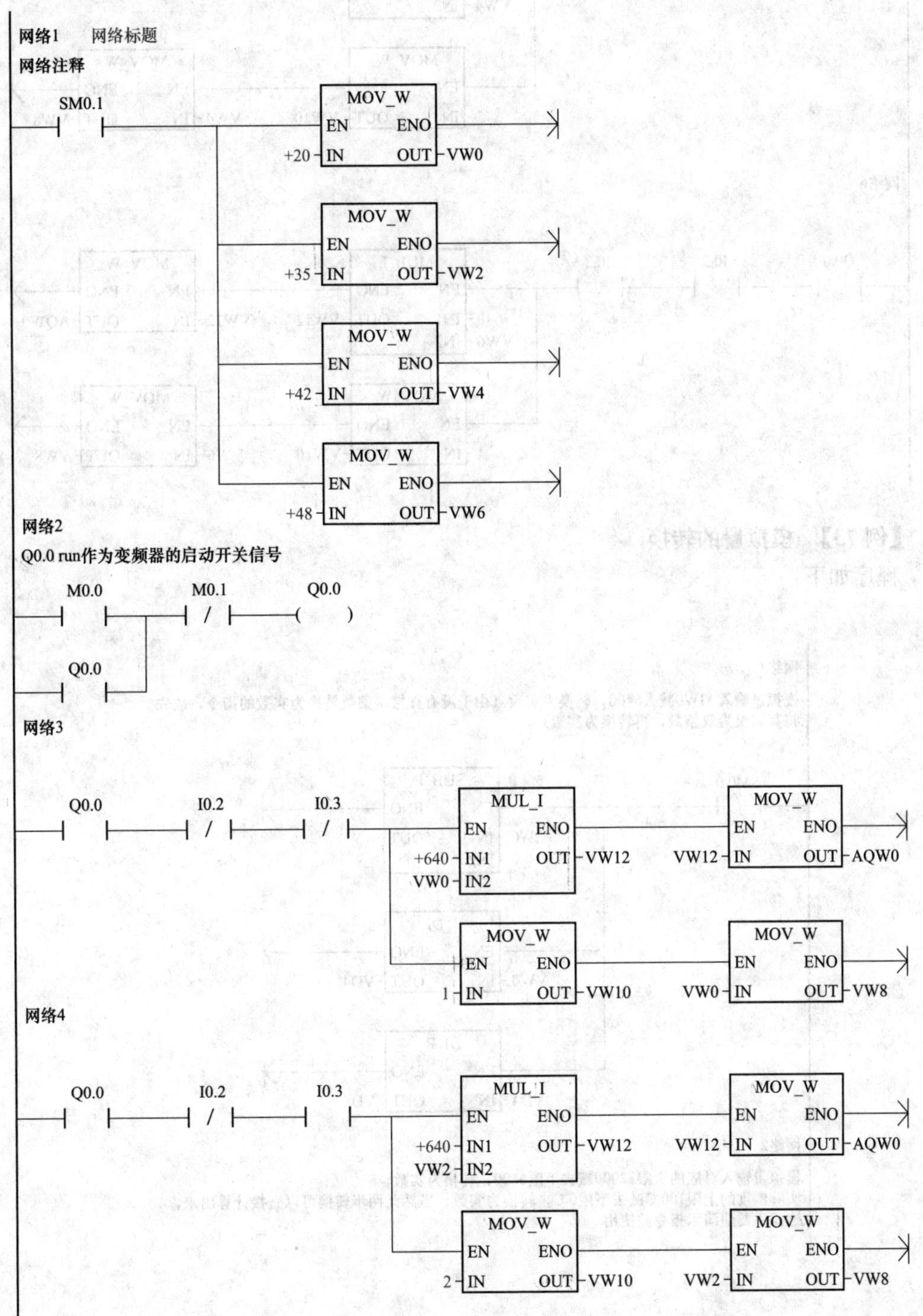

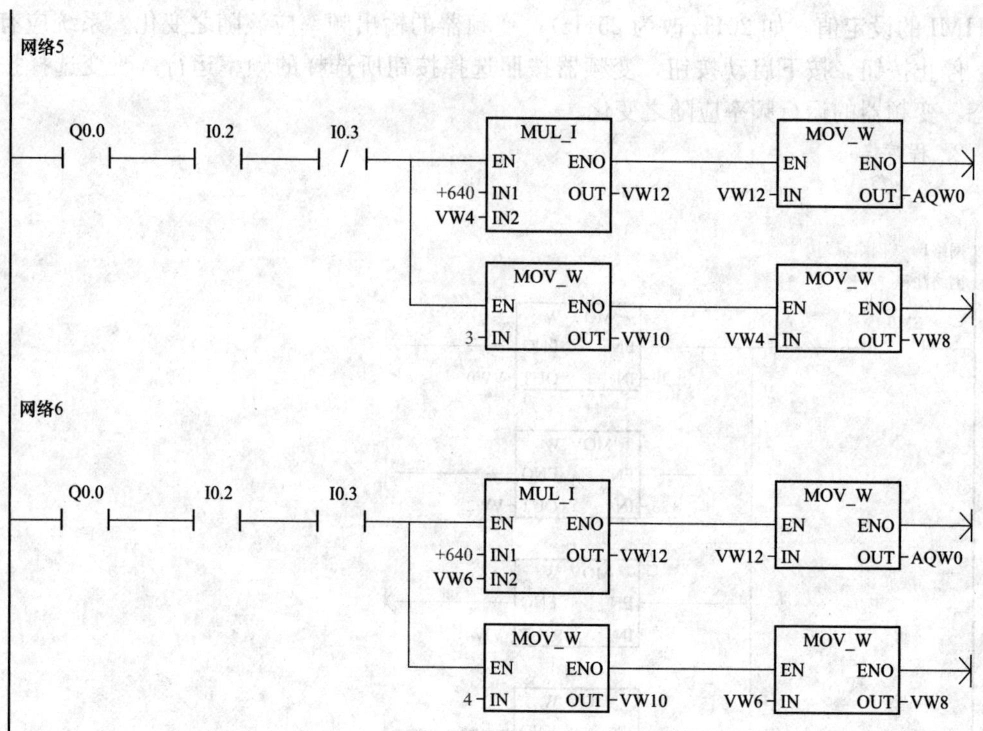

【例 73】 模拟量的转换

程序如下：

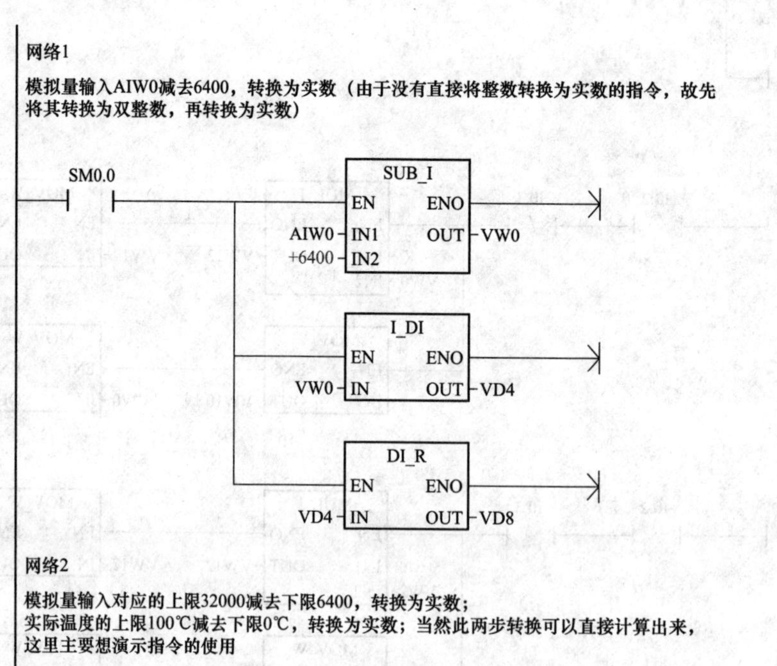

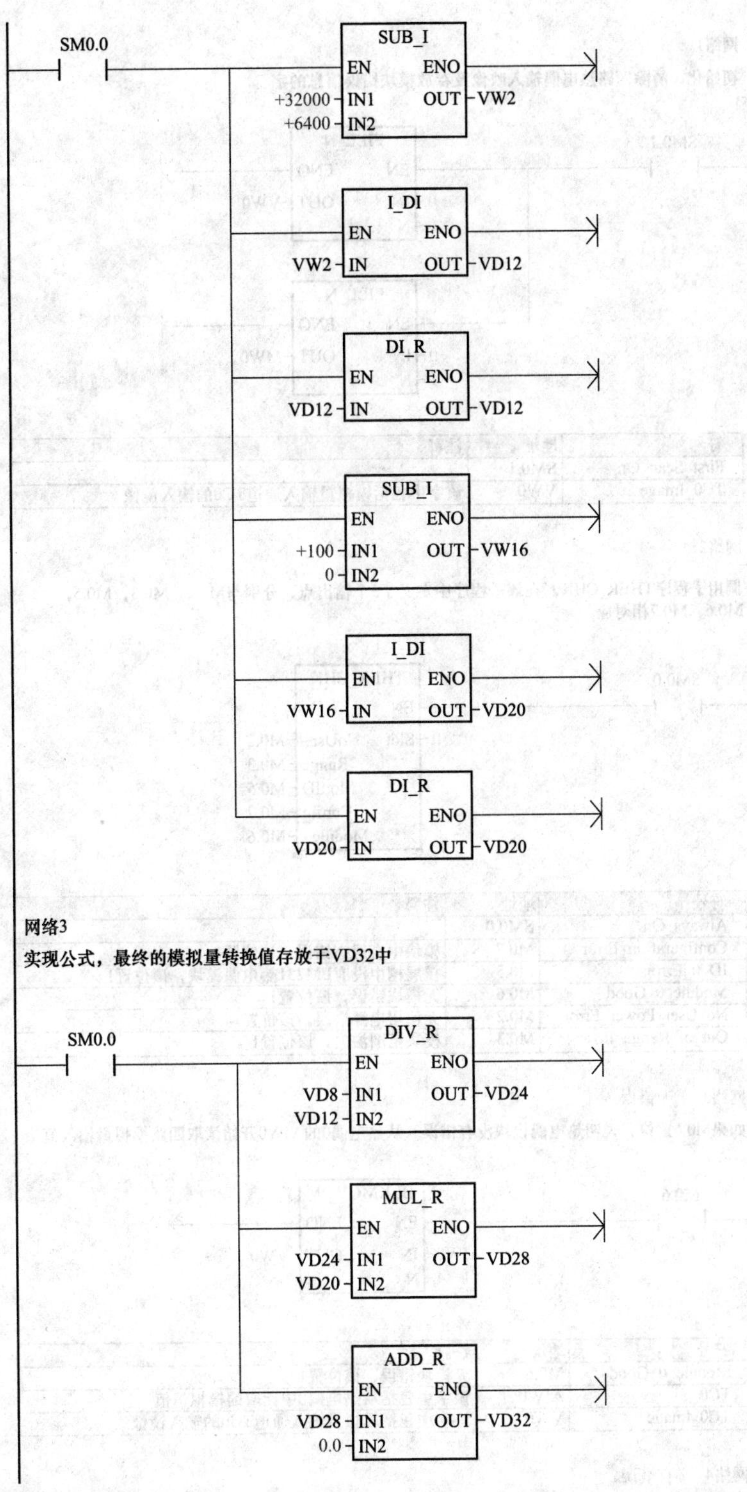

【例 74】 在 CPU 上使用热电偶模块

程序如下：

（1）主程序。

网络1

初始化，清除四路热电偶输入映像及存放模块错误信息的字

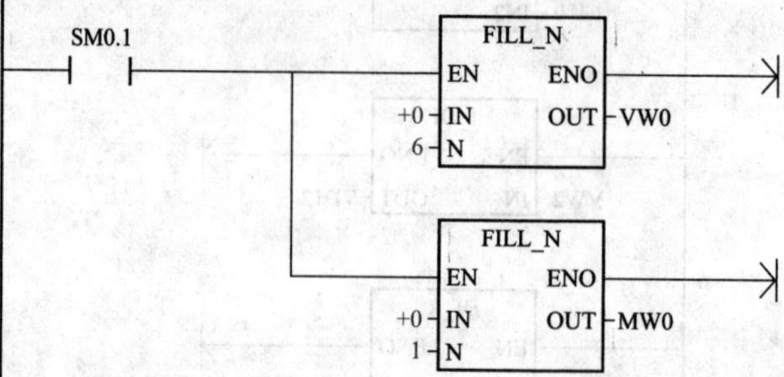

符号	地址	注释
First_Scan_On	SM0.1	
TC0_Image	VW0	该字中包括模拟量输入通道TC0的输入镜像

网络2

调用子程序THER_CHK，在该子程序中定义了5个输出点，分别与M0.2，M0.3，M0.5，M0.6，M0.7相对应

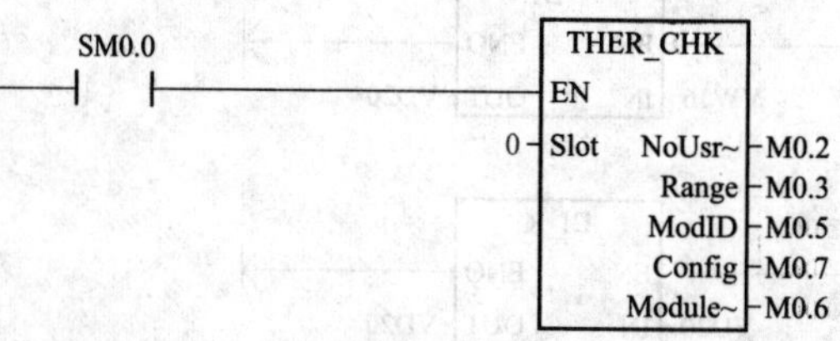

符号	地址	注释
Always_On	SM0.0	
Configuration_Error	M0.7	模块中有组态错误，该位置1
ID_0_Error	M0.5	扩展槽中没有EM231热电偶模块，该位置1
Module_0_Good	M0.6	无模块错误，该位置1
No_User_Power_Error	M0.2	无使用电源错误，该位置1
Out_of_Range_Error	M0.3	模块范围溢出，该位置1

网络3　无错误

如果M0.6置位，说明热电偶模块没有错误。从热电偶0的AIW0开始读取四路模拟量输入值

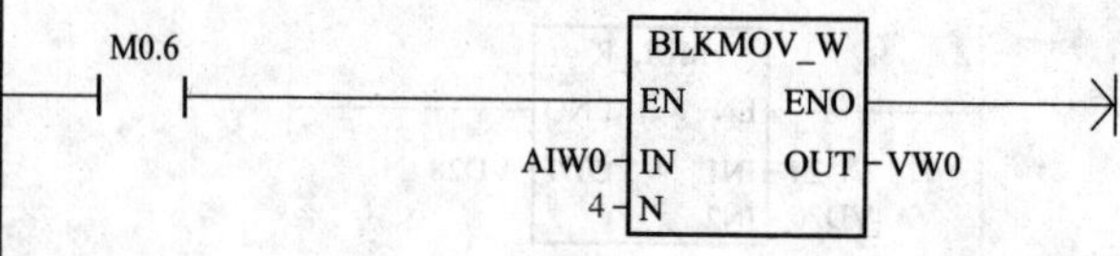

符号	地址	注释
Module_0_Good	M0.6	无模块错误，该位置1
TC0	AIW0	该字中包括从热电偶0中读取的模拟量值
TC0_Image	VW0	该字中包括模拟量输入通道TC0的输入镜像

网络4　有错误

如果M0.6没有置位，说明热电偶模块有错误，此时，把记录热电偶错误的MB0中的值放到存放错误信息的VB10中。此时有两种选择：①什么都不做来冻结热电偶信息；②传送一个常数到热电偶信息中

如下是通过将常数0放到VW4和VW6中来清除热电偶2和3的输入映像

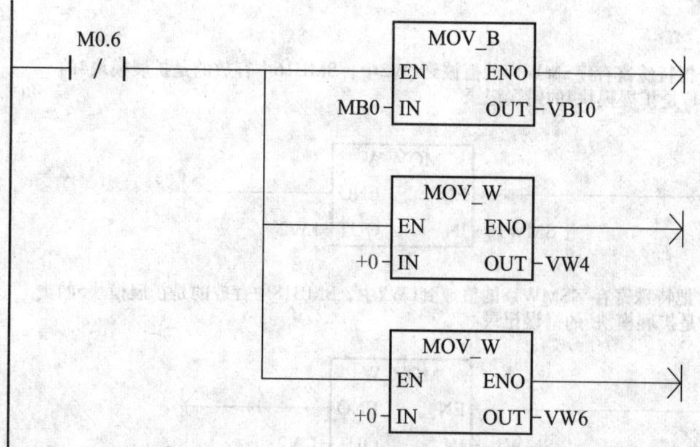

符号	地址	注释
Module_0_Good	M0.6	无模块错误，该位置1
TC2_Image	VW4	该字中包括模拟量输入通道TC2的输入镜像
TC3_Image	VW6	该字中包括模拟量输入通道TC3的输入镜像

（2）子程序 THER _ CHK。

网络1

LB0中存放的是子程序0的输入点。如果LB0为0，则把特殊寄存器SMW8中的值放到LW2中。SMB8是扩展模块0的类型记录，SMB9是扩展模块0的错误记录

0
==B
LB0
MOV_W
EN ENO
SMW8 IN OUT LW2

网络2

如果LB0等于1，把特殊寄存字SMW10的值放到LW2中，SMB10中存放的是扩展模块1的类型记录，SMB11是扩展模块1的错误记录

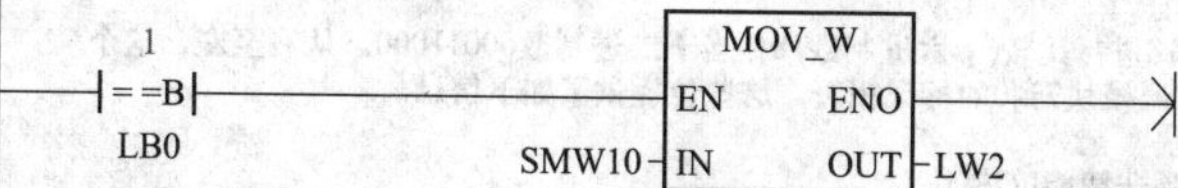

网络3

如果LB0等于2，把特殊寄存字SMW12的值放到LW2中，SMB12中存放的是扩展模块2的类型记录，SMB13是扩展模块2的错误记录

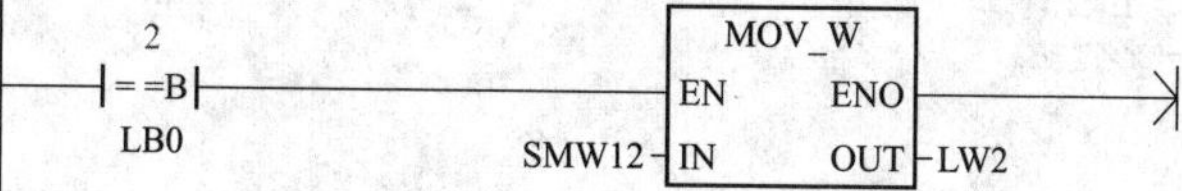

网络4

如果LB0等于3，把特殊寄存字SMW14的值放到LW2中，SMB14中存放的是扩展模块3的类型记录，SMB15是扩展模块3的错误记录

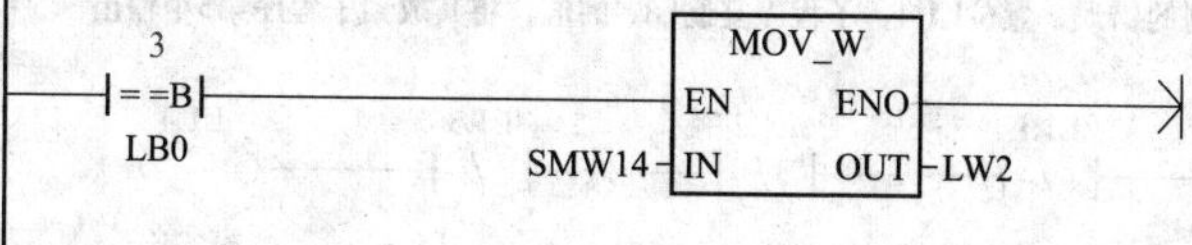

网络5

如果LB0等于4，把特殊寄存字SMW16的值放到LW2中，SMB16中存放的是扩展模块4的类型记录，SMB17是扩展模块4的错误记录

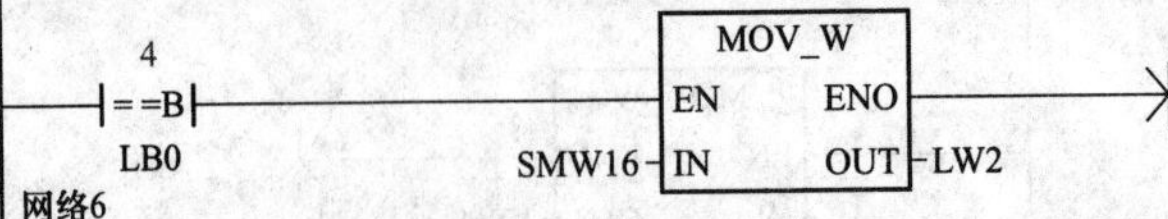

网络6

如果LB0等于5，把特殊寄存字SMW18的值放到LW2中，SMB18中存放的是扩展模块5的类型记录，SMB19是扩展模块5的错误记录

```
      5                     MOV_W
 ——| ==B |————————————— EN      ENO ————>|
      LB0          SMW18 - IN      OUT - LW2
```

网络7

如果LB0等于6，把特殊寄存字SMW20的值放到LW2中，SMB20中存放的是扩展模块6的类型记录，SMB21是扩展模块6的错误记录

```
      6                     MOV_W
 ——| ==B |————————————— EN      ENO ————>|
      LB0          SMW20 - IN      OUT - LW2
```

网络8

如果L3.2置位，则说明没有使用的电源/模块错误，把L1.0置1(子程序复制L1.0的值，并将其放到子程序第1个输出M0.2中)

```
      L3.2          L1.0
 ——|     |————————(      )
```

网络9

如果L3.3置位，则说明有输出范围错误，把L1.1置1(子程序复制L1.1的值，并将其放到子程序第2个输出M0.3中)

```
      L3.3          L1.1
 ——|     |————————(      )
```

网络10

LB2与十六进制数18进行比较(十六进制数18相当于二进制数00011000。从右至左，这个二进制数与当前扩展模块7到0的标记相符。这些位提供了如下信息：
位7=0：说明有模块
位6和5=00：模块是非智能I/O模块
位4=1：模块是一个模拟量模块
位3和2=10：模块有四路模拟量输入
位1和0=00：模块没有输出)
如果LB2和十六进制数18不相等，说明有模块识别错误 。将L1.2置1(子程序复制L1.2的值，将其放到子程序第3个输出M0.5中)

```
      LB2           L1.2
 ——| <>B |————————(      )
      16#18
```

网络11

如果L3.7置位，说明有配置错误，将L1.3置位(子程序复制L1.3的值放到子程序的第4个输出M0.7中)

```
      L3.7          L1.3
 ——|     |————————(      )
```

网络12

如果没有以上提到的错误，置位L1.4，子程序复制L1.4的值，将其放到子程序第5个输出M0.6中

```
      L1.0          L1.1          L1.2          L1.3          L1.4
 ——| / |————————| / |————————| / |————————| / |————————(      )
```

【例 75】 按比例放大模拟值

1. 控制要求

在工业控制中，经常使用传感器来检测一些模拟量，如使用温度传感器检测温度。但是，传感器所采集到的是电压值，如何把传感器所采集到的值换算成物理量的实际值，这就需要按比例放大模拟值。如温度传感器在最低检测温度 T_{min} 时，其输出电压为 U_{min}，在最高检测温度 T_{max} 时，其输出电压为 U_{max}，需要找到输出电压为 U 时所对应的温度 T。

2. 程序

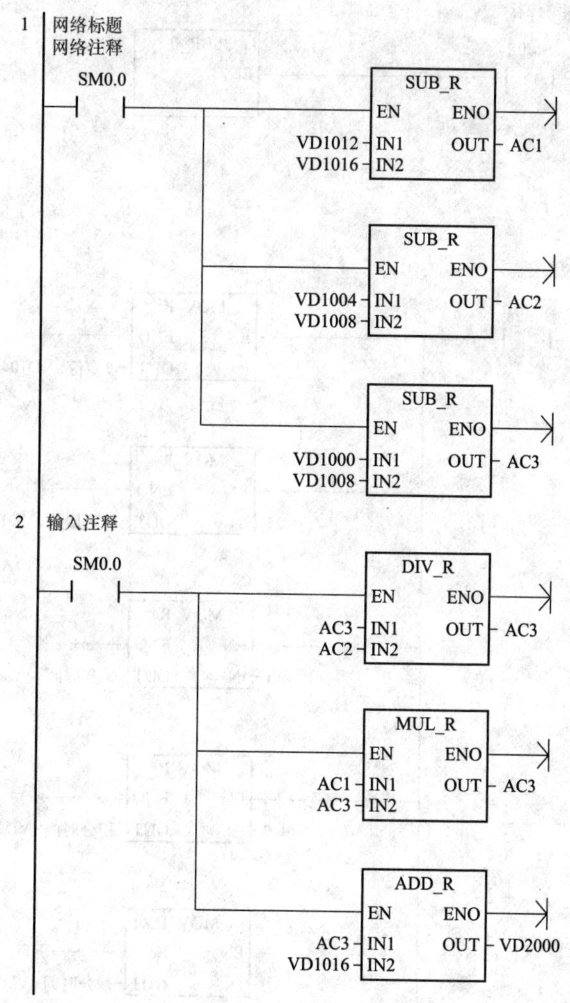

3. 说明

在转换前，先将传感器标定的值存储在 PLC 内对应的存储器中，然后把传感器所采集到的模拟量也存入对应的位置，利用本例中的程序就能得到对应的物理参数值。另外，在一些需要放大模拟量的值的时候，或者在进行单位转换时，也可以用这样的程序来实现。

【例 76】 水储罐恒压控制

1. 控制要求

水储罐用于保持恒定水压。水以变化的速率不断地从水储罐取出。变速泵用于以保持充足水压的速率添加水到储罐，并且也防止储罐空。此系统的设定值等于储罐达到充满75%水位的设置。过程变量由浮点型测量器提供，它提供储罐充满程度的相同读数，可以从0%或空到100%或全部满之间变化。输出是泵速的数值，允许泵以最大速度的0%～100%运行。

2. 程序

(1) 主程序。

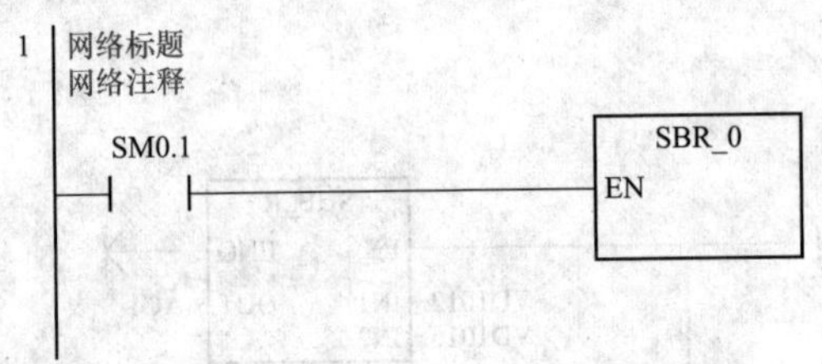

(2) 子程序SBR_0。

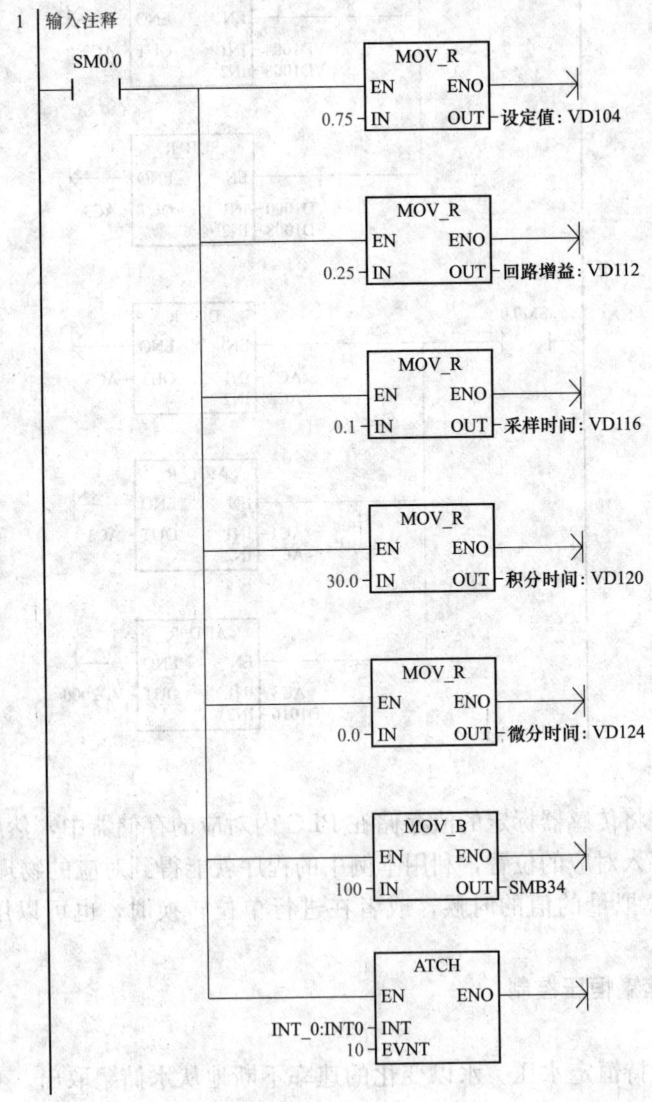

（3）中断程序 INT_0。

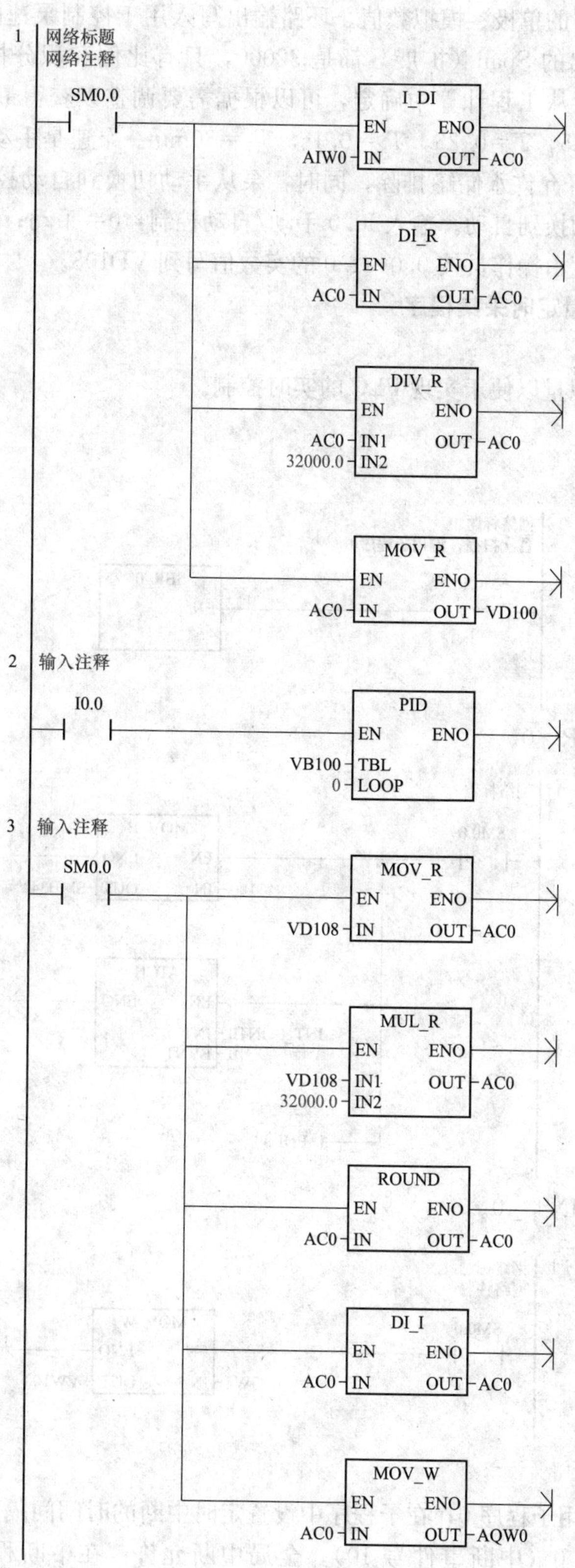
1 网络标题
网络注释
SM0.0
I_DI
EN ENO
AIW0 IN OUT AC0
DI_R
EN ENO
AC0 IN OUT AC0
DIV_R
EN ENO
AC0 IN1 OUT AC0
32000.0 IN2
MOV_R
EN ENO
AC0 IN OUT VD100
2 输入注释
I0.0
PID
EN ENO
VB100 TBL
0 LOOP
3 输入注释
SM0.0
MOV_R
EN ENO
VD108 IN OUT AC0
MUL_R
EN ENO
VD108 IN1 OUT AC0
32000.0 IN2
ROUND
EN ENO
AC0 IN OUT AC0
DI_I
EN ENO
AC0 IN OUT AC0
MOV_W
EN ENO
AC0 IN OUT AQW0

分析：本系统的设定值为75%时的水位这是预先确定的，直接输入循环表，进程变量来自浮点型测量器的单极、模拟数值。环路输出写入用于控制泵速的单极、模拟输出。模拟输入和模拟输出的 Span（扩展）都是 32000，只有比例和积分控制可应用于此例。循环增益和时间常量从工程计算中确定，可以根据需要调整以获得最佳控制。时间常量的计算数值 $K_c=0.25$，$T=0.25$，$T_s=0.1$s，$T_1=30$min。泵速是手动控制的，直到水储罐为 75%满，阀打开允许水储罐排除，同时，泵从手动切换到自动控制模式，数字输入用于将控制从手动切换到自动。输入 I0.0 手动/自动控制：0=手动；1=自动。当处于手动控制模式，泵速度由操作员按 0.0～1.0 的实数值写到 VD108。

【例 77】 模拟量定时采集程序

1. 控制要求

定时地采集模拟量以便于实现 PLC 的实时控制。

2. 程序

（1）主程序。

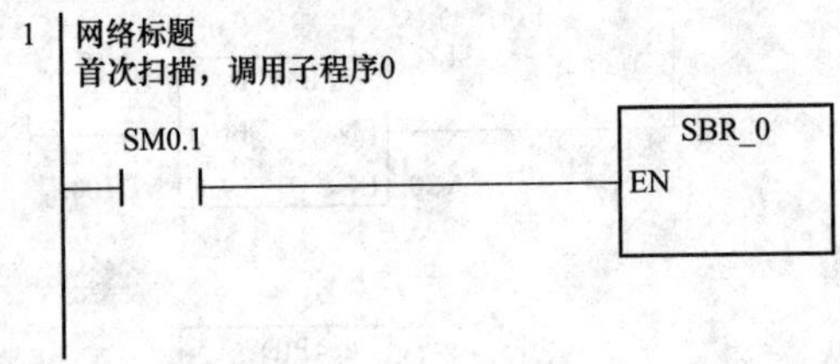

（2）子程序 SBR _ 0。

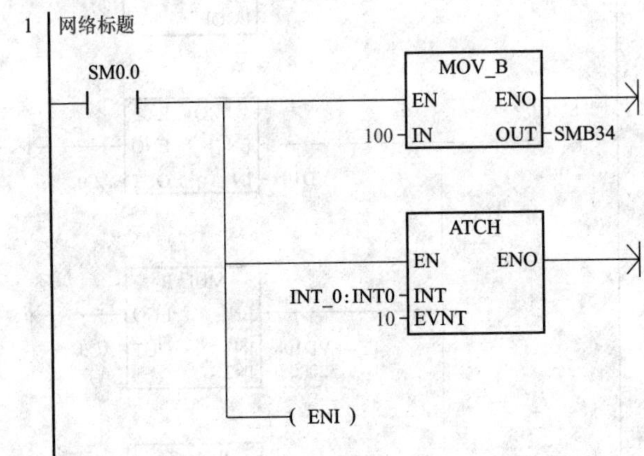

（3）中断程序 INT _ 0。

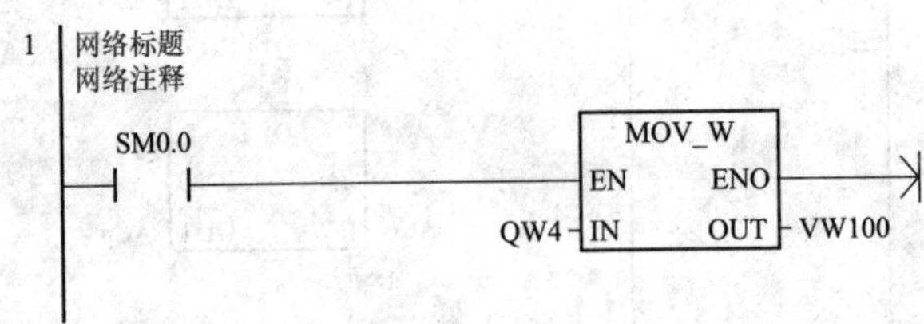

3. 说明

首次扫描时调用子程序 0；在子程序中设置定时中断的时间间隔为 100ms，连接中断程序 0 到定时中断 0（中断事件号 10）。全局中断允许：在中断程序中，每 100ms 读

AIW4 的值。

【例 78】 PLC 控制水力发电站压缩空气系统

1. 压缩空气系统

水力发电站压缩空气系统根据用气设备气压的高低分为低压系统（0.8MPa，供气对象是调相压水、机械制动、蝶阀及检修密封围带充气、风动工具、拦污栅防冻清污等）和高压系统（供气对象是油压装置压力油箱补气、气动高压开关操作等）。压缩空气系统通常由空气压缩机、储气罐、输气管、测量控制元件等组成，本例中为控制过程相对复杂的、有“无载启动及排污电磁阀”的、采用水冷式空气压缩机的低压压缩空气装置的 PLC 控制系统。

2. 控制要求

（1）自动向压缩空气储气罐充气，维持储气罐在规定的压力范围内，即当储气罐气压降到下限压力（如 0.7MPa）时，启动工作空气压缩机，当气压过低（如 0.62MPa）时还要启动备用空气压缩机；当储气罐气压回升到上限压力（如 0.8MPa）时，工作空气压缩机和备用空气压缩机停机，为确保安全，当储气罐的气压过高（如 0.82MPa）时，一方面迫使空气压缩机停机，另一方面还发出报警信号。

（2）不论工作空气压缩机还是备用空气压缩机在启动过程中，须自动开启冷却水，并自动延时 54s 关闭空气压缩机的“无载启动及排污电磁阀”，在其停机过程中，须自动停止供给冷却水，并自动开启空气压缩机的“无载启动及排污电磁阀”排除气水分离器中的凝结油水。

（3）不论工作空气压缩机还是备用空气压缩机，如果其运行时间超过 25min，自动打开“无载启动及排污电磁阀”18s 排除冷凝油水。

3. 分析

（1）系统硬件配置。系统设置 S7 200SMART PLC 一台，并可模拟量输入；储气罐设压力传感器；空气压缩机 1 和空气压缩机 2 的电源投入接触器由 Q0.0、Q0.3 控制；空气压缩机 1 和空气压缩机 2 的“冷却阀”和“无载阀”分别由各自的 ZT 电磁铁控制，Q0.1、Q0.2、Q0.4、Q0.5 置高电位，接通其 ZT 电磁铁的开启线圈，Q0.1、Q0.2、Q0.4、Q0.5 置低电位，接通其 ZT 电磁铁的关闭线圈。要定期切换工作空气压缩机与备用空气压缩机。

（2）I/O 地址分配见表 3-1。

表 3-1　　I/O 分配表

输入		输出	
功能	地址	功能	地址
压力模拟量输入	AIW0	空气压缩机 1 电动机	Q0.0
		空气压缩机 1 冷却阀	Q0.1
		空气压缩机 1 无载阀	Q0.2
		空气压缩机 2 电动机	Q0.3
		空气压缩机 2 冷却阀	Q0.4
		空气压缩机 2 无载阀	Q0.5
		气压高报警	Q0.6

4. 程序

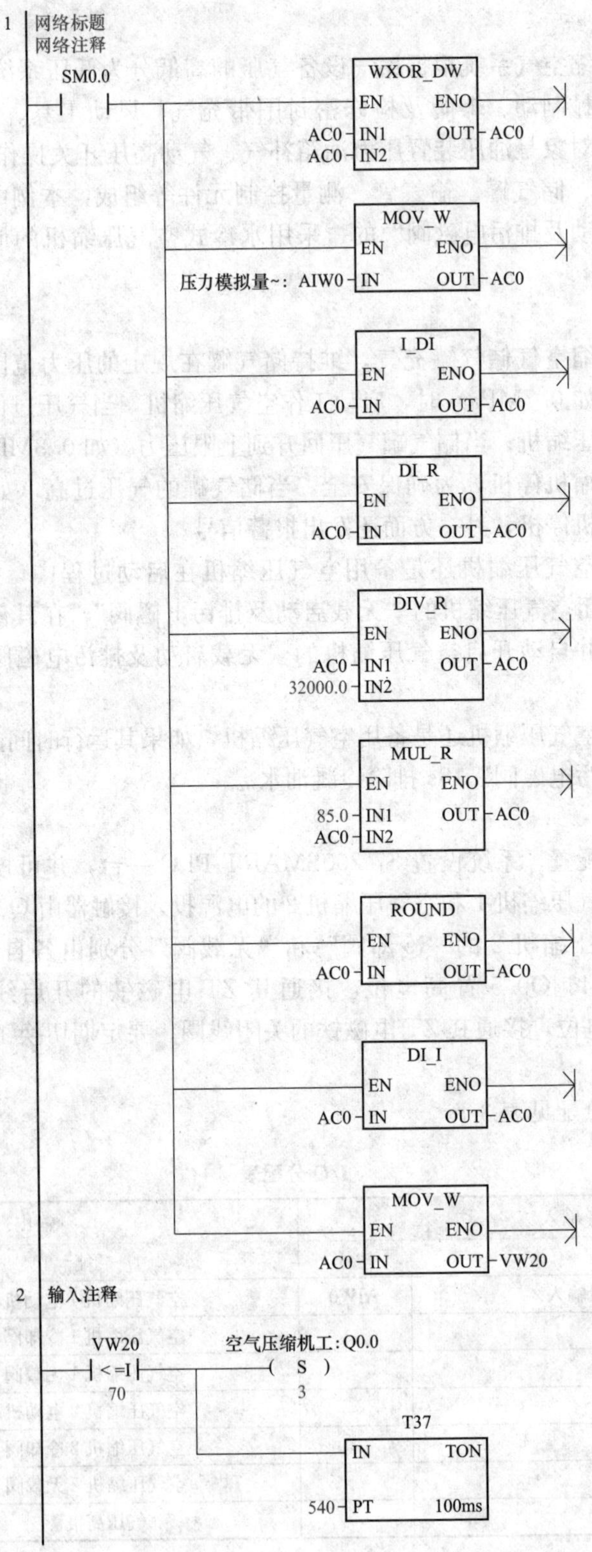
1 网络标题
网络注释
SM0.0
WXOR_DW
EN ENO
AC0 IN1 OUT AC0
AC0 IN2
MOV_W
EN ENO
压力模拟量~: AIW0 IN OUT AC0
I_DI
EN ENO
AC0 IN OUT AC0
DI_R
EN ENO
AC0 IN OUT AC0
DIV_R
EN ENO
AC0 IN1 OUT AC0
32000.0 IN2
MUL_R
EN ENO
85.0 IN1 OUT AC0
AC0 IN2
ROUND
EN ENO
AC0 IN OUT AC0
DI_I
EN ENO
AC0 IN OUT AC0
MOV_W
EN ENO
AC0 IN OUT VW20
2 输入注释
VW20
<=I
70
空气压缩机工:Q0.0
S
3
T37
IN TON
540 PT 100ms

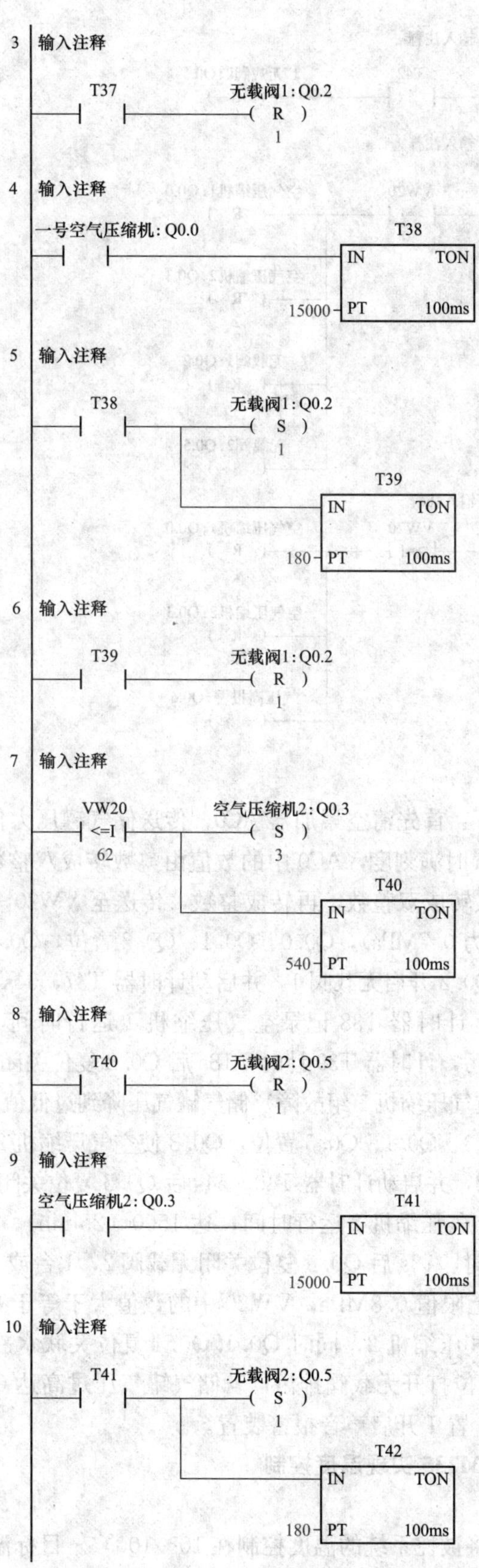
3 输入注释
T37
无载阀1: Q0.2
R
1
4 输入注释
一号空气压缩机: Q0.0
T38
IN TON
15000 PT 100ms
5 输入注释
T38
无载阀1: Q0.2
S
1
T39
IN TON
180 PT 100ms
6 输入注释
T39
无载阀1: Q0.2
R
1
7 输入注释
VW20
<=I
62
空气压缩机2: Q0.3
S
3
T40
IN TON
540 PT 100ms
8 输入注释
T40
无载阀2: Q0.5
R
1
9 输入注释
空气压缩机2: Q0.3
T41
IN TON
15000 PT 100ms
10 输入注释
T41
无载阀2: Q0.5
S
1
T42
IN TON
180 PT 100ms

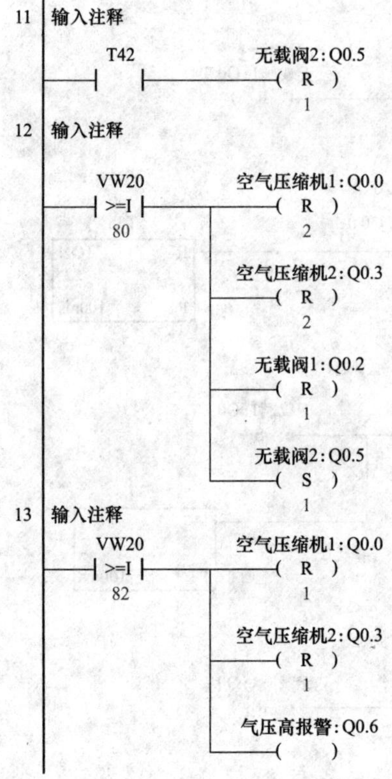

5. 说明

扫描程序简要说明如下：首先清空累加器 AC0，传送储气罐压力传感器模拟量数值至 AC0，考虑压力为 0.85MPa 时满刻度，AC0 中的数值由整数转成双整数，再转成实数除以 30000 后乘以 85，四舍五入转成双整数，再转成整数，传送至 VW20，若此值小于等于 70（即储气罐气压降到下限压力 0.7MPa），Q0.0、Q0.1、Q0.2 置位，Q0.0 使空气压缩机 1 运行，Q0.1 开启冷却阀 1，Q0.2 开启无载阀 1，并启动计时器 T37，54s 后 Q0.2 复位关闭无载阀 1，储气罐气压上升，计时器 T38 记录空气压缩机 1 运行时间，达 1500s（25min），Q0.2 置位开启无载阀 1 排污，计时器 T39 计时，18s 后 Q0.2 复位关闭无载阀 1。若由于特殊情况（如用气量陡增或空气压缩机 1 组故障）储气罐气压降到过低值 0.62MPa，则 VW20 中的数值小于等于 62，Q0.3、Q0.1、Q0.5 置位，Q0.3 使空气压缩机 2 运行，Q0.4 开启冷却阀 2，Q0.5 开启无载阀 2，并启动计时器 T40，54s 后 Q0.5 复位关闭无载阀 2，储气罐气压上升，计时器 T41 记录空气压缩机 2 运行时间，达 1500（25min），Q0.5 置位开启无载阀 2 排污，计时器 T42 计时，18s 后 Q0.5 复位关闭无载阀 2，1 台或 2 台空气压缩机组的工作使储气罐气压回复到上限值 0.8MPa，VW20 中的数值大于等于 80，Q0.0、Q0.3 复位停止空气压缩机 1 或空气压缩机 2，同时 Q0.1.Q0.4 复位关联水冷式空气压缩机的冷却水，同时 Q0.2.Q0.5 置位打开无载阀排污，若储气罐气压过高达 0.82MPa，VW20 中的数值大于等于 82，Q0.6 置 1 开启声音报警装置。

【例 79】 CPU 扩展 EM235 实现温度控制

1. 控制要求

某温度控制系统要求将被控系统的温度控制在 10～100℃。目标温度设定为 50℃，当温度低于 40℃或高于 60℃时，应能通过加热器或冷却风扇进行调节，并以不同的指示灯指示系统所处的温度区间。

2. 分析

选用模拟量输入/输出模块 EM235、温度传感器 PT100 与 PLCS7-200SMART 模块构成控制系统的基本单元。系统设置一个启动按钮来启动控制程序，设置绿（Q0.0）、红（Q0.1）、蓝（Q0.2）3 个指示灯来指示温度状态。当被控温度在要求范围内，绿灯亮，表示系统运行正常；当被控温度超过上限，红灯亮，同时启动冷却风扇（Q0.3）；当被控温度低于下限，蓝灯亮，同时启动加热器（Q0.4）。

3. 程序

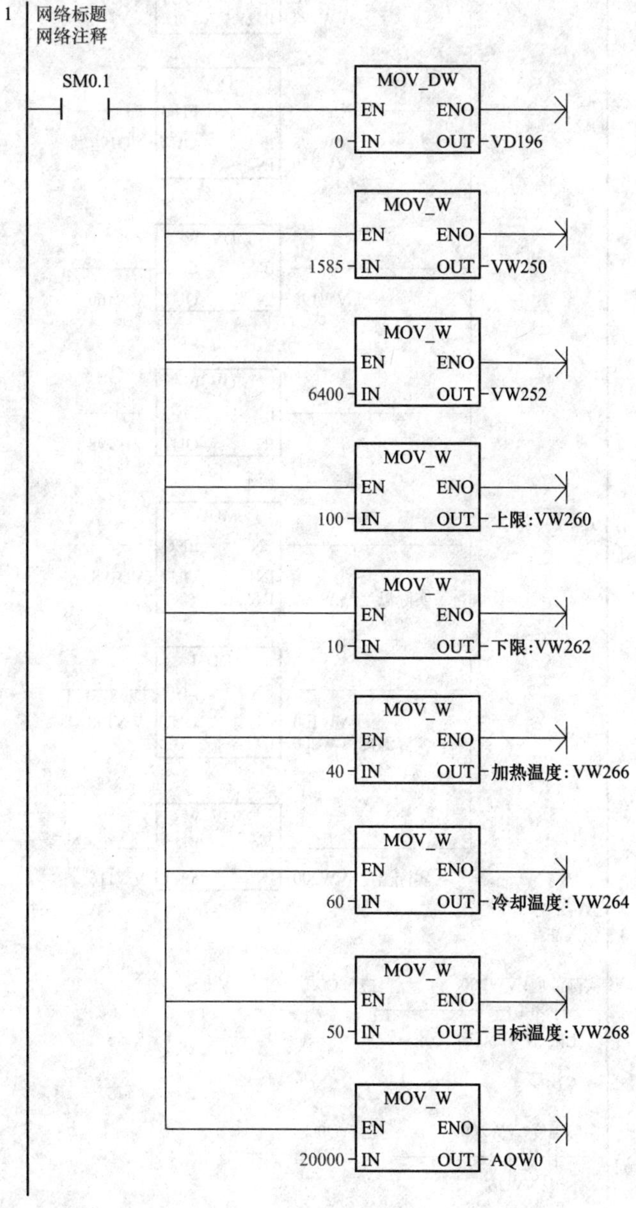

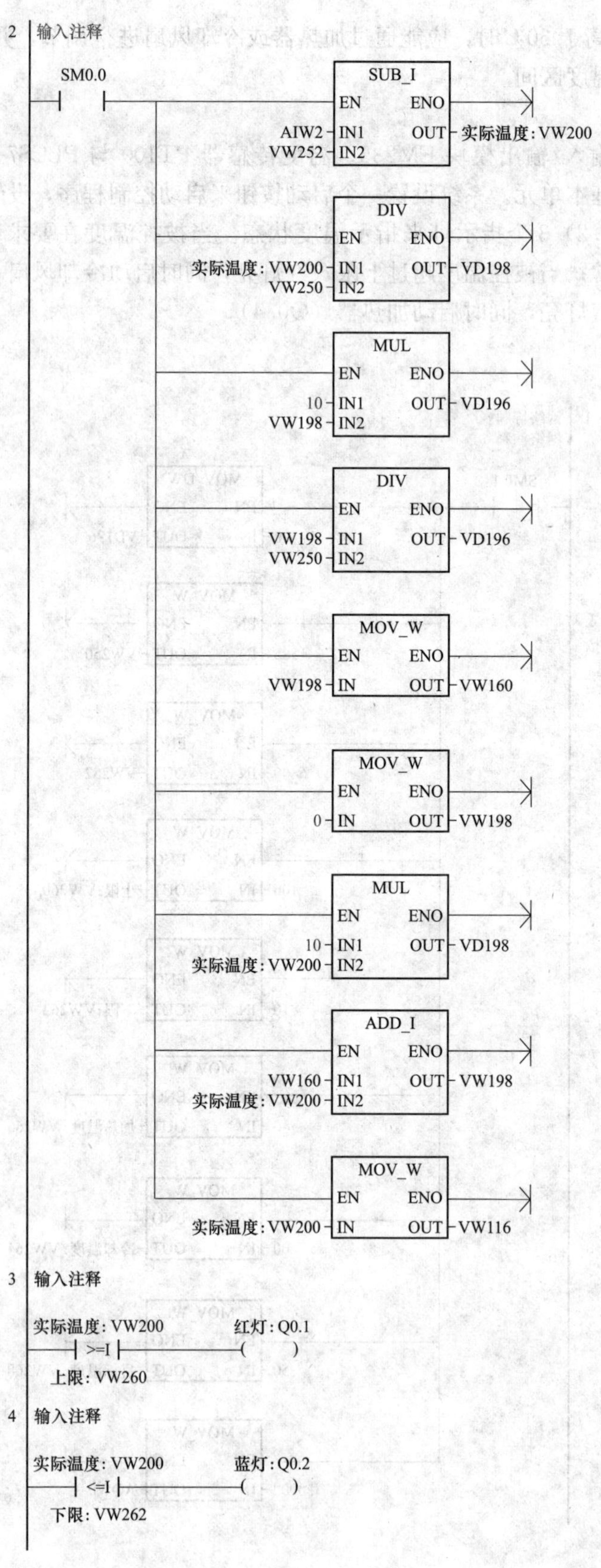
2 输入注释
SM0.0
SUB_I
EN ENO
AIW2 IN1 OUT 实际温度: VW200
VW252 IN2
DIV
EN ENO
实际温度: VW200 IN1 OUT VD198
VW250 IN2
MUL
EN ENO
10 IN1 OUT VD196
VW198 IN2
DIV
EN ENO
VW198 IN1 OUT VD196
VW250 IN2
MOV_W
EN ENO
VW198 IN OUT VW160
MOV_W
EN ENO
0 IN OUT VW198
MUL
EN ENO
10 IN1 OUT VD198
实际温度: VW200 IN2
ADD_I
EN ENO
VW160 IN1 OUT VW198
实际温度: VW200 IN2
MOV_W
EN ENO
实际温度: VW200 IN OUT VW116
3 输入注释
实际温度: VW200
>=I
上限: VW260
红灯: Q0.1
4 输入注释
实际温度: VW200
<=I
下限: VW262
蓝灯: Q0.2

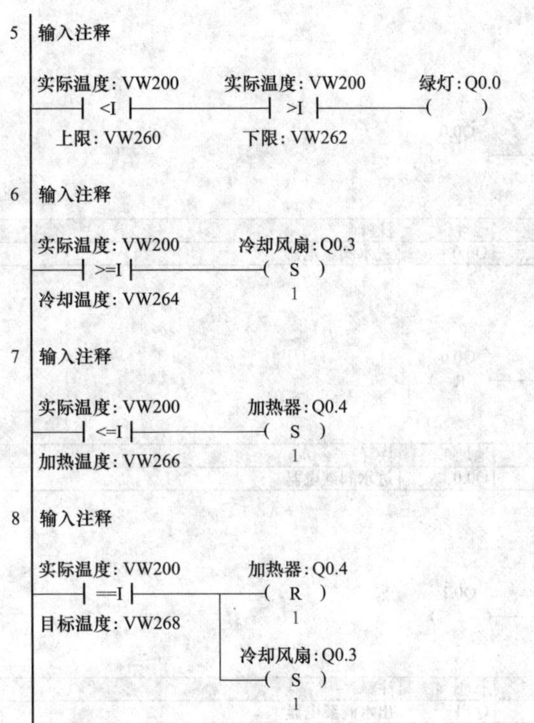

4. 说明

在被控系统中的温度测量点，温度信号经变送器变成 4～20mA 的电流信号送入 EM235 的第 2 个模拟量输入通道 AIW2 中，PLC 读入温度值后，再取其平均值作为被控系统的实际温度值。为了把温度传感器 PT100 随温度变化的电阻转换成相应的温度变化值，可利用下列公式，即

$$T=(温度数字量-0℃偏置量)/1℃数字量$$

其中，温度数字量为存储在 AIW_x（$x=0$，2，4）中的值；0℃偏置量为在 0℃测量出的数字量，这里取为 6400；1℃数字量为温度每升高 1℃的数字量，这里取为 1585。

温度传感器 PT100 在正常工作时需要 12.5mA 的电流，这里采用 EM235 模块的输出通道来给温度传感器供电。由于 EM235 模块的工作电流被 DIP 开关设置为 0～20mA，因此为了获得 12.5mA 的输出电流，应将 AQW0 的输出数设置为 20000(32000/20×12.5=20000)。

在实际应用中对一般模拟量进行处理时可直接应用本例中的方法。

【例 80】 热水箱中的水位和水温控制

1. 控制要求

在热水箱中需要对水位和水温控制：水箱中水位低于下警戒水位时，打开进水阀给水箱中加水。当水位高于水箱中的上警戒水位时，关闭进水阀；水箱中的水温低于设定温度下限时，打开加热器给水箱中的水加热。当水温高于设定温度上限时停止加热；在加热器没有工作且进水阀关闭时打开出水阀，以便向外供水。

2. 分析

进水阀继电器与 PLC 的输出端口 Q0.0 连接，出水阀继电器与 PLC 的输出端口 Q0.1 连接，水箱加热器的控制继电器与 PLC 的输出断开 Q0.2 相连接。

3. 程序

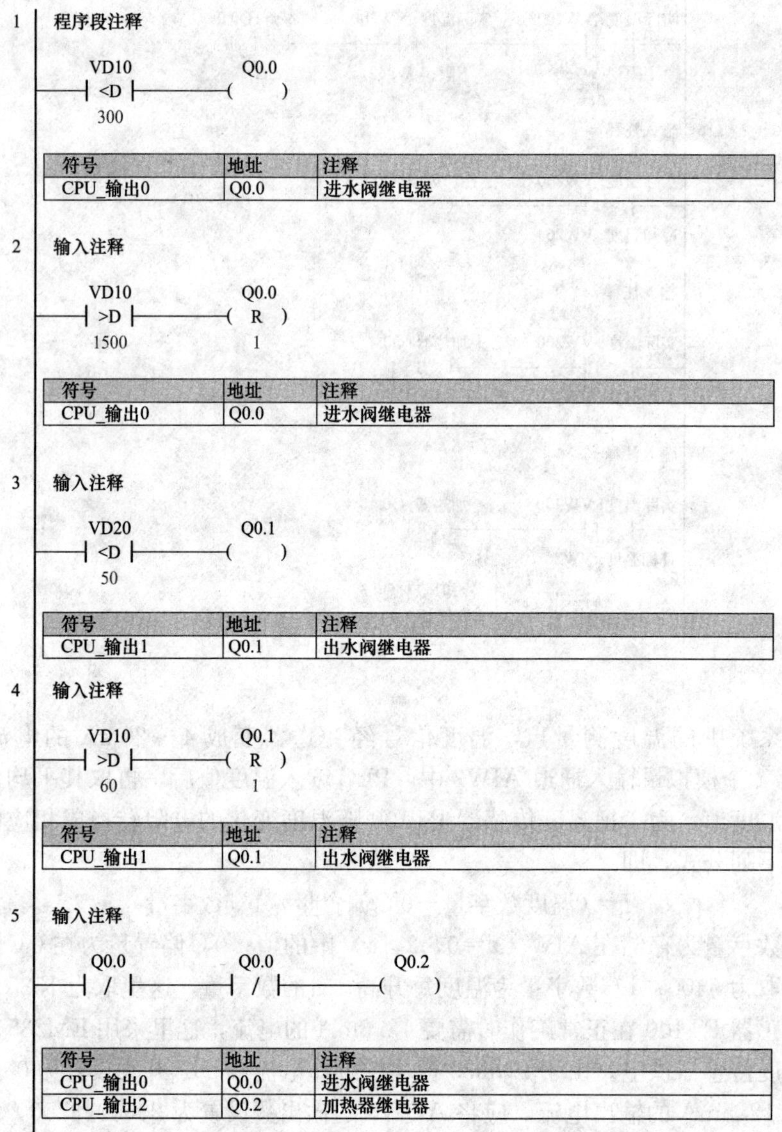

4. 说明

使用液位计实时将热水器的水位由 PLC 的模拟量输入口输入并传送到地址 VD10，同样使用温度计实时将热水器中的水温通过模拟量输入口输入后传送到 VD20，水箱中水位的上警戒值、下警戒值分别为 1500、300；水温的上、下限温度分别为 60℃、50℃。

【例 81】 通过模拟量控制指示灯

1. 控制要求

由 0～10V 外部电压信号控制 HL1 和 HL2 的亮灭，5V 以下 HL1 亮，5V 以上 HL2 亮。

2. 分析

选择模拟量模块型号为 EMAM06 模拟量模块，如图 3-1 所示。5V 转换为模拟量数值大概为 13850。

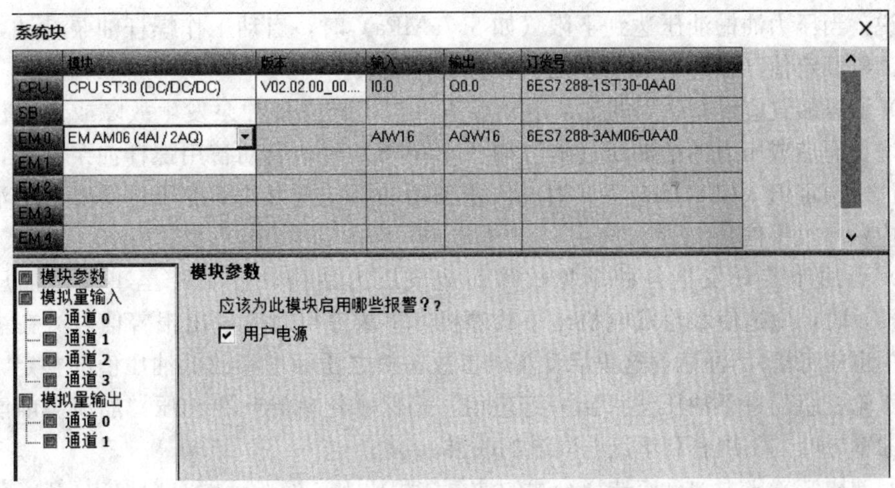

图 3-1 选择模拟量模块型号

3. 程序

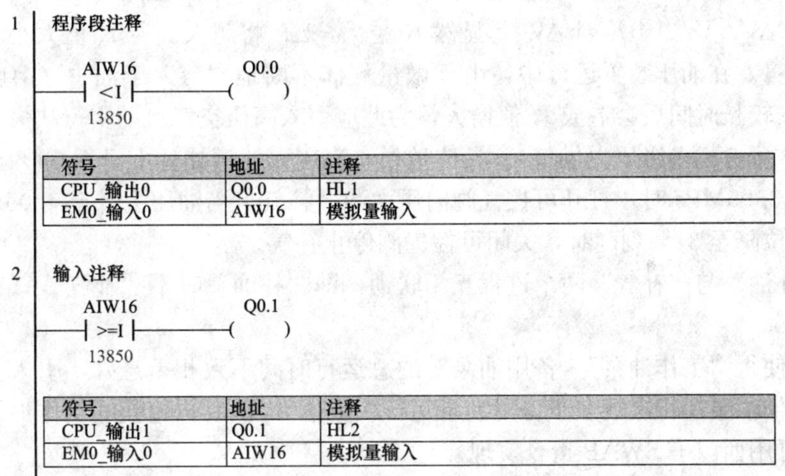

符号	地址	注释
CPU_输出0	Q0.0	HL1
EM0_输入0	AIW16	模拟量输入

符号	地址	注释
CPU_输出1	Q0.1	HL2
EM0_输入0	AIW16	模拟量输入

【例 82】 PLC 控制水力发电站油压装置

1. 油压装置

油压装置在水力发电站是重要的机械辅助设备，其作用产生并储存高压油，是机组启动、停止、调节出力之能源。若水轮机蜗壳进口之前设有蝴蝶阀，则油压装置也是蝴蝶阀的操作能源。压力油槽压力事故降低时，水轮发电机组将失控，应有防护措施。油压装置的特别重要性与现代化的要求决定了油压装置用高新技术实现自动化的必要性。

2. 控制要求

（1）水轮机组在正常运行或在事故情况下，均应保证有足够压力油量供机组及蝴蝶阀操作之用，应考虑在厂用电消失时有一定的能源储备。此要求可通过选择足够的压力油槽容积与适当的控制程序来解决。

（2）不论水力机组处于运行还是停机状态，油压装置均应处于准备工作状态，亦即油压装置的自动控制是独立进行的，是由本身条件——压力油槽中油压信号——来实现自动化的。

（3）在水力机组操作过程中，油压装置的投入是自动进行的，不需值班人员的参与。

具体地说，当压力油槽油压达到下限（如3.75MPa）时，启动工作螺杆油泵补油，压力提升至油压额定值（如4.00MPa）时，停止工作油泵。

（4）油压装置应设有备用的油泵电动机组，当工作螺杆油泵发生故障或者操作用油量急剧增长而造成压力油槽油压过低（如3.60MPa）时，启动备用螺杆油泵补油，压力提升至油压额定值（如4.00MPa）时，停止备用油泵，压力油槽油压过低要备用油泵投入时，应发出报警信号。

（5）当油压装置发生各种罕见故障而造成压力油槽油压下降至事故低油压（如2.70MPa）时，应迫使水轮发电机组事故停机，事故停机时应发出报警信号（在主机控制程序中也应考虑）。注意，这里启动主机事故停机之压油槽事故低油压值的整定，应比可操作水轮机组的最小油压值大出一定量值，确保水轮机导叶在油压“崩溃”前能够全关。负曲率导叶的采用有利于这一问题的改善。

（6）油压装置压力油槽应选择合适的油气体积比K，经验证明一般取1∶2。若K值过大，由于操作放出等体积的油量后会造成压力油槽油压更大地下降。设压力油槽容积为V，其中油占$KV/(1+K)$，气体占$V/(1+K)$，又设P、$(P-\Delta P)$是放出ΔV体积油量前后的压力油槽油压，代入玻意耳定律有$PV/(1+K)=(P-\Delta P)\,[V/(1+K)+\Delta V]$，从而$\Delta P=P\Delta V/[V/(1+K)+\Delta V]$，显然$K$越大，$\Delta P$将越大。若$K$值太小，将没有足够的压力油量。在油压装置运行中，由于微量气体不断地“溶”于油中（溶解速度与油压成正比），较长时间后会造成K值增大，为此应引入高压空气自动实行缺失补气（因相对“干燥”，可考虑多级压力供气）。具体地说，当压力油槽油位上升至34%刻度，并且油压下降至3.95MPa时，打开可控气阀向压力油槽补气。当油压上升至4.05MPa，或者压力油槽油位降至31%刻度时，关闭可控气阀停止补气。

（7）“补油”与“补气”两个进程互相联锁，即“补油”时不“补气”，“补气”时不“补油”。

（8）为使得“工作油泵”“备用油泵”的总运行时间不致相差悬殊，引入“轮岗”思想，考虑工作油泵运行次数多于备用油泵运行次数达88次后，轮换“工作油泵”与“备用油泵”（可用西门子SWAP指令实现）。

3. 分析

I/O地址分配见表3-2。其中AIW0. AIWI属于模块EM231。

表3-2　I/O分配表

输入		输出	
功能	地址	功能	地址
启动按钮SB1	I0.0	油泵电动机组1接触器KM1	Q0.0
停止按钮SB2	I0.1	油泵电动机组2接触器KM2	Q0.1
压力油槽油压模拟量输入	AIW0	补气电磁阀开启线圈QK	Q0.2
压力油槽油位模拟量输入	AIW2	补气电磁阀关闭线圈QG	Q0.3
		油压过低报警指示灯D1	Q0.4
		油压事故报警指示灯D2	Q0.5

当测得压力油罐压力达到量程顶值5MPa时，AK-4型压力变送器的电流为20mA，AIW0的数值约为32767。每毫安对应的A/D值约为32767/20，测得压力为0.1MPa时，

AK-4型压力变送器的电流应为0.4mA，A/D值约为（32767/20）×0.4＝655.34。被测压力为0.1～5MPa时，AIW0的对应数值为655.34～32767，故1kPa对应的A/D值大约为（32767－655.34）/(5000－100)＝6.55，由此得出AIW0的数值转换为实际压力值（单位为kPa）的计算公式为

VW0的值＝[（AIW0的值－655.3）/655]×100＋100(kPa)

4. 程序

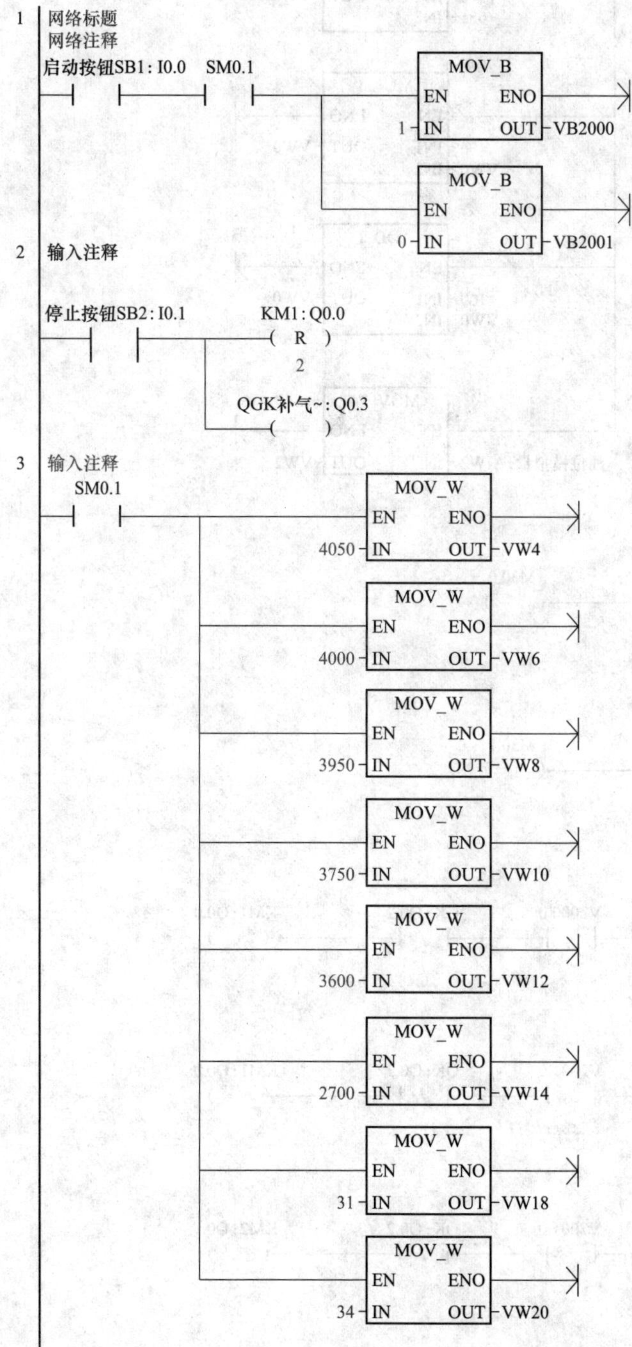

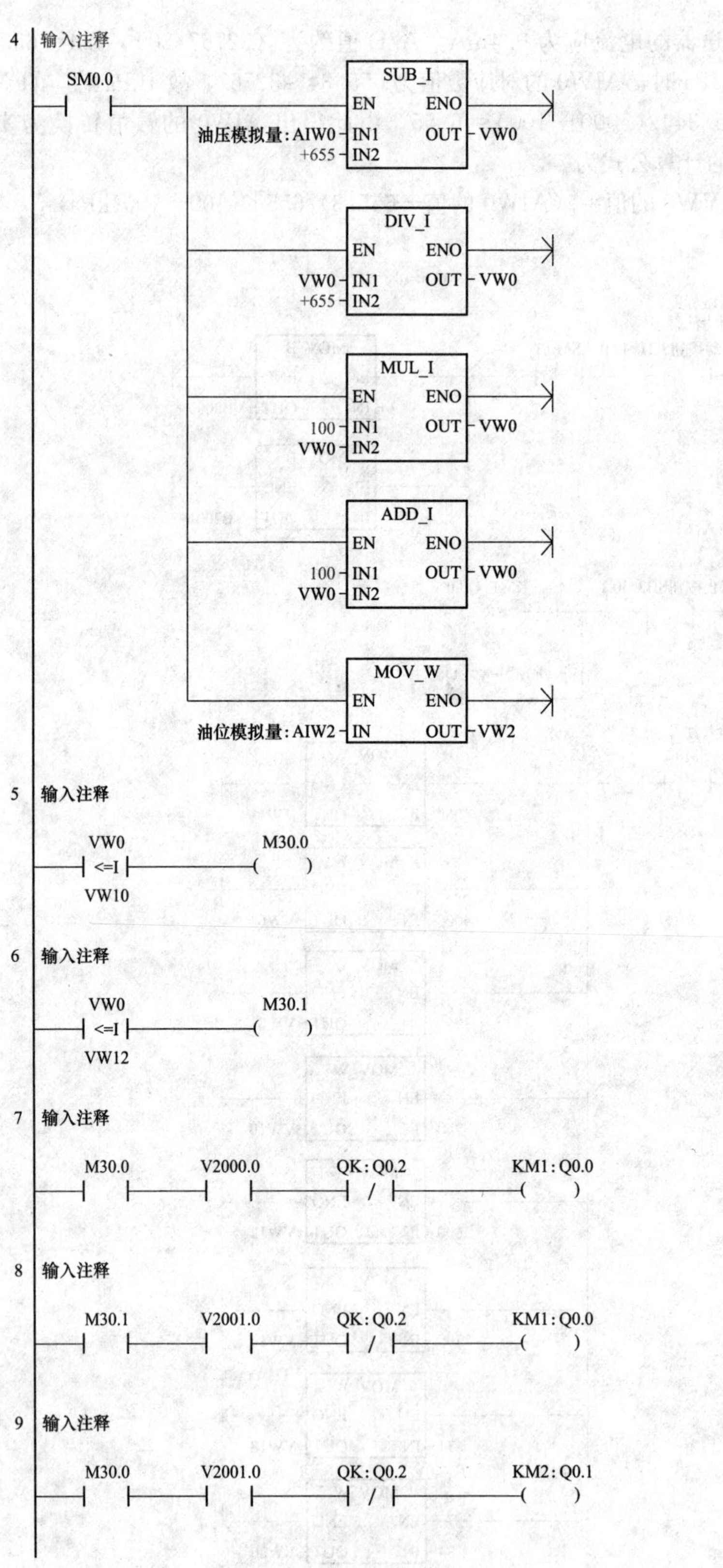
4 输入注释
SM0.0
SUB_I
EN ENO
油压模拟量:AIW0 IN1 OUT VW0
+655 IN2
DIV_I
EN ENO
VW0 IN1 OUT VW0
+655 IN2
MUL_I
EN ENO
100 IN1 OUT VW0
VW0 IN2
ADD_I
EN ENO
100 IN1 OUT VW0
VW0 IN2
MOV_W
EN ENO
油位模拟量:AIW2 IN OUT VW2
5 输入注释
VW0
<=I
VW10
M30.0
6 输入注释
VW0
<=I
VW12
M30.1
7 输入注释
M30.0
V2000.0
QK:Q0.2
KM1:Q0.0
8 输入注释
M30.1
V2001.0
QK:Q0.2
KM1:Q0.0
9 输入注释
M30.0
V2001.0
QK:Q0.2
KM2:Q0.1

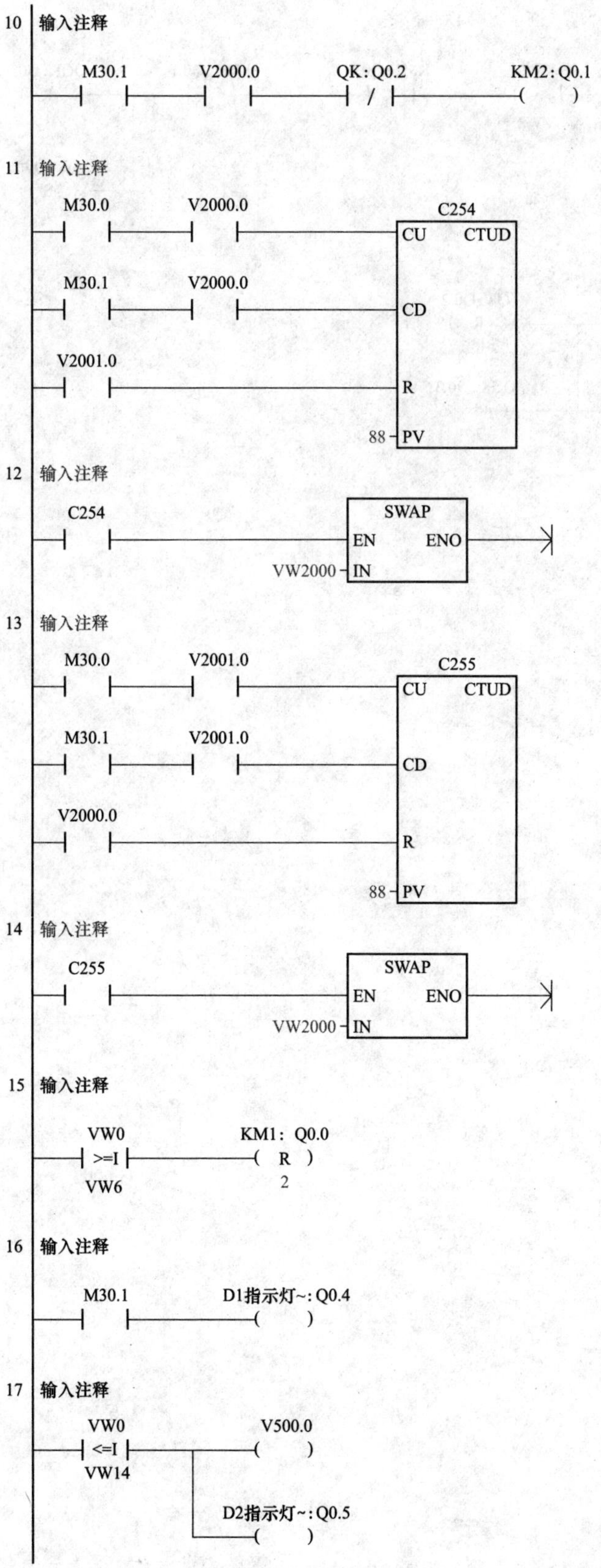

10 输入注释

M30.1 V2000.0 QK:Q0.2 KM2:Q0.1

11 输入注释

M30.0 V2000.0 C254 CU CTUD

M30.1 V2000.0 CD

V2001.0 R

88 PV

12 输入注释

C254 SWAP EN ENO

VW2000 IN

13 输入注释

M30.0 V2001.0 C255 CU CTUD

M30.1 V2001.0 CD

V2000.0 R

88 PV

14 输入注释

C255 SWAP EN ENO

VW2000 IN

15 输入注释

VW0 >=I VW6 KM1: Q0.0 R 2

16 输入注释

M30.1 D1指示灯~:Q0.4

17 输入注释

VW0 <=I VW14 V500.0

D2指示灯~:Q0.5

18 输入注释

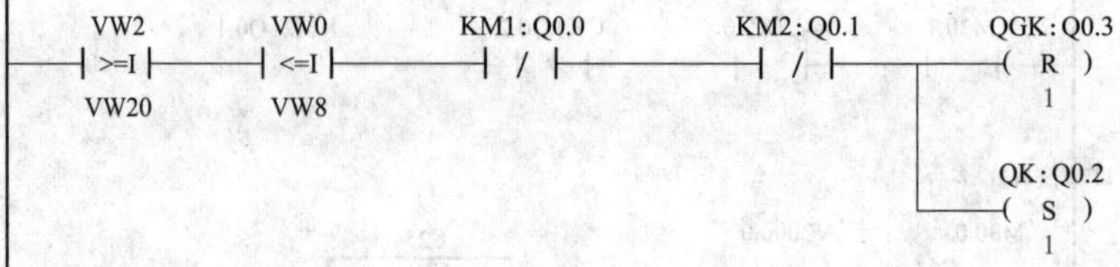

VW2 >=I VW20 —— VW0 <=I VW8 —— KM1:Q0.0 / —— KM2:Q0.1 / —— QGK:Q0.3 (R) 1

QK:Q0.2 (S) 1

19 输入注释

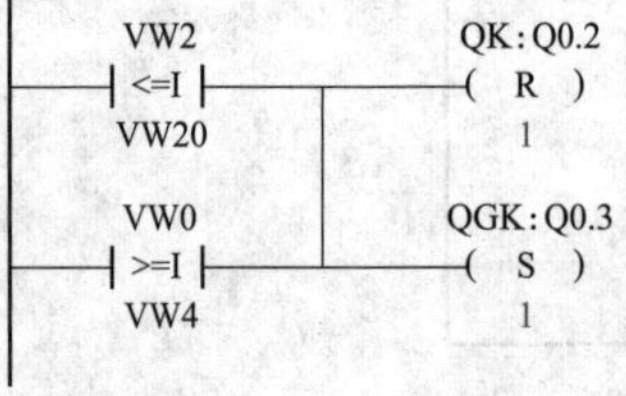

VW2 <=I VW20 —— QK:Q0.2 (R) 1

VW0 >=I VW4 —— QGK:Q0.3 (S) 1

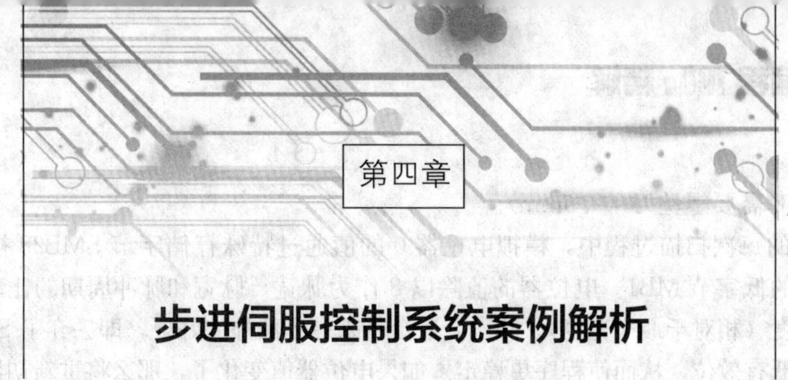

第四章

步进伺服控制系统案例解析

【例 83】 使用高速脉冲输出

程序如下：

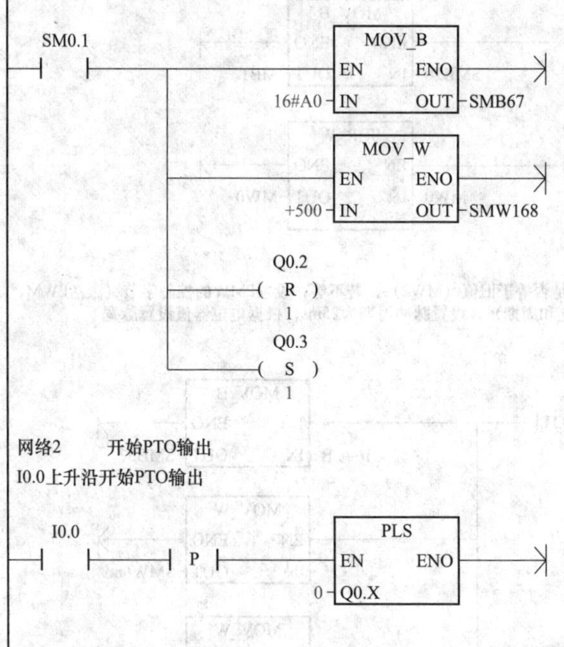

【例 84】 用电位器实现灯泡亮度控制

1. 控制要求

使用 S7-200 SMART 的集成高速脉冲输出指令来控制灯泡（24V/1W）亮度。

2. 分析

模拟电位器 0 的设置值影响输出端 Q0.0 方波信号的脉冲宽度，也就是灯泡的亮度。

调整电位器时需要螺丝刀（2.5mm）。

在程序的每次扫描过程中，模拟电位器 0 的值通过特殊存储字节 SMB28 被复制到内存字 MW0 的低字节 MB1。电位器的值除以 8 作为脉宽，脉宽和脉冲周期的比率大致决定了灯泡的亮度（相对于最大亮度）。除以 8 还会带来一个额外的好处，即丢弃了 SMB28 所存值的 3 个最低有效位，从而使程序更稳定。如果电位器值变化了，那么将重新初始化输出端 Q0.0 的脉宽调制，借此电位器的新值将被变换成脉宽的毫秒值。如 SMB28＝80(电位器 0 的值)，80/8＝10，则 10/25(＝脉宽/周期)＝40％(电压时间比)＝40％最大亮度。

3. 程序

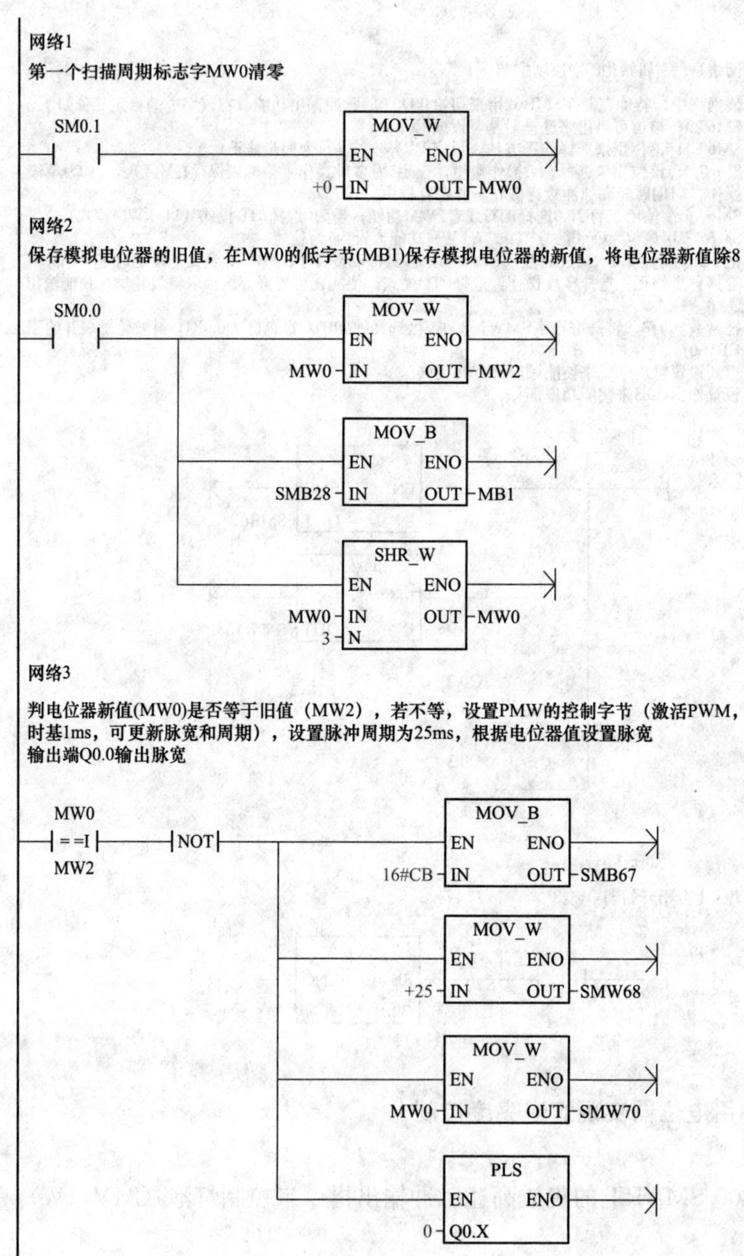

【例 85】 PLC、HMI、步进驱动器及步进电动机综合系统 1

1. 控制要求

用 HMI 设定步进电动机正转转速、正转圈数、反转转速、反转圈数。设置正向（反向）启动按钮、停止按钮。系统启动后按照 HMI 设定的参数运行完毕，自动停机。按下停止按钮，系统停机。

2. 程序

（1）主程序。

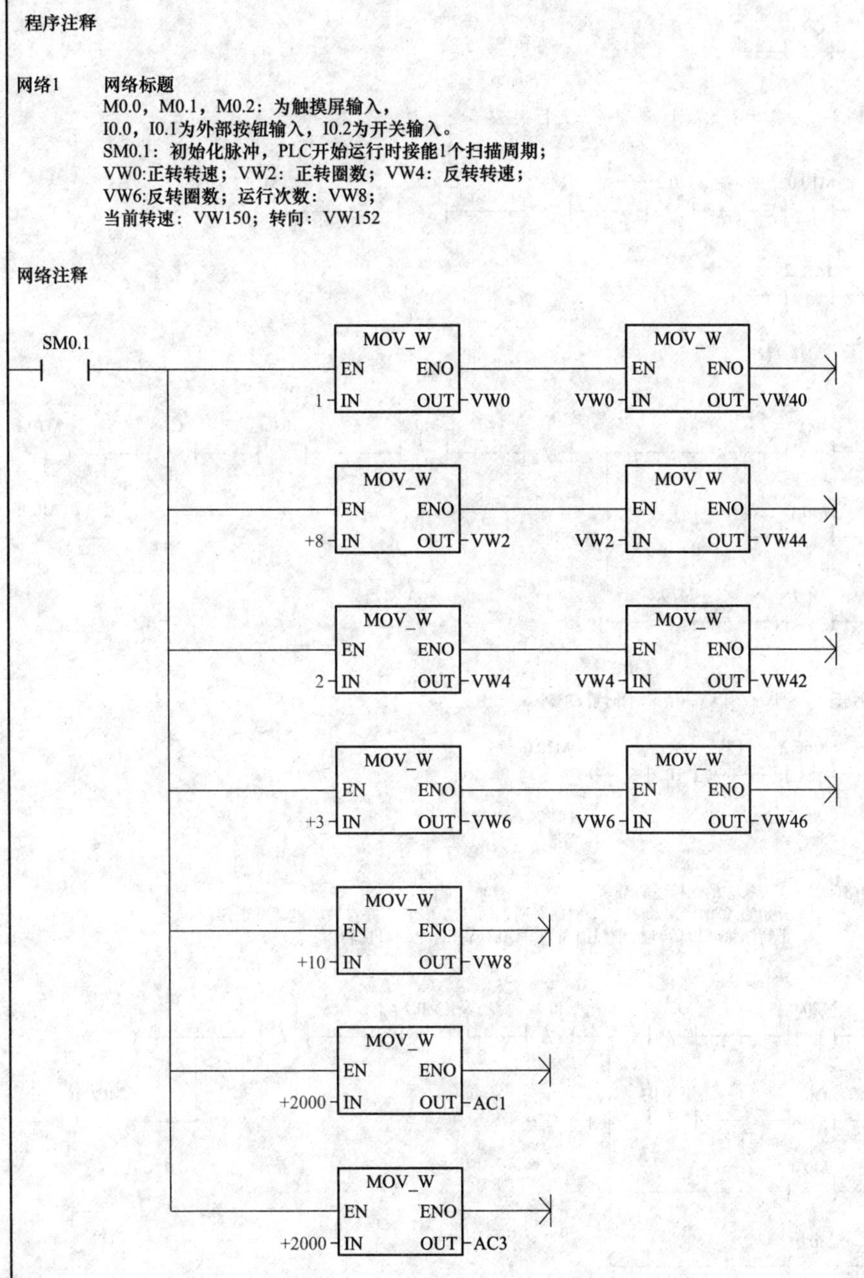

网络2　I0.0：正转启动按钮，I0.1：反转启动按钮；M0.2:停止信号(开关)；
Q0.1接通时：正转，断开时：反转；
M10.0：正转，M10.1：反转
M0.0：正转；M0.1：反转；M0.2：停止

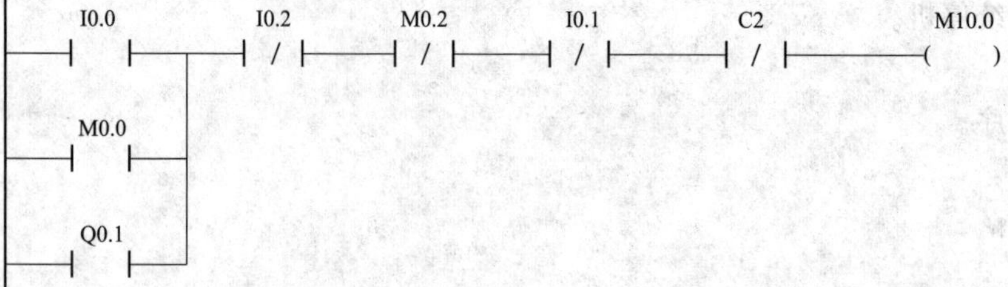

I0.0 I0.2 M0.2 I0.1 C2 M10.0
M0.0
Q0.1

网络3　C2：运行次数计数；M10.2：运行状态

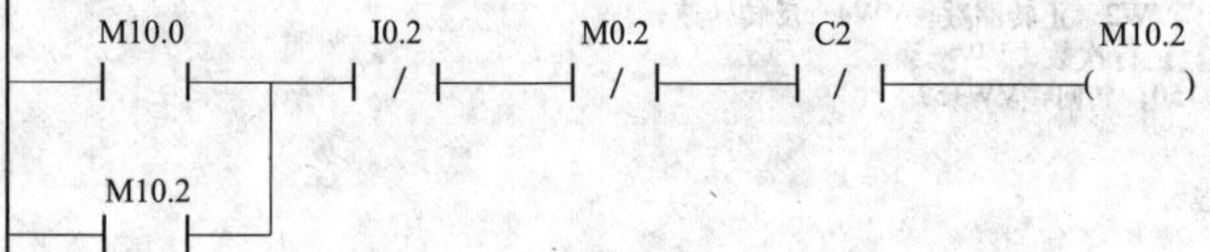

M10.0 I0.2 M0.2 C2 M10.2
M10.2

网络4　反转

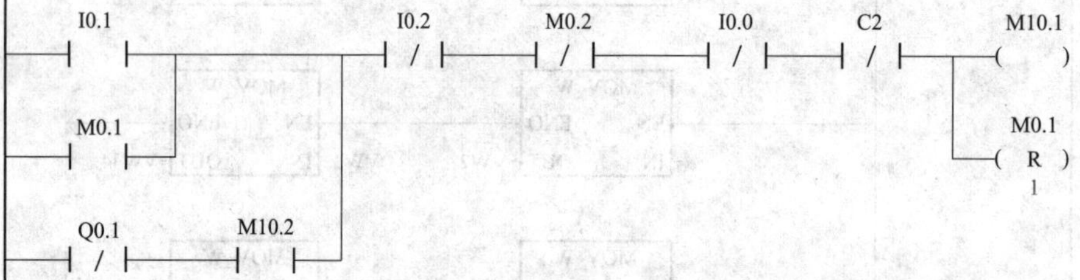

I0.1 I0.2 M0.2 I0.0 C2 M10.1
M0.1 M0.1 R 1
Q0.1 M10.2

网络5　PTO空闲(脉冲结束时)时置位SM66.7

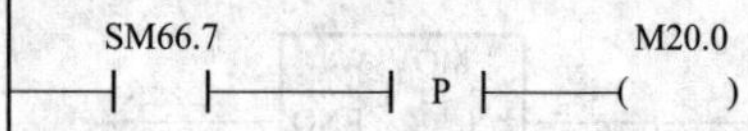

SM66.7 P M20.0

网络6　Q0.1状态的切换逻辑分析：
开始为"0"时，M20.0通1个扫描周期，Q0.1通（"1"）并自锁，电动机正转；
正转结束M20.0再通1个扫描周期，Q0.1断开，电动机反转

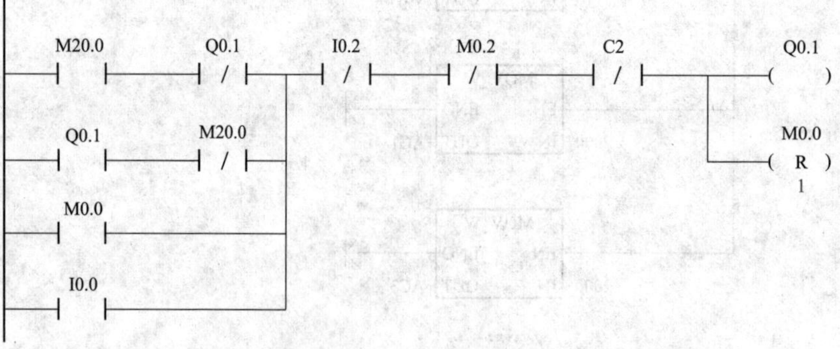

M20.0 Q0.1 I0.2 M0.2 C2 Q0.1
Q0.1 M20.0 M0.0 R 1
M0.0
I0.0

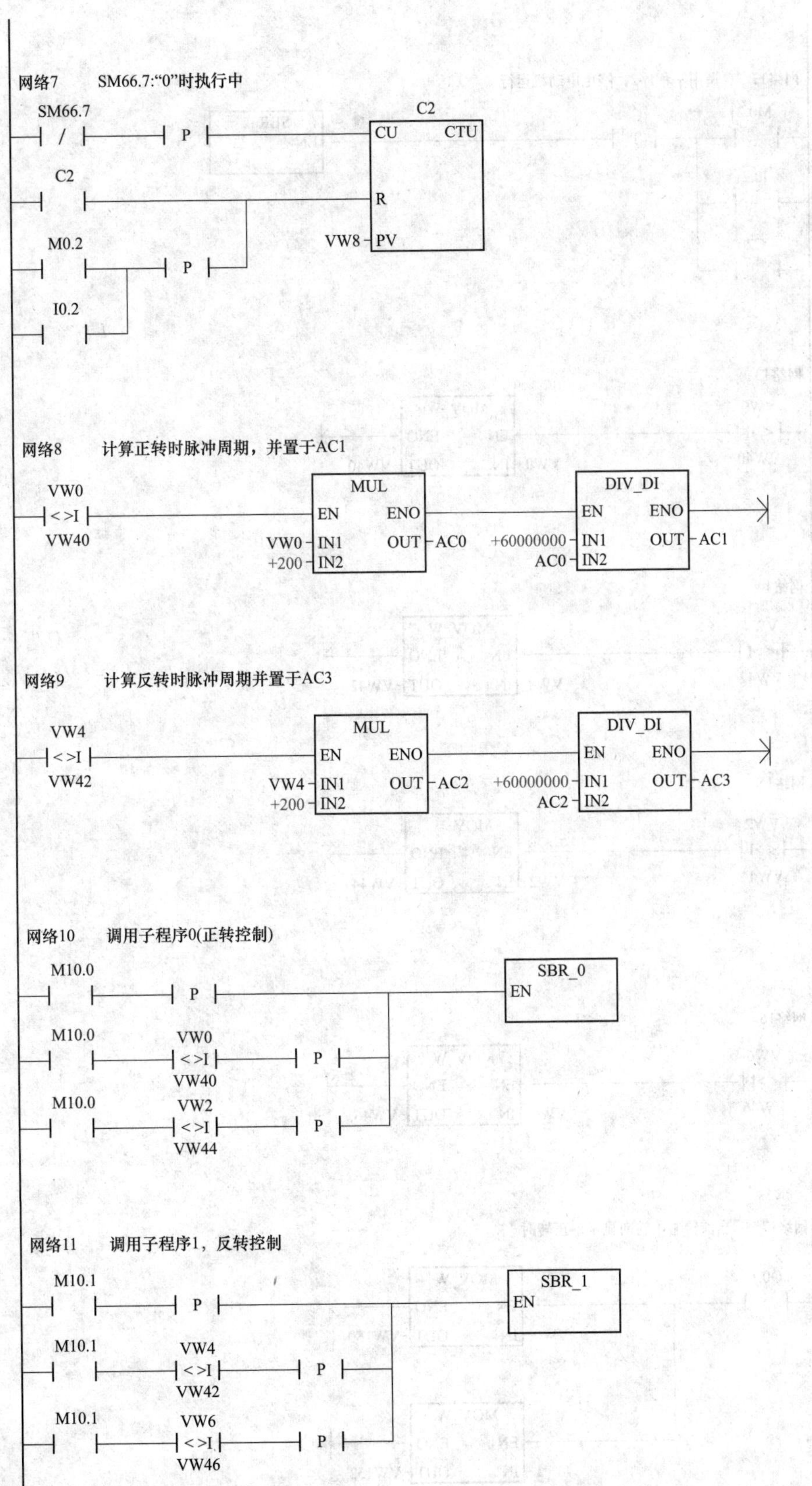
网络7 SM66.7:"0"时执行中
SM66.7
P
C2
CU CTU
C2
R
M0.2
P
VW8 PV
I0.2
网络8 计算正转时脉冲周期，并置于AC1
VW0
<>I
VW40
MUL
EN ENO
VW0 IN1 OUT AC0
+200 IN2
DIV_DI
EN ENO
+60000000 IN1 OUT AC1
AC0 IN2
网络9 计算反转时脉冲周期并置于AC3
VW4
<>I
VW42
MUL
EN ENO
VW4 IN1 OUT AC2
+200 IN2
DIV_DI
EN ENO
+60000000 IN1 OUT AC3
AC2 IN2
网络10 调用子程序0(正转控制)
M10.0
P
SBR_0
EN
M10.0
VW0
<>I
VW40
P
M10.0
VW2
<>I
VW44
P
网络11 调用子程序1，反转控制
M10.1
P
SBR_1
EN
M10.1
VW4
<>I
VW42
P
M10.1
VW6
<>I
VW46
P

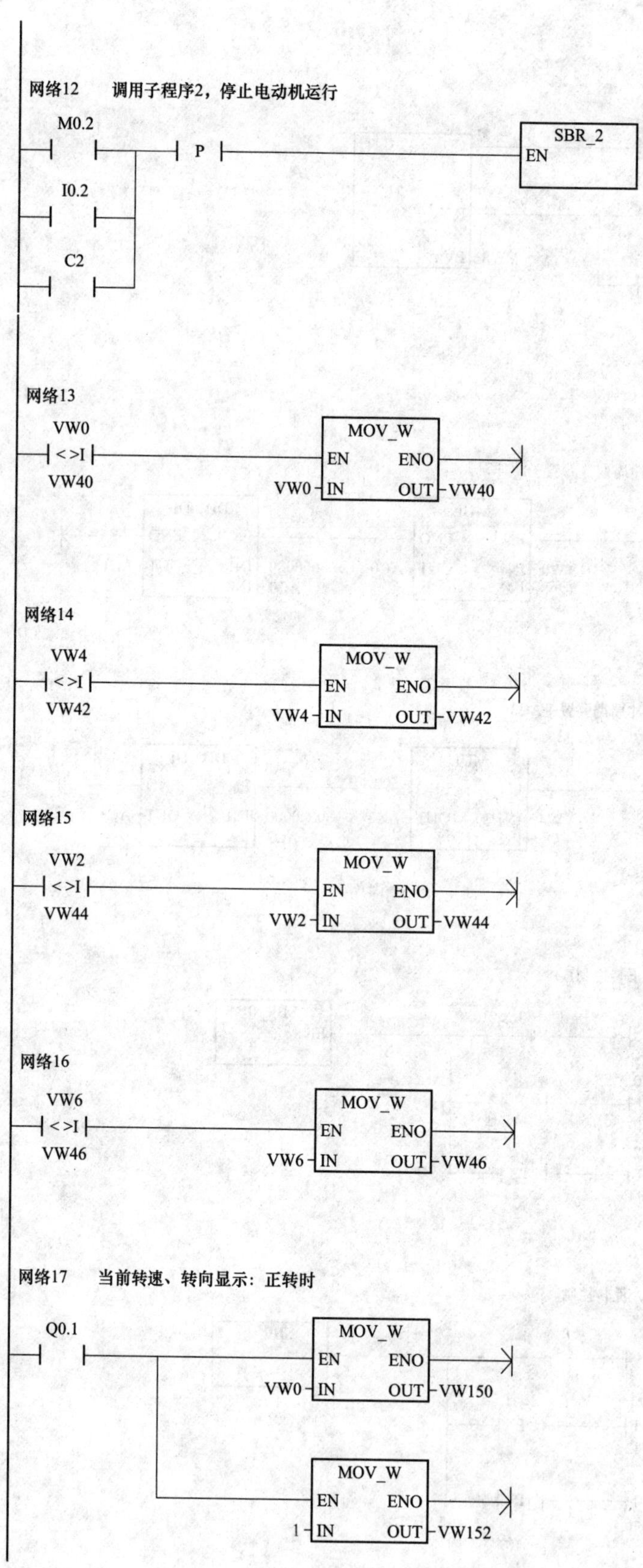
网络12　调用子程序2，停止电动机运行
M0.2
P
SBR_2
EN
I0.2
C2
网络13
VW0
< >I
VW40
MOV_W
EN
ENO
VW0 IN
OUT VW40
网络14
VW4
< >I
VW42
MOV_W
EN
ENO
VW4 IN
OUT VW42
网络15
VW2
< >I
VW44
MOV_W
EN
ENO
VW2 IN
OUT VW44
网络16
VW6
< >I
VW46
MOV_W
EN
ENO
VW6 IN
OUT VW46
网络17　当前转速、转向显示：正转时
Q0.1
MOV_W
EN
ENO
VW0 IN
OUT VW150
MOV_W
EN
ENO
1 IN
OUT VW152

（2）子程序 1。

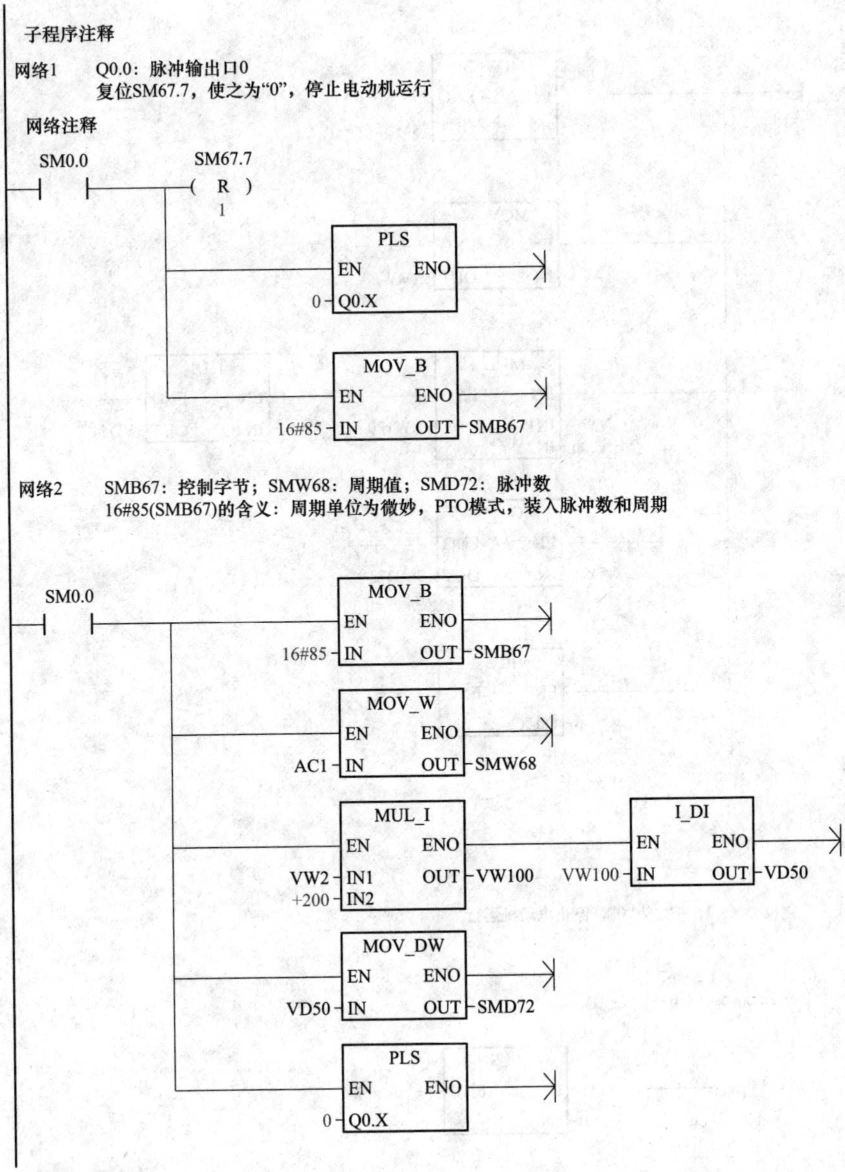

子程序注释
网络1 Q0.0：脉冲输出口0
复位SM67.7，使之为“0”，停止电动机运行
网络注释
SM0.0
SM67.7
R
1
PLS
EN
ENO
0
Q0.X
MOV_B
EN
ENO
16#85
IN
OUT
SMB67
网络2 SMB67：控制字节；SMW68：周期值；SMD72：脉冲数
16#85(SMB67)的含义：周期单位为微妙，PTO模式，装入脉冲数和周期
SM0.0
MOV_B
EN
ENO
16#85
IN
OUT
SMB67
MOV_W
EN
ENO
AC1
IN
OUT
SMW68
MUL_I
EN
ENO
VW2
IN1
+200
IN2
OUT
VW100
I_DI
EN
ENO
VW100
IN
OUT
VD50
MOV_DW
EN
ENO
VD50
IN
OUT
SMD72
PLS
EN
ENO
0
Q0.X

（3）子程序 2。

网络1 Q0.0：脉冲输出口0
复位SM67.7，使之为“0”，停止电动机运行
SM0.0
SM67.7
R
1
PLS
EN
ENO
0
Q0.X
MOV_B
EN
ENO
16#85
IN
OUT
SMB67

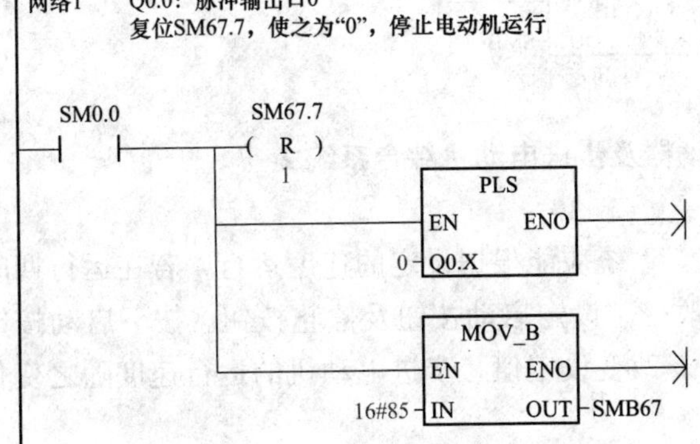

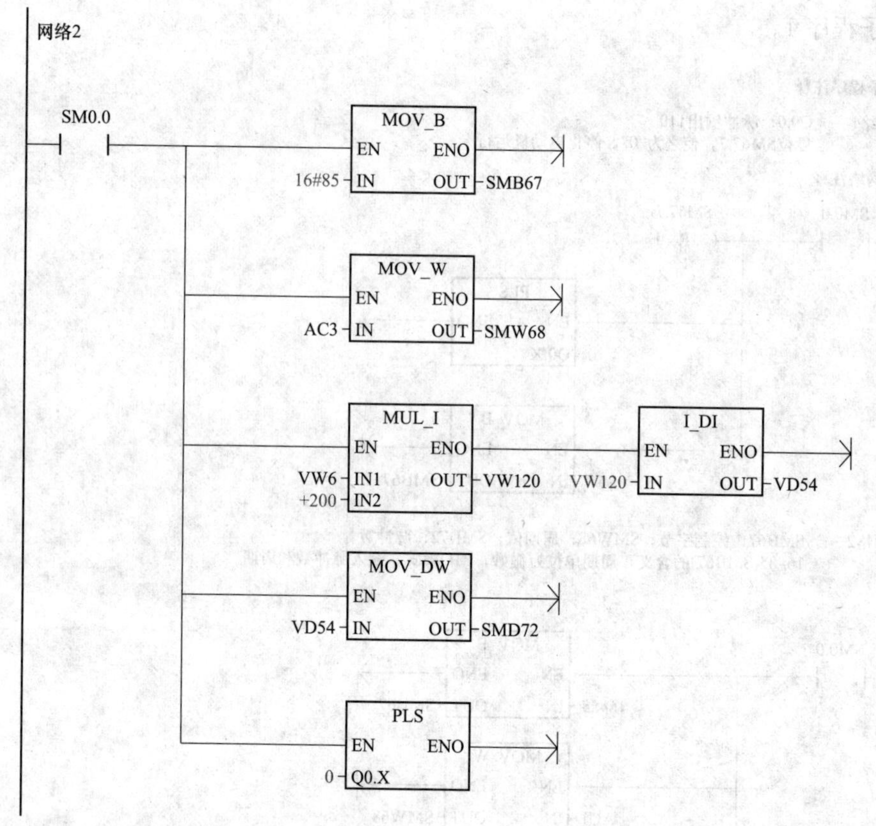

（4）子程序 3。

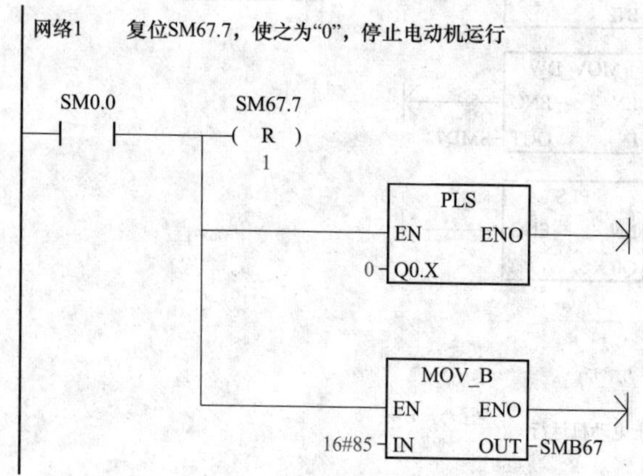

【例 86】 PLC、HMI、步进驱动器及步进电动机综合系统 2

1. 控制要求

用 HMI 设定步进电动机的速度。系统应能根据设定的速度运行，若在运行期间改变速度设定值，电动机转速应能随之改变。设定启动按钮及停止按钮。按下启动按钮，步进电动机按照 HMI 设定的速度运行，改变设定值，步进电动机的运行速度随之变化。按下停止按钮，电动机停止运行。

2. 程序

(1) 主程序。

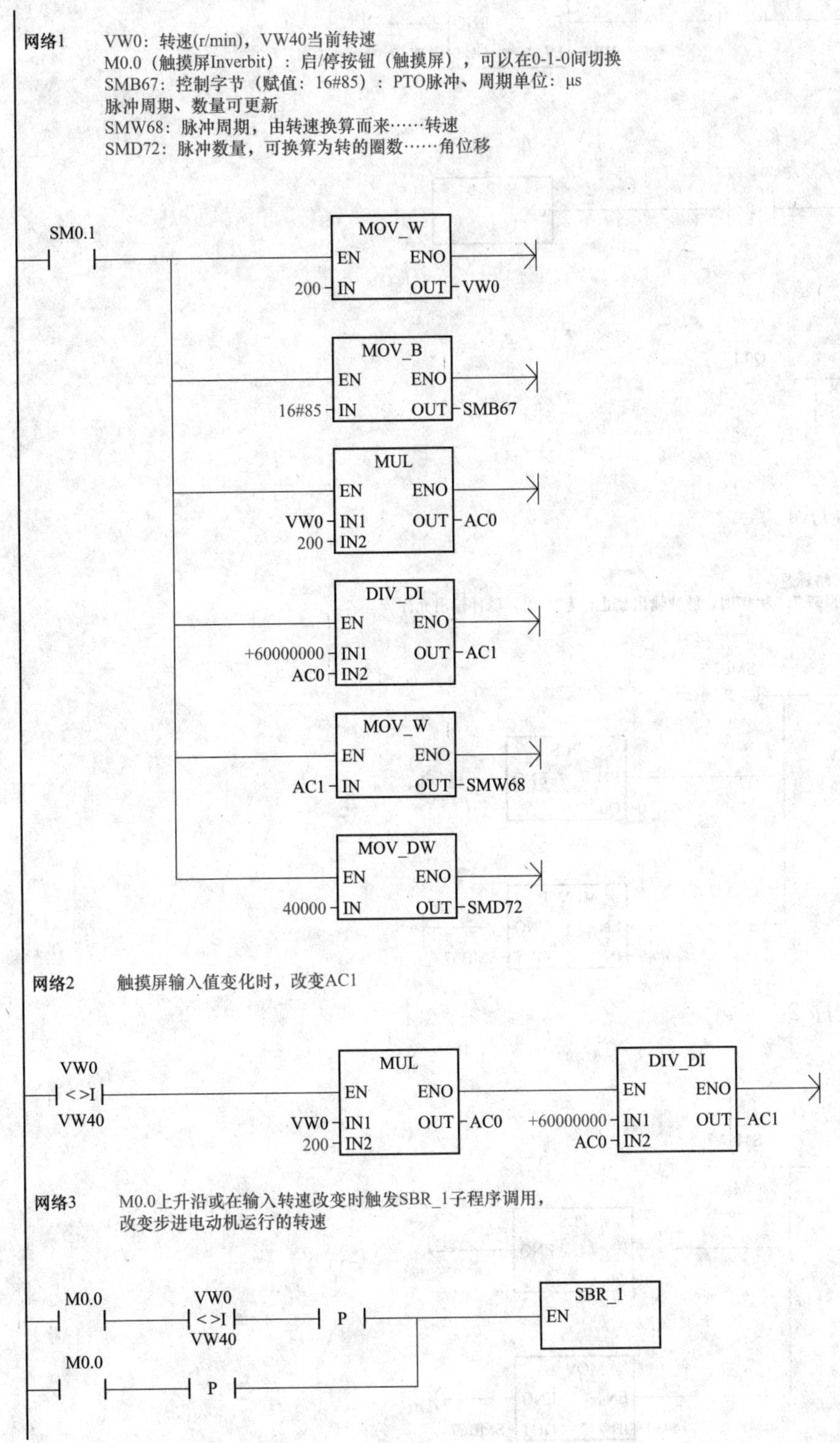

网络1 VW0：转速(r/min)，VW40当前转速
M0.0（触摸屏Inverbit）：启/停按钮（触摸屏），可以在0-1-0间切换
SMB67：控制字节（赋值：16#85）：PTO脉冲、周期单位：μs
脉冲周期、数量可更新
SMW68：脉冲周期，由转速换算而来……转速
SMD72：脉冲数量，可换算为转的圈数……角位移
SM0.1
MOV_W
EN ENO
200 IN OUT VW0
MOV_B
EN ENO
16#85 IN OUT SMB67
MUL
EN ENO
VW0 IN1 OUT AC0
200 IN2
DIV_DI
EN ENO
+60000000 IN1 OUT AC1
AC0 IN2
MOV_W
EN ENO
AC1 IN OUT SMW68
MOV_DW
EN ENO
40000 IN OUT SMD72
网络2 触摸屏输入值变化时，改变AC1
VW0
<>I
VW40
MUL
EN ENO
VW0 IN1 OUT AC0
200 IN2
DIV_DI
EN ENO
+60000000 IN1 OUT AC1
AC0 IN2
网络3 M0.0上升沿或在输入转速改变时触发SBR_1子程序调用，
改变步进电动机运行的转速
M0.0
VW0
<>I
VW40
P
SBR_1
EN
M0.0
P

网络4　触摸屏转速输入值变化时，改变步进电动机运行的转速，VW40为电动机当前转速

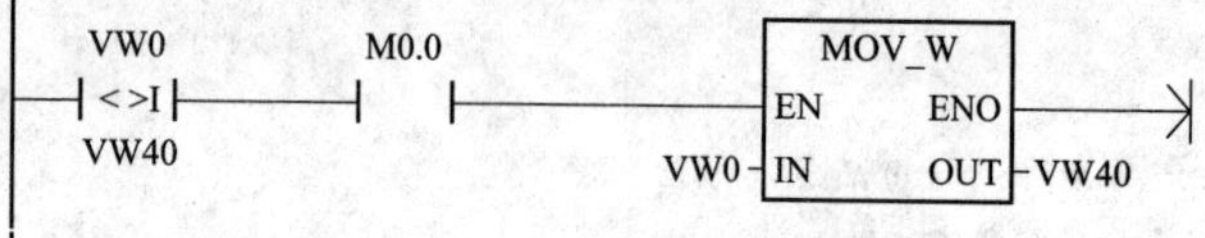

VW0 <>I VW40 —— M0.0 —— MOV_W (EN ENO; VW0 - IN OUT - VW40)

网络5　停止

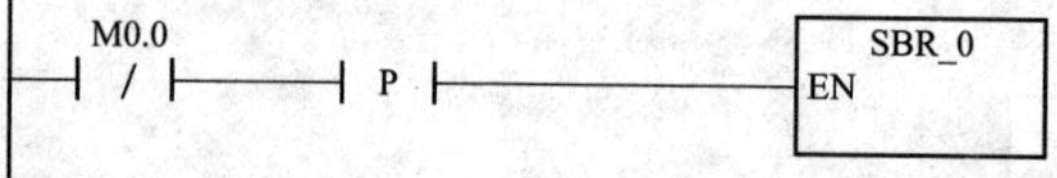

M0.0 / —— P —— SBR_0 (EN)

网络6　方向

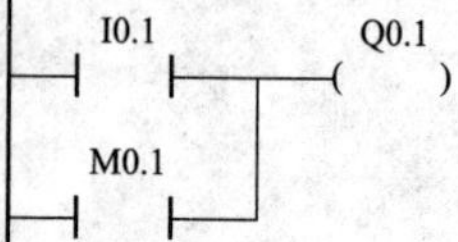

I0.1 / M0.1 —— Q0.1 ( )

(2) 子程序1。

网络1　网络标题
SM67.7：为“0”时，脉冲输出禁止；为“1”时，脉冲输出允许

网络注释

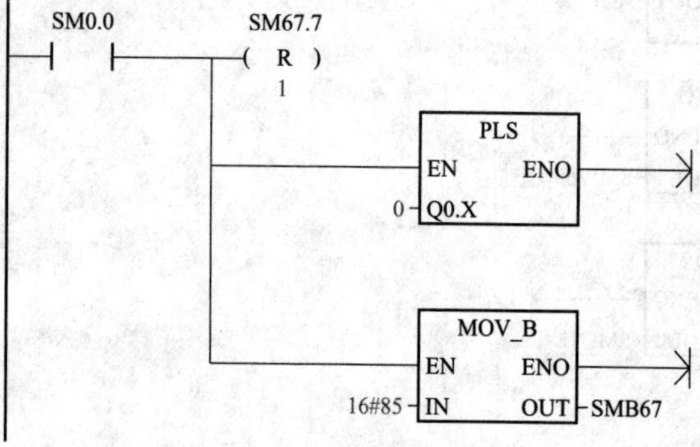

SM0.0 —— SM67.7 (R) 1

PLS (EN ENO; 0 - Q0.X)

MOV_B (EN ENO; 16#85 - IN OUT - SMB67)

(3) 子程序2。

网络1

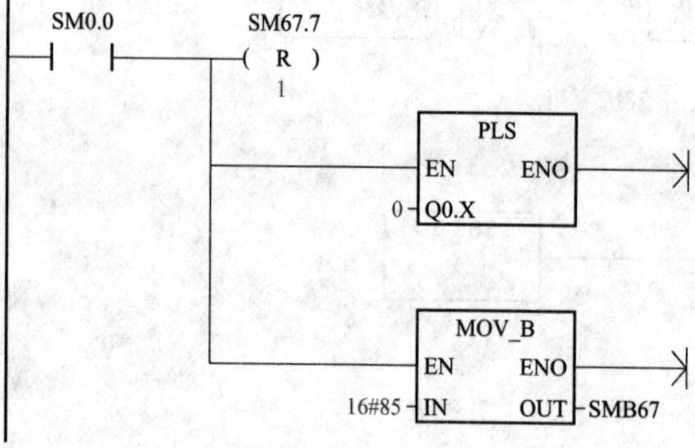

SM0.0 —— SM67.7 (R) 1

PLS (EN ENO; 0 - Q0.X)

MOV_B (EN ENO; 16#85 - IN OUT - SMB67)

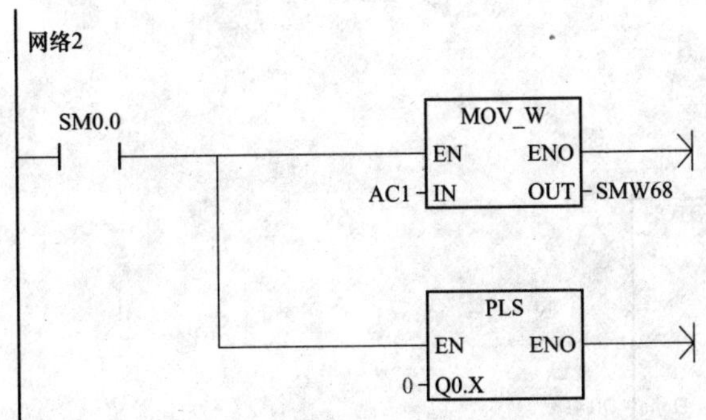

【例 87】 基于定位模块 EM253 控制伺服电动机的切割机系统

[方案一]

1. 控制要求

完成一个切割长度的操作。

2. 分析

本例是一个相对运动的例子，不需要 RP 寻找模式或移动包络，长度可以是脉冲数或工程单位。输入长度（VD500）和目标速度（VD504），当启动（I0.0）接通时，设备启动。当停止（I0.1）接通时，设备完成当前操作则停止。当紧急停止（I0.2）接通时，设备终止任何运动并立即停止。

3. 程序

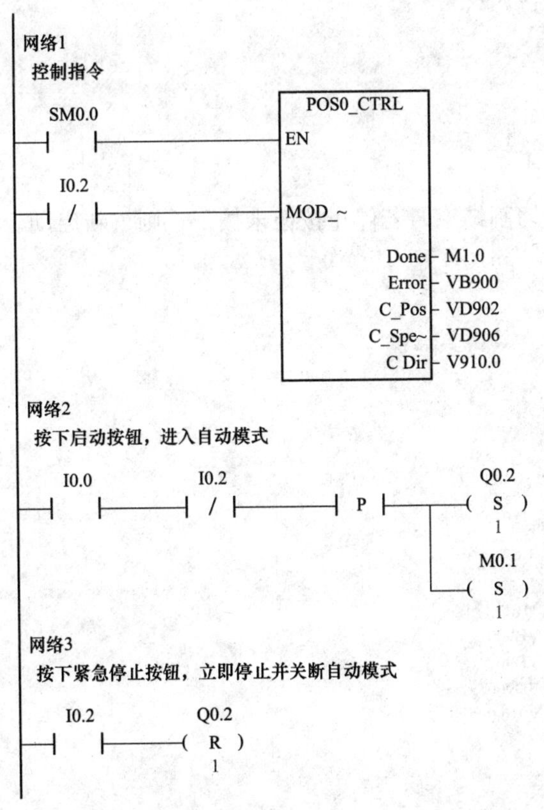

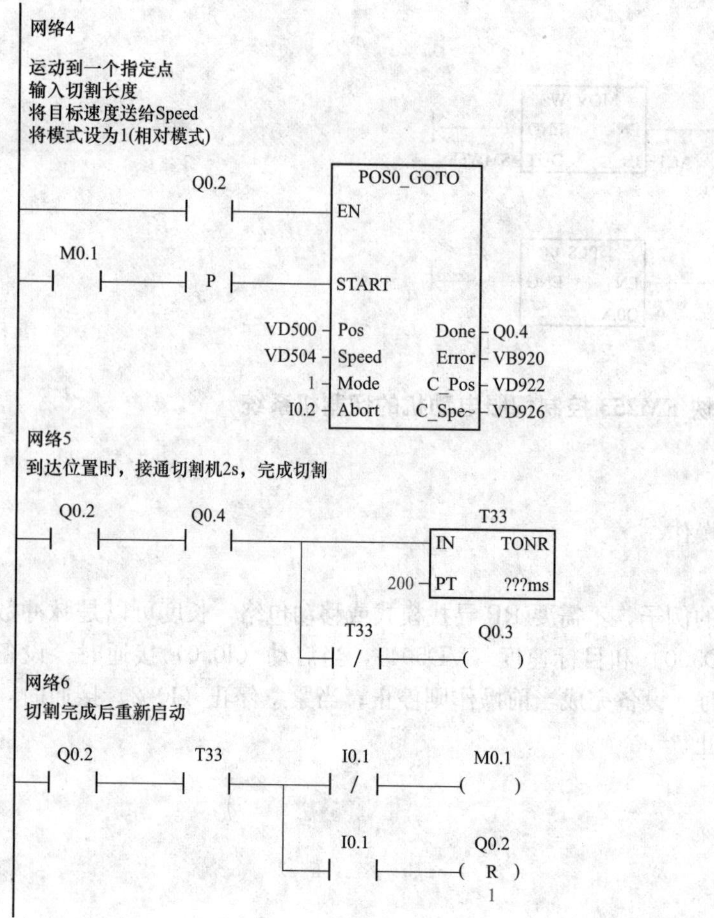

［方案二］

1. 控制要求

在例 87 的基础上增加手自动功能，切割结束时若停止按钮未按下，则重新启动。

2. 程序

本例需要组态RP找寻模式和一个移动包络

网络1

使能定位模块

SM0.0 —— POS0_CTRL EN

I0.1 (/) —— MOD_~

Done - M1.0

Error - VB900

C_Pos - VD902

C_Spe~ - VD906

C_Dir - V910.0

网络2

如果不在自动模式，则使能手动模式

I1.0 M0.0 POS0_MAN EN

I1.1 RUN

I1.2 JOG_P

I1.4 JOG_N

100000.0 - Speed Error - VB920

I1.5 - Dir C_Pos - VD902

C_Spe~ - VD906

C_Dir V910.0

网络3

使能自动模式

I0.0 P M0.0 (S) 2

S0.1 (S) 1

S0.2 (R) 8

网络4

紧急停止，禁止模块和自动模式

I0.1 M0.0 (R) 1

S0.1 (R) 9

Q0.3 (R) 3

网络5

自动模式时接通运行指示灯

M0.0 Q0.1 ( )

网络6

S0.1 SCR

网络7

寻找参考点(RP)

```
      S0.1                      POS0_RSEEK
  ─┤ ├──────────────── EN
      S0.1
  ─┤ ├──────────────── START
                                    Done ─ M1.1
                                   Error ─ VB930
```

网络8

当位于参考点(RP)时，钳起材料，进行下一步

```
      M1.1          VB930            Q0.3
  ─┤ ├───┬───┤==B├───┬───( S )
          │      0        │        1
          │               │       S0.2
          │               └───(SCRT)
          │    VB930             S1.0
          └───┤<>B├───────(SCRT)
                 0
```

网络9

```
  ─(SCRE)
```

网络10

```
       S0.2
  ─┤ SCR ├
```

网络11

使用包络1运动到相应位置

```
      S0.2                      POS0_RUN
  ─┤ ├──────────────── EN
      S0.2
  ─┤ ├──────────────── START
                VB228 ─ Profile        Done ─ M1.2
                 I0.1 ─ Abort         Error ─ VB940
                                  C_Profile ─ VB941
                                     C_Step ─ VB942
                                      C_Pos ─ VD944
                                     C_Spe~ ─ VD948
```

网络12
到达指定位置，接通切割机，进行下一步

```
 M1.2          VB940        Q0.4
-| |------+----|==B|---+---( S )
          |      0     |     1
          |            |    T33
          |            +---( R )
          |            |     1
          |            |    S0.3
          |            +---(SCRT)
          |    VB940        S1.0
          +----|<>B|-------(SCRT)
                 0
```

网络13

```
--(SCRE)
```

网络14

```
    S0.3
 +--------+
-|  SCR   |
 +--------+
```

网络15
等待切割结束

```
  S0.3                     T33
-| |-------------------+----------+
                       |IN     TON|
                  200 -|PT    10ms|
                       +----------+
```

网络16
切割结束时若停止按钮未按下，则重新启动

```
  T33          Q0.3
-| |----+-----( R )
        |       1
        |      Q0.4
        +-----( R )
        |       1
        |  I0.2         S0.1
        +--| / |-------(SCRT)
        |  I0.2         M0.0
        +--| |---------( R )
                         4
```

网络17

```
--(SCRE)
```

网络18

```
    S1.0
 +--------+
-|  SCR   |
 +--------+
```

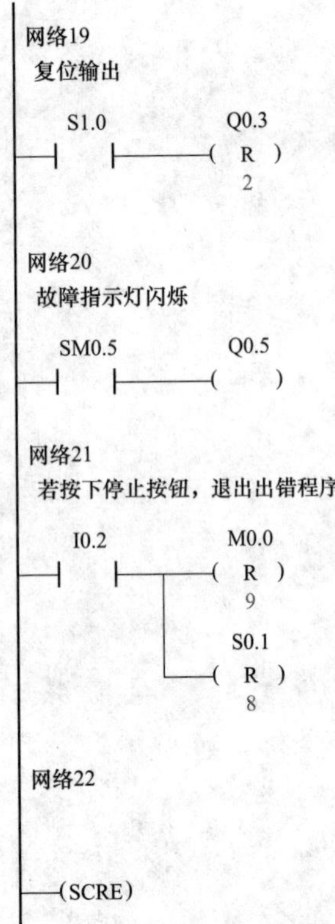

【例 88】 CPU 集成脉冲输出通过步进电动机的定位控制

1. 控制要求

借助 PLC 所产生的集成脉冲输出，通过步进电动机来实现相对的位置控制。

2. 分析

定位（Positioning）、调节（Regulated）和控制（Controlled）操作之间存在一些区别，步进电动机不需要连续的位置控制。借助 PLC 所产生的集成脉冲输出，通过步进电动机来实现相对的位置控制，虽然这种类型的定位控制不需要参考点，本例简单地描述了确定参考点的步骤，因为实际上它总是相对根轴确定一个固定的参考点，因此可借助于一个输入字节的对偶码（Dualcoding）给 CPU 指定定位角度，用户程序根据该码计算出所需的定位步骤，再由 CPU 输出相关个数的控制脉冲。I/O 地址分配见表 4-1。M0.1 为电动机运转标志位，M0.2 为联锁标志位，M0.3 为参考点标志位，MD8、MD12 为辅助标志位。

表 4-1　　I/O 分配表

输入		输出	
功能	地址	功能	地址
以（°）为单位的定位角（对偶码）	I0.0～I0.7	脉冲输出	Q0.0
启动电动机 START	I1.0	旋转方向信号（0 表示右转，1 表示左转）	Q0.2
停止电动机 STOP	I1.1	操作模式的显示	Q1.0
设置/取消参考点	I1.4		
选择旋转方向的开关	I1.5		

3. 程序

(1) 主程序。

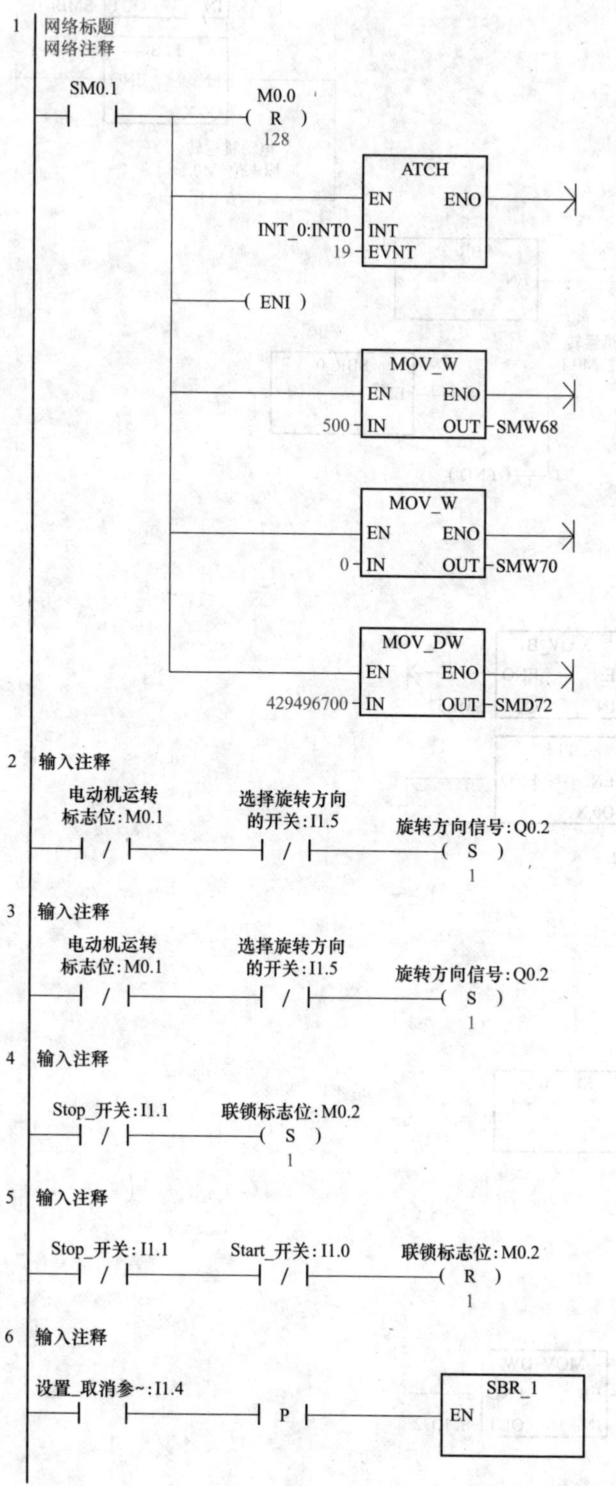
1 网络标题
网络注释
SM0.1
M0.0
R
128
ATCH
EN
ENO
INT_0:INT0
INT
19
EVNT
ENI
MOV_W
EN
ENO
500
IN
OUT
SMW68
MOV_W
EN
ENO
0
IN
OUT
SMW70
MOV_DW
EN
ENO
429496700
IN
OUT
SMD72
2 输入注释
电动机运转标志位:M0.1
选择旋转方向的开关:I1.5
旋转方向信号:Q0.2
S
1
3 输入注释
电动机运转标志位:M0.1
选择旋转方向的开关:I1.5
旋转方向信号:Q0.2
S
1
4 输入注释
Stop_开关:I1.1
联锁标志位:M0.2
S
1
5 输入注释
Stop_开关:I1.1
Start_开关:I1.0
联锁标志位:M0.2
R
1
6 输入注释
设置_取消参~:I1.4
P
SBR_1
EN

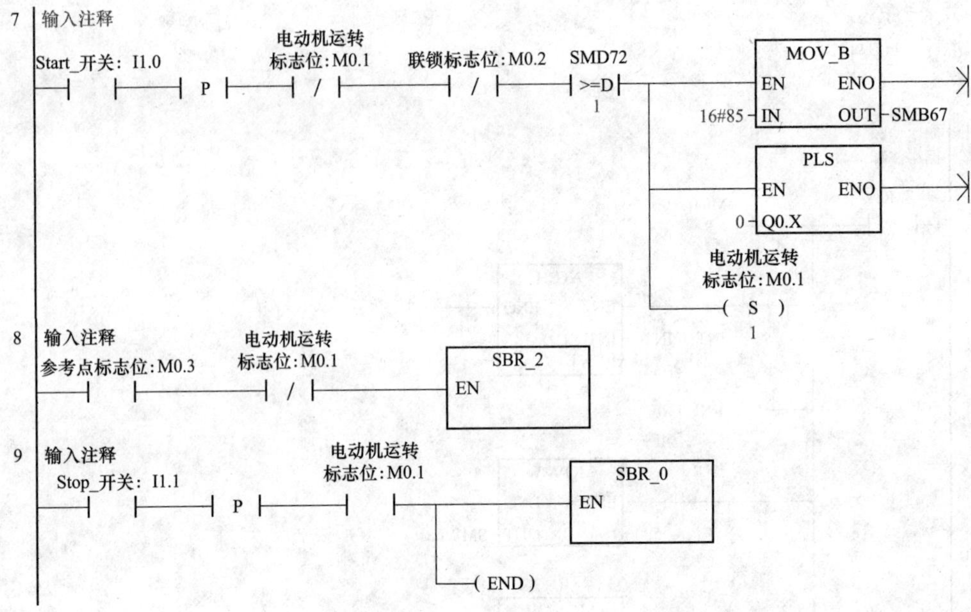

（2）子程序 SBR _ 0。

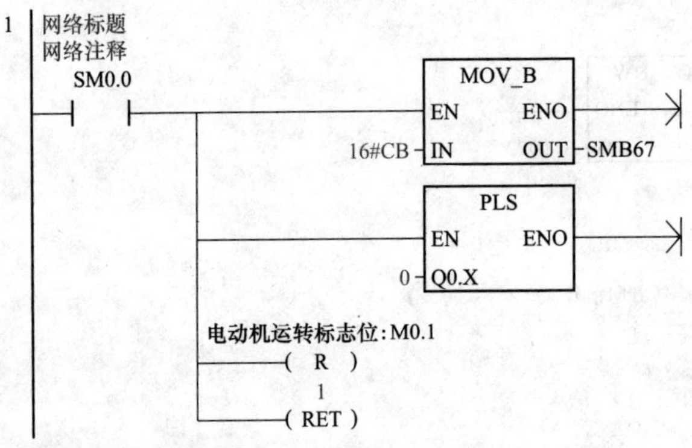

（3）子程序 SBR _ 1。

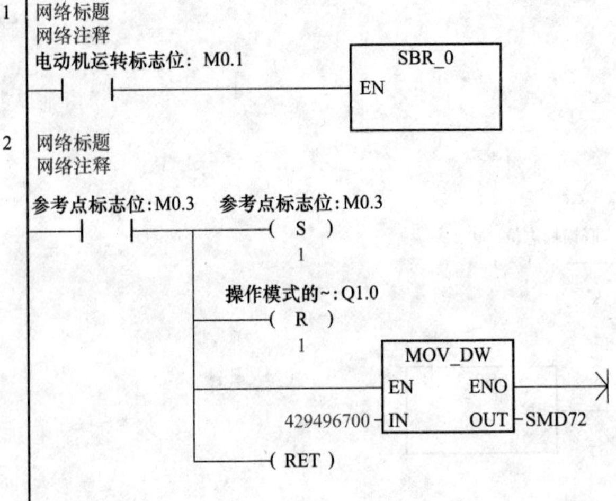

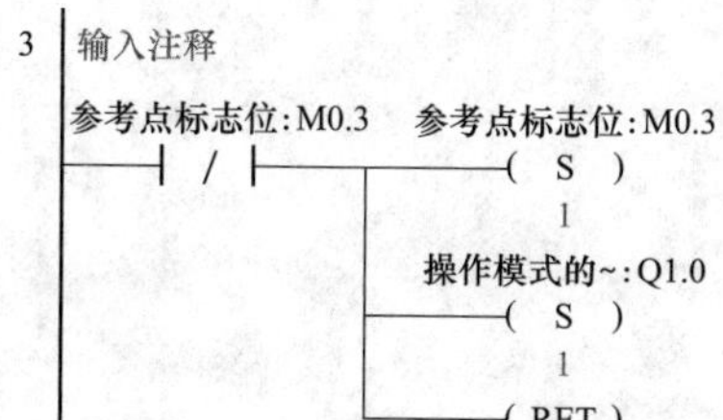
3 输入注释
参考点标志位:M0.3
参考点标志位:M0.3
S
1
操作模式的~:Q1.0
S
1
RET

(4) 子程序 SBR_2。

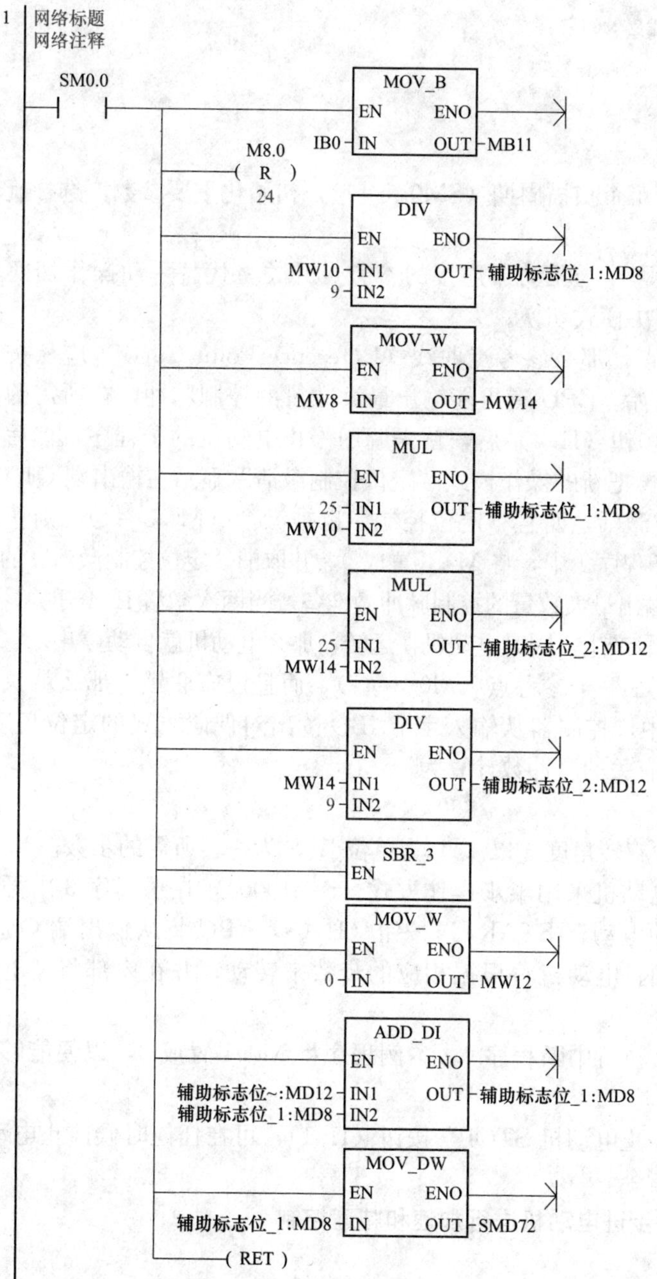
1 网络标题
网络注释
SM0.0
MOV_B
EN ENO
IB0 IN OUT MB11
M8.0
R
24
DIV
EN ENO
MW10 IN1 OUT 辅助标志位_1:MD8
9 IN2
MOV_W
EN ENO
MW8 IN OUT MW14
MUL
EN ENO
25 IN1 OUT 辅助标志位_1:MD8
MW10 IN2
MUL
EN ENO
25 IN1 OUT 辅助标志位_2:MD12
MW14 IN2
DIV
EN ENO
MW14 IN1 OUT 辅助标志位_2:MD12
9 IN2
SBR_3
EN
MOV_W
EN ENO
0 IN OUT MW12
ADD_DI
EN ENO
辅助标志位~:MD12 IN1 OUT 辅助标志位_1:MD8
辅助标志位_1:MD8 IN2
MOV_DW
EN ENO
辅助标志位_1:MD8 IN OUT SMD72
RET

（5）子程序 SBR _ 3。

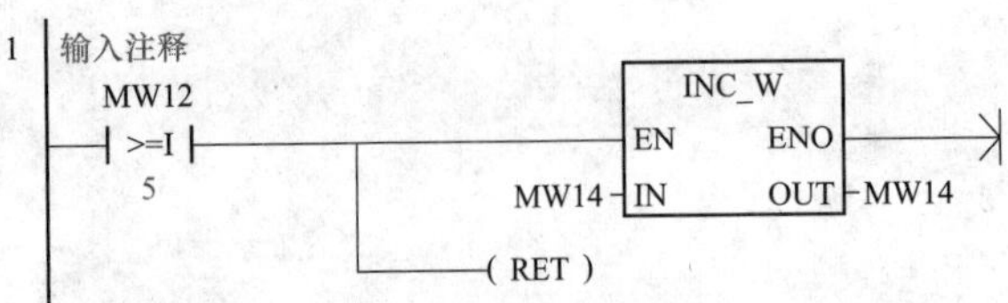

（6）中断程序 INT _ 0。

1 网络标题
网络注释
SM0.0
电动机运转标志位:M0.1
R
1
RET

4. 说明

（1）初始化。在程序的第 1 个扫描周期（SM0. 1=1），初始化重要参数，选择旋转方向和解除联锁。

（2）设置和取消参考点。一个与驱动器连接的参考点开关将代替手动操作切换开关的使用，所以参考点标志能解决模式切换。

1）如果还没有确定参考点，那么参考点曲线（Reference Point Curve）应从按“启动电动机 START”（I1. 0）开始。CPU 有可能输出最大数量的控制脉冲，在所需的参考点，按“设置/取消参考点”按钮（I1. 4）后，首先调用停止电动机的子程序，然后，将参考点标志位 M0. 3 置成 1，再把新的操作模式“定位控制激活”显示在输出端 Q1. 0。

2）如果 I1. 4 的开关已被激活，而且“定位控制”也被激活（M0. 3=1），则切换到“参考点曲线”操作模式，在子程序 1 中，将 M0. 3 置成 0，并取消“定位控制激活”的显示（Q1. 0=0），此外，控制还为输出最大数量的控制脉冲做准备。当两次激活 I1. 4 开关，便在两个模式之间切换，如果此信号产生，同时电动机在运转，那么电动机就自动停止。

（3）定位控制。如果确定了一个参考点（M0. 3=1），而且没有联锁，那么就执行相对的定位控制，在子程序 2 中，控制器从输入字节 IB0 读出对偶码方式的定位角度后，再存入字节 MB11. 与此角度有关的脉冲数计算为

$$N = \varphi/360^\circ \times S$$

式中，N 为控制脉冲数；φ 为旋转角度［以（°）为单位］；S 为每转所需的步数。

本例程序所使用的步进电动机采用半步操作方式（S=1000），在子程序 3 中循环计算步数，如果说现在按“启动电动机 START”按钮（I1. 0），CPU 将从输出端 Q0. 0 输出所计算的控制脉冲个数，而且电动机将根据相应的步数来转动，并在内部将“电动机转动”的标志位 M0. 1 置成 1。

在完整的脉冲输出之后，执行中断程序 0，本例程序将 M0. 1 置成 0，以便能够再次启动电动机。

（4）停止电动机。按“停止电动机 STOP”按钮（I1. 1），可在任何时候停止电动机，执行子程序 0 中与此有关的指令。

【例 89】 用多段 PTO 对步进电动机进行加速和减速控制

1. 控制要求

步进电动机的加速和减速控制要求如图 4-1 所示。从 A 点到 B 点为加速运行，从 B 点到 C

点为匀速运行，从C点到D点为减速运行。

2. 分析

从图4-1可看出，步进电动机分段1、段2和段3这3段运行。起始和终止脉冲频率为1kHz（周期为1000μs），最大脉冲频率为5kHz（周期为200μs）。步进电动机总共运行了1000个脉冲数，其中段1为加速运行，有100个脉冲数；段2为匀速运行，有800个脉冲数；段3为减速运行，有100个脉冲数。段周期增量为

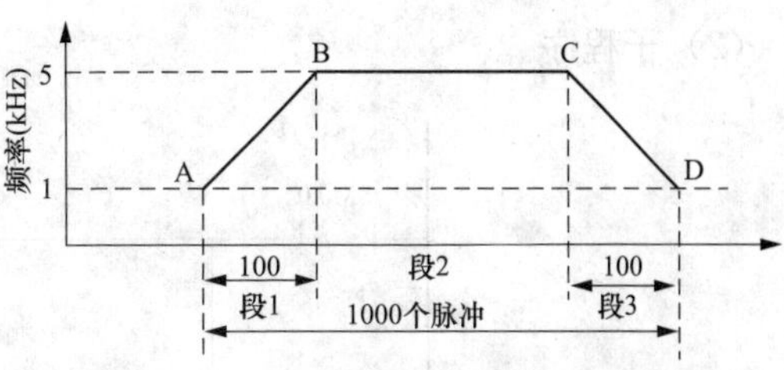

图4-1 步进电动机的加速和减速控制

段周期增量=(段终止周期－段初始周期)/段脉冲数

如此可以写出步进电动机控制包络表，见表4-2。

表4-2 步进电动机控制包络表

字节偏移量	包络段数	参数值	存储说明
VB300		3	包络表共三段
VW301	段1	1000μs	段1初始周期
VW303		−8μs	段1脉冲周期增量
VD305		100	段1脉冲数
VW309	段2	200μs	段2初始周期
VW311		0	段2脉冲周期增量
VD313		800	段2脉冲数
VW317	段3	200μs	段3初始周期
VW319		8μs	段3脉冲周期增量
VD321		100	段3脉冲数

在程序中用传送指令可将表4-2中的数据传送V变量存储区中。

首先选择高速脉冲发生器为Q0.0，并确定PTO为3段流水线。设置控制字节SMB77为16#A0，表示允许PTO功能，选择PTO操作，选择多段操作，以及选择时基为μs，不允许更新周期和脉冲数。建立3段包络表，并将包络表的首地址300写入SMW178。PTO完成调用中断程序，使Q0.1接通。PTO完成的中断事件号为19。用中断调用指令ATCH将中断事件19与中断程序INT_0连接，并开启中断，执行PLS指令。

3. 程序

(1) 主程序。

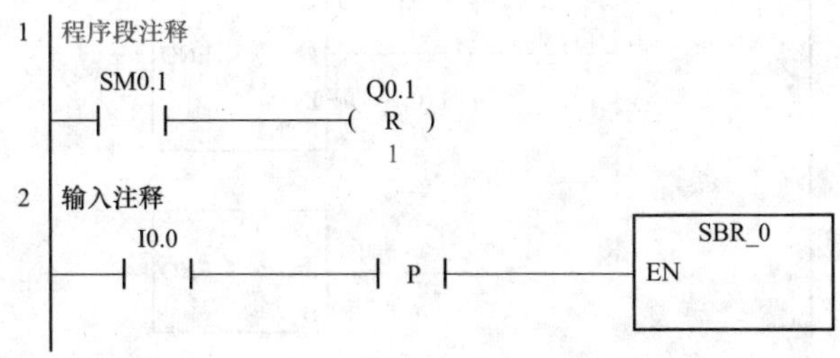

（2）子程序。

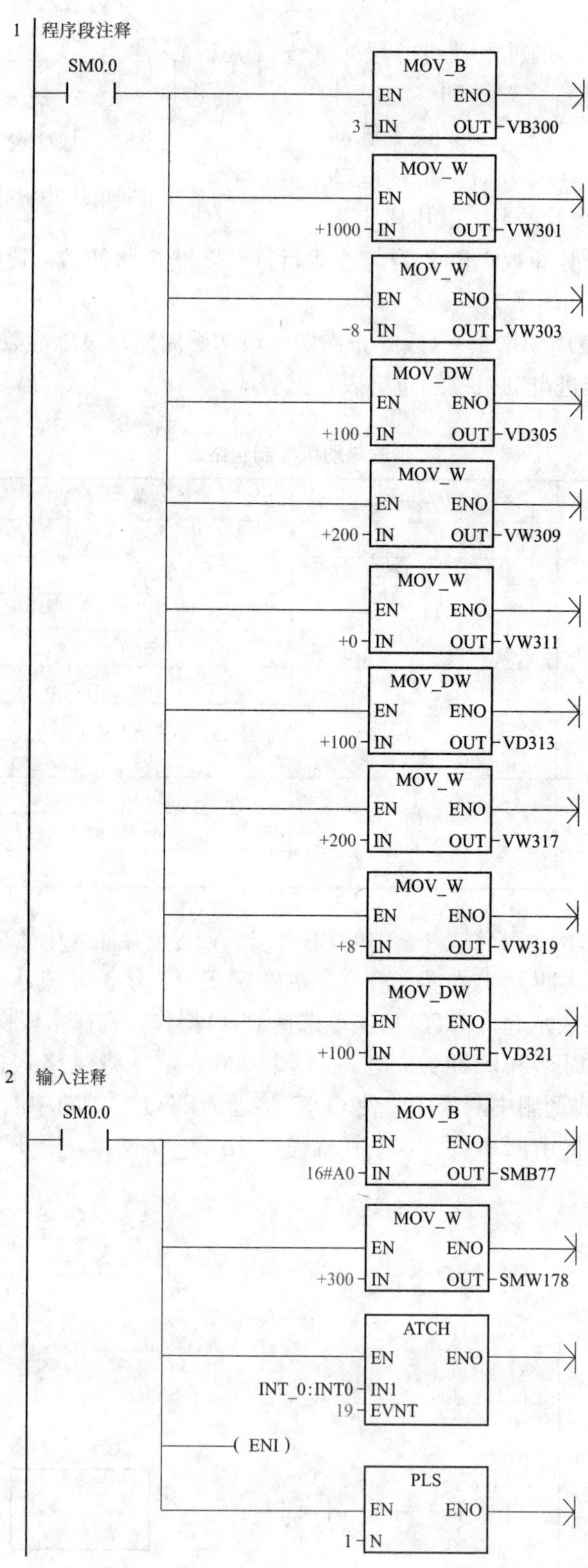
1 程序段注释
SM0.0
MOV_B
EN ENO
3 IN OUT VB300
MOV_W
EN ENO
+1000 IN OUT VW301
MOV_W
EN ENO
-8 IN OUT VW303
MOV_DW
EN ENO
+100 IN OUT VD305
MOV_W
EN ENO
+200 IN OUT VW309
MOV_W
EN ENO
+0 IN OUT VW311
MOV_DW
EN ENO
+100 IN OUT VD313
MOV_W
EN ENO
+200 IN OUT VW317
MOV_W
EN ENO
+8 IN OUT VW319
MOV_DW
EN ENO
+100 IN OUT VD321
2 输入注释
SM0.0
MOV_B
EN ENO
16#A0 IN OUT SMB77
MOV_W
EN ENO
+300 IN OUT SMW178
ATCH
EN ENO
INT_0:INT0 IN1
19 EVNT
(ENI)
PLS
EN ENO
1 N

（3）中断程序。

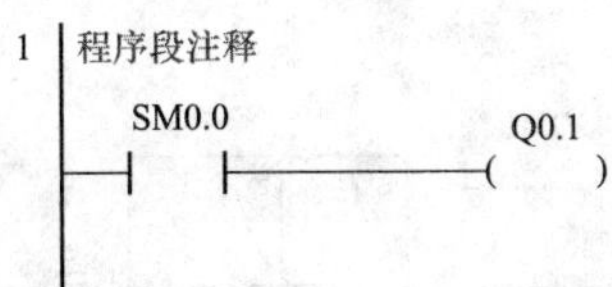

【例 90】 卷纸机收卷恒张力控制（伺服转矩控制）

1、控制要求

某收卷系统如图 4-2 所示。要求在收卷时纸张所受到的张力保持不变，当收卷到 100m 时，伺服电动机停止，同时，切刀动作将纸张切断，然后开始下一个过程，卷纸的长度由与测量辊同轴的编码器来测量。

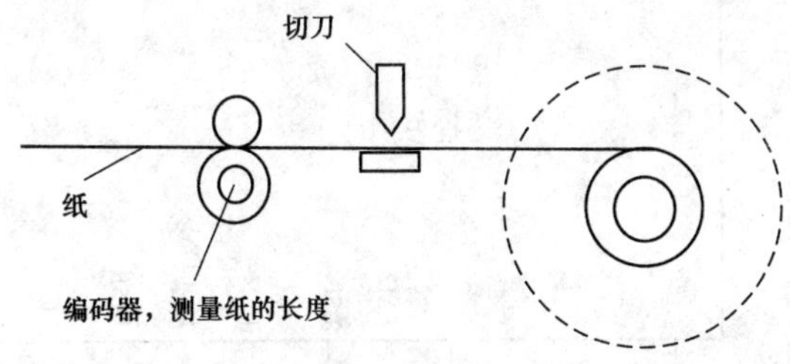

图 4-2 收卷系统

（1）当按下启动按钮时，伺服电动机运转，到 100m 时，切刀动作，将纸张切断，切断时间是 5s。

（2）当按下暂停按钮时，伺服电动机暂停，计长保留，下次启动时在此基础上进行累加计长。

（3）当按下停止按钮时，伺服电动机停止，计长重新开始。

2. 分析

（1）I/O 地址分配见表 4-3。其中 I0.1 和 I0.2 为动合触点，I0.3 为动断触点。

表 4-3 I/O 分配表

输入		输出	
功能	地址	功能	地址
计长编码器脉冲输入	I0.0	速度选择 SP1	Q0.0
启动按钮 SB1	I0.1	转矩控制 RS1	Q0.1
暂停按钮 SB2	I0.2	切刀线圈	
停止按钮 SB3	I0.3		

（2）纸张收卷系统要求在收卷的过程中受到的张力保持不变，故开始时，收卷半径小，要求电动机转得快，当收卷半径逐渐变大时，伺服电动机的转速逐渐变慢，需要采用转矩控制模式。卷纸机收卷恒张力控制电路如图 4-3 所示。

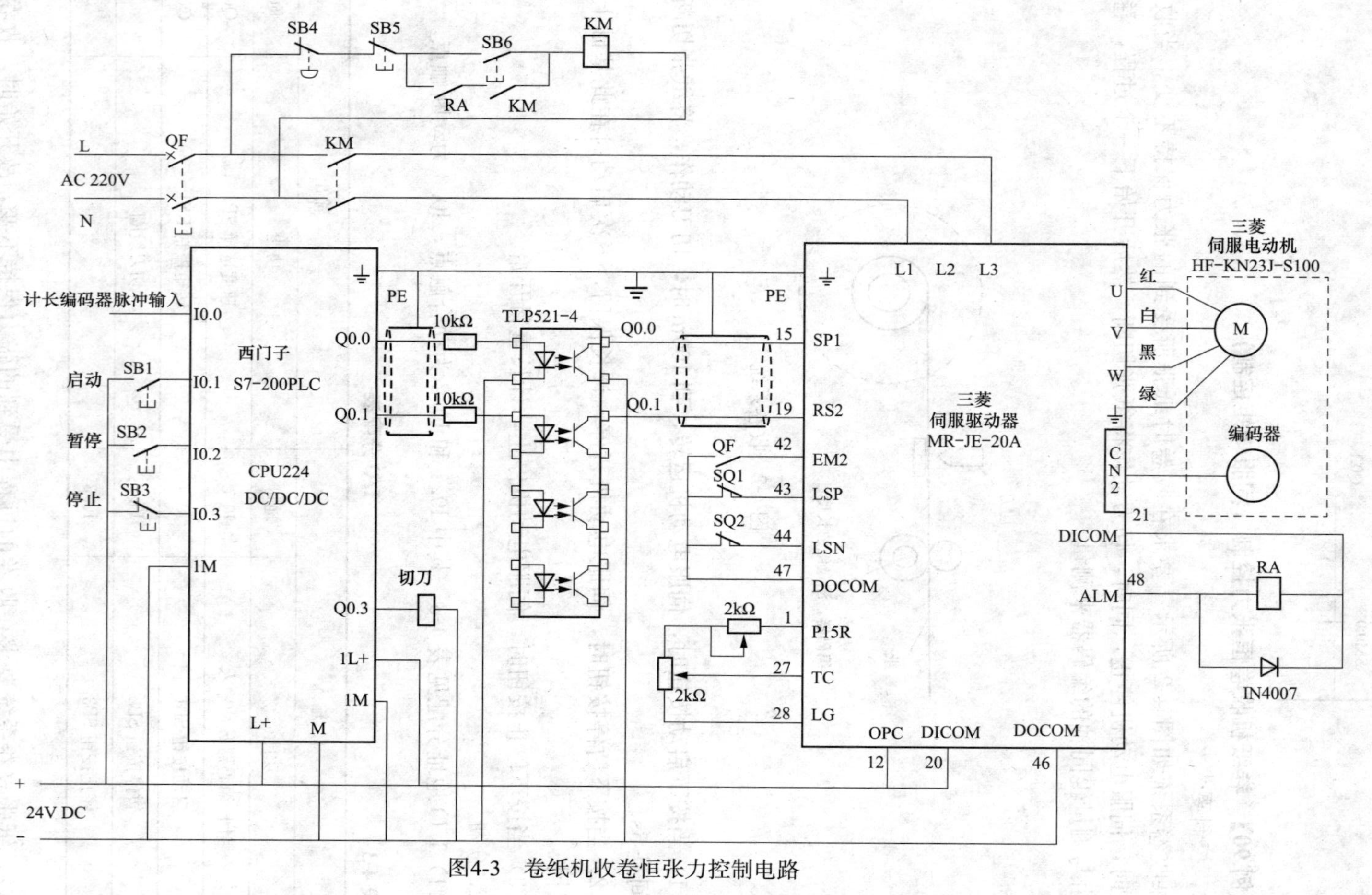

图4-3 卷纸机收卷恒张力控制电路

（3）伺服驱动器参数设置见表 4-4。

表 4-4 伺服驱动器的参数设置见表

参数	名称	默认值	设置值	说明
PA1	运行模式	1000	1004	转矩控制模式
PA2	自动调谐模式	0001	0001	
PC01	速度加速时间常数	0	100	单位 ms
PC02	速度减速时间常数	0	100	单位 ms
PC05	内部速度指令 1	100	1000	单位为 r/min
PC13	模拟转矩指令最大输出	100.0	100.0	%
PC23	功能选择 C-2	0000	0000	停止伺服锁定
PD01	输入输出信号自动 ON 选择 1	0000	0004	SON 为自动开启，LSP，LSN 为外部开启
PD04	输入软元件选择 1H	0002	0020	SP1（引脚 15）
PD12	输入软元件选择 5H	0007	0007	RS2（引脚 19）
PD14	输入软元件选择 6H	0008	0008	RS1（引脚 41）
PD34	功能选择 D-5	0000	0010	报警时 ALM 为断开

（4）由于要测量纸张的长度，所以需要安装编码器，假设编码器的分辨率是 500 脉冲/转，安装编码器的测长辊的周长是 50mm，则纸张长度与编码器输出脉冲之间的关系为

编码器输出脉冲数(个)＝纸张的长度(m)×1000/50×50＝纸张的长度(m)×1000

3. 程序

（1）主程序。

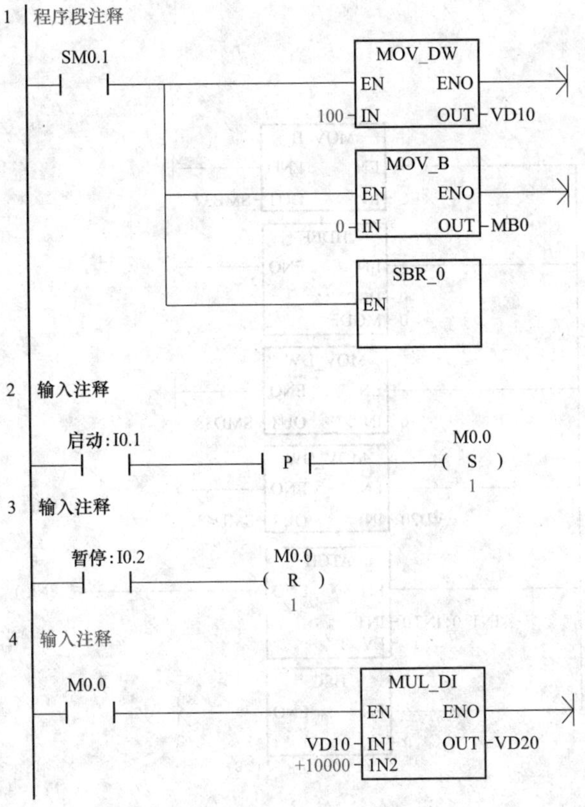

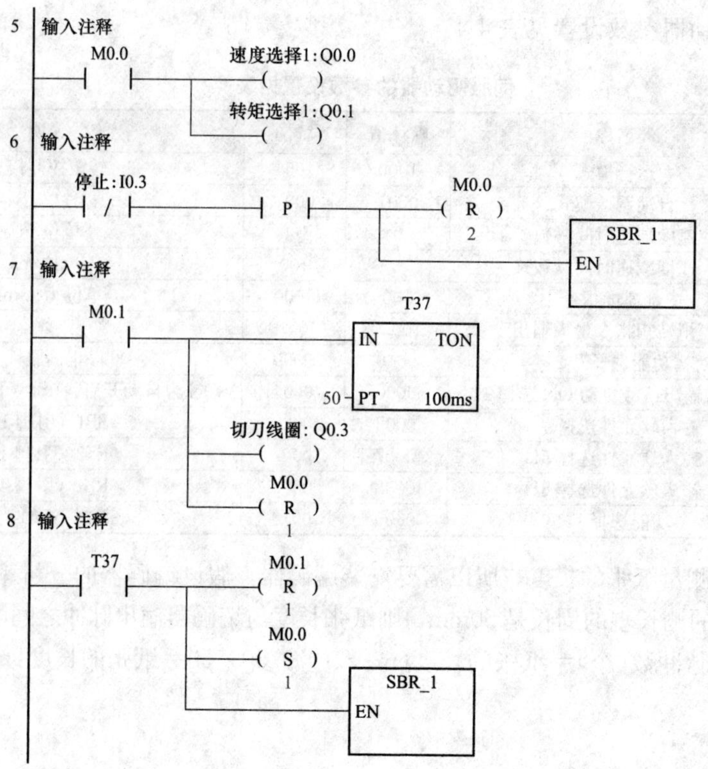

5 输入注释
M0.0
速度选择1:Q0.0
转矩选择1:Q0.1
6 输入注释
停止:I0.3
P
M0.0
R
2
SBR_1
EN
7 输入注释
M0.1
T37
IN TON
50 PT 100ms
切刀线圈:Q0.3
M0.0
R
1
8 输入注释
T37
M0.1
R
1
M0.0
S
1
SBR_1
EN

（2）子程序 SBR _ 0。

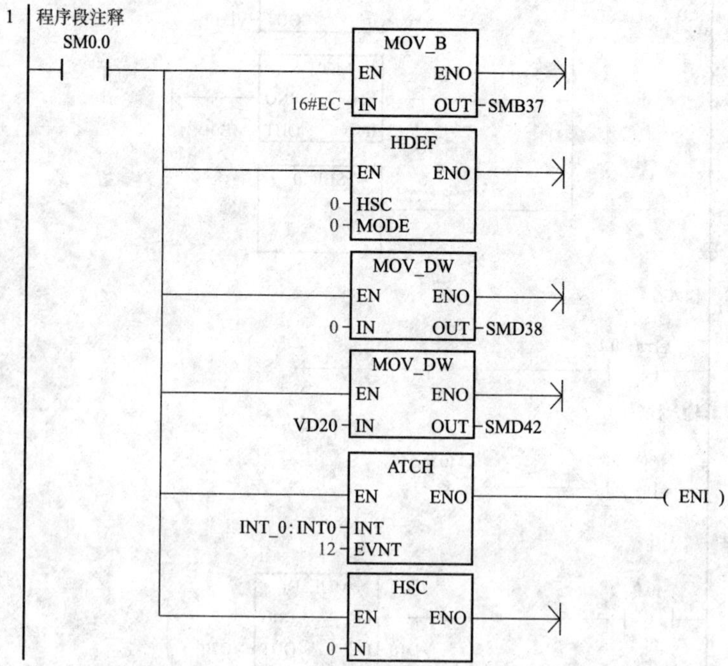

1 程序段注释
SM0.0
MOV_B
EN ENO
16#EC IN OUT SMB37
HDEF
EN ENO
0 HSC
0 MODE
MOV_DW
EN ENO
0 IN OUT SMD38
MOV_DW
EN ENO
VD20 IN OUT SMD42
ATCH
EN ENO
ENI
INT_0:INT0 INT
12 EVNT
HSC
EN ENO
0 N

（3）子程序 SBR _ 1。

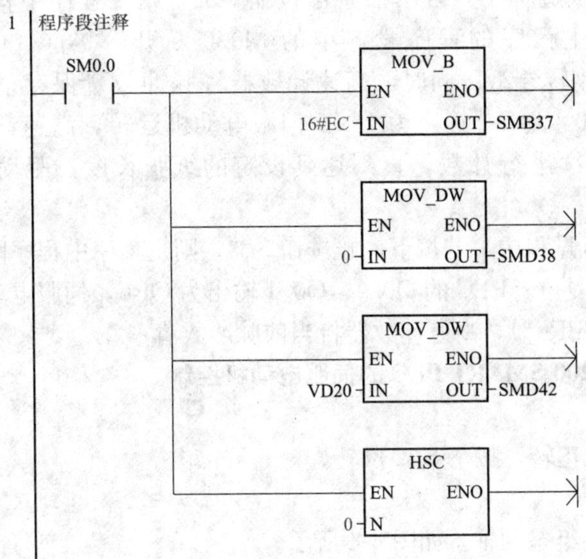

4. 说明

（1）启动控制。

1）在主程序的程序段 1 中，开机初始化，先预置纸张长度 100m 到 VD10，MBO 清零，调用子程序 SBR _ 0 对高速计数器 HSC0 初始化。在子程序 SBR _ 0 中，将 16＃EC 送入 SMB37，设置高速计数器 HSCO 的控制字节，然后定义 HSCO 运行于 0 模式，0 送入 SMD38（初始值清零），VD2 送入 SMD42 作为预置值，连接中断程序 INT _ 0 与中断事件 12（当前值＝VD2 时引起中断，调用 INT _ 0）。

2）在主程序的程序段 2 中，当按下启动按钮 SB1 时，I0.0 有输入，M0.0 置 1。

3）在主程序的程序段 4 中，纸张长度 VD10 乘以 10000 送入 VD20，将纸张长度转换为脉冲数。

4）在主程序的程序断 5 中，M0.0 动合触点闭合，PLC 的输出 Q0.0、Q0.1 为 ON，伺服驱动器的 SP1、RS2 有输入，伺服驱动器按设定的速度输出驱动信号，驱动伺服电动机运转，带动卷纸辊选择进行卷纸。在开始时。卷纸辊直径较小，伺服驱动器 U、V、W 输出频率较高，电动机转速较快，随着卷纸辊上的卷纸直径不断增大，伺服驱动器输出的频率自动不断降低，电动机转速逐渐下降，卷纸辊的转速变慢，从而保证卷纸时卷纸辊对纸张的张力恒定要求。在卷纸过程中，可以调节 RP1、RP2 电位器，使驱动器 TC 端输入电压在 0～8V 的范围变化，TC 端输入电压越高，伺服驱动器输出的驱动信号幅度越大，伺服电动机的输出转矩也越大。在卷纸过程中，PLC 的 I0.0 接收测量辊编码器送来的脉冲信号，由高速计数器 HSCO 进行计数当计数达到一定值时，卷纸已经达到指定的长度，调用中断程序 INT _ 0。M0.1 置 1。

5）在主程序的程序断 7 中，M0.1 动合触点闭合，PLC 的 Q0.3 输出为 ON，切刀线圈得电，控制切刀动作，将纸张切断。同时 M0.0 复位，Q0.0、Q0.1 输出为 OFF 伺服电动机停转，停转卷纸。切刀切断纸张时间为 5s，由 T37 进行延时。

6）在主程序的程序断 8 中，T37 延时时间到，M0.1 复位，M0.0 置 1，自动进入下一个循环。

（2）暂停控制。在卷纸过程中，若按下暂停按钮 SB2，则主程序中程序段 3 中的 I0.2 接通，M0.0 复位。主程序的程序段 5 中的 M0.0 断开，Q0.0、Q0.1 输出为 OFF，伺服电动机停转，停转卷纸。同时，高速计数器将脉冲数量保存下来。按下启动按钮 SB1，PLC 的 Q0.0、Q0.1 输出为 ON，伺服电动机运转，高速计数器在原来保存的脉冲数量基础上继续进行计数，直到达到设定的纸张长度，驱动切刀进行切断操作。

（3）停止控制。在卷纸过程中，若按下停止按钮 SB3，则主程序中程序段 6 中的 I0.3 复位接通，M0.0 和 M0.1 复位，PLC 的 Q0.0、Q0.1 输出为 OFF，伺服电动机停转，停转卷纸。同时调用子程序 SBR_1，高速计数器将当前脉冲数清零。

【例 91】 基于西门子 200 SMART PLC 的伺服电动机控制

1. 控制要求

按下 SB1，伺服电动机正转，按下 SB2 反转。

2. 分析

（1）运动组态。选择要组态的轴，如图 4-4 所示。

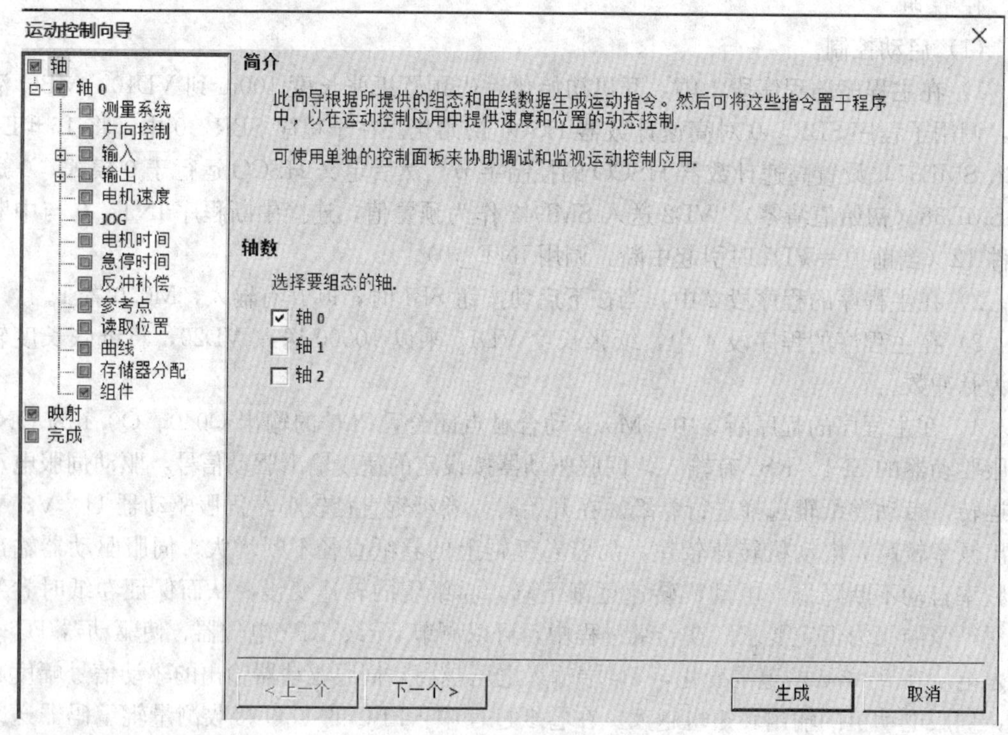

图 4-4 选择要组态的轴

（2）结合电子齿轮比设置电动机一次旋转所需的脉冲数，如图 4-5 所示。

（3）设置点动速度，如图 4-6 所示。

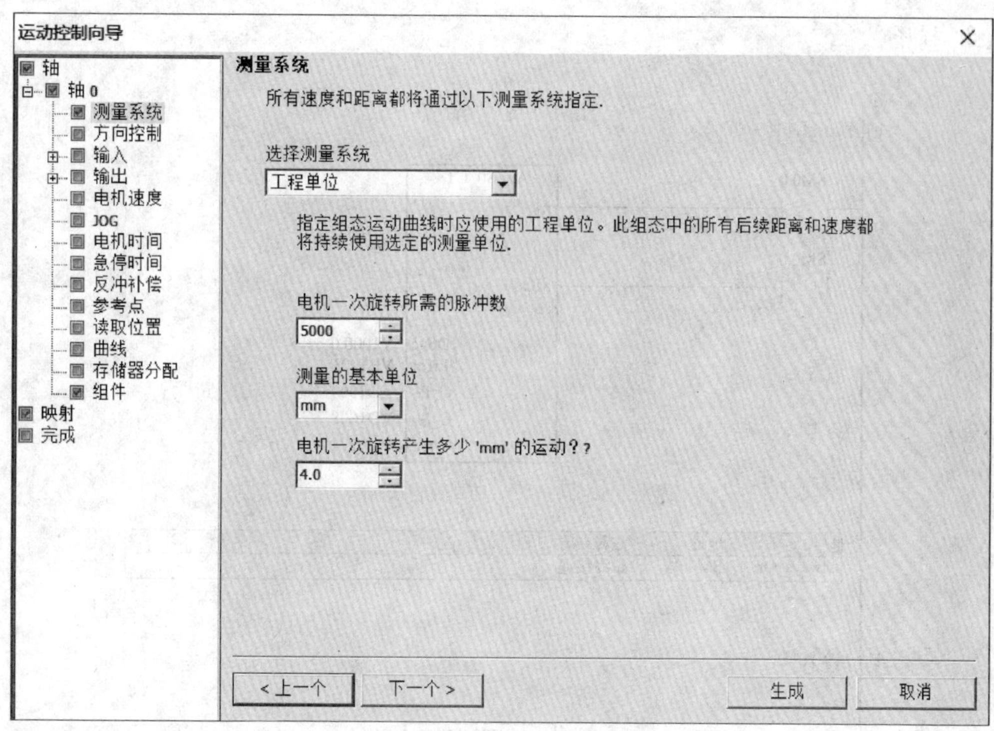

图 4-5 设置电动机一次旋转所需的脉冲数

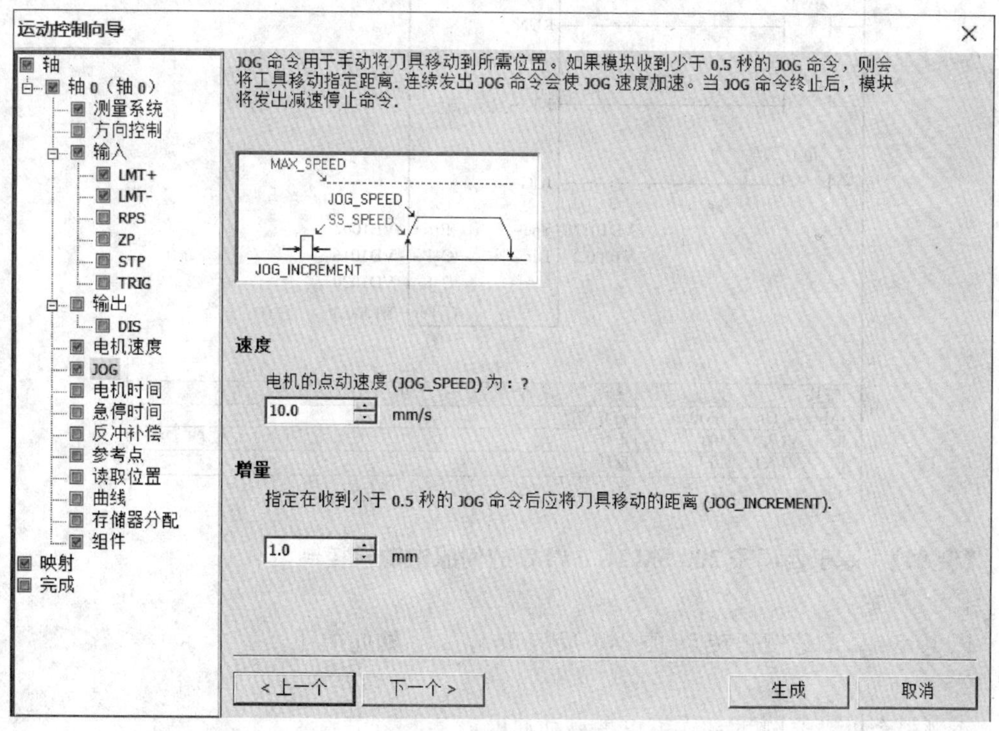

图 4-6 设置点动速度

3. 程序

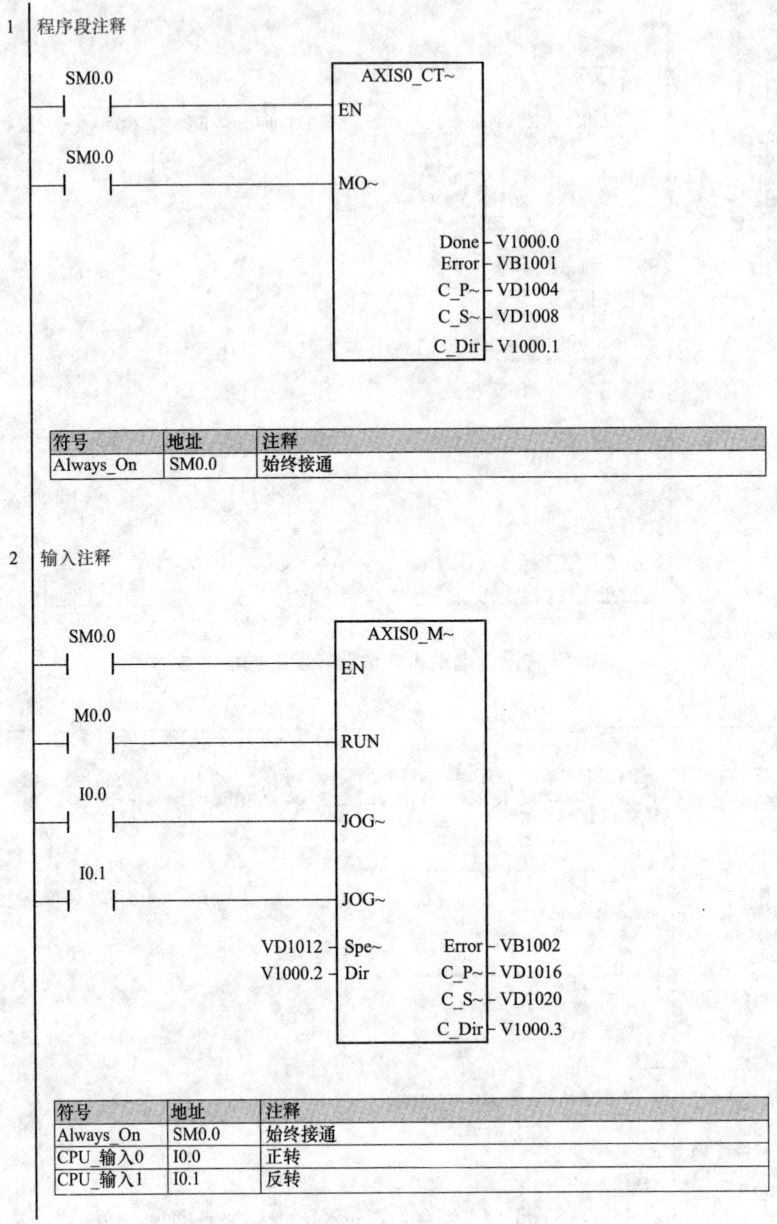

符号	地址	注释
Always_On	SM0.0	始终接通

符号	地址	注释
Always_On	SM0.0	始终接通
CPU_输入0	I0.0	正转
CPU_输入1	I0.1	反转

【例 92】 基于西门子 200 SMART PLC 的伺服电动机控制

1. 控制要求

以 10mm/s 的速度正转 5s 停 2s，反转 5s 停 2s，如此循环。

2. 分析

本例组态可参考例 92，无需设置点动速度。

3. 程序

1 启用、初始化运动轴

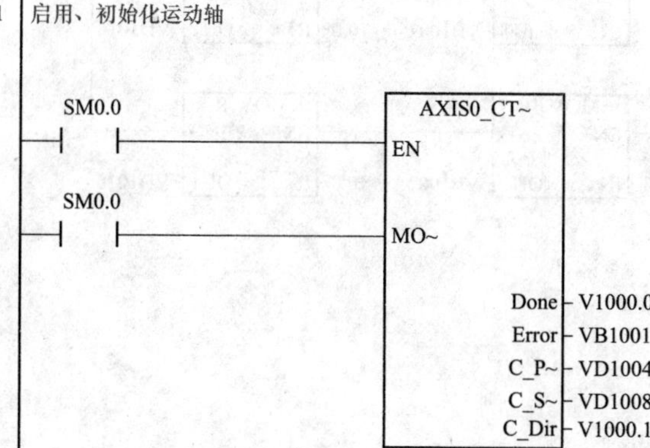

符号	地址	注释
Always_On	SM0.0	始终接通

2 伺服控制

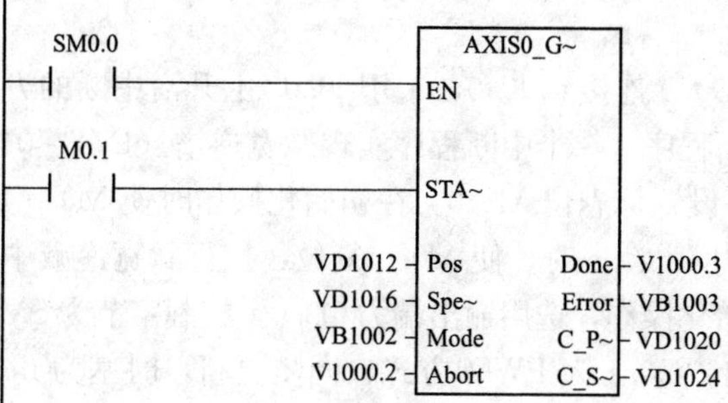

符号	地址	注释
Always_On	SM0.0	始终接通

3 14s循环周期

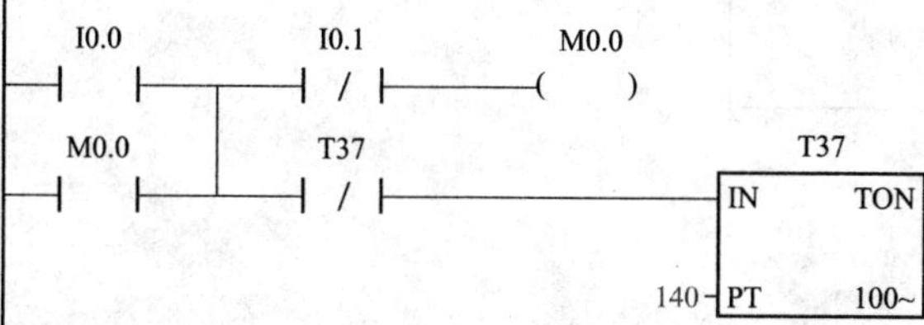

符号	地址	注释
CPU_输入0	I0.0	启动
CPU_输入1	I0.1	停止

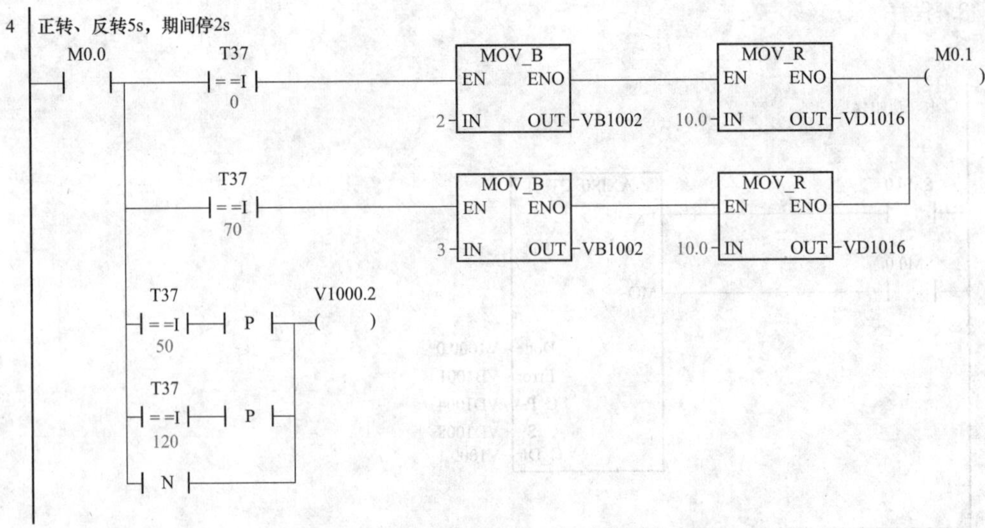

【例 93】 使用 PWM 实现从 Q0.0 输出周期递增与递减的高速脉冲

1. 控制要求

要求脉冲的初始宽度为 500ms，周期固定为 5s，脉冲宽度每周期递增 500ms，当脉宽达到 4.5s 时，脉宽改为每周期递减 500ms，直到脉宽减为 0。重复执行以上过程。

2. 分析

因为每个周期都有操作，所以需把 Q0.0 连接到 I0.0，采用 I0.0. 上升沿中断的方法完成脉冲宽度的递增和递减。编写两个中断程序，一个中断程序实现脉宽递增（INT _ 0），一个中断程序实现脉宽递减（INT _ 1），并设置标志位 M0.0。在初始化操作时使 M0.0 置位，执行脉宽递增中断程序 INI _ 0。当脉宽达到 4.5s 时，使 M0.0 复位，执行脉宽递减中断程序 INI _ 1。在子程序中完成 PWM 的初始化操作，选用输出端为 Q0.0，控制字节为 SMB67，控制字设定为 16＃DA（允许 PWM 输出，Q0.1 为 PWM 方式，同步更新，时基为 ms，允许更新脉宽，不允许更新周期）。Q0.0 输出周期递增与递减高速脉冲。

3. 程序

（1）主程序。

1 程序段注释
SM0.1
SBR_0
EN

2 输入注释
SMW80
>=I
VW100
M0.0
R
1

3 输入注释
I0.0
M0.0
ATCH
EN ENO
INT_0:INT0-INT
0-EVNT

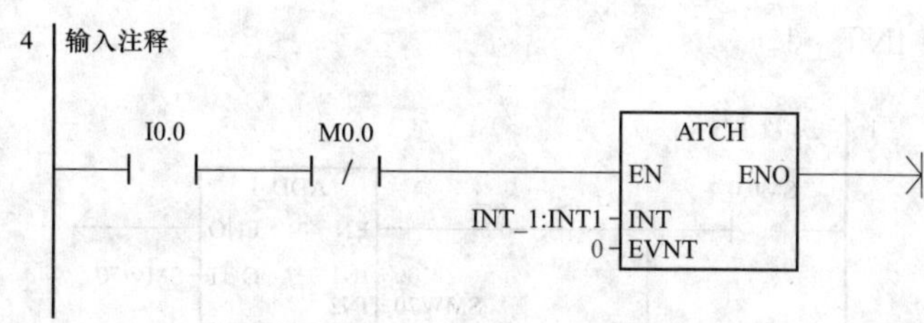

（2）子程序 SBR _ 0。

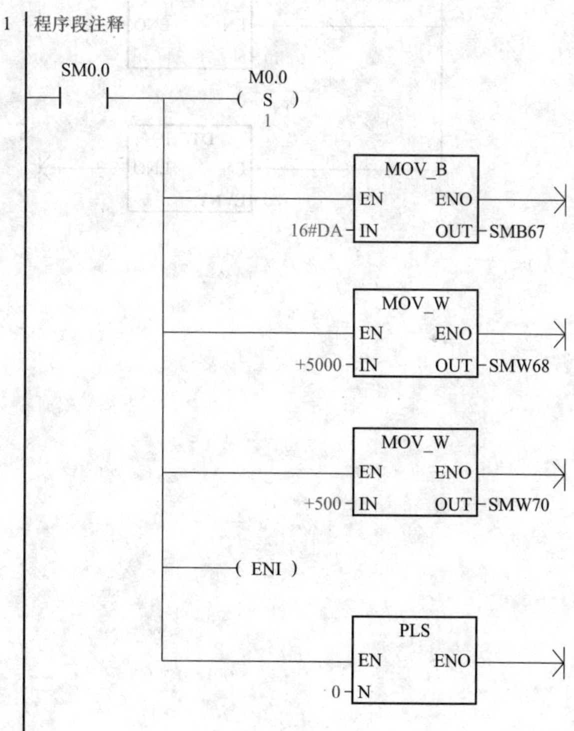

（3）中断程序 INT _ 0。

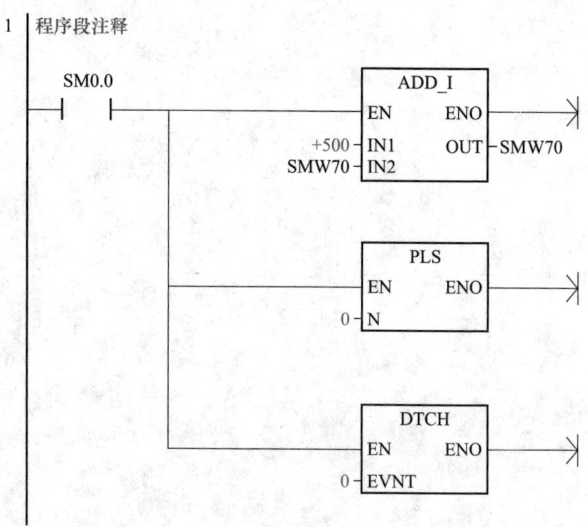

（4）中断程序 INT _ 1。

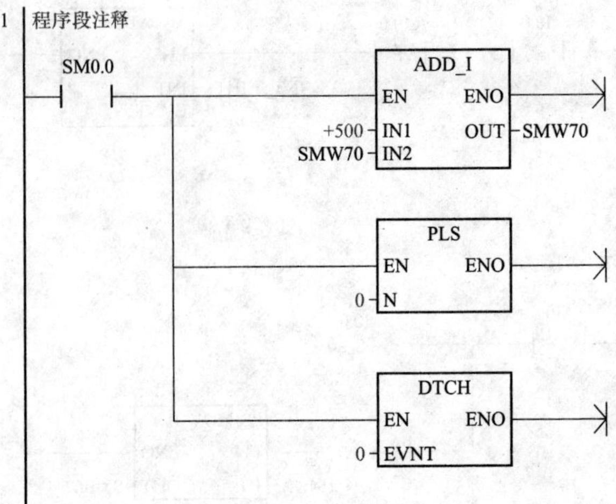
1 程序段注释
SM0.0
ADD_I
EN ENO
+500 IN1 OUT SMW70
SMW70 IN2
PLS
EN ENO
0 N
DTCH
EN ENO
0 EVNT

PLC控制系统通信案例解析

【例 94】 通信指令 XMT 的使用方法

1. 控制要求

通过检测一些特殊存储器的状态来获知 XMT 指令的执行情况。

2. 分析

通过子程序对自由口通信进行初始化设置。其通信协议设置为自由通信口模式，波特率为 9600bit/s，无奇偶校验，每字符 8 位。然后定时器进行定时 1.5s，时间到后 PLC 开始发送数据，同时输出口 Q0.5 置 1，当数据发送完后发生中断事件 9，这样就会执行中断程序，使得输出口 Q0.5 产生周期为 1 的方波信号，同时中断程序与中断事件分离。如果在 Q0.5 的输出端接上灯泡，则发现灯泡点亮表示 PLC 开始发送数据，当发送完成后灯泡会开始闪烁。

3. 程序

(1) 主程序。

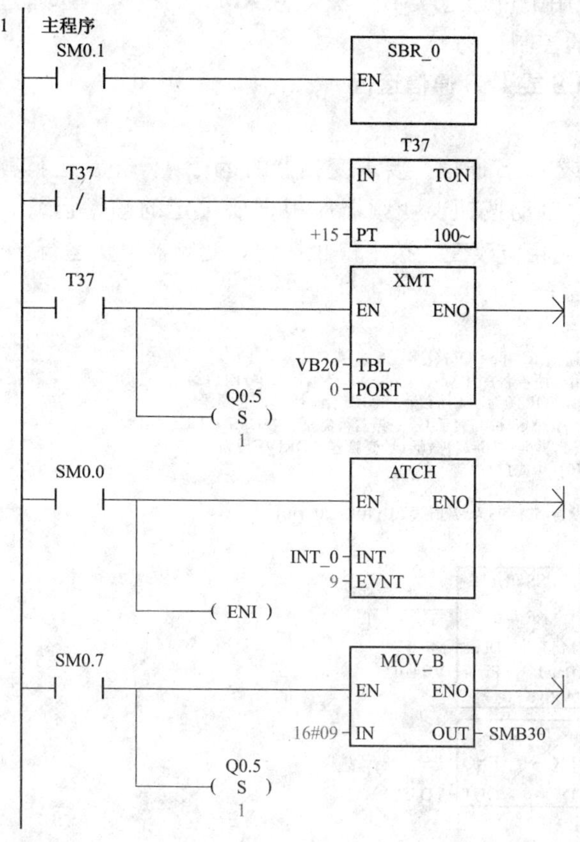

符号	地址	注释
Always_On	SM0.0	始终接通
CPU_输出5	Q0.5	灯
First_Scan_On	SM0.1	仅在第1个扫描周期时接通
INT_0	INT0	中断例程注释
P0_Config	SMB30	组态端口0通信：奇偶校验、每个字符8个数据位
RTC_Lost	SM0.7	如果系统时间在上电时丢失，则可以启用自由口模式，使用转换至“终止”位置的方法重新启用带PC/编程设备的正常通信

（2）子程序。

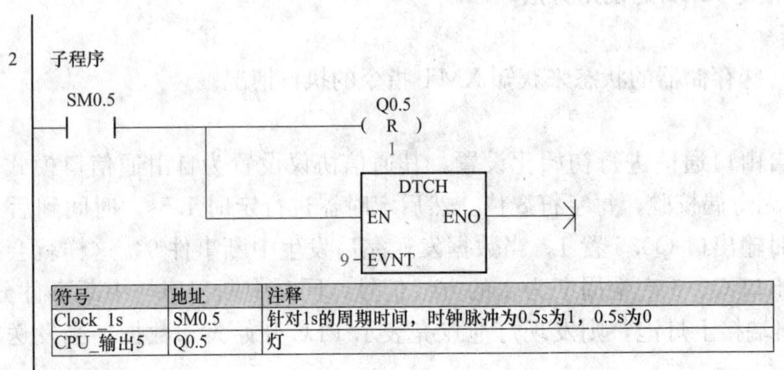

4. 说明

从程序中可以看出，将通信完成的中断事件与状态标志位相连接，即可对通信指令XMT的执行状态进行显示。实际应用中可通过类似方法，将XMT的执行状态通过中断事件与其他操作相连接，达到相应的控制目的。

【例95】 PLC、变频器MODBUS或USS通信运行

1. 控制要求

变频器与PLC采用MODBUS或USS通信。要求变频器的运行、停止及运行频率均由HMI控制及设定。按下HMI的启动按钮，变频器应根据所设定的频率运行，改变HMI的频率设定值，变频器的频率应相应改变，按下停止按钮，变频器停止运行。

2. 程序

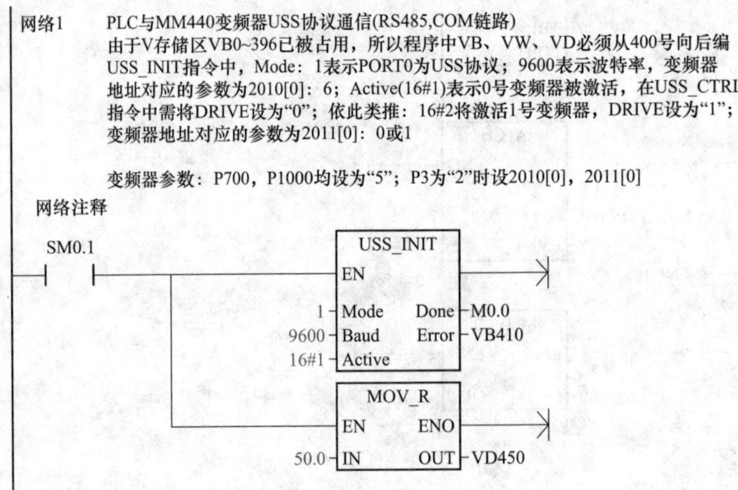

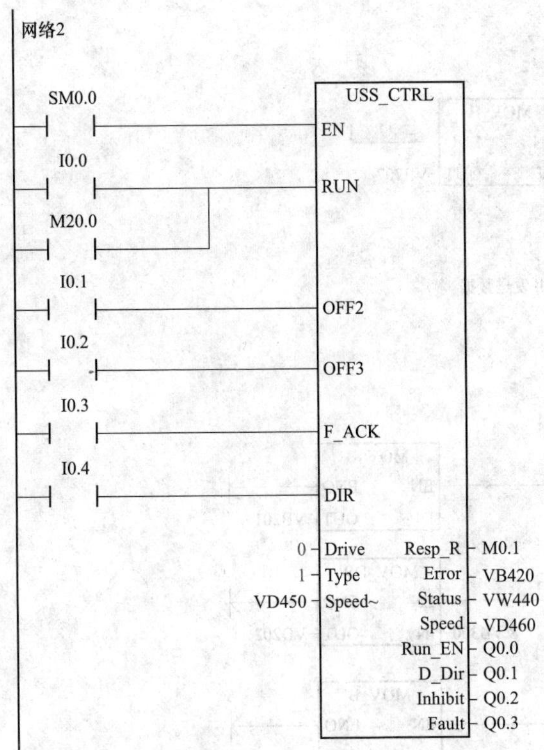

【例 96】 PLC 用 PPI 通信

程序如下：

（1）主站程序。

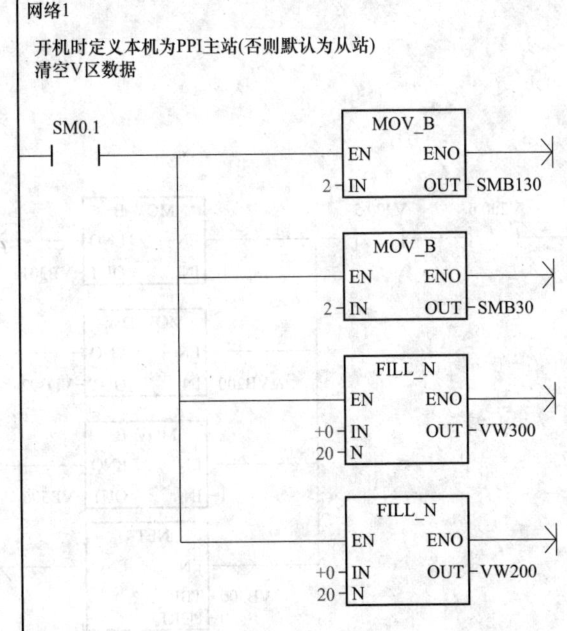

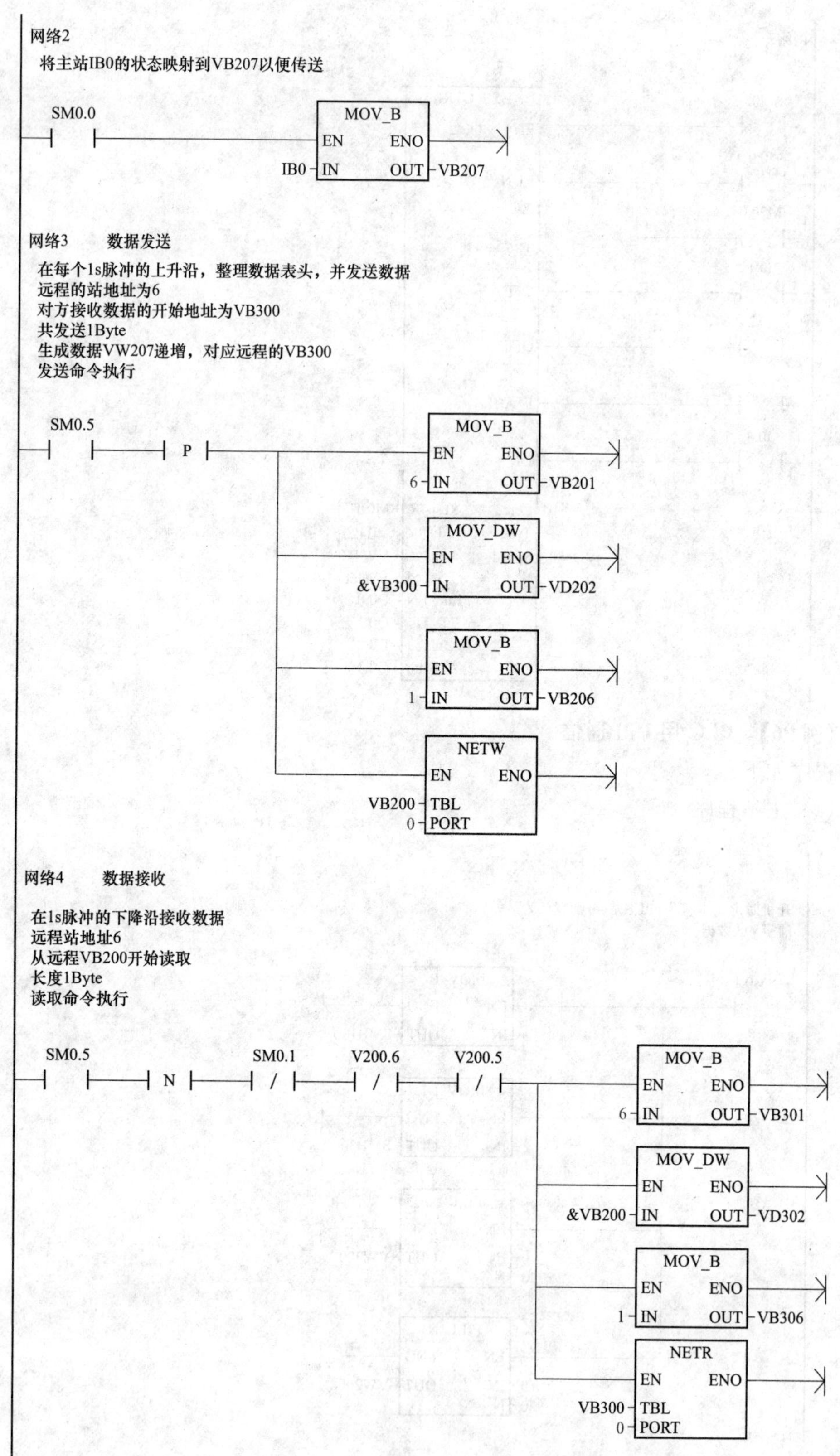
网络2
将主站IB0的状态映射到VB207以便传送
SM0.0
MOV_B
EN ENO
IB0 IN OUT VB207
网络3 数据发送
在每个1s脉冲的上升沿，整理数据表头，并发送数据
远程的站地址为6
对方接收数据的开始地址为VB300
共发送1Byte
生成数据VW207递增，对应远程的VB300
发送命令执行
SM0.5
P
MOV_B
EN ENO
6 IN OUT VB201
MOV_DW
EN ENO
&VB300 IN OUT VD202
MOV_B
EN ENO
1 IN OUT VB206
NETW
EN ENO
VB200 TBL
0 PORT
网络4 数据接收
在1s脉冲的下降沿接收数据
远程站地址6
从远程VB200开始读取
长度1Byte
读取命令执行
SM0.5
N
SM0.1
V200.6
V200.5
MOV_B
EN ENO
6 IN OUT VB301
MOV_DW
EN ENO
&VB200 IN OUT VD302
MOV_B
EN ENO
1 IN OUT VB306
NETR
EN ENO
VB300 TBL
0 PORT

网络5

SM0.0 MOV_B EN ENO VB307 IN OUT QB0

V200.5 Q1.0

（2）从站程序。

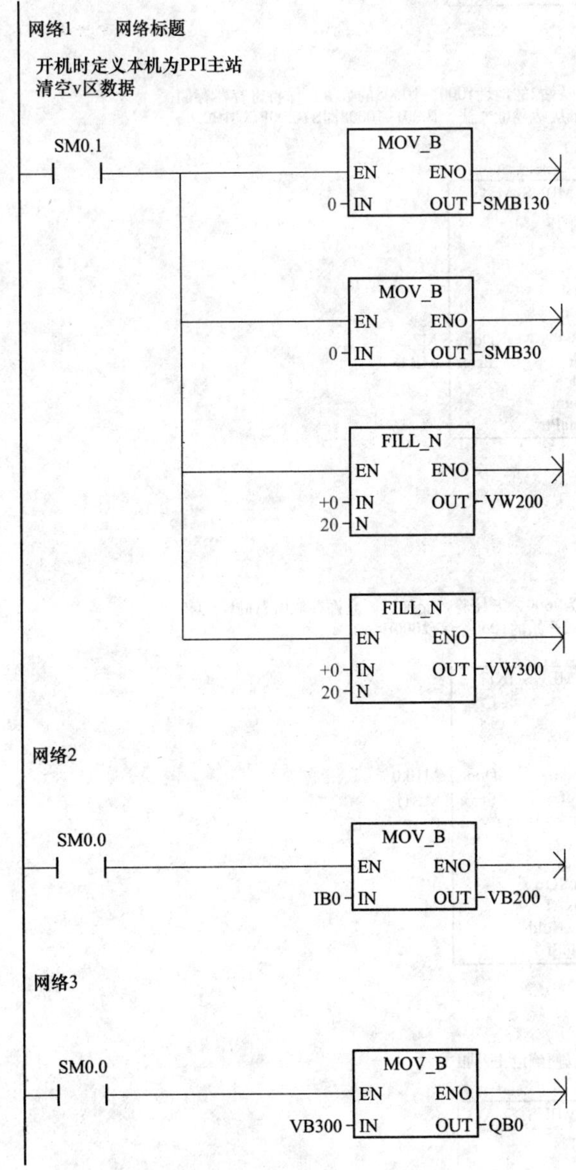

【例 97】 PLC 用 Modbus 通信

程序如下：

（1）主站程序。

网络1

每个扫描时调用MBUS_CTRL指令来初始化和监视Modbus主站设备，Modbus主站设备的波特率设为9600，无奇偶校验，允许从站1000ms(1s)的应答时间

SM0.0 — EN (MBUS_CTRL)
SM0.0 — Mode
9600 — Baud　　Done — M0.0
0 — Parity　　Error — MB1
1000 — Timeout

网络2

I0.3正跳变时执行MBUS_MSG指令读取从站2的地址10001~10008的数值，保持寄存器存储区从VB200开始，长8Byte。根据Modbus从站寻址方法，10001~10008即S7-200PLC中I0.1~I0.7的Modbus地址值

I0.3 — EN (MBUS_MSG)
I0.3 — P — First
2 — Slave　　Done — M2.2
0 — RW　　Error — MB4
10001 — Addr
8 — Count
&VB200 — DataPtr

（2）从站程序。

网络1　　初始化Modbus从站

将从站地址设为1，将端口0的波特率设为9600、无校验、无延迟，允许存取所有的I、Q和AI数值，保存寄存器的存储空间为从VB0开始的1000个字(2000Byte)

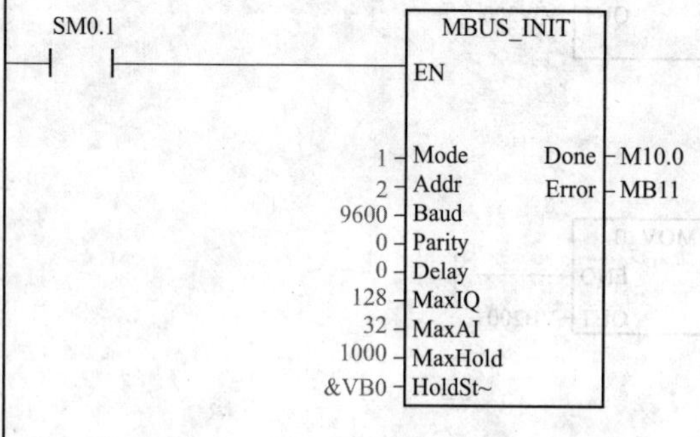

网络2

每个扫描周期执行Modbus_Slave指令，以便响应主站报文

SM0.0 — EN (MBUS_SLAVE)
Done — M10.2
Error — MB12

【例 98】 PLC 的 GPRS 通信

程序如下：

网络1　初始化CPRS通信

VB700中定义SINAUT MICRO SC服务器获得的公网IP地址，通过查看Internet连接属性中的IP地址
VB720中定义SINAUT MICRO SC服务器上用的端口号，必须与SINAUT MICRO SC软件所定义的端口号一致
VB730中定义Modem的名字，必须与在SINAUT MICRO SC软件所定义的Modem名一致
VB740中定义Modem的密码，必须与在SINAUT MICRO SC软件所定义的Modem密码一致VB750中定义SIM卡的PIN码，必须与所使用SIM卡的PIN码一致；可以向移动公司查询，默认值“1234”
VB760中定义网络供应商的Internet接入点名，对于移动的接入点为“cmnet”
VB770中定义网络登陆接入点的用户名，对于移动的接入点为空，所以定义为“”
VB780中定义网络登陆接入点的密码，对于移动的接入点为空，所以定义为“”
VB790 GSM供应商的域名服务器IP地址，若在IP地址参数里填写的是IP地址，则此处可以为空，但若IP地址参数填写的为域名，则此处必须指定域名服务器IP地址
VB809中定义工作站上所有允许的拨叫号码列表。单个表单条目通过分号(;)隔开。序列已确定，为在S7-200(COM_CLIP_x)上的电话拨叫服务和在调制解调器上的拨叫服务的运行各选择3个(SERVICE_CLIP_x)号码

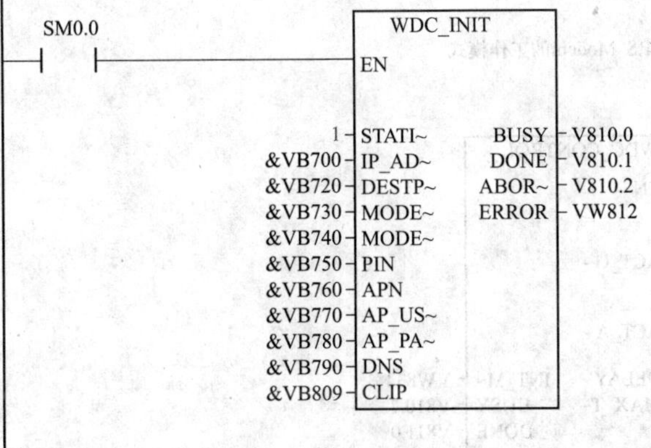

网络2

调用WDC_SEND功能块发送数据，该功能块完成两种功能：①发送用户需要发送的数据，②发送确认信息。
所以不管程序是否需要发送用户数据，此功能块必须调用，因为它还需要发送GPRS通信的确认信息
M10.0上升沿触发一次发送任务
VW814存放着远程工作站的逻辑地址，可以将数据发送到该地址，或从该地址读数据，此处通过传输指令把整数0传输到VW814中，这样发送的目的地就是中心站
VW816存放要发送数据的起始地址，此处通过传输指令把3000传输给VW816，意味着要发送的数的起始地址是VB3000
VW818存放着要发送数据的数据长度，此处通过传输指令把10传输给VW818，意味着要发送的数长度为10个字节
VW820控制命令，1表示将数据发送到另一个工作站；2表示要求得到另一个工作站的数据

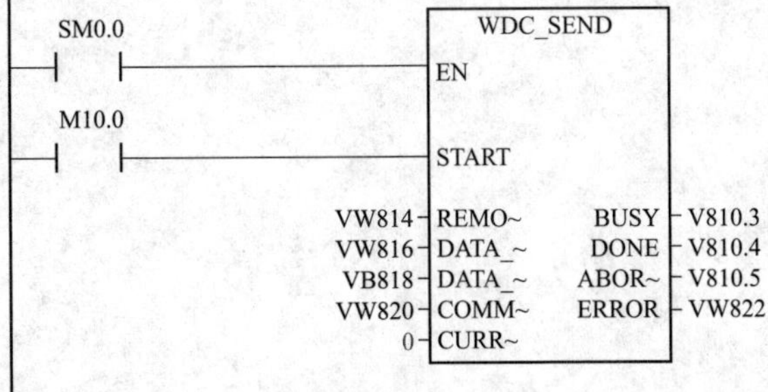

网络3

调用WDC_RECEIVE功能块接收数据，该功能块也完成两种功能：①接收用户发送来的数据；②接收确认信息，所以不管程序是否接收用户程序，此功能块必须调用，因为它还接收GPRS通信的确认信息。在本例主要用来接收确认信息
VW824存放着接收缓冲区的起始地址，此处通过传输指令把2000传输给VW824，意味着接收缓冲区的起始地址是VB2000
VW826存放着接收缓冲区的大小，此处通过传输指令把10传输给VW818，意味着接收缓冲区长度为10Byte

SM0.0 —| |— WDC_RECEIVE EN
0 - NEWTI~　　REMO~ - VW828
VW824 - RECVB~　　DATA_~ - VW830
VW826 - RECVB~　　DATA_~ - VB832
NEWTI~ - V810.6

网络4

调用WDC_CONTROL功能块来切换GPRS Modem的工作模式

SM0.0 —| |— WDC_CONTROL EN
SM0.0 —|/|— ACT_G~
SM0.0 —|/|— ACT_A~
0 - DELAY~　　INT_M~ - VW834
10 - MAX_T~　　BUSY - V810.7
DONE - V811.0
ABOR~ - V811.1
ERROR - VW836

网络5

控制触发周期，每30s控制发送一组数据

M10.0 —|/|— T40 IN TON
300 - PT 100ms

网络6

T40 —| |— M10.0 —( )

【例 99】 西门子 PLC-200 SMART 与 300 PLC 之间的通信

（1）打开时钟存储器，如图 5-1 所示。

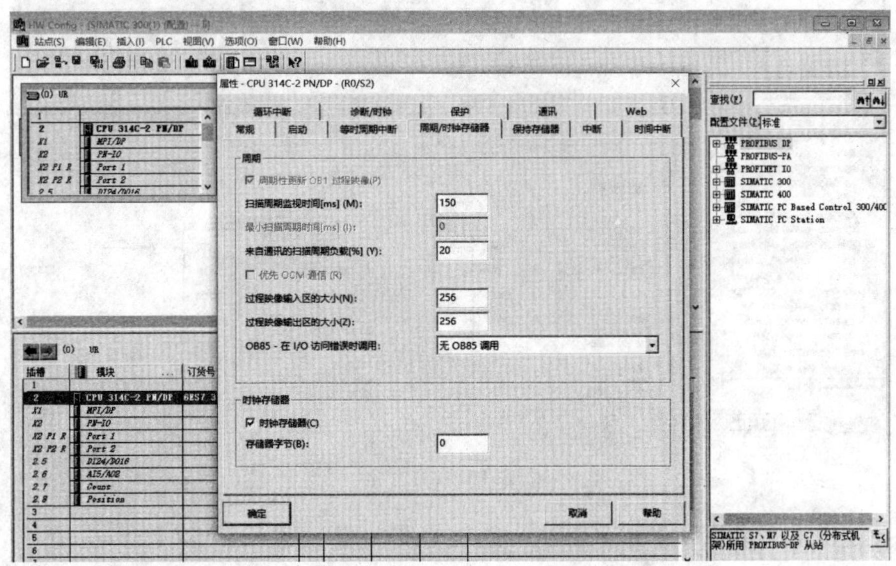

图 5-1 打开时钟存储器

（2）添加新数据块，如图 5-2 所示。

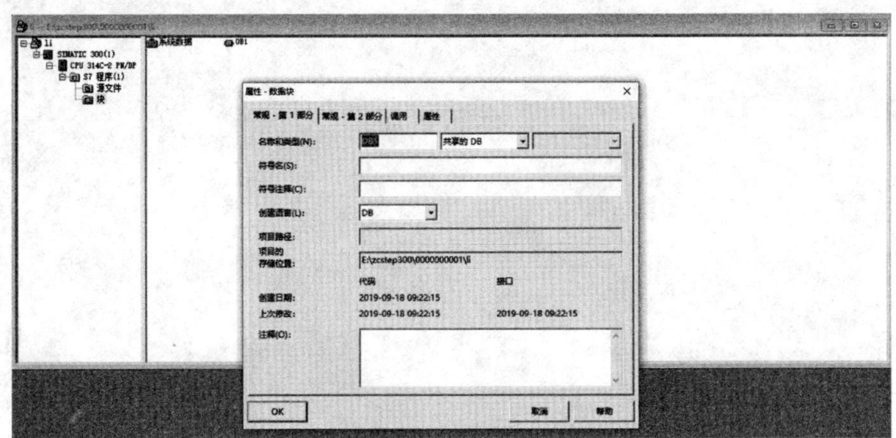

图 5-2 添加新数据块

（3）设置数据块，如图 5-3 所示。

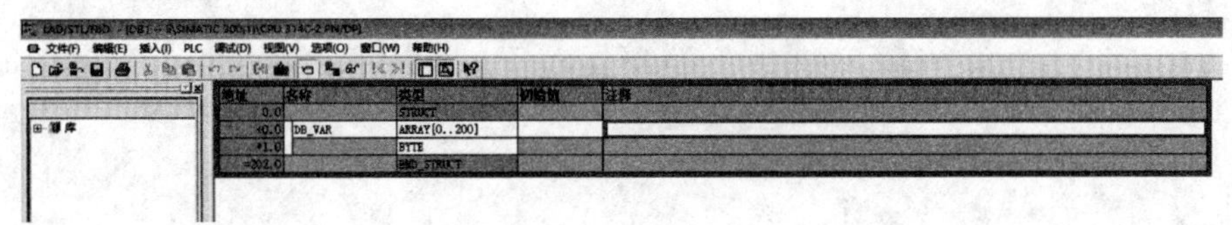

图 5-3 设置数据块

（4）编写程序，如图 5-4 所示。

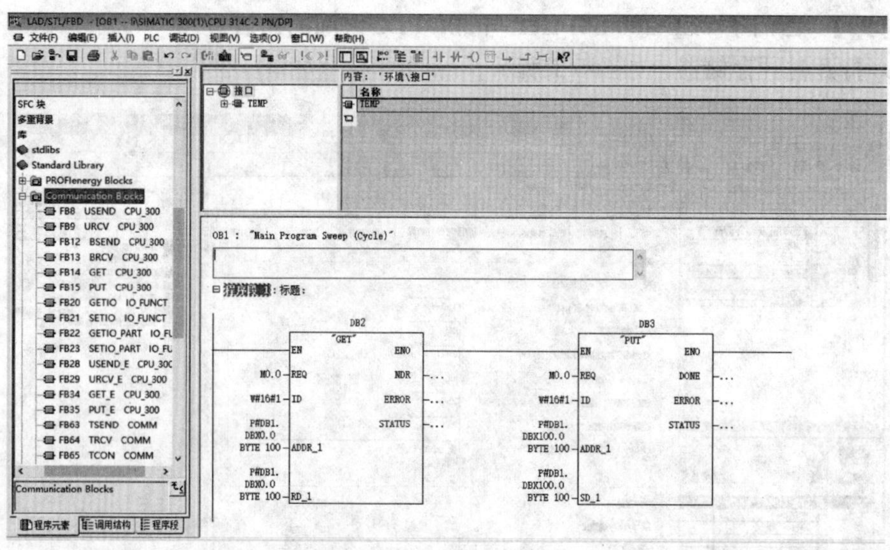

图 5-4　编写程序

S7-300 PLC 的数据块 DB1. DBB0～DB1. DBB99 将读取从站 S7-200 smart 中 VB0～VB99 的数据，S7-300 PLC 的数据块 DB1. DBB100～DB1. DBB199 的数据将写入从站 S7-200 smart 的 VB100～VB199 中。

PLC高级编程案例解析

【例 100】 大型装配线机械手控制（气缸夹取方案）

1. 机械示意图

大型装配线机械手（气缸夹取方案）机械示意图如图 6-1 所示。

（1）SL1～SL3 为检测 X 轴伺服左移极限、原点、右移极限；SL4～SL6 为检测 Y 轴伺服上移极限、原点、下移极限；SL7 为检测板链线夹具最前边沿；SL8 为下线保护，检测产品是否下线；SL11 和 SL12 为检测差速链线工装板是否到位。SP1 和 SP2 为 Y 轴提升气缸提升到位、下降到位；SP3 和 SP4 为 Y 轴旋转气缸旋转到位（内胆处于水平状态）、复位到位（内胆处于垂直状态）；SP5 和 SP6 为 X 轴旋转气缸旋转到位（内胆与板链线垂直）、复位到位（内胆与板链线平行）。SP7～SP10 分别为 4 个抓取气缸抓紧；SP11～SP14 分别为 4 个抓取气缸松开；KP1 为电接点压力表，用于检测气压是否过低。PH1 和 PH2 分别检测板链线夹具上、差速链线工装板上是否存在产品。

（2）所有检测/动作元件仅为示意。

（3）电气元器件示意含义见表 6-1。

表 6-1　电气元器件示意含义

元器件符号	含义
M1	电机
ASMx/ASMy	伺服电机
EL1～EL12	日光灯
EF1～EF8	工业电风扇
SJ1～SJ6	紧急停止按钮
PH1、PH2	光电开关
SP1～SP6	磁电开关
SL1～SL8、SL11、SL12	行程开关
YV1～YV4、YV11、YV12	电磁阀
KP1	压力表
TB1、TB2	接线盒
CP1	控制柜
OP1	操作台

2、电气原理图

大型装配线机械手（气缸夹取方案）的电气原理图如下：电气主电路图如图 6-2 所示，电气主电路端子出线图如图 6-3 所示，弱电控制原理图如图 6-4～图 6-16 所示，弱电控制系统端子排出线图如图 6-17 和图 6-18 所示。

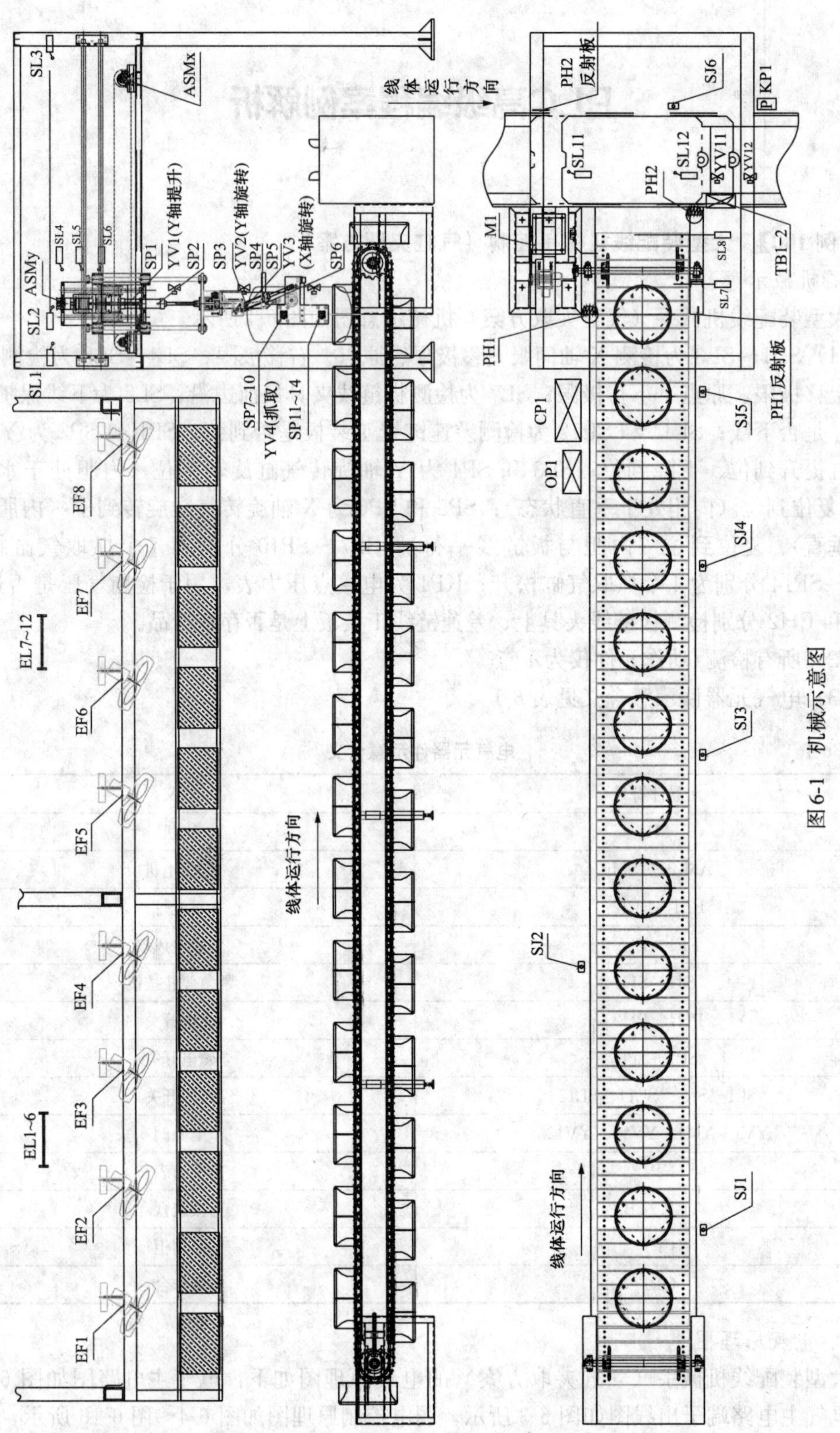
SL1
SL2
SL3
SL4
SL5
SL6
ASMx
ASMy
SP1
YV1(Y轴提升)
SP2
SP3
YV2(Y轴旋转)
SP4
SP5
YV3
(X轴旋转)
SP6
SP7~10
YV4(抓取)
SP11~14
线体运行方向
EF1
EF2
EF3
EF4
EF5
EF6
EF7
EF8
EL1~6
EL7~12
SJ1
SJ2
SJ3
SJ4
SJ5
SJ6
PH1
PH1反射板
PH2
PH2反射板
M1
SL7
SL8
SL11
SL12
YV11
YV12
TB1-2
KP1
CP1
OP1

图 6-1 机械示意图

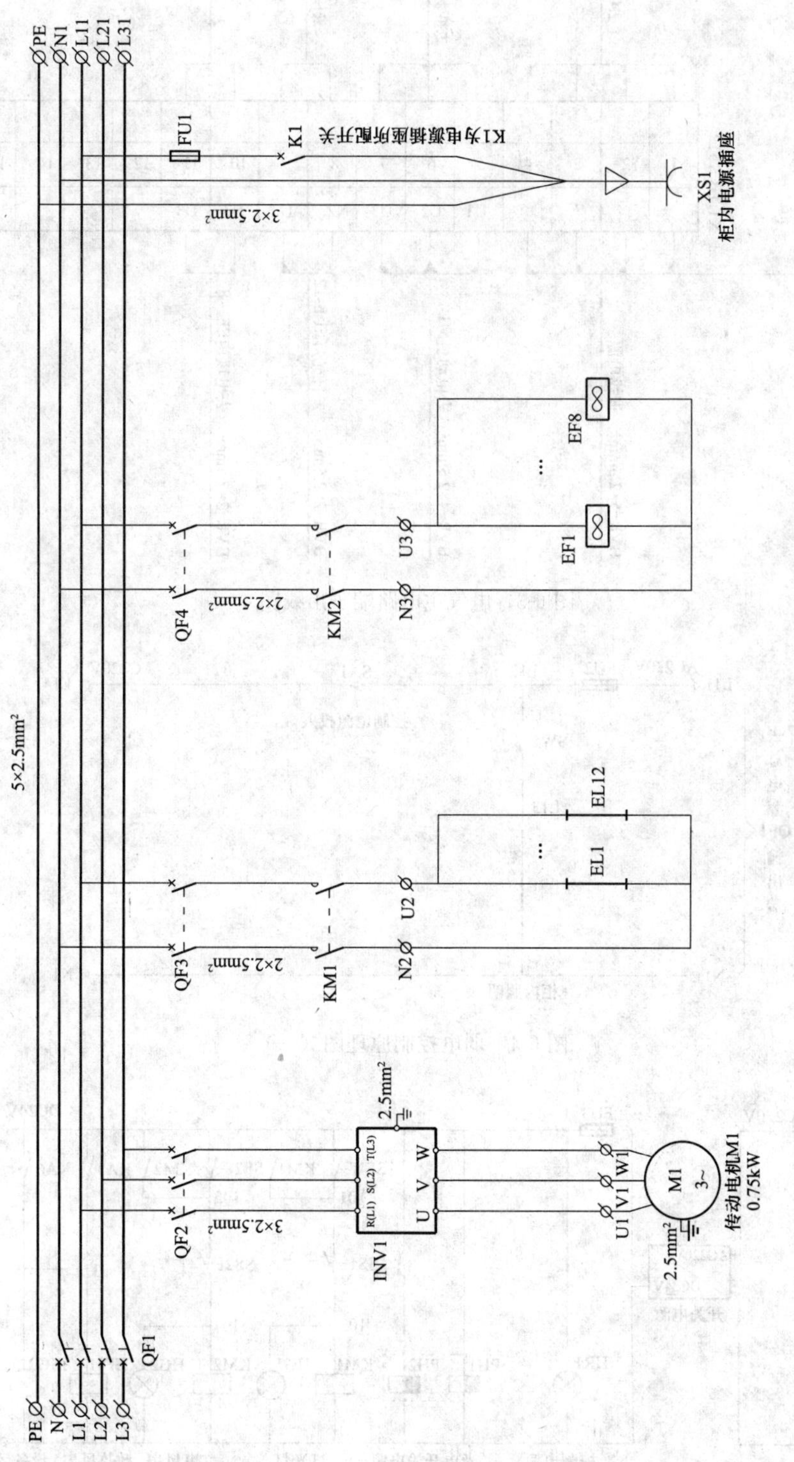
PE
N
L1
L2
L3
QF1
5×2.5mm²
ØPE
ØN1
ØL11
ØL21
ØL31
QF2
3×2.5mm²
INV1
R(L1) S(L2) T(L3)
U V W
2.5mm²
U1 V1 W1
M1
3~
传动电机M1
0.75kW
QF3
2×2.5mm²
KM1
N2
U2
EL1
EL12
QF4
2×2.5mm²
KM2
N3
U3
EF1
EF8
FU1
K1
K1为电源插座所配开关
3×2.5mm²
XS1
柜内电源插座

图 6-2 电气主电路图

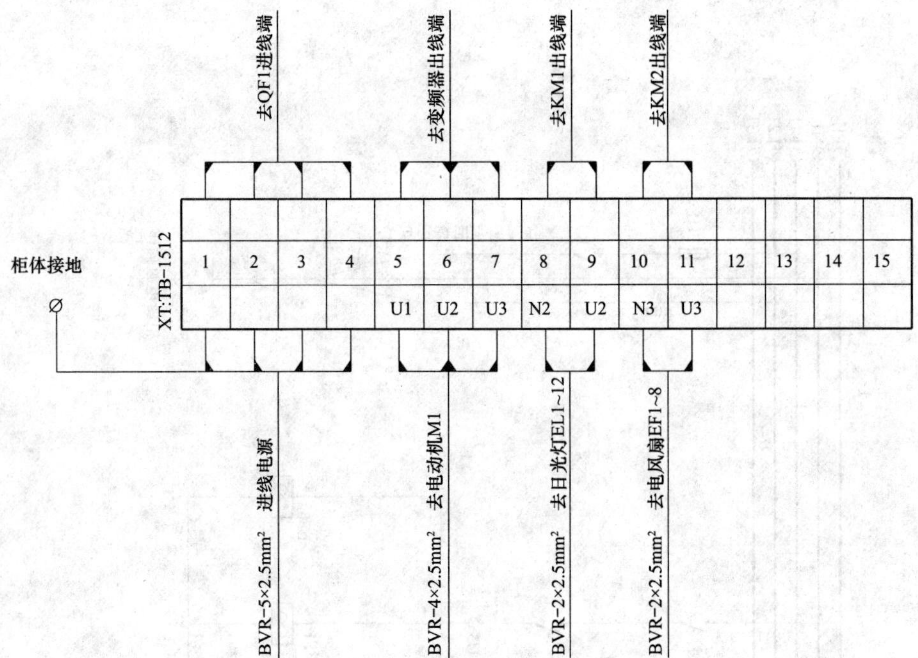

图 6-3　电气主电路端子出线图

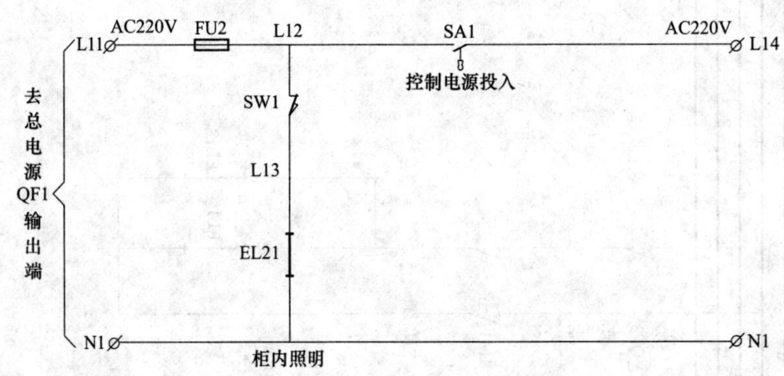

图 6-4　弱电控制原理图（一）

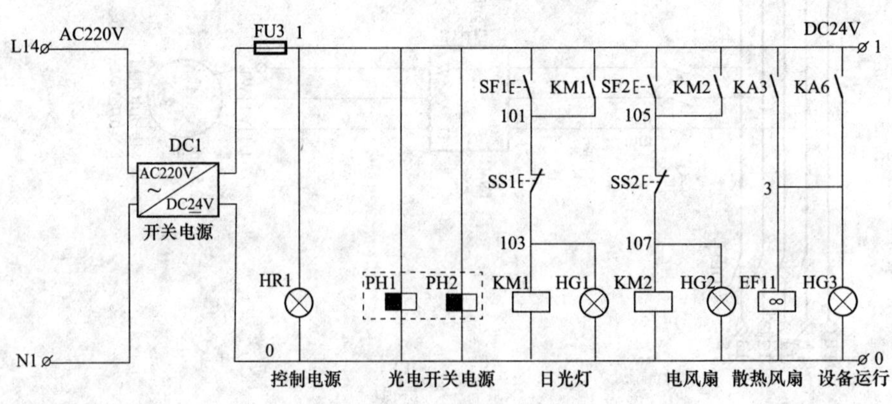

图 6-5　弱电控制原理图（二）

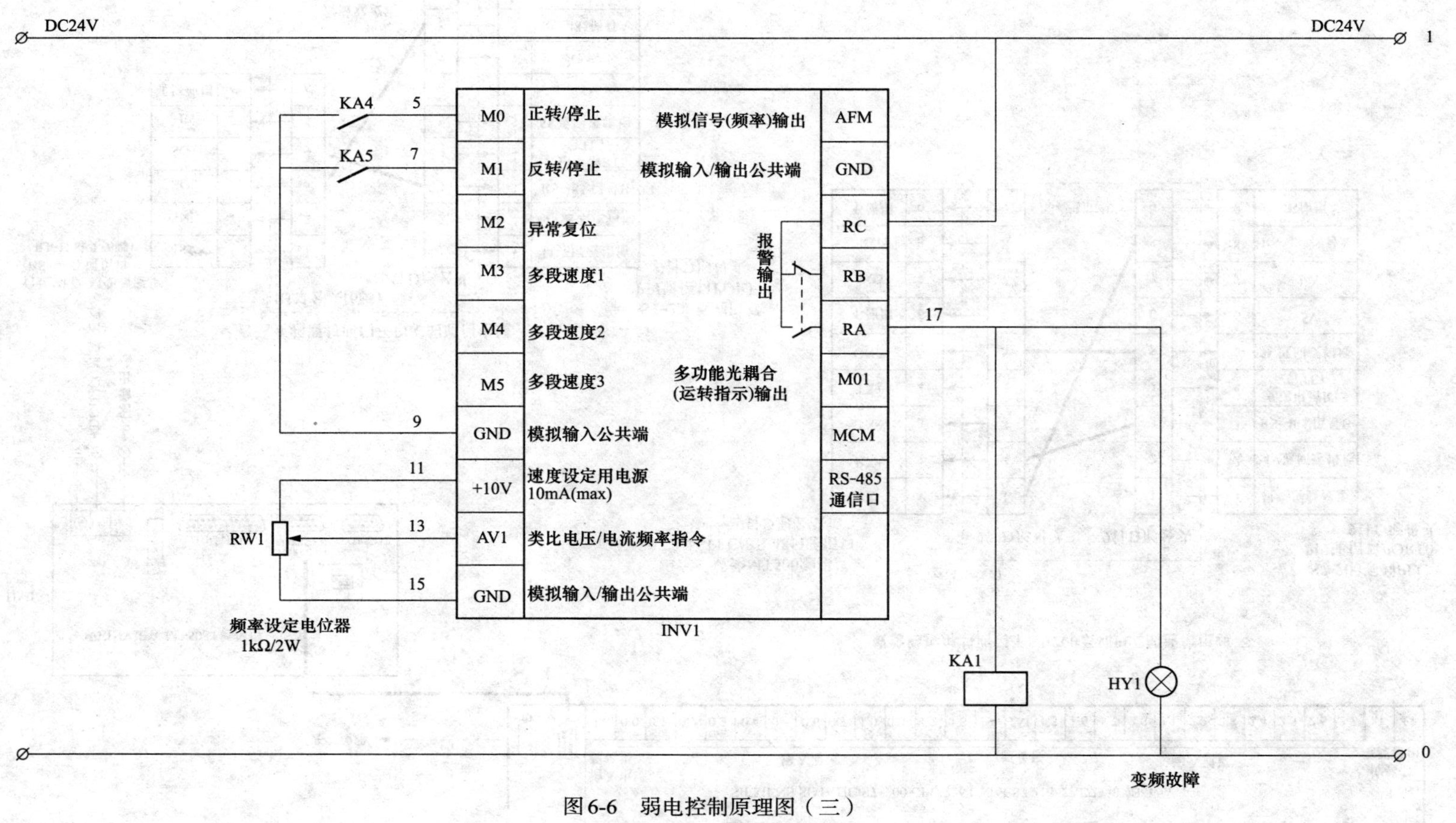

图 6-6 弱电控制原理图（三）

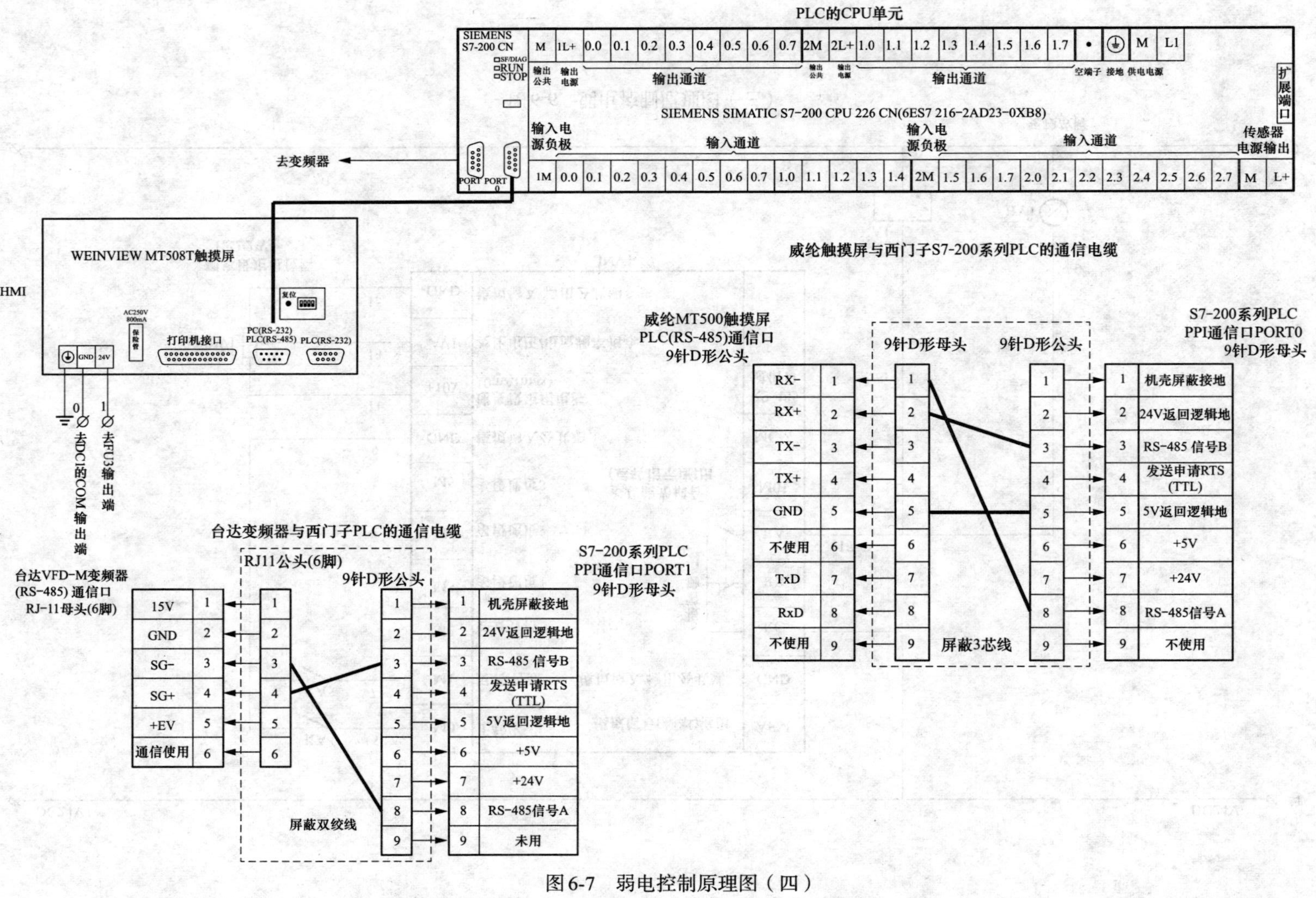

图 6-7 弱电控制原理图（四）

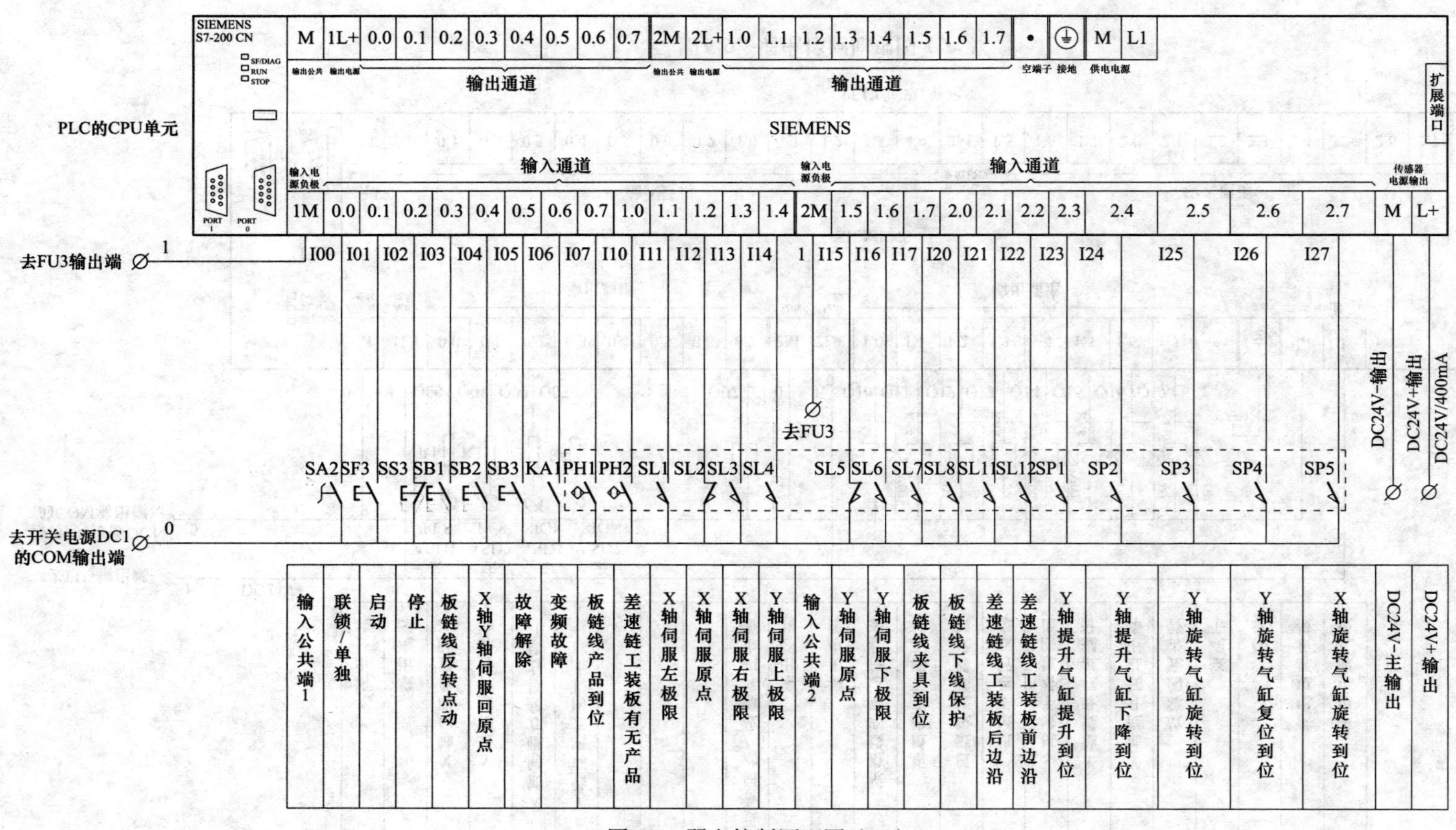

图6-8 弱电控制原理图（五）

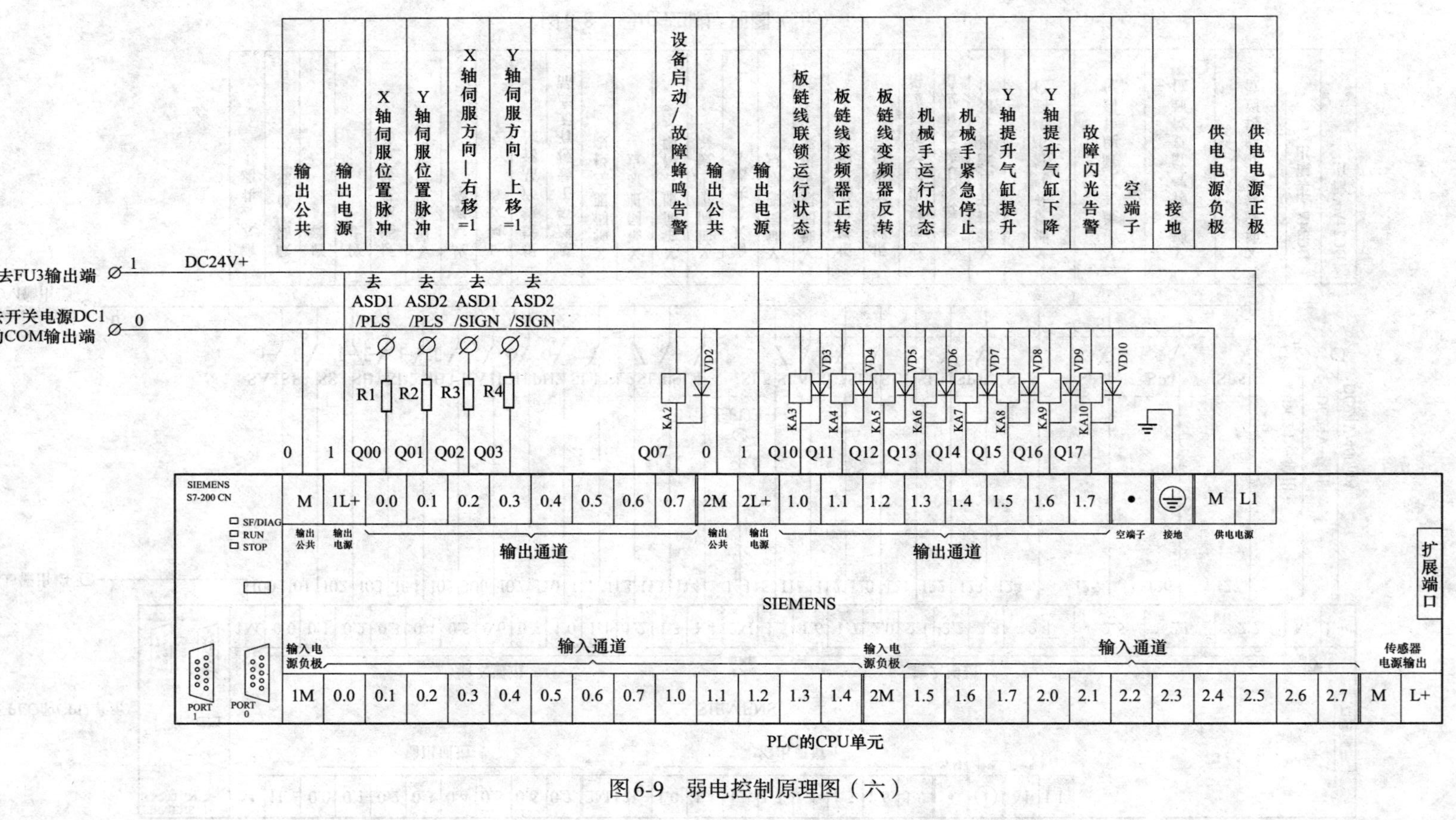

图6-9 弱电控制原理图（六）

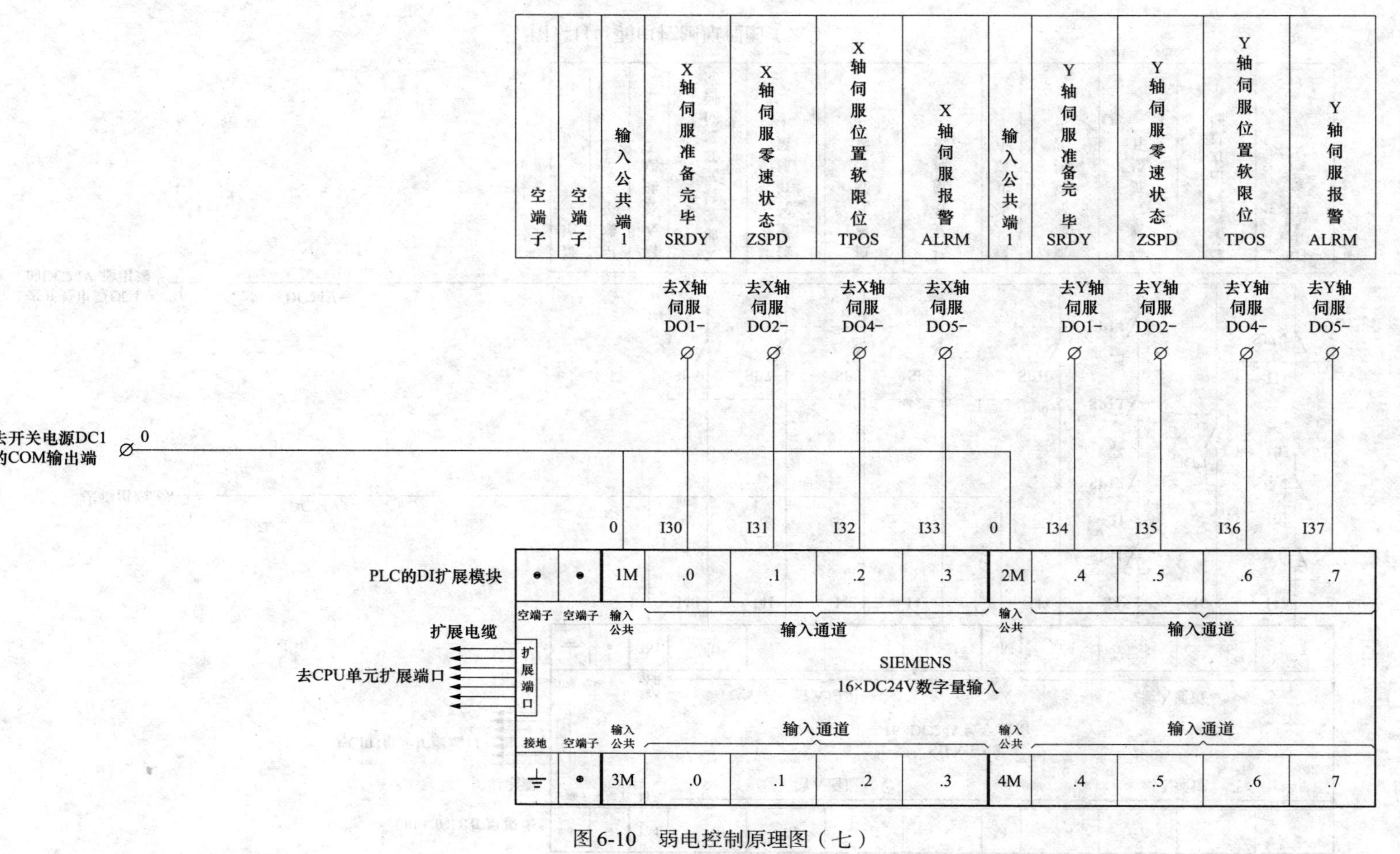

图6-10 弱电控制原理图（七）

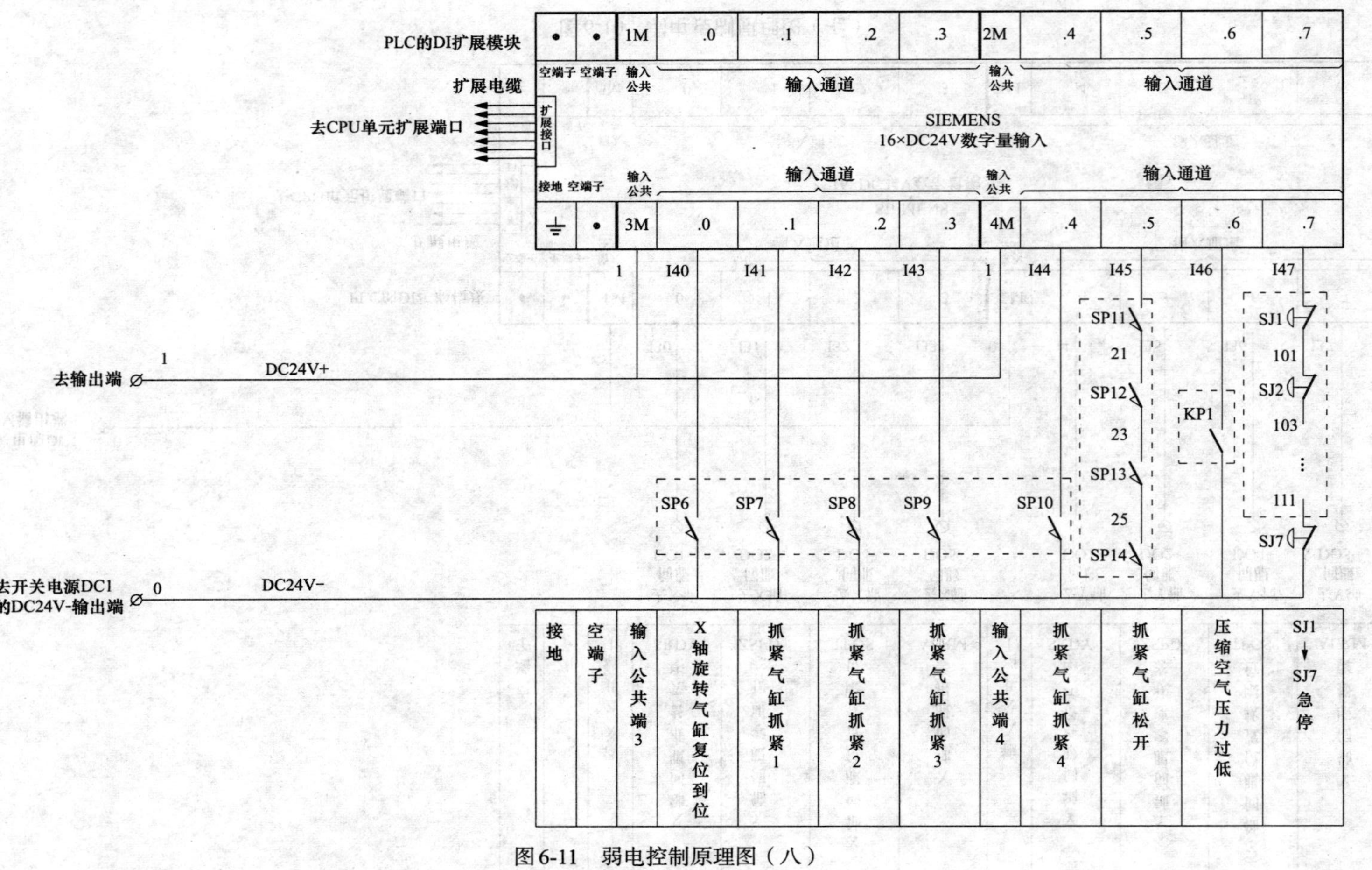

图 6-11　弱电控制原理图（八）

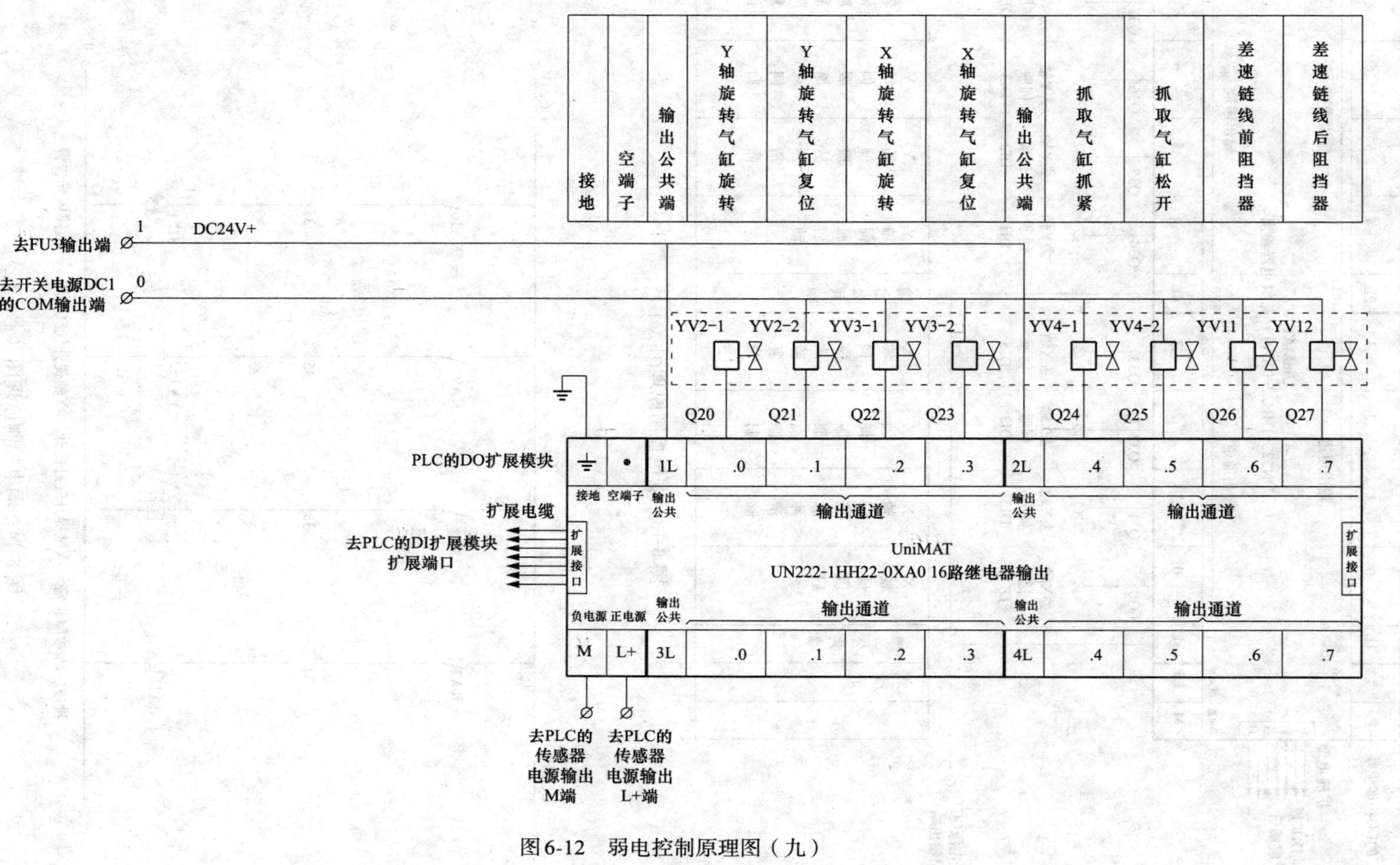

图 6-12 弱电控制原理图（九）

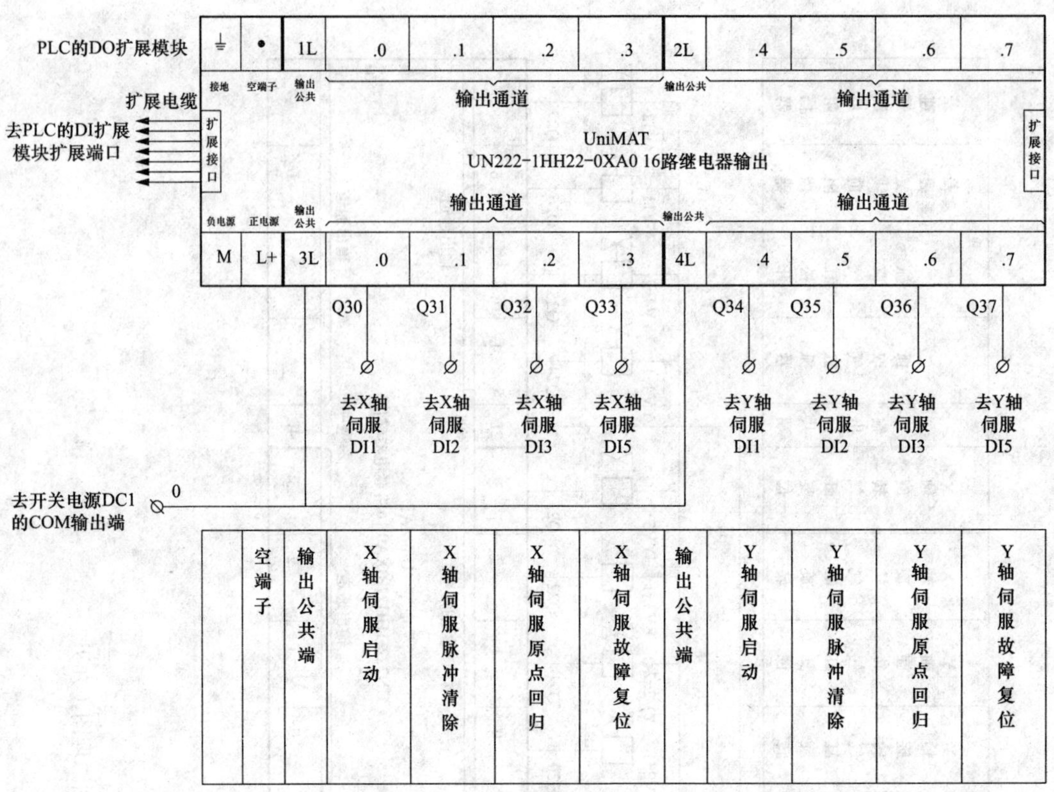

图 6-13　弱电控制原理图（十）

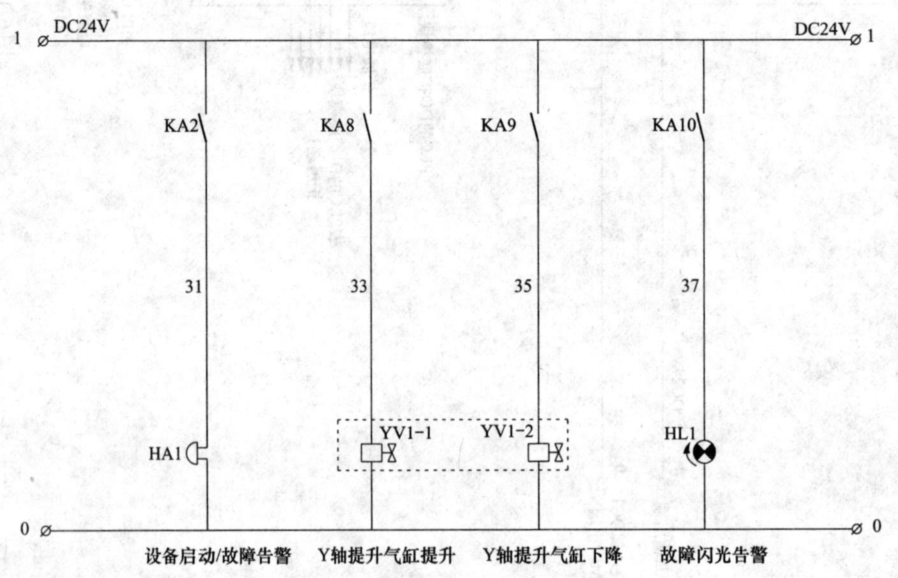

图 6-14　弱电控制原理图（十一）

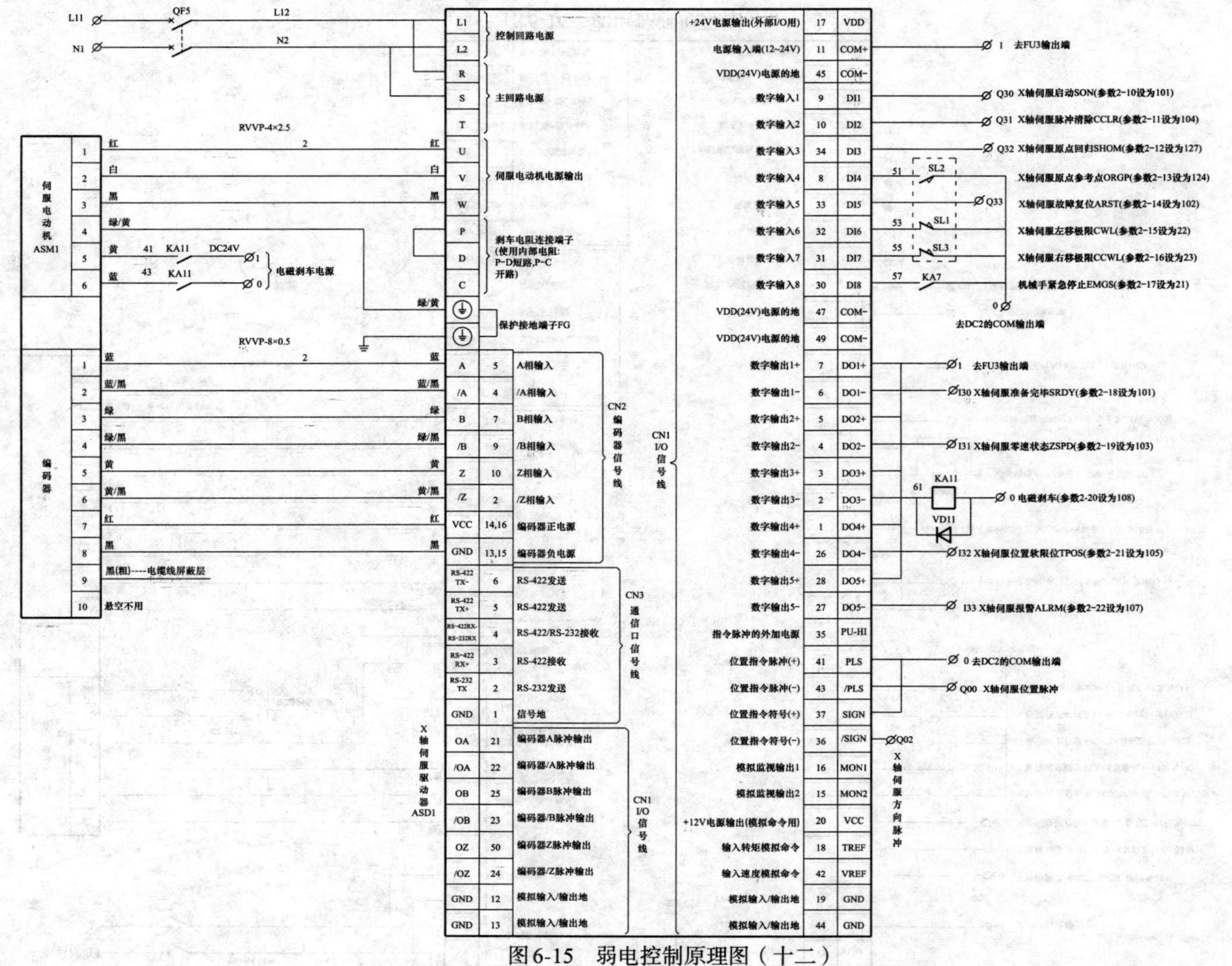

图6-15 弱电控制原理图（十二）

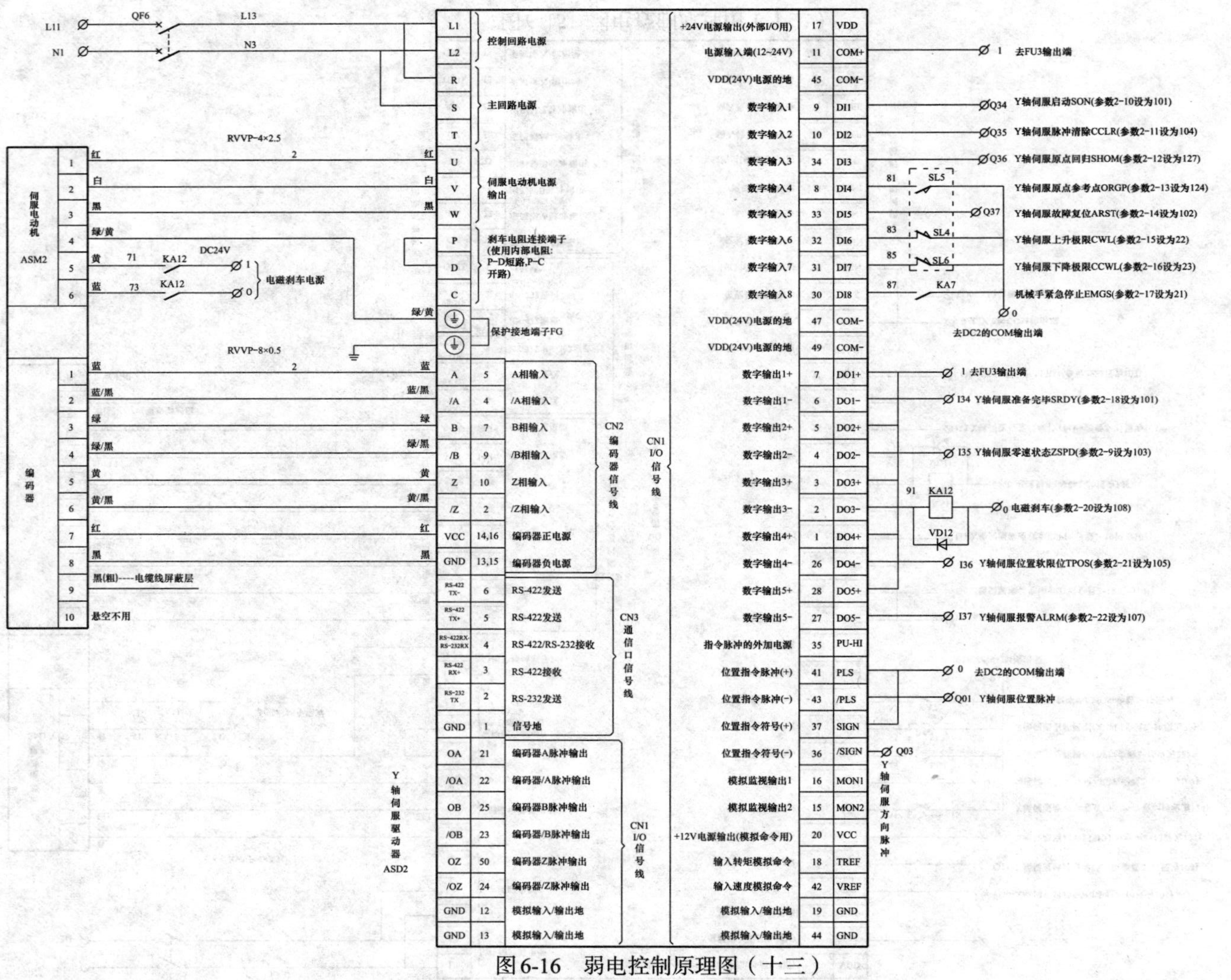

图6-16 弱电控制原理图（十三）

去向（PLC侧）	线号	XT:TB1512 端子	跨接号	线缆	去向（现场侧）
去FU3输出端	1	1		N-RVV×0.5mm²	去PH1
		2			
去DC1的COM输出端	0	3		N-RVV×0.5mm²	去PH1-2/SL1-8/SL11-12/SP1-10 去SP14/SJ7/YV1-4/YV11-12
		4			
去PLC的I0.7输入端子	I07	5		N-RVV×0.5mm²	去PH1
去PLC的I01.0输入端子	I10	6		N-RVV×0.5mm²	去PH2
去PLC的I1.1输入端子	I11	7		N-RVV×0.5mm²	去SL1
去PLC的I1.2输入端子	I12	8		N-RVV×0.5mm²	去SL2
去PLC的I1.3输入端子	I13	9		N-RVV×0.5mm²	去SL3
去PLC的I1.4输入端子	I14	10		N-RVV×0.5mm²	去SL4
去PLC的I1.5输入端子	I15	11		N-RVV×0.5mm²	去SL5
去PLC的I1.6输入端子	I16	12		N-RVV×0.5mm²	去SL6
去PLC的I1.7输入端子	I17	13		N-RVV×0.5mm²	去SL7
去PLC的I2.0输入端子	I20	14		N-RVV×0.5mm²	去SL8
去PLC的I2.1输入端子	I21	15		N-RVV×0.5mm²	去SL11
去PLC的I2.2输入端子	I22	16		N-RVV×0.5mm²	去SL12
去PLC的I2.3输入端子	I23	17		N-RVV×0.5mm²	去SP1
去PLC的I2.4输入端子	I24	18		N-RVV×0.5mm²	去SP2
去PLC的I2.5输入端子	I25	19		N-RVV×0.5mm²	去SP3
去PLC的I2.6输入端子	I26	20		N-RVV×0.5mm²	去SP4
去PLC的I2.7输入端子	I27	21		N-RVV×0.5mm²	去SP5
去PLC的I4.0输入端子	I40	22		N-RVV×0.5mm²	去SP6
去PLC的I4.1输入端子	I41	23		N-RVV×0.5mm²	去SP7
去PLC的I4.2输入端子	I42	24		N-RVV×0.5mm²	去SP8
去PLC的I4.3输入端子	I43	25		N-RVV×0.5mm²	去SP9
去PLC的I4.4输入端子	I44	26		N-RVV×0.5mm²	去SP10
去PLC的I4.5输入端子	I45	27		N-RVV×0.5mm²	去SP11
		28	21		
		29	21	N-RVV×0.5mm²	去SP12
		30	23		
		31	23	N-RVV×0.5mm²	去SP13
		32	25		
		33	25	N-RVV×0.5mm²	去SP14

图6-17　弱电控制系统端子排出线图（一）

XT:TB1512

外部去向	线号	端子号	短接线号	去向	线缆
去PLC的I4.6输入端子	I46	34		去KP1	N-RVV×0.5mm²
去PLC的I4.7输入端子	I47	35			
		36	31	去SJ1	N-RVV×0.5mm²
		37	31		
		38	33	去SJ2	N-RVV×0.5mm²
		39	33		
		40	35	去SJ3	N-RVV×0.5mm²
		41	35		
		42	37	去SJ4	N-RVV×0.5mm²
		43	37		
		44	39	去SJ5	N-RVV×0.5mm²
		45	39		
去SJ7	41	46		去SJ6	N-RVV×0.5mm²
		47			
去PLC的Q2.0输入端子	Q20	48		去YV2-1	N-RVV×0.5mm²
去PLC的Q2.1输入端子	Q21	49		去YV2-2	N-RVV×0.5mm²
去PLC的Q2.2输入端子	Q22	50		去YV3-1	N-RVV×0.5mm²
去PLC的Q2.3输入端子	Q23	51		去YV3-2	N-RVV×0.5mm²
去PLC的Q2.4输入端子	Q24	52		去YV4-1	N-RVV×0.5mm²
去PLC的Q2.5输入端子	Q25	53		去YV4-2	N-RVV×0.5mm²
去PLC的Q2.6输入端子	Q26	54		去YV11	N-RVV×0.5mm²
去PLC的Q2.7输入端子	Q27	55		去YV12	N-RVV×0.5mm²
		56			
去KA8	33	57		去YV1-1	N-RVV×0.5mm²
去KA9	35	58		去YV1-2	N-RVV×0.5mm²
		59			
去X轴伺服DI4输入端子	51	60		去SL2	N-RVV×0.5mm²
去X轴伺服DI6输入端子	53	61		去SL1	N-RVV×0.5mm²
去X轴伺服DI7输入端子	55	62		去SL3	N-RVV×0.5mm²
		63			
去Y轴伺服DI4输入端子	81	64		去SL5	N-RVV×0.5mm²
去Y轴伺服DI6输入端子	83	65		去SL4	N-RVV×0.5mm²
去Y轴伺服DI7输入端子	85	66		去SL6	N-RVV×0.5mm²

图6-18　弱电控制系统端子排出线图（二）

3. I/O分配表及内部变量注释（见程序中标注）

4. 程序注释

（1）调用子程序注释见表6-2。

表6-2 调用子程序注释

符号	地址	注释
初始化	SBR0	初始化子程序
机械手综合控制	SBR2	机械手综合控制
触摸屏控制	SBR3	触摸屏控制
PTO0 _ LDPOS	SBR4	此指令由PTO/PWM向导生成，用于输出点Q0.0；PTOx _ LDPOS（装载位置）指令用于为线性PTO操作改动当前位置参数
PTO1 _ LDPOS	SBR5	此指令由PTO/PWM向导生成，用于输出点Q0.1；PTOx _ LDPOS（装载位置）指令用于为线性PTO操作改动当前位置参数
机械手X轴伺服控制	SBR11	S7-200控制台达伺服电动机——机械手X轴伺服运动控制
机械手Y轴伺服控制	SBR12	S7-200控制台达伺服电动机——机械手Y轴伺服运动控制
PTO0 _ CTRL	SBR21	此指令由PTO/PWM向导生成，用于输出点Q0.0
PTO0 _ MAN	SBR22	此指令由PTO/PWM向导生成，用于输出点Q0.0；PTOx _ MAN（手动模式）指令用于以手动模式控制线性PTO。在手动模式中，可用不同的速度操作PTO；使能PTOx _ MAN指令时，只允许使用PTOx _ CTRL指令
PTO1 _ CTRL	SBR23	此指令由PTO/PWM向导生成，用于输出点Q0.1
PTO1 _ MAN	SBR24	此指令由PTO/PWM向导生成，用于输出点Q0.1；PTOx _ MAN（手动模式）指令用于以手动模式控制线性PTO；在手动模式中，可用不同的速度操作PTO；使能PTOx _ MAN指令时，只允许使用PTOx _ CTRL指令
总体控制	OB1	总体控制

（2）调用内部子程序注释见表6-3。

表6-3 调用内部子程序注释

符号	地址	注释
PTO _ INT _ ENO _ ERROR	133	PTO执行D _ STOP指令处理STOP（停止）事件时得到ENO错误
PLS _ HC _ ENO _ ERROR	132	HSC、PLS或PTO指令导致一个ENO错误
PTO _ ENO _ ERROR	131	PTO指令导致一个ENO错误
PTO _ STOP	130	PTO指令目前正被命令STOP（停止）
ISTOP _ DSTOP _ EN	129	I _ STOP和D _ STOP命令被同时使能
PTO _ BUSY	128	PTO指令正在忙于执行另一项指令
DSTOP _ SUCCESS	2	D _ STOP在运动中有效；STOP（停止）命令成功完成
ISTOP _ SUCCESS	1	I _ STOP在运动中有效；STOP（停止）命令成功完成

5. 程序

(1) 总体控制程序。

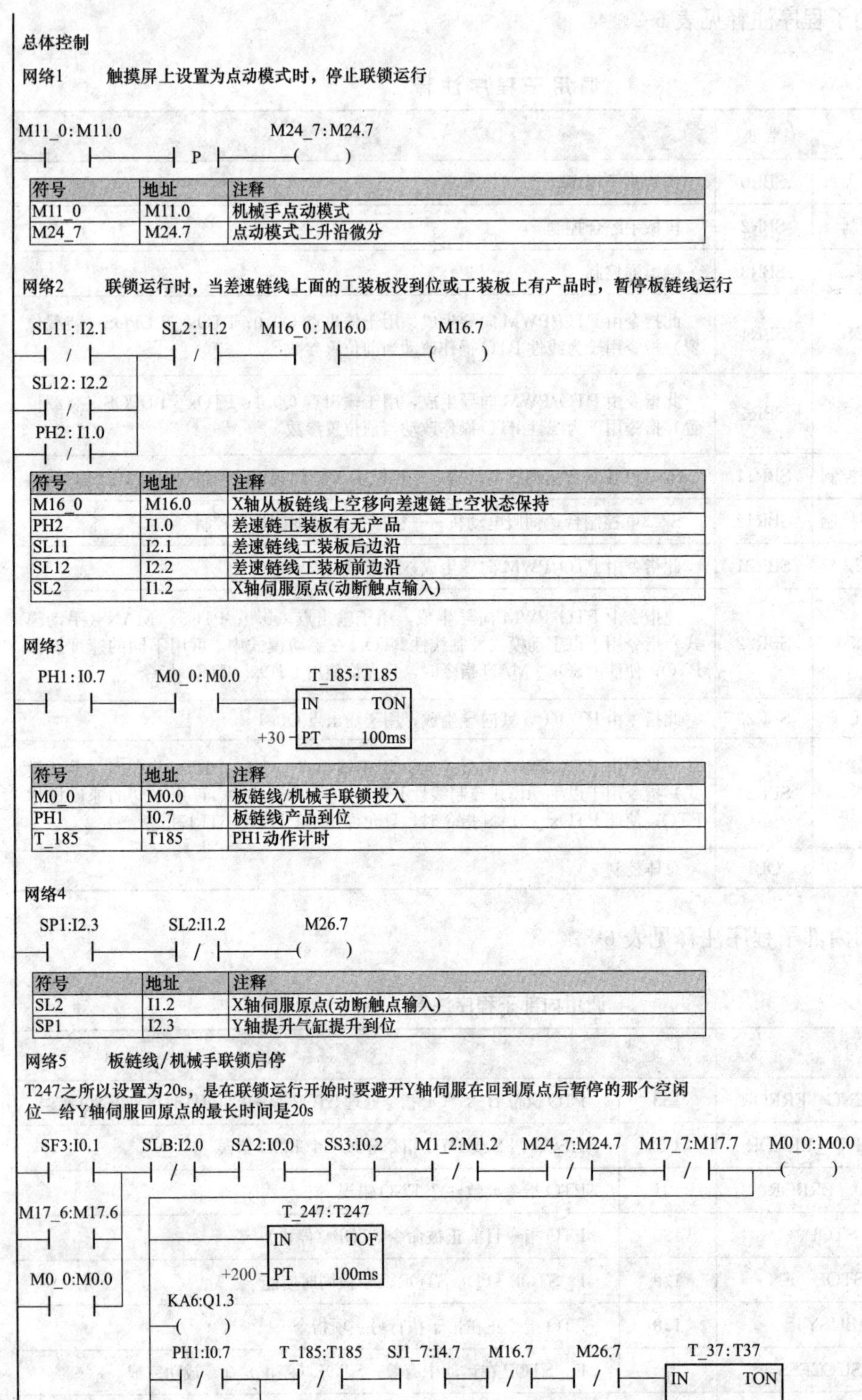

总体控制

网络1　触摸屏上设置为点动模式时，停止联锁运行

符号	地址	注释
M11_0	M11.0	机械手点动模式
M24_7	M24.7	点动模式上升沿微分

网络2　联锁运行时，当差速链线上面的工装板没到位或工装板上有产品时，暂停板链线运行

符号	地址	注释
M16_0	M16.0	X轴从板链线上空移向差速链上空状态保持
PH2	I1.0	差速链工装板有无产品
SL11	I2.1	差速链线工装板后边沿
SL12	I2.2	差速链线工装板前边沿
SL2	I1.2	X轴伺服原点(动断触点输入)

网络3

符号	地址	注释
M0_0	M0.0	板链线/机械手联锁投入
PH1	I0.7	板链线产品到位
T_185	T185	PH1动作计时

网络4

符号	地址	注释
SL2	I1.2	X轴伺服原点(动断触点输入)
SP1	I2.3	Y轴提升气缸提升到位

网络5　板链线/机械手联锁启停

T247之所以设置为20s，是在联锁运行开始时要避开Y轴伺服在回到原点后暂停的那个空闲位—给Y轴伺服回原点的最长时间是20s

符号	地址	注释
KA6	Q1.3	板链线/机械手联锁运行状态
M0_0	M0.0	板链线/机械手联锁投入
M17_6	M17.6	触摸屏上设备启动
M17_7	M17.7	触摸屏上设备停止
M1_2	M1.2	故障/气压过低蜂鸣报警汇总
M24_7	M24.7	点动模式上升沿微分
PH1	I0.7	板链线产品到位
SA2	I0.0	1=板链线与机械手联锁，0=板链线单独
SF3	I0.1	板链线/机械手联锁启动
SJ1_7	I4.7	板链线/机械手急停
SL7	I1.7	板链线夹具到位
SL8	I2.0	板链线下线保护
SS3	I0.2	板链线/机械手联锁停止
T_185	T185	PH1动作计时
T_247	T247	联锁运行计时
T_37	T37	板链线/机械手启动告警时间

网络6　板链线/机械手联锁运行

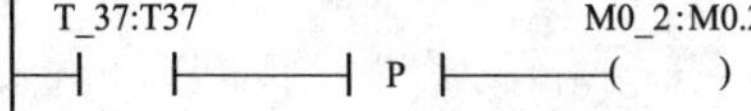

符号	地址	注释
M0_2	M0.2	板链线/机械手联锁运行上升延微分
T_37	T37	板链线/机械手启动告警时间

网络7　板链线单独正转启停

SF3:I0.1　SL8:I2.0　SA2:I0.0　SS3:I0.2　M17_7:M17.7　M0_3:M0.3

M17_6:M17.6

PH1:I0.7　SJ1_7:I4.7　M17_4:M17.4　T_38:T38

IN　TON

+1　PT　100ms

M0_3:M0.3

符号	地址	注释
M0_3	M0.3	板链线单独正转投入
M17_4	M17.4	触摸屏紧急停止
M17_6	M17.6	触摸屏上设备启动
M17_7	M17.7	触摸屏上设备停止
PH1	I0.7	板链线产品到位
SA2	I0.0	1=板链线与机械手联锁，0=板链线单独
SF3	I0.1	板链线/机械手联锁启动
SJ1_7	I4.7	板链线/机械手急停
SL8	I2.0	板链线下线保护
SS3	I0.2	板链线/机械手联锁停止
T_38	T38	板链线单独正转启动告警时间

网络8　　故障蜂鸣告警

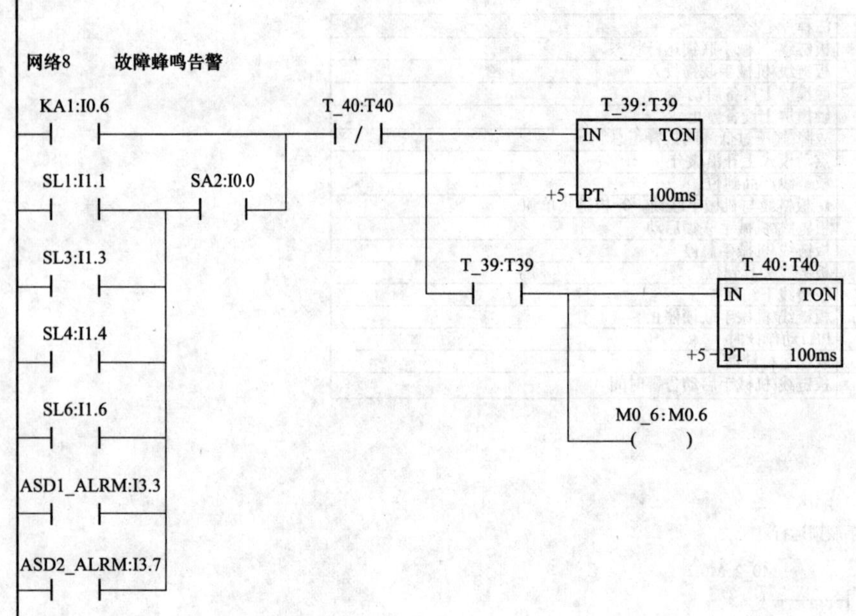

符号	地址	注释
ASD1_ALRM	I3.3	X轴伺服报警
ASD2_ALRM	I3.7	Y轴伺服报警
KA1	I0.6	板链线变频故障
M0_6	M0.6	故障蜂鸣告警
SA2	I0.0	1=板链线与机械手联锁，0=板链线单独
SL1	I1.1	X轴伺服左极限
SL3	I1.3	X轴伺服右极限
SL4	I1.4	Y轴伺服上极限
SL6	I1.6	Y轴伺服下极限
T_39	T39	故障蜂鸣报警之静音时间
T_40	T40	故障蜂鸣报警之鸣音时间

网络9　　紧急停止蜂鸣告警

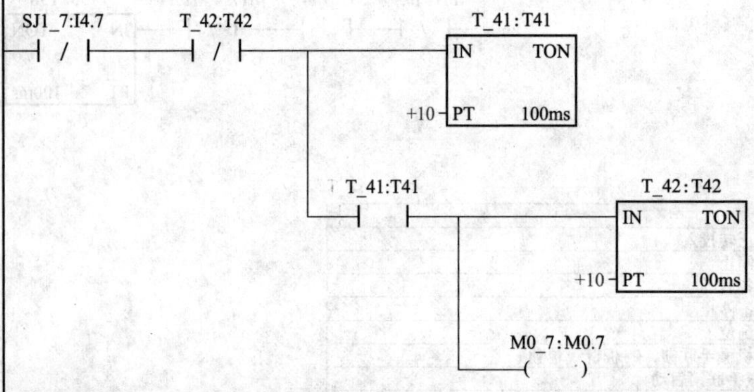

符号	地址	注释
M0_7	M0.7	紧急停止蜂鸣告警
SJ1_7	I4.7	板链线/机械手急停
T_41	T41	急停蜂鸣报警之静音时间
T_42	T42	急停蜂鸣报警之鸣音时间

网络10　气压过低蜂鸣告警

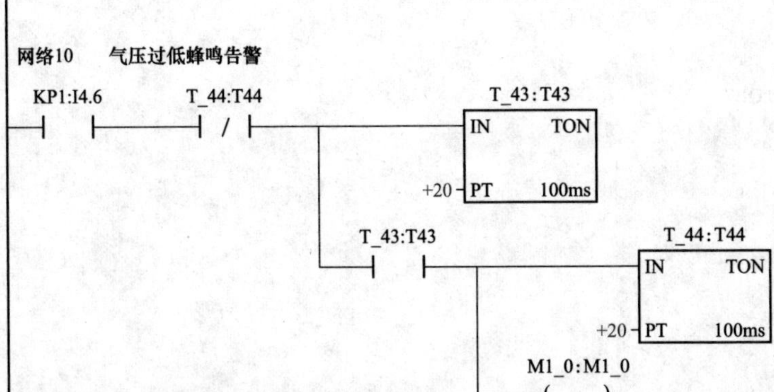

符号	地址	注释
KP1	I4.6	压力过低报警
M1_0	M1.0	气压过低蜂鸣报警
T_43	T43	气压过低蜂鸣报警之静音时间
T_44	T44	气压过低蜂鸣报警之鸣音时间

网络11　蜂鸣报警消音

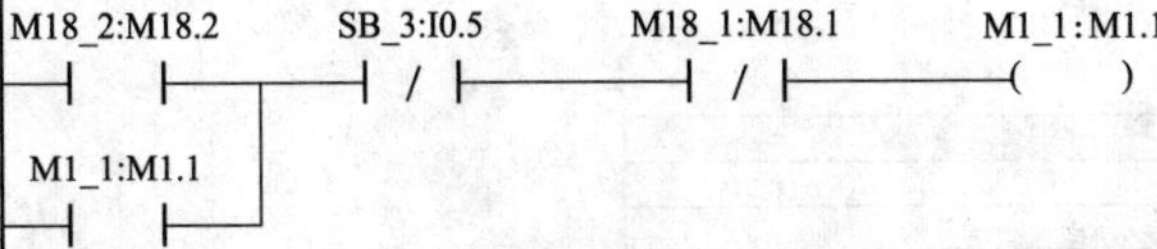

符号	地址	注释
M18_1	M18.1	触摸屏上故障解除
M18_2	M18.2	触摸屏上报警消音
M1_1	M1.1	蜂鸣报警消音
SB_3	I0.5	故障解除

网络12　故障/气压过低蜂鸣报警

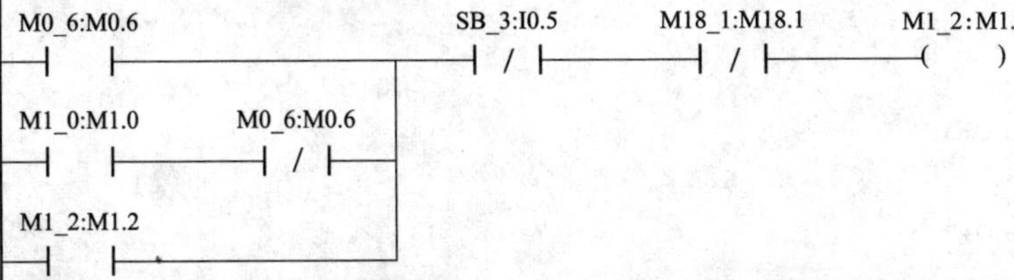

符号	地址	注释
M0_6	M0.6	故障蜂鸣告警
M18_1	M18.1	触摸屏上故障解除
M1_0	M1.0	气压过低蜂鸣报警
M1_2	M1.2	故障/气压过低蜂鸣报警汇总
SB_3	I0.5	故障解除

网络13　蜂鸣报警汇总

M1_1:M1.1　M1_2:M1.2　KA2:Q0.7

符号	地址	注释
KA2	Q0.7	设备启动/故障蜂鸣告警
M1_1	M1.1	蜂鸣报警消音
M1_2	M1.2	故障/气压过低蜂鸣报警汇总

网络14　　故障闪光告警

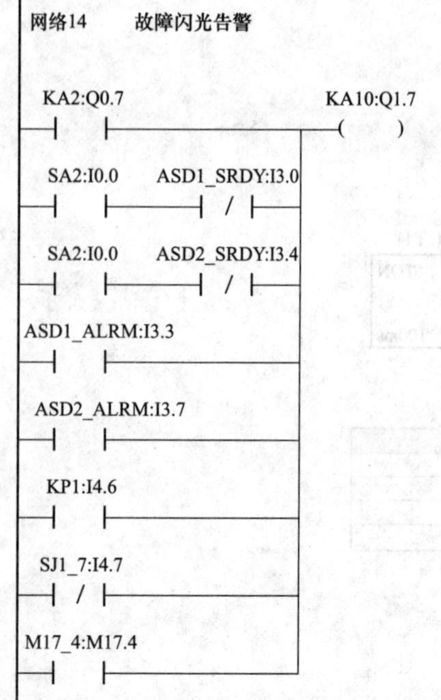

符号	地址	注释
ASD1_ALRM	I3.3	X轴伺服报警
ASD1_SRDY	I3.0	X轴伺服准备完毕
ASD2_ALRM	I3.7	Y轴伺服报警
ASD2_SRDY	I3.4	Y轴伺服准备完毕
KA10	Q1.7	故障闪光告警
KA2	Q0.7	设备启动/故障蜂鸣告警
KP1	I4.6	压力过低报警
M17_4	M17.4	触摸屏紧急停止
SA2	I0.0	1=板链线与机械手联锁，0=板链线单独
SJ1_7	I4.7	板链线/机械手急停

网络15　　故障解除

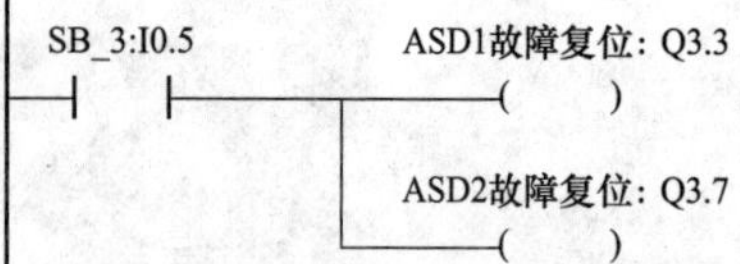

符号	地址	注释
ASD1故障复位	A3.3	X轴伺服故障复位
ASD2故障复位	Q3.7	Y轴伺服故障复位
SB_3	I0.5	故障解除

网络16　　下线保护元件动作计时

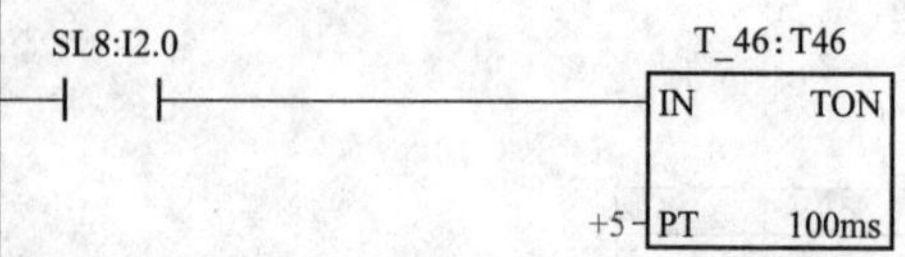

符号	地址	注释
SL8	I2.0	板链线下线保护
T_46	T46	下线保护光电开关动作计时

网络17　板链线正转

T_37:T37　T_46:T46　KA5:Q1.2　KA4:Q1.1

T_38:T38

符号	地址	注释
KA4	Q1.1	板链线变频器正转
KA5	Q1.2	板链线变频器反转
T_37	T37	板链线/机械手启动告警时间
T_38	T38	板链线单独正转启动告警时间
T_46	T46	下线保护光电开关动作计时

网络18　板链线反转

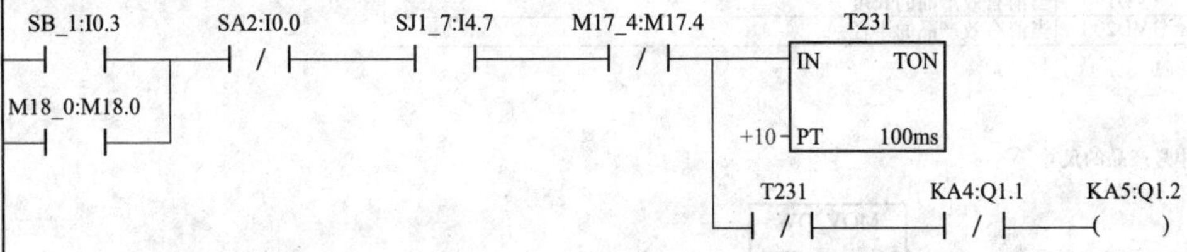

符号	地址	注释
KA4	Q1.1	板链线变频器正转
KA5	Q1.2	板链线变频器反转
M17_4	M17.4	触摸屏紧急停止
M18_0	M18.0	触摸屏上板链线反转点动
SA2	I0.0	1=板链线与机械手联锁，0=板链线单独
SB_1	I0.3	板链线反转点动
SJ1_7	I4.7	板链线/机械手急停

网络19　板链线运行状态

M0_0:M0.0　KA3:Q1.0

M0_3:M0.3

符号	地址	注释
KA3	Q1.0	板链线运行状态
M0_0	M0.0	板链线/机械手联锁投入
M0_3	M0.3	板链线单独正转投入

网络20　机械手紧急停止

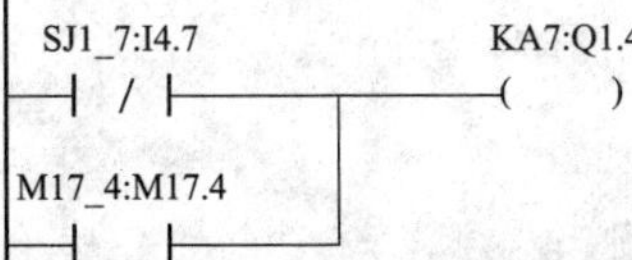

符号	地址	注释
KA7	Q1.4	机械手紧急停止
M17_4	M17.4	触摸屏紧急停止
SJ1_7	I4.7	板链线/机械手急停

网络21 小号产品的尺寸

因为配方需要存储卡，所以该程序中不采用配方的形式来编程，而采用直接给定的方式来编程，下同

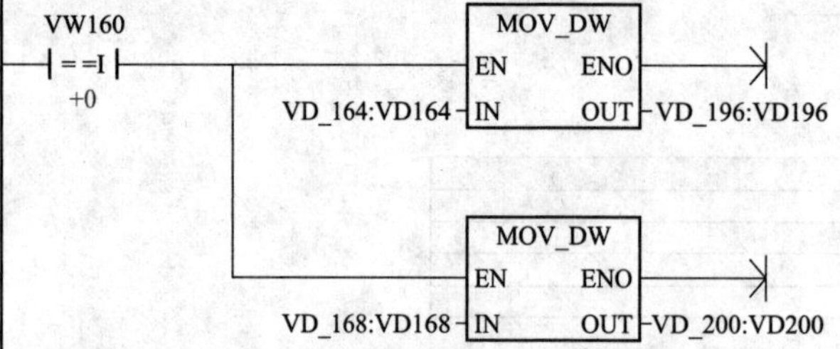

符号	地址	注释
VD_164	VD164	小号产品的中心高度
VD_168	VD168	小号产品的半径
VD_196	VD196	当前有效产品的长度
VD_200	VD200	当前有效产品的半径

网络22 中号产品的尺寸

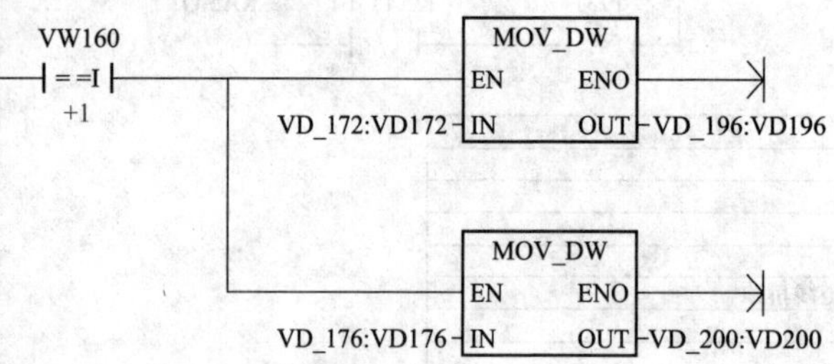

符号	地址	注释
VD_172	VD172	中号产品的中心高度
VD_176	VD176	中号产品的半径
VD_196	VD196	当前有效产品的长度
VD_200	VD200	当前有效产品的半径

网络23 大号产品的尺寸

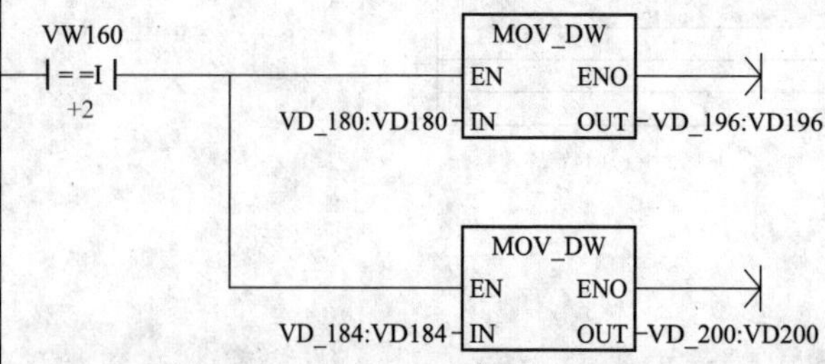

符号	地址	注释
VD_180	VD180	大号产品的中心高度
VD_184	VD184	大号产品的半径
VD_196	VD196	当前有效产品的长度
VD_200	VD200	当前有效产品的半径

网络24　自定义产品的尺寸

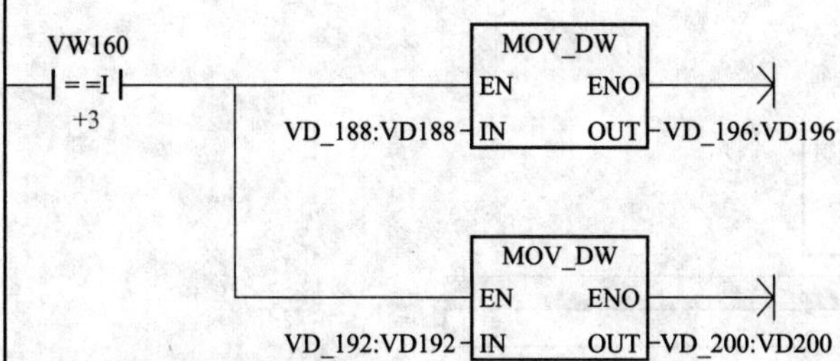

符号	地址	注释
VD_188	VD188	自定义产品的长度
VD_192	VD192	自定义产品的直径
VD_196	VD196	当前有效产品的长度
VD_200	VD200	当前有效产品的半径

网络25　初始化

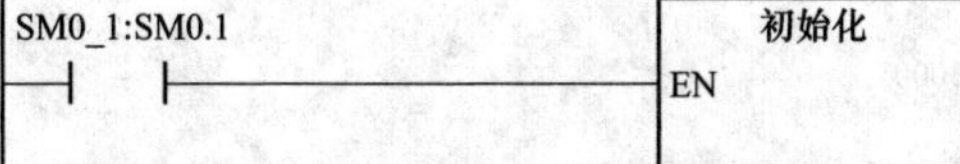

符号	地址	注释
SM0_1	SM0.1	第1个扫描周期为1

网络26　机械手综合控制

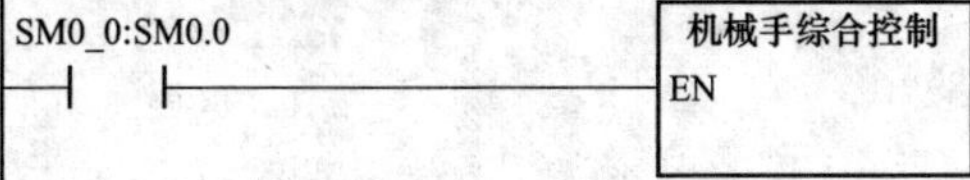

符号	地址	注释
SM0_0	SM0.0	该位始终为1

网络27　触摸屏控制

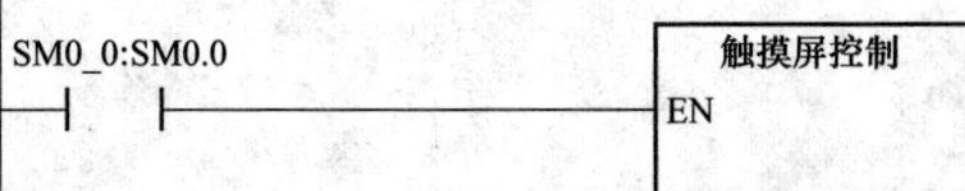

符号	地址	注释
SM0_0	SM0.0	该位始终为1

网络28　机械手X轴伺服控制

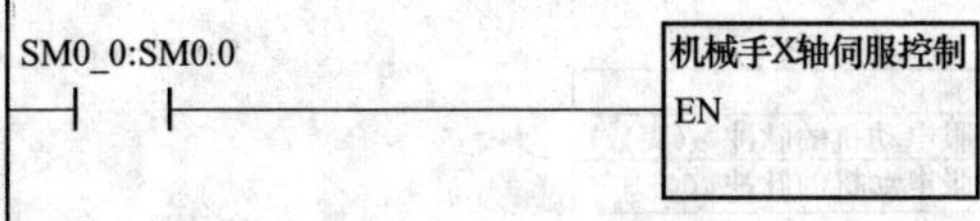

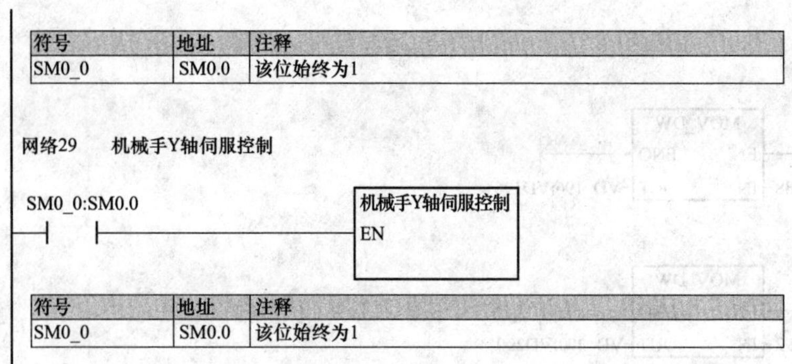

符号	地址	注释
SM0_0	SM0.0	该位始终为1

网络29　机械手Y轴伺服控制

SM0_0:SM0.0
机械手Y轴伺服控制
EN

符号	地址	注释
SM0_0	SM0.0	该位始终为1

（2）初始化程序。设置一些中间变量，方便调试，重新下载程序后，这些变量仍然被正常赋值，不会变成零，不用重新赋值，节省调试时间。

网络1

小号产品的中心高度：280mm；小号产品的半径：150mm
中号产品的中心高度：280mm；小号产品的半径：170mm
大号产品的中心高度：340mm；小号产品的半径：205mm

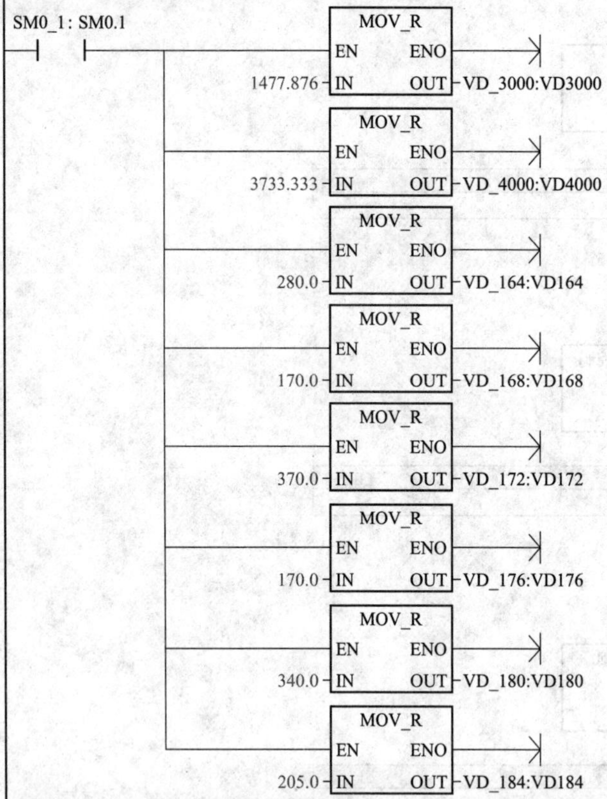

SM0_1: SM0.1
MOV_R
EN ENO
1477.876 IN OUT VD_3000:VD3000
MOV_R
EN ENO
3733.333 IN OUT VD_4000:VD4000
MOV_R
EN ENO
280.0 IN OUT VD_164:VD164
MOV_R
EN ENO
170.0 IN OUT VD_168:VD168
MOV_R
EN ENO
370.0 IN OUT VD_172:VD172
MOV_R
EN ENO
170.0 IN OUT VD_176:VD176
MOV_R
EN ENO
340.0 IN OUT VD_180:VD180
MOV_R
EN ENO
205.0 IN OUT VD_184:VD184

符号	地址	注释
SM0_1	SM0.1	第1个扫描周期为1
VD_164	VD164	小号产品的中心高度
VD_168	VD168	小号产品的半径
VD_172	VD172	中号产品的中心高度
VD_176	VD176	中号产品的半径
VD_180	VD180	大号产品的中心高度
VD_184	VD184	大号产品的半径
VD_3000	VD3000	机械手在X轴方向每行走1mm，需要给X轴伺服电动机的脉冲数(实数)
VD_4000	VD4000	机械手在Y轴方向每行走1mm，需要给Y轴伺服电动机的脉冲数

（3）机械手综合控制程序。

网络1

小号产品对应的机械手Y轴下移脉冲数计算
第3行的常数是Y轴伺服不计算产品时下移需要的脉冲数

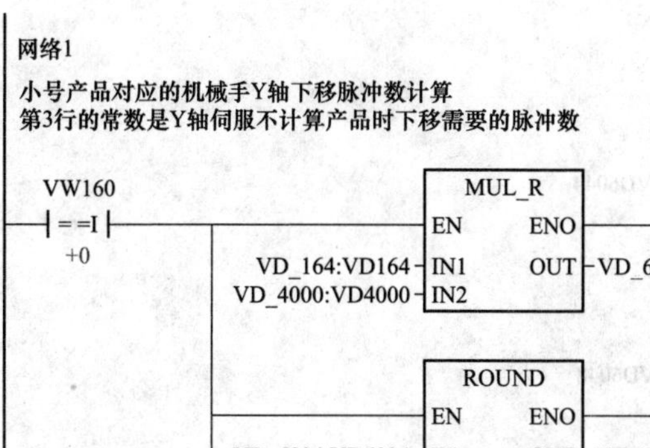

符号	地址	注释
VD_164	VD164	小号产品的中心高度
VD_4000	VD4000	机械手在Y轴方向每行走1mm，需要给Y轴伺服电动机的脉冲数
VD_6004	VD6004	小号产品对应的在板链线上空的Y轴伺服脉冲数(实数)
VD_6008	VD6008	小号产品对应的在板链线上空的Y轴伺服脉冲数(双整数)
VD_6012	VD6012	在板链线上空各种产品对应的机械手Y轴下移脉冲数 (电子齿轮比分子为1)

网络2

中号产品对应的机械手Y轴下移脉冲数计算
第3行的常数是Y轴伺服不计算产品时下移需要的脉冲数

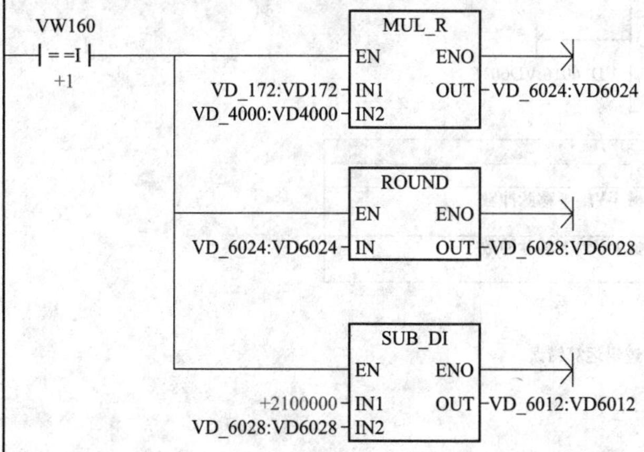

符号	地址	注释
VD_172	VD172	中号产品的中心高度
VD_4000	VD4000	机械手在Y轴方向每行走1mm，需要给Y轴伺服电动机的脉冲数
VD_6012	VD6012	在板链线上空各种产品对应的机械手Y轴下移脉冲数 (电子齿轮比分子为1)
VD_6024	VD6024	中号产品对应的在板链线上空的Y轴伺服脉冲数(实数)
VD_6028	VD6028	中号产品对应的在板链线上空的Y轴伺服脉冲数(双整数)

网络3

大号产品对应的机械手Y轴下移脉冲数计算
第3行的常数是Y轴伺服不计算产品时下移需要的脉冲数

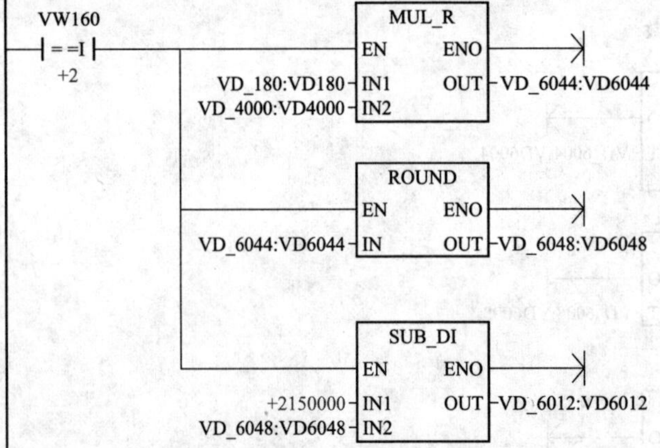

符号	地址	注释
VD_180	VD180	大号产品的中心高度
VD_4000	VD4000	机械手在Y轴方向每行走1mm, 需要给Y轴伺服电动机的脉冲数
VD_6012	VD6012	在板链线上空各种产品对应的机械手Y轴下移脉冲数(电子齿轮比分子为1)
VD_6044	VD6044	大号产品对应的在板链线上空的Y轴伺服脉冲数(实数)
VD_6048	VD6048	大号产品对应的在板链线上空的Y轴伺服脉冲数(双整数)

网络4

计算Q0.1应当发多少个脉冲给Y轴伺服驱动器才能使Y轴伺服在板链线上空从原点移至对应产品处
这里的常数为Y轴伺服驱动器的电子齿轮比；设置该段程序的目的：当Y轴伺服的电子齿轮比变化时，不用费力去调节脉冲数，只需要改变电子齿轮常数就可以了

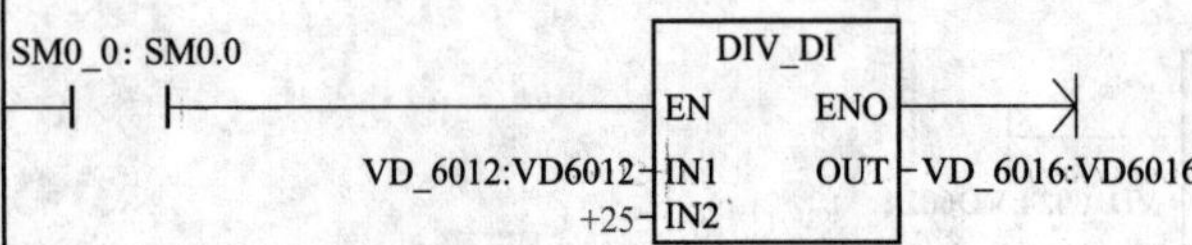

符号	地址	注释
SM0_0	SM0.0	该位始终为1
VD_6012	VD6012	在板链线上空各种产品对应的机械手Y轴下移脉冲数(电子齿轮比分子为1)
VD_6016	VD6016	在板链线上空各种产品对应的机械手Y轴下移脉冲数(电子齿轮比分子为3)

网络5　　Y轴伺服在板链线/差速链线上空下移脉冲数逻辑运算错误

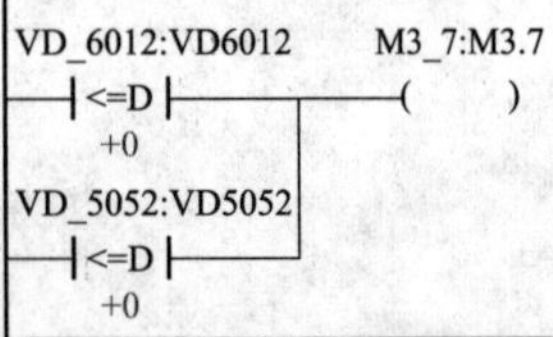

符号	地址	注释
M3_7	M3.7	Y轴伺服在板链线/差速链线上空下移脉冲数逻辑运算错误
VD_5052	VD5052	在差速链线上空各种产品对应的机械手Y轴下移脉冲数(电子齿轮比分子为3)
VD_6012	VD6012	在板链线上空各种产品对应的机械手Y轴下移脉冲数(电子齿轮比分子为1)

网络6　　机械手Y轴伺服忙完了

也可以采用M18.4或SM76.7动合触点串联上升延微分来实现

M18_4: M18.4　　　　M4_0: M4.0

—| / |——| N |——( )

符号	地址	注释
M18_4	M18.4	机械手Y轴伺服空闲位(0=PTO忙，1=PTO空闲)
M4_0	M4.0	机械手Y轴伺服空闲位下降沿微分

网络7　　Y轴伺服在板链线上空下移动作保持

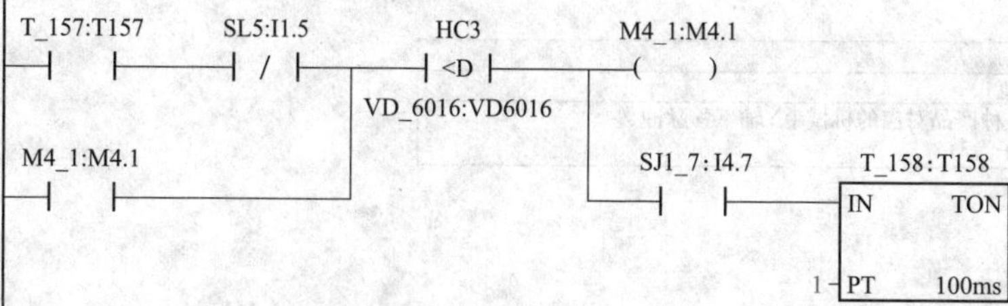

符号	地址	注释
M4_1	M4.1	Y轴伺服在板链线上空下移动作保持
SJ1_7	I4.7	板链线/机械手急停
SL5	I1.5	Y轴伺服原点(动断触点输入)
T_157	T157	机械手总复位时到达X轴Y轴原点计时
T_158	T158	M4.1动作计时
VD_6016	VD6016	在板链线上空各种产品对应的机械手Y轴下移脉冲数(电子齿轮比分子为3)

网络8　　机械手到达Y轴原点计时

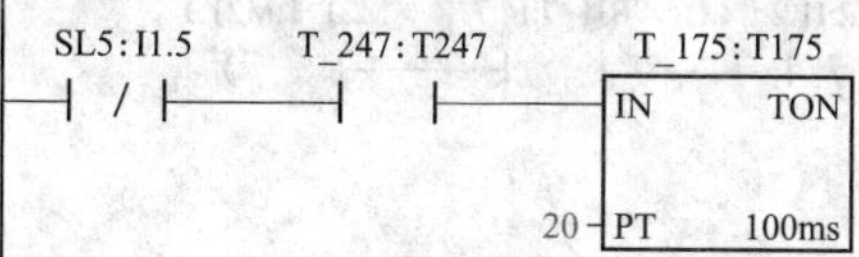

符号	地址	注释
SL5	I1.5	Y轴伺服原点(动断触点输入)
T_175	T175	机械手到达Y轴原点计时
T_247	T247	联锁运行计时

网络9

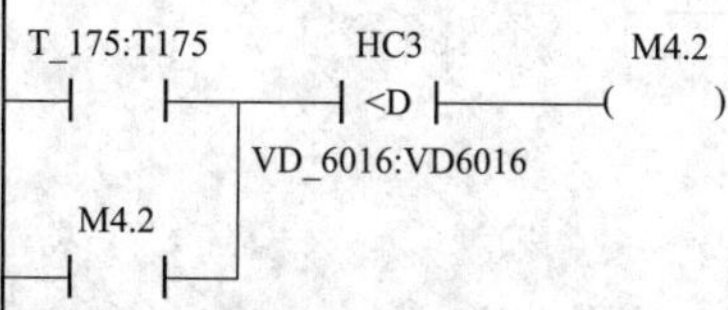

符号	地址	注释
T_175	T175	机械手到达Y轴原点计时
VD_6016	VD6016	在板链线上空各种产品对应的机械手Y轴下移脉冲数(电子齿轮比分子为3)

网络10

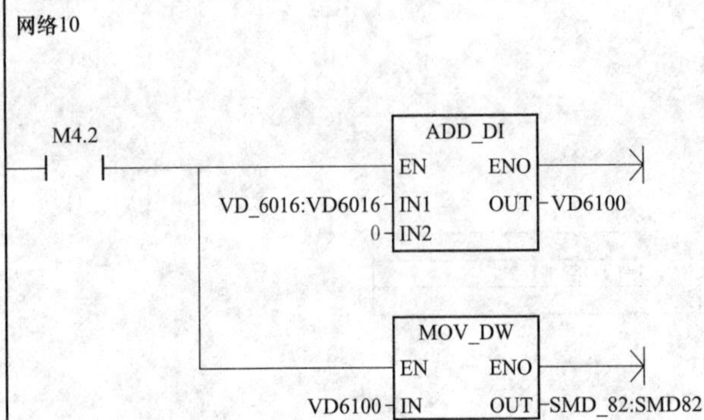

符号	地址	注释
SMD_82	SMD82	PTO1脉冲计数值
VD_6016	VD6016	在板链线上空各种产品对应的机械手Y轴下移脉冲数 (电子齿轮比分子为3)

网络11

M4.2 —| |— P — M4.3 ( )

网络12

当光电开关先检测到夹具上有内胆，如果弹簧手柄型行程开关检测到且仅检测到板链线夹具的最前边沿，那么以下动作同时进行：机械手夹紧装置夹紧，X轴伺服电机跟随板链线变频器的速度右移(PLC与变频器通信得到变频器的当前频率值)。为了让不同规格内胆的垂直中心线与机械手初始状态垂直中心线重合(这样才能抓到内胆中心)，所以光电开关必须比行程开关先动作，光电开关动作过程中行程开关也会动作

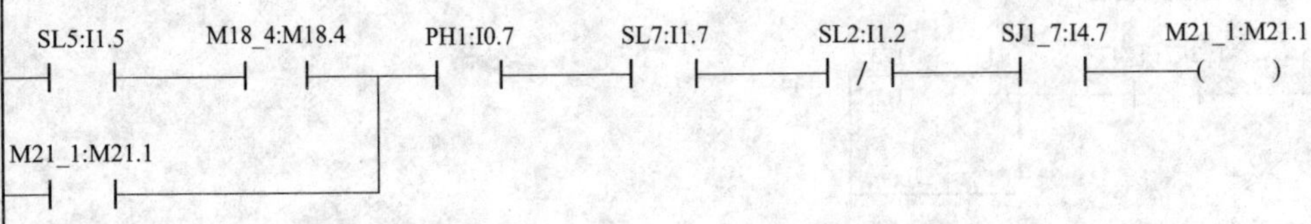

符号	地址	注释
M18_4	M18.4	机械手Y轴伺服空闲位(0=PTO忙，1=PTO空闲)
M21_1	M21.1	机械手抓紧气缸抓紧
PH1	I0.7	板链线产品到位
SJ1_7	I4.7	板链线/机械手急停
SL2	I1.2	X轴伺服原点(动断触点输入)
SL5	I1.5	Y轴伺服原点(动断触点输入)
SL7	I1.7	板链线夹具到位

网络13　　抓取气缸抓紧

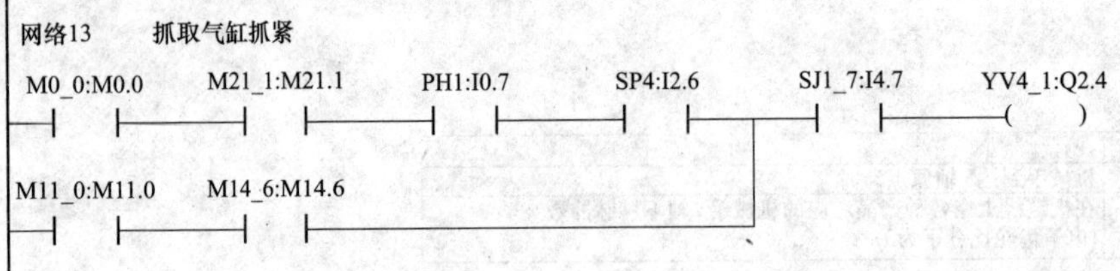

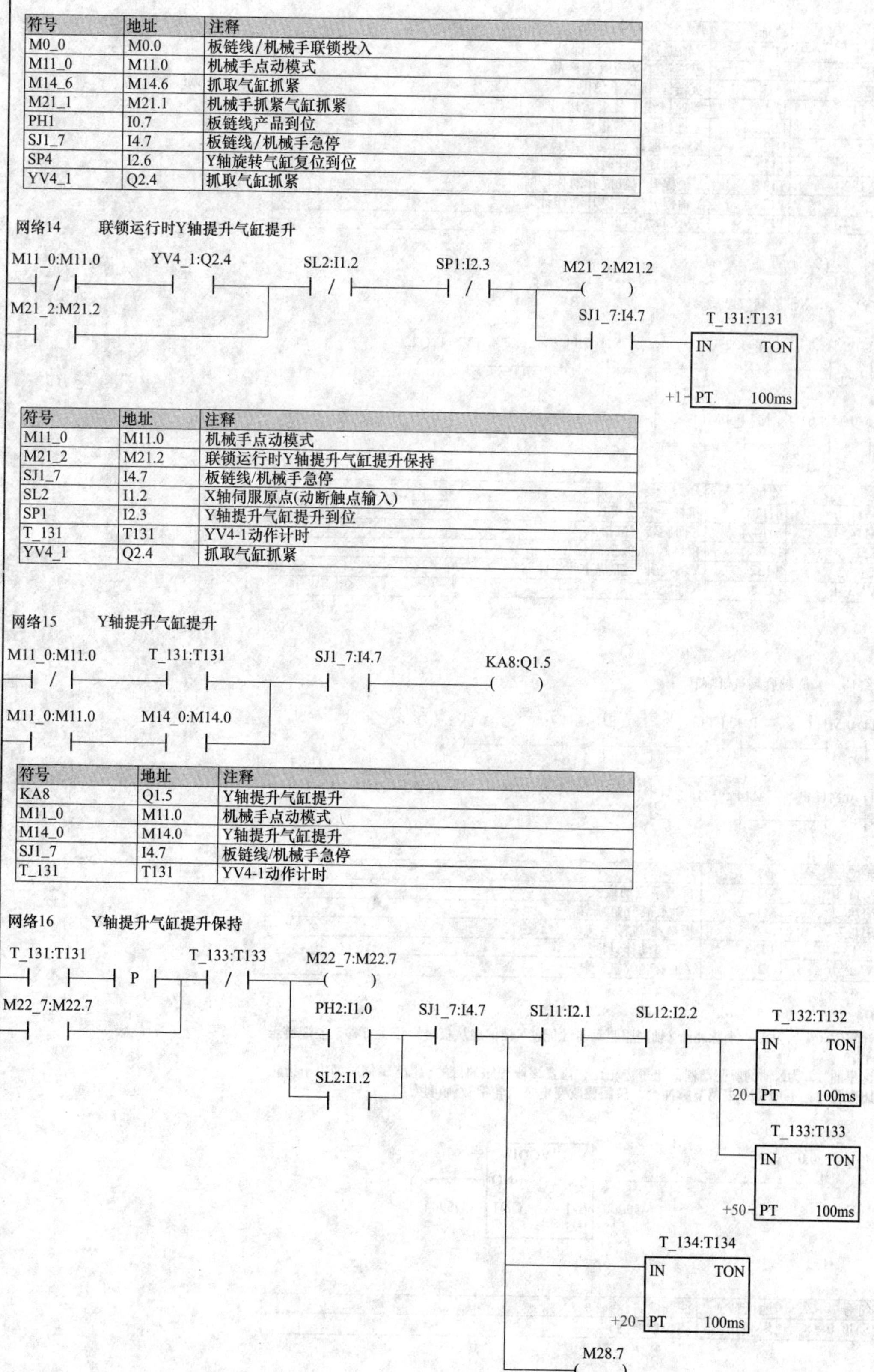

符号	地址	注释
M0_0	M0.0	板链线/机械手联锁投入
M11_0	M11.0	机械手点动模式
M14_6	M14.6	抓取气缸抓紧
M21_1	M21.1	机械手抓紧气缸抓紧
PH1	I0.7	板链线产品到位
SJ1_7	I4.7	板链线/机械手急停
SP4	I2.6	Y轴旋转气缸复位到位
YV4_1	Q2.4	抓取气缸抓紧

网络14　联锁运行时Y轴提升气缸提升

符号	地址	注释
M11_0	M11.0	机械手点动模式
M21_2	M21.2	联锁运行时Y轴提升气缸提升保持
SJ1_7	I4.7	板链线/机械手急停
SL2	I1.2	X轴伺服原点(动断触点输入)
SP1	I2.3	Y轴提升气缸提升到位
T_131	T131	YV4-1动作计时
YV4_1	Q2.4	抓取气缸抓紧

网络15　Y轴提升气缸提升

符号	地址	注释
KA8	Q1.5	Y轴提升气缸提升
M11_0	M11.0	机械手点动模式
M14_0	M14.0	Y轴提升气缸提升
SJ1_7	I4.7	板链线/机械手急停
T_131	T131	YV4-1动作计时

网络16　Y轴提升气缸提升保持

符号	地址	注释
M22_7	M22.7	Y轴提升气缸缩回保持
PH2	I1.0	差速链工装板有无产品
SJ1_7	I4.7	板链线/机械手急停
SL11	I2.1	差速链线工装板后边沿
SL12	I2.2	差速链线工装板前边沿
SL2	I1.2	X轴伺服原点(动断触点输入)
T_131	T131	YV4-1动作计时
T_132	T132	Y轴提升气缸提升动作计时1
T_133	T133	Y轴提升气缸提升动作计时2
T_134	T134	YV3-1动作计时

网络17　　X轴旋转气缸旋转

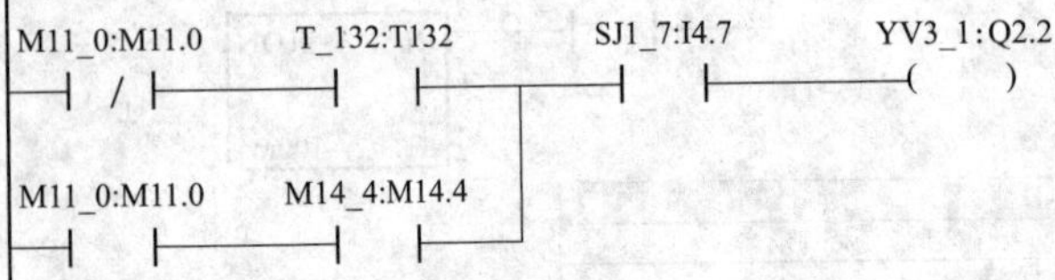

符号	地址	注释
M11_0	M11.0	机械手点动模式
M14_4	M14.4	X轴旋转气缸旋转
SJ1_7	I4.7	板链线/机械手急停
T_132	T132	Y轴提升气缸提升动作计时1
YV3_1	Q2.2	X轴旋转气缸旋转

网络18　　Y轴旋转气缸旋转

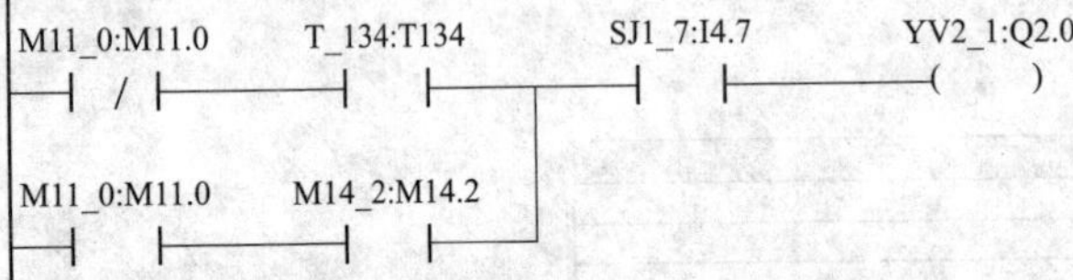

符号	地址	注释
M11_0	M11.0	机械手点动模式
M14_2	M14.2	Y轴旋转气缸旋转
SJ1_7	I4.7	板链线/机械手急停
T_134	T134	YV3-1动作计时
YV2_1	Q2.0	Y轴旋转气缸旋转

网络19

计算Q0.0应当发多少个脉冲给X轴伺服驱动器才能使X轴伺服从板链线正上方移至差速链正上方

这里的“15”为X轴伺服驱动器的电子齿轮比；设置该段程序的目的：当X轴伺服的电子齿轮比变化时，不用费力去调节脉冲数，只需要改变电子齿轮常数就可以了

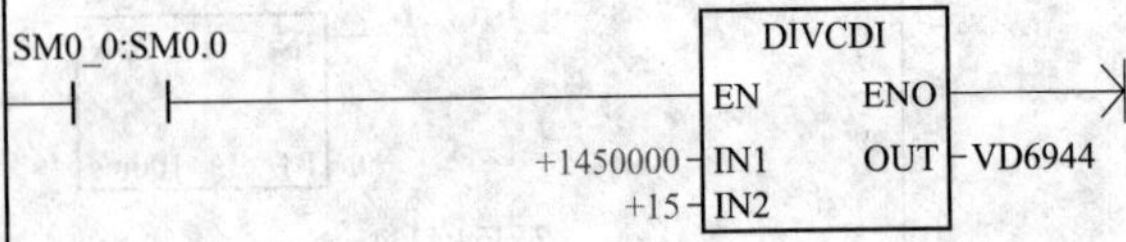

符号	地址	注释
SM0_0	SM0.0	该位始终为1

网络20　X轴伺服移向差速链线

点动时SMD72设为100没问题，可这里设为100就会导致X轴伺服抖动，当SMD72设为200后才正常

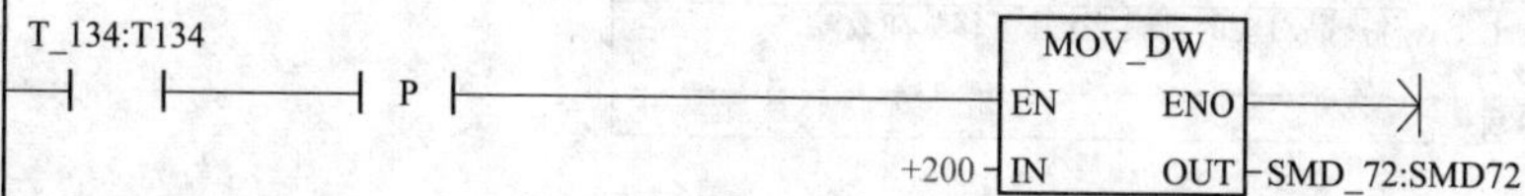

符号	地址	注释
SMD_72	SMD72	PTO0脉冲计数值
T_134	T134	YV3-1动作计时

网络21　X轴从板链线上空移向差速链上空状态保持

T_134:T134　P　HC0 <D VD6944　M16_0:M16.0 ( )

M16_0:M16.0

符号	地址	注释
M16_0	M16.0	X轴从板链线上空移向差速链上空状态保持
T_134	T134	YV3-1动作计时

网络22

当X轴伺服电动机右移到位(程序检测)、X轴旋转气缸旋转到位(X轴旋转气缸相应磁性开关动作)、Y轴旋转气缸旋转到位(Y轴旋转气缸相应磁性开关动作)后，Y轴伺服电动机根据产品种类不同下移相应位置（3种产品3个位置，大约20mm）

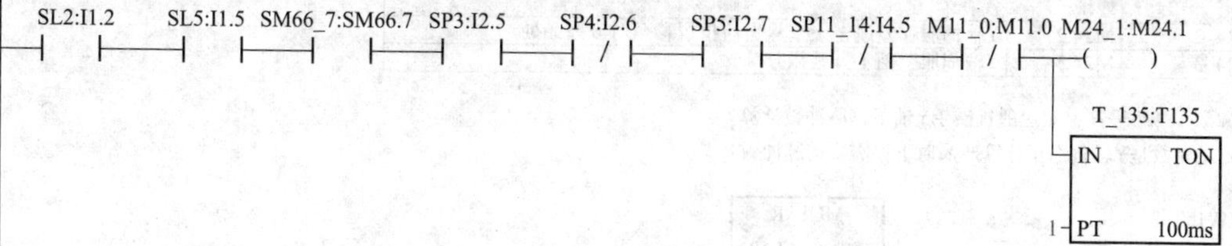

符号	地址	注释
M11_0	M11.0	机械手点动模式
M24_1	M24.1	Y轴伺服电动机下移(3种产品3种位置，大约20mm)
SL2	I1.2	X轴伺服原点(动断触点输入)
SL5	I1.5	Y轴伺服原点(动断触点输入)
SM66_7	SM66.7	PTO0空闲位：0=PTO忙，1=PTO空闲
SP11_14	I4.5	抓紧气缸松开
SP3	I2.5	Y轴旋转气缸旋转到位
SP4	I2.6	Y轴旋转气缸复位到位
SP5	I2.7	X轴旋转气缸旋转到位
T_135	T135	M24.1动作计时

网络23

Y轴伺服在差速链上空从当前位置(板链线上空对应的产品位置)移至对应产品处状态保持

符号	地址	注释
M24_1	M24.1	Y轴伺服电动机下移(3种产品3种位置，大约20mm)
M24_2	M24.2	Y轴伺服在差速链上空从当前位置移至对应产品处
M25_1	M25.1	夹紧装置电磁阀松开线圈动作保持
SP11_14	I4.5	抓紧气缸松开
VD_5052	VD5052	在差速链线上空各种产品对应的机械手Y轴下移脉冲数(电子齿轮比分子为3)
YV4_2	Q2.5	抓取气缸松开

网络24

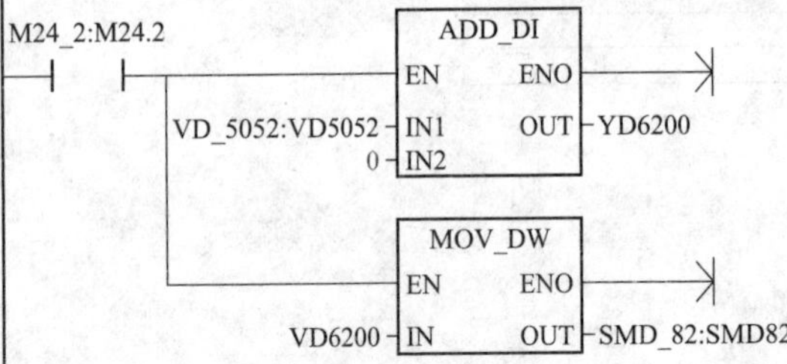

符号	地址	注释
M24_2	M24.2	Y轴伺服在差速链上空从当前位置移至对应产品处
SMD_82	SMD82	PTO1脉冲计数值
VD_5052	VD5052	在差速链线上空各种产品对应的机械手Y轴下移脉冲数(电子齿轮比分子为3)

网络25

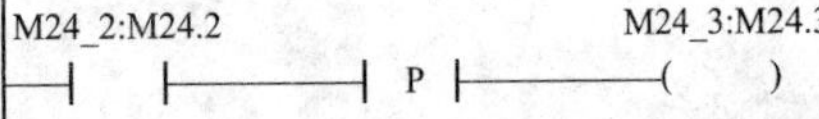

符号	地址	注释
M24_2	M24.2	Y轴伺服在差速链上空从当前位置移至对应产品处
M24_3	M24.3	Y轴伺服空闲上升延微分

网络26　　小号产品对应的机械手Y轴下移脉冲数计算

第3行的常数是Y轴伺服不计算产品时下移需要的脉冲数

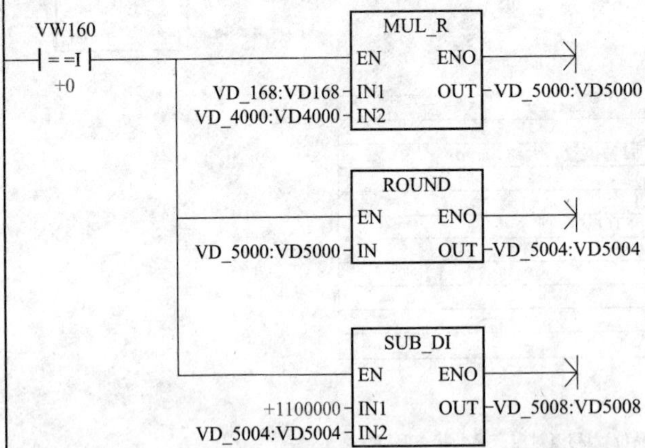

符号	地址	注释
VD_168	VD168	小号产品的半径
VD_4000	VD4000	机械手在Y轴方向每行走1mm,需要给Y轴伺服电动机的脉冲数
VD_5000	VD5000	小号产品对应的Y轴伺服电动机脉冲数(实数)
VD_5004	VD5004	小号产品对应的Y轴伺服电动机脉冲数(双整数)
VD_5008	VD5008	在差速链上空各种产品对应的机械手Y轴下移冲数

网络27　中号产品对应的机械手Y轴下移脉冲数计算

第3行的常数是Y轴伺服不计算产品时下移需要的脉冲数

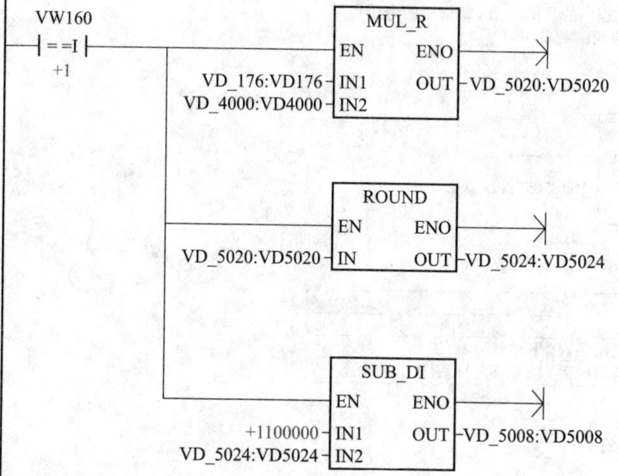

符号	地址	注释
VD_176	VD176	中号产品的半径
VD_4000	VD4000	机械手在Y轴方向每行走1mm,需要给Y轴伺服电动机的脉冲数
VD_5008	VD5008	在差速链上空各种产品对应的机械手Y轴下移脉冲数
VD_5020	VD5020	中号产品对应的Y轴伺服电动机脉冲数(实数)
VD_5024	VD5024	中号产品对应的Y轴伺服电动机脉冲数(双整数)

网络28　大号产品对应的机械手Y轴下移脉冲数计算

第3行的常数是Y轴伺服不计算产品时下移需要的脉冲数

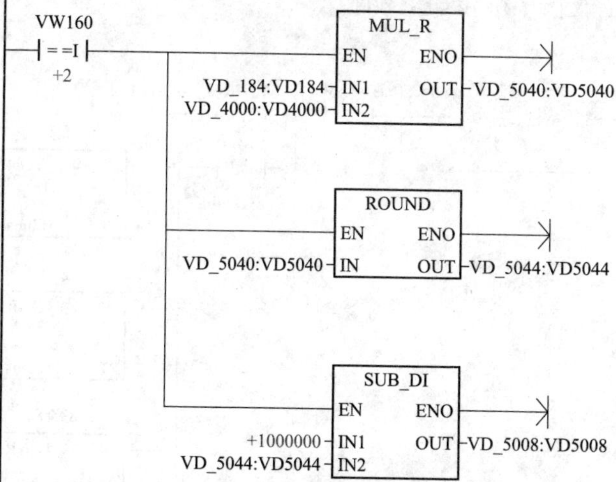

符号	地址	注释
VD_184	VD184	大号产品的半径
VD_4000	VD4000	机械手在Y轴方向每行走1mm,需要给Y轴伺服电动机的脉冲数
VD_5008	VD5008	在差速链上空各种产品对应的机械手Y轴下移脉冲数
VD_5040	VD5040	大号产品对应的Y轴伺服电动机脉冲数(实数)
VD_5044	VD5044	大号产品对应的Y轴伺服电动机脉冲数(双整数)

网络29

计算Q0.1应当发多少个脉冲给Y轴伺服驱动器才能使Y轴伺服在差速链上空从当前位置(板链线上空对应的产品位置)移至对应产品处
这里的常数为Y轴伺服驱动器的电子齿轮比；设置该段程序的目的：当Y轴伺服的电子齿轮比变化时，不用费力去调节脉冲数，只需要改变电子齿轮常数就可以了

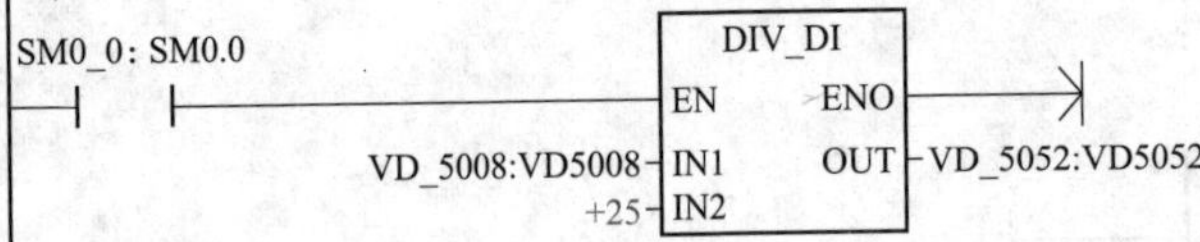

符号	地址	注释
SM0_0	SM0.0	该位始终为1
VD_5008	VD5008	在差速链上空各种产品对应的机械手Y轴下移脉冲数
VD_5052	VD5052	在差速链线上空各种产品对应的机械手Y轴下移脉冲数(电子齿轮比…

网络30　　紧急停止复位后（就是解除了紧急停止）计时

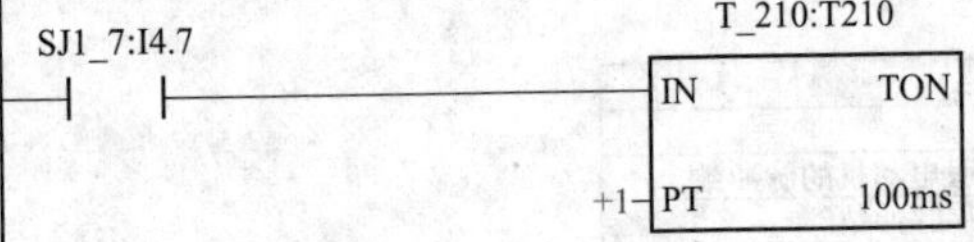

符号	地址	注释
SJ1_7	I4.7	板链线/机械手急停
T_210	T210	紧急停止复位后(就是解除了紧急停止)计时

网络31

当Y轴伺服电动机下移到位(程序检测)后，夹紧装置松开
这里串入T210的目的：如果直接采用I4.7，那么紧急停止刚复位时SM76.7还是接通的(伺服处于空闲状态)，会出现误动作；设置T210后才会正常

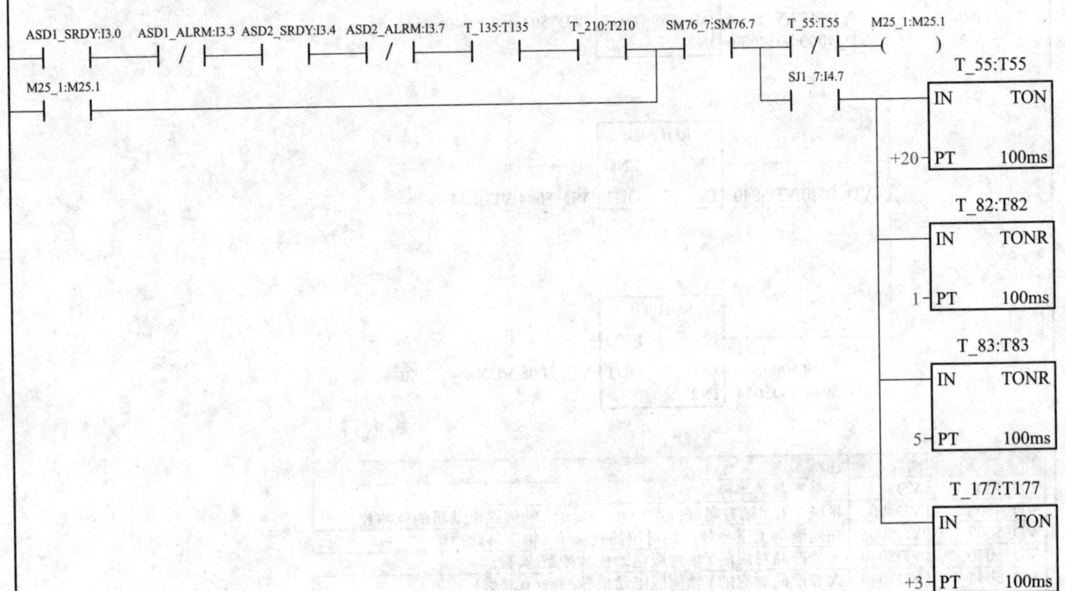

符号	地址	注释
ASD1_ALRM	I3.3	X轴伺服报警
ASD1_SRDY	I3.0	X轴伺服准备完毕
ASD2_ALRM	I3.7	Y轴伺服报警
ASD2_SRDY	I3.4	Y轴伺服准备完毕
M25_1	M25.1	夹紧装置电磁阀松开线圈动作保持
SJ1_7	I4.7	板链线/机械手急停
SM76_7	SM76.7	PTO1空闲位：0=PTO忙，1=PTO空闲
T_135	T135	M24.1动作计时
T_177	T177	M25.1动作计时2
T_210	T210	紧急停止复位后(就是解除了紧急停止)计时
T_55	T55	夹紧装置电磁阀松开线圈动作时间
T_82	T82	夹紧装置电磁阀松开线圈动作计时
T_83	T83	M25.1动作计时1

网络32　　断电保持定时器T82复位

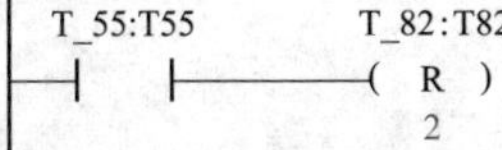

符号	地址	注释
T_55	T55	夹紧装置电磁阀松开线圈动作时间
T_82	T82	夹紧装置电磁阀松开线圈动作计时

网络33　　抓取气缸松开

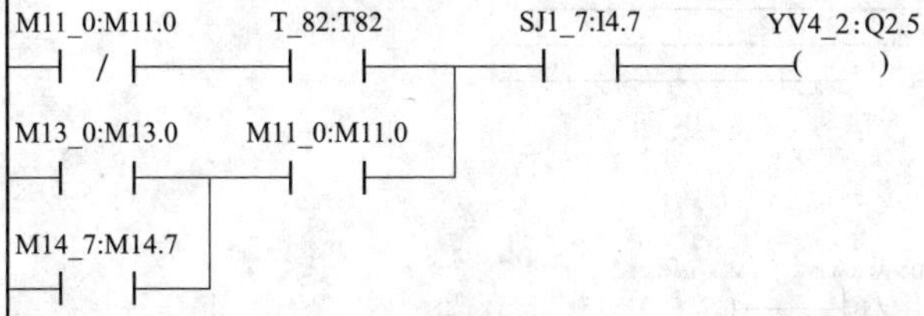

符号	地址	注释
M11_0	M11.0	机械手点动模式
M13_0	M13.0	机械手总复位进行中
M14_7	M14.7	抓取气缸松开
SJ1_7	I4.7	板链线/机械手急停
T_82	T82	夹紧装置电磁阀松开线圈动作计时
YV4_2	Q2.5	抓取气缸松开

网络34

当夹紧装置松开到位(夹紧气缸相应磁性开关动作)后，Y轴伺服电动机上移到原点。因为只有Y轴伺服电动机上移后，机械手才不会和内胆发生撞击

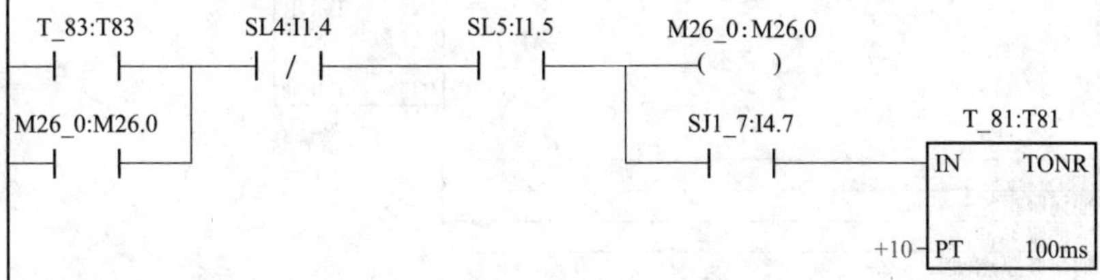

符号	地址	注释
M26_0	M26.0	Y轴伺服上移到原点
SJ1_7	I4.7	板链线/机械手急停
SL4	I1.4	Y轴伺服上极限
SL5	I1.5	Y轴伺服原点(动断触点输入)
T_81	T81	M26.0动作计时
T_83	T83	M25.1动作计时1

网络35　断电保持定时器T81复位

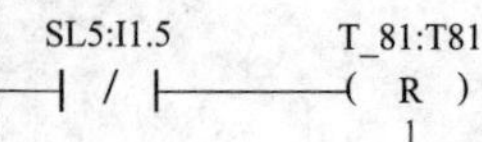

符号	地址	注释
SL5	I1.5	Y轴伺服原点(动断触点输入)
T_81	T81	M26.0动作计时

网络36　Y轴伺服ASD2原点回归

这个Y轴伺服ASD2原点回归Q3.6输出实际上并没用到伺服上面去——伺服参数设置中并没有启动伺服本身的原点回归功能；实际上原点回归功能采用的还是Q0.1的PTO脉冲输出方式来实现的；之所以设置Q3.6输出端，是因为设计时备用了这个伺服本身的原点回归功能，该程序中Q3.6可以采用其他存储器代替

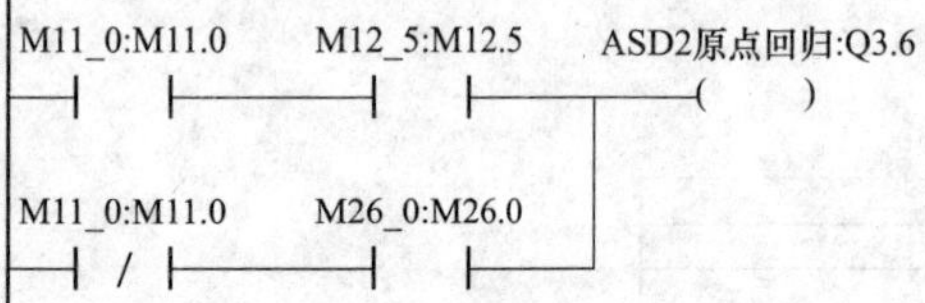

符号	地址	注释
ASD2原点回归	Q3.6	Y轴伺服原点回归
M11_0	M11.0	机械手点动模式
M12_5	M12.5	Y轴伺服原点回归保持
M26_0	M26.0	Y轴伺服上移到原点

网络37　X轴伺服回原点

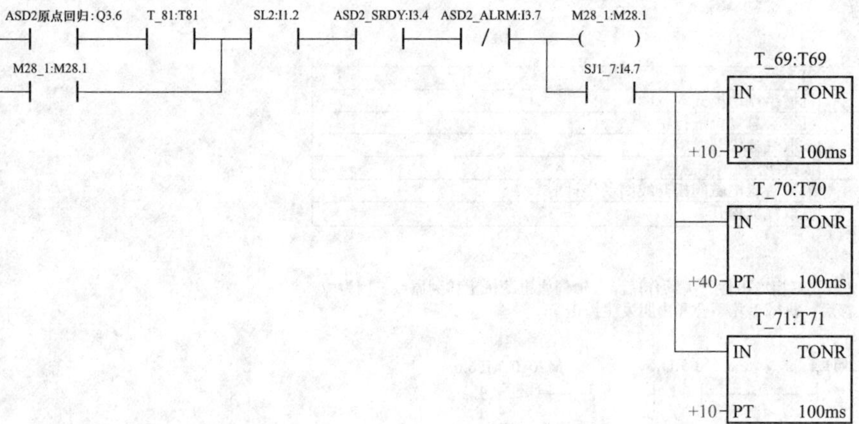

符号	地址	注释
ASD2_ALRM	I3.7	Y轴伺服报警
ASD2_SRDY	I3.4	Y轴伺服准备完毕
ASD2原点回归	Q3.6	Y轴伺服原点回归
M28_1	M28.1	X轴原点回归信号保持
SJ1_7	I4.7	板链线/机械手急停
SL2	I1.2	X轴伺服原点(动断触点输入)
T_69	T69	M28.1动作计时1
T_70	T70	M28.1动作计时2
T_71	T71	M28.1动作计时3
T_81	T81	M26.0动作计时

网络38 、 断电保持定时器T69~T71复位

SL2:I1.2　T_69:T69

(R)

3

符号	地址	注释
SL2	I1.2	X轴伺服原点(动断触点输入)
T_69	T69	M28.1动作计时1

网络39 X轴伺服原点回归保持

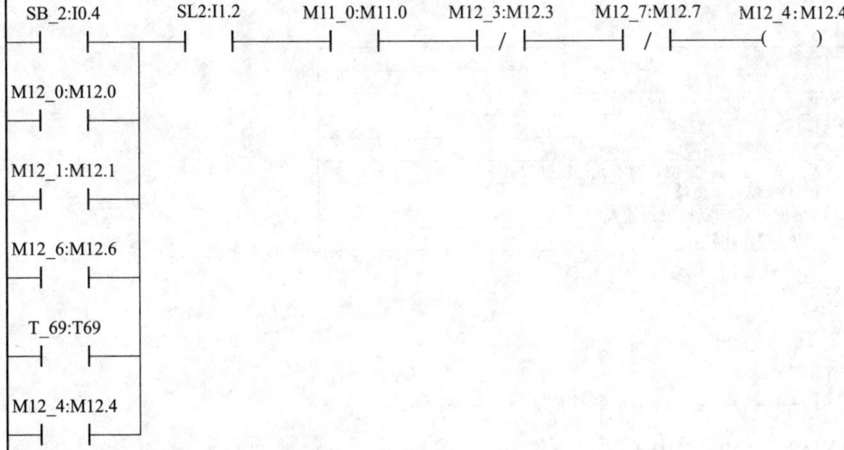

符号	地址	注释
M11_0	M11.0	机械手点动模式
M12_0	M12.0	XY轴伺服原点回归点动
M12_1	M12.1	X轴伺服原点回归点动
M12_3	M12.3	XY轴伺服原点回归停止
M12_4	M12.4	X轴伺服原点回归保持
M12_6	M12.6	机械手总复位
M12_7	M12.7	机械手总复位停止
SB_2	I0.4	X轴Y轴伺服回原点
SL2	I1.2	X轴伺服原点(动断触点输入)
T_69	T69	M28.1动作计时1

网络40

这个X轴伺服ASD1原点回归Q3.2输出实际上并没用到伺服上面去——伺服参数设置中并没有启动伺服本身的原点回归功能；实际上原点回归功能采用的还是Q0.0的PTO脉冲输出方式来实现的；之所以设置Q3.2输出端，是因为设计时备用了这个伺服本身的原点回归功能；该程序中Q3.2可以采用其他存储器代替

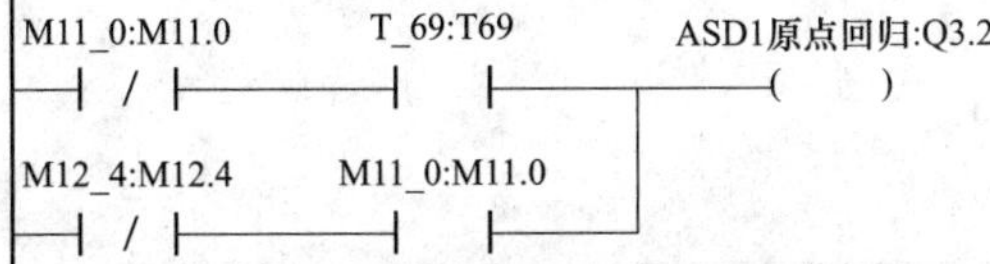

符号	地址	注释
ASD1原点回归	Q3.2	X轴伺服原点回归
M11_0	M11.0	机械手点动模式
M12_4	M12.4	X轴伺服原点回归保持
T_69	T69	M28.1动作计时1

网络41　　Y轴提升气缸下降

X轴伺服电机左移延时后(如果不延时就进行后面的动作可能导致机械手和内胆发生撞击)，以下动作周时进行：X轴旋转气缸旋转复位，Y轴旋转气缸旋转复位，Y轴提升气缸伸出，Y轴伺服电机先回到Y轴原点(3种产品中的最高Y轴位置)后再下降调节当前产品对应的Y轴高度

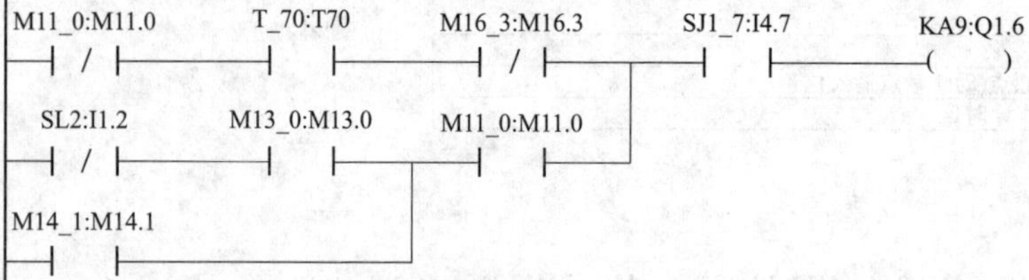

符号	地址	注释
KA9	Q1.6	Y轴提升气缸下降
M11_0	M11.0	机械手点动模式
M13_0	M13.0	机械手总复位进行中
M14_1	M14.1	Y轴旋转气缸下降
M16_3	M16.3	X轴没有走到一定位置时不允许提升气缸下降
SJ1_7	I4.7	板链线/机械手急停
SL2	I1.2	X轴伺服原点(动断触点输入)
T_70	T70	M28.1动作计时2

网络42　　Y轴旋转气缸复位

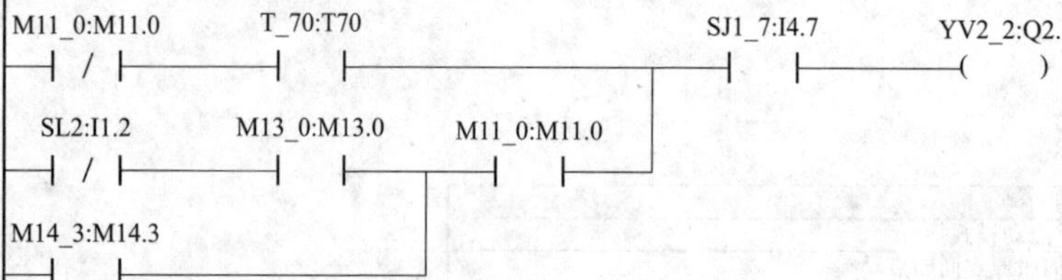

符号	地址	注释
M11_0	M11.0	机械手点动模式
M13_0	M13.0	机械手总复位进行中
M14_3	M14.3	Y轴旋转气缸复位
SJ1_7	I4.7	板链线/机械手急停
SL2	I1.2	X轴伺服原点(动断触点输入)
T_70	T70	M28.1动作计时2
YV2_2	Q2.1	X轴旋转气缸复位

网络43　　X轴旋转气缸复位

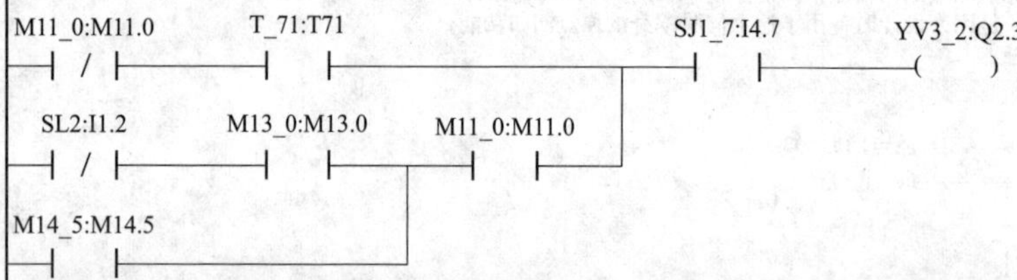

符号	地址	注释
M11_0	M11.0	机械手点动模式
M13_0	M13.0	机械手总复位进行中
M14_5	M14.5	X轴旋转气缸复位
SJ1_7	I4.7	板链线/机械手急停
SL2	I1.2	X轴伺服原点(动断触点输入)
T_71	T71	M28.1动作计时3
YV3_2	Q2.3	X轴旋转气缸复位

网络44　　Y轴伺服原点回归保持

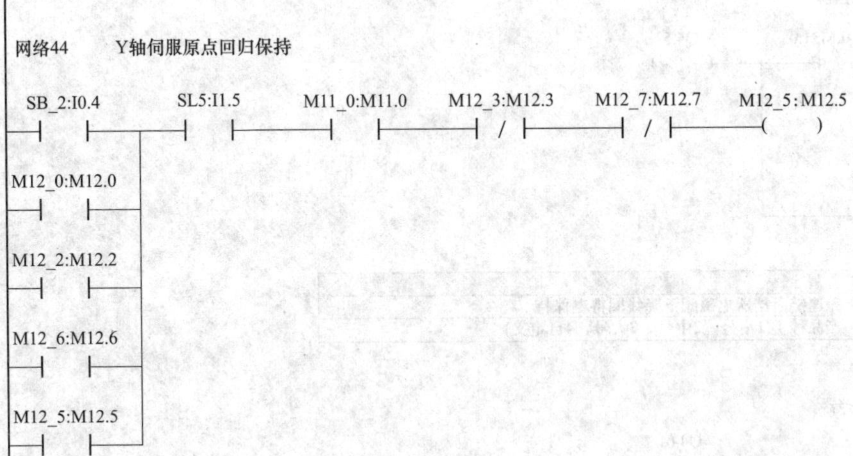

符号	地址	注释
M11_0	M11.0	机械手点动模式
M12_0	M12.0	XY轴伺服原点回归点动
M12_2	M12.2	Y轴伺服原点回归点动
M12_3	M12.3	XY轴伺服原点回归停止
M12_5	M12.5	Y轴伺服原点回归保持
M12_6	M12.6	机械手总复位
M12_7	M12.7	机械手总复位停止
SB_2	I0.4	XY轴伺服回原点
SL5	I1.5	Y轴伺服原点(动断触点输入)

网络45　　差速链线阻挡器的控制

根据产品种类选择相应的阻挡器控制—当前产品为中号和小号时，YV11处于控制状态，YV12始终处于缩下状态(线圈得电)；当前产品为大号时，YV12处于控制状态，YV11始终处于缩下状态(线圈得电)；当自定义产品规格大于大号时，与大号控制相同；当自定义产品规格小于小号时，与小号控制相同。只有这样，才能基本保证产品放在差速链线工装板的中心位置；只有当机械手夹紧装置松开时，受控阻挡器才下降2s左右处于放行状态，平常状况下均处于阻挡状态

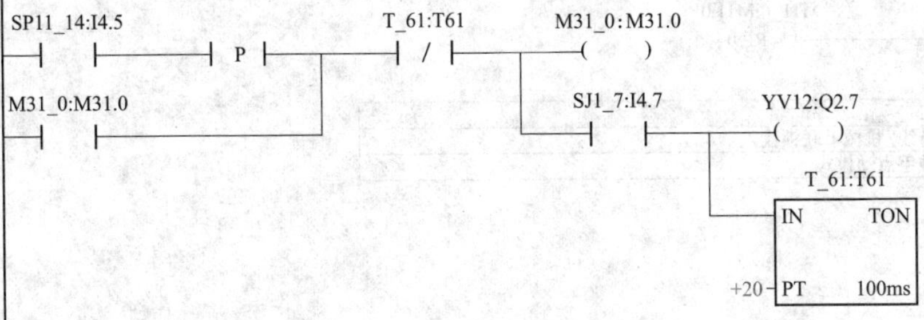

符号	地址	注释
M31_0	M31.0	差速链阻挡器电磁阀下降线圈得电保持
SJ1_7	I4.7	板链线/机械手急停
SP11_14	I4.5	抓紧气缸松开
T_61	T61	差速链阻挡器电磁阀下降线圈得电时间
YV12	Q2.7	差速链线后阻挡器

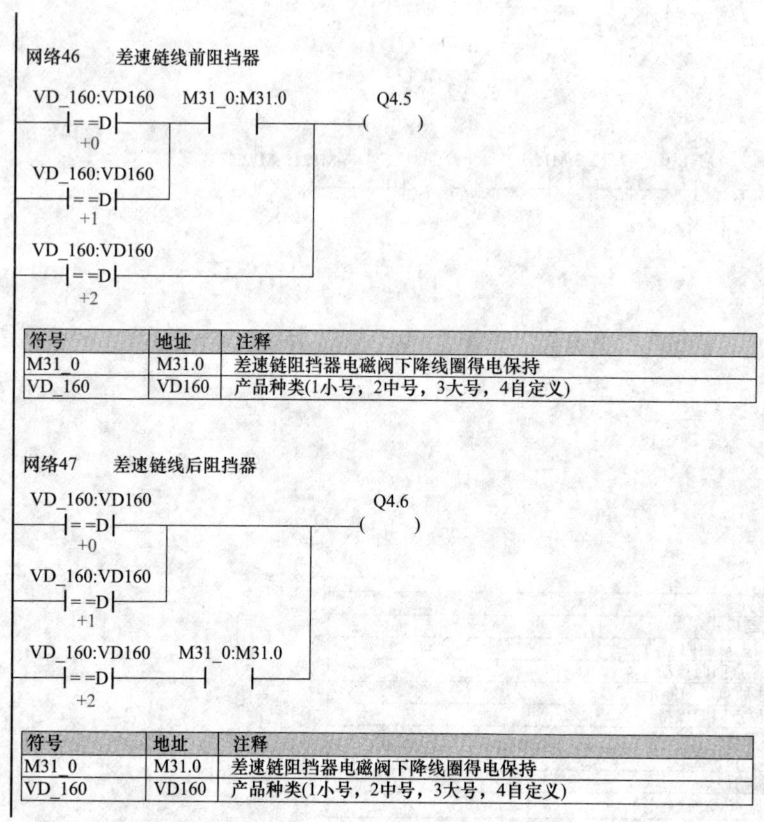

符号	地址	注释
M31_0	M31.0	差速链阻挡器电磁阀下降线圈得电保持
VD_160	VD160	产品种类(1小号，2中号，3大号，4自定义)

符号	地址	注释
M31_0	M31.0	差速链阻挡器电磁阀下降线圈得电保持
VD_160	VD160	产品种类(1小号，2中号，3大号，4自定义)

（4）人机界面控制程序。M17.6为触摸屏上设备启动；M17.7为触摸屏上设备停止；M18.0为触摸屏上板链线反转点动；M18.1为触摸屏上故障解除；M18.2为触摸屏上报警消音；M18.5为触摸屏上机械手X轴伺服电机转向（0＝移向板链线，1＝移向差速链线）；M18.6为触摸屏上机械手Y轴伺服电机转向（0＝下移，1＝上移）。

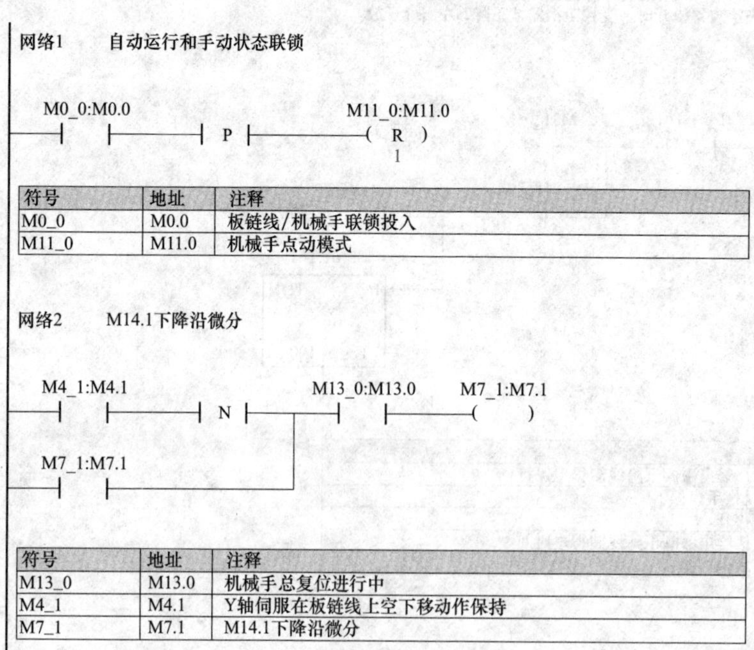

符号	地址	注释
M0_0	M0.0	板链线/机械手联锁投入
M11_0	M11.0	机械手点动模式

符号	地址	注释
M13_0	M13.0	机械手总复位进行中
M4_1	M4.1	Y轴伺服在板链线上空下移动作保持
M7_1	M7.1	M14.1下降沿微分

网络3 机械手总复位结束信号

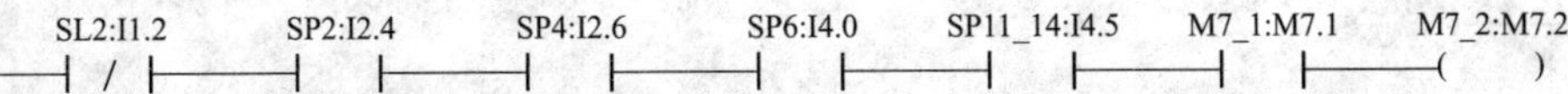

符号	地址	注释
M7_1	M7.1	M14.1下降沿微分
M7_2	M7.2	机械手总复位结束信号
SL2	I1.2	X轴伺服原点(动断触点输入)
SP11_14	I4.5	抓紧气缸松开
SP2	I2.4	Y轴提升气缸下降到位
SP4	I2.6	Y轴旋转气缸复位到位
SP6	I4.0	X轴旋转气缸复位到位

网络4 机械手总复位进行中

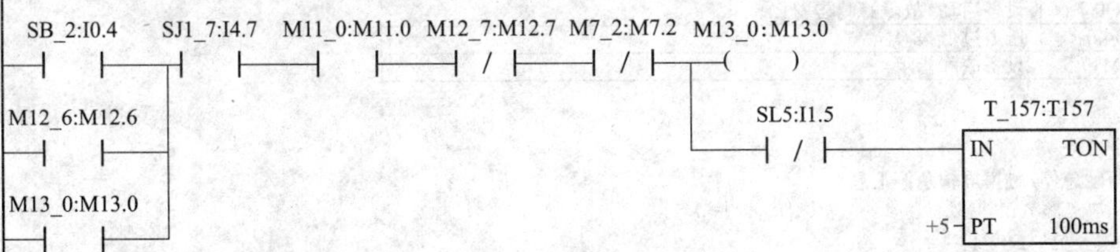

符号	地址	注释
M11_0	M11.0	机械手点动模式
M12_6	M12.6	机械手总复位
M12_7	M12.7	机械手总复位停止
M13_0	M13.0	机械手总复位进行中
M7_2	M7.2	机械手总复位结束信号
SB_2	I0.4	XY轴伺服回原点
SJ1_7	I4.7	板链线/机械手急停
SL5	I1.5	Y轴伺服原点(动断触点输入)
T_157	T157	机械手总复位时到达XY轴原点计时

网络5 联锁运行状态

M0_0:M0.0 M17_1:M17.1

符号	地址	注释
M0_0	M0.0	板链线/机械手联锁投入
M17_1	M17.1	联锁运行状态

网络6 板链线运行状态指示

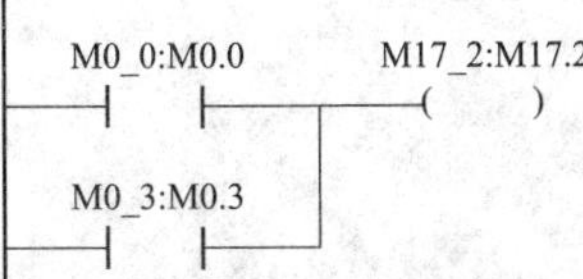

符号	地址	注释
M0_0	M0.0	板链线/机械手联锁投入
M0_3	M0.3	板链线单独正转投入
M17_2	M17.2	板链线运行状态指示

网络7　　设备故障指示

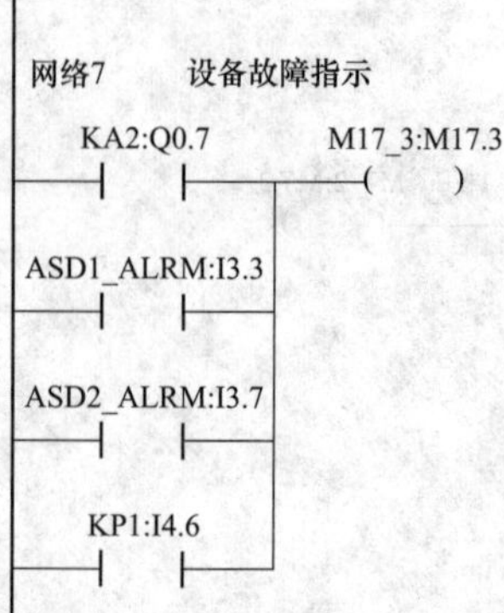

符号	地址	注释
ASD1_ALRM	I3.3	X轴伺服报警
ASD2_ALRM	I3.7	Y轴伺服报警
KA2	Q0.7	设备启动/故障蜂鸣告警
KP1	I4.6	压力过低报警
M17_3	M17.3	设备故障指示

网络8　　控制柜硬急停/触摸屏软急停汇总

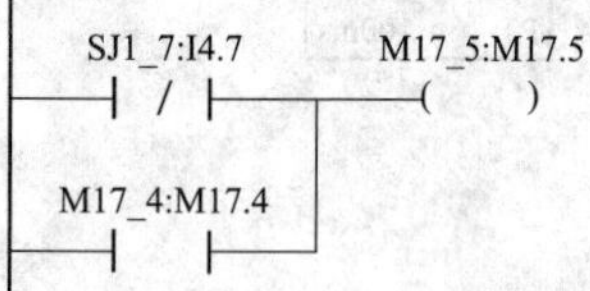

符号	地址	注释
M17_4	M17.4	触摸屏紧急停止
M17_5	M17.5	控制柜硬急停/触摸屏软急停汇总
SJ1_7	I4.7	板链线/机械手急停

网络9　　机械手X轴伺服空闲位

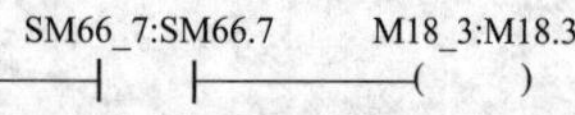

符号	地址	注释
M18_3	M18.3	机械手X轴伺服空闲位(0=PTO忙，1=PTO空闲)
SM66_7	SM66.7	PTO0空闲位：0=PTO忙，1=PTO空闲

网络10　　机械手Y轴伺服空闲位

SM76_7:SM76.7　　M18_4:M18.4

符号	地址	注释
M18_4	M18.4	机械手Y轴伺服空闲位(0=PTO忙，1=PTO空闲)
SM76_7	SM76.7	PTO1空闲位：0=PT0忙，1=PTO空闲

网络11　　X轴伺服运行指示

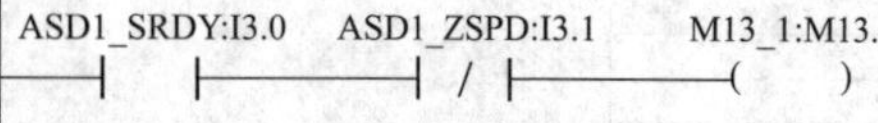

符号	地址	注释
ASD1_SRDY	I3.0	X轴伺服准备完毕
ASD1_ZSPD	I3.1	X轴伺服零速状态
M13_1	M13.1	X轴伺服运行指示

网络12　　Y轴伺服运行指示

ASD2_SRDY:I3.4　ASD2_ZSPD:I3.5　M13_2:M13.2

符号	地址	注释
ASD2_SRDY	I3.4	Y轴伺服准备完毕
ASD2_ZSPD	I3.5	Y轴伺服零速状态
M13_2	M13.2	Y轴伺服运行指示

网络13

设置点动状态下X轴伺服的脉冲宽度和脉冲计数值
这里脉冲计数值设置为100；如果这个值设置太小，伺服电动机行走将不连贯，可以听到吱吱的刹车声；
点动时X轴伺服是缓慢运行的(脉冲周期为200μs)

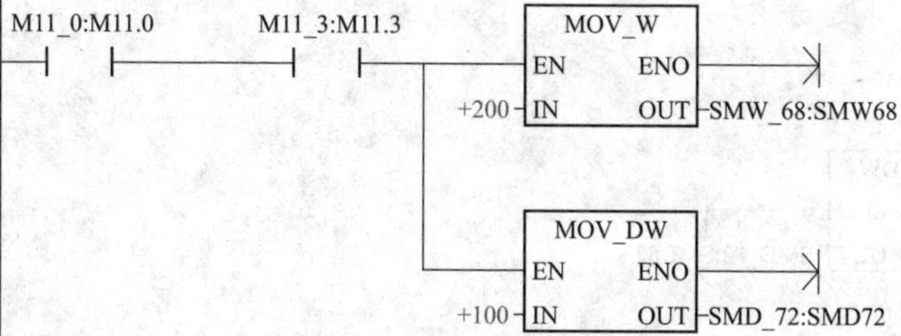

符号	地址	注释
M11_0	M11.0	机械手点动模式
M11_3	M11.3	X轴伺服点动
SMD_72	SMD72	PTO0脉冲计数值
SMW_68	SMW68	PTO0/PWM0周期

网络14

设置原点回归状态下X轴伺服的脉冲宽度和脉冲计数值
这里脉冲计数值设置为100；如果这个值设置太小，伺服电动机行走将不连贯，可以听到吱吱的刹车声

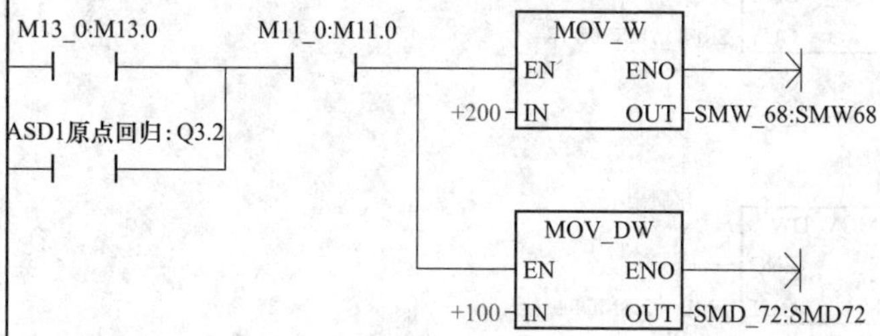

符号	地址	注释
ASD1原点回归	Q3.2	X轴伺服原点回归
M11_0	M11.0	机械手点动模式
M13_0	M13.0	机械手总复位进行中
SMD_72	SMD72	PTO0脉冲计数值
SMW_68	SMW68	PTO0/PWM0周期

网络15

设置点动状态下Y轴伺服的脉冲宽度和脉冲计数值
这里脉冲计数值设置为100；如果这个值设置太小，伺服电动机行走将不连贯，可以明显看到伺服停顿的现象；
点动时Y轴伺服是缓慢运行的(脉冲周期为150μs)

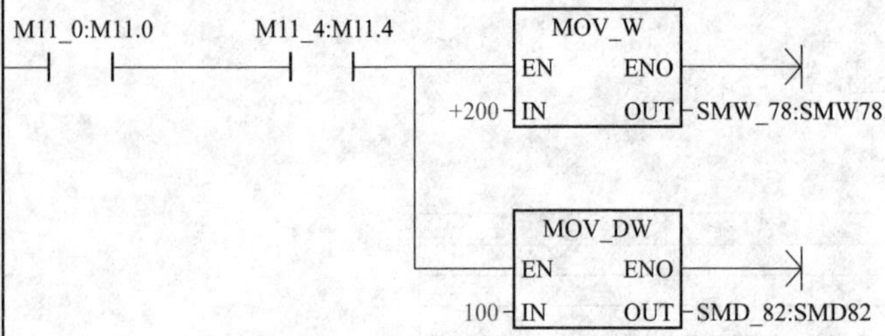

符号	地址	注释
M11_0	M11.0	机械手点动模式
M11_4	M14.4	Y轴伺服点动
SMD_82	SMD82	PTO1脉冲计数值
SMW_78	SMW78	PTO1/PWM1周期

网络16

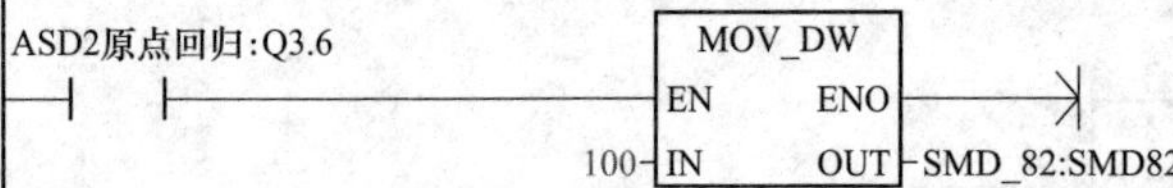

符号	地址	注释
ASD2原点回归	Q3.6	Y轴伺服原点回归
SMD_82	SMD82	PTO1脉冲计数值

网络17

设置原点回归状态下Y轴伺服的脉冲宽度和脉冲计数值
这里脉冲计数值设置为100；如果这个值设置太小，伺服电动机行走将不连贯，可以明显看到伺服停顿的现象

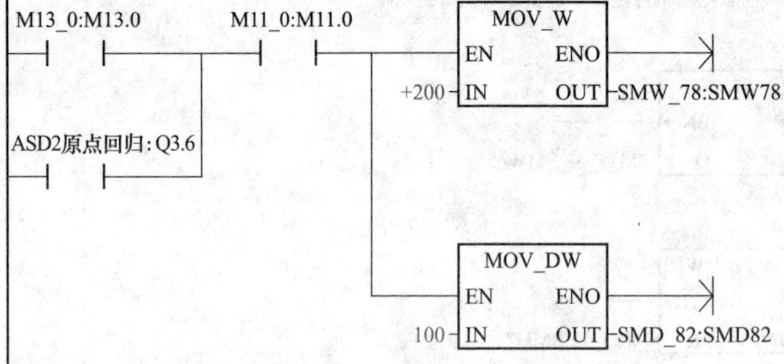

符号	地址	注释
ASD2原点回归	Q3.6	Y轴伺服原点回归
M11_0	M11.0	机械手点动模式
M13_0	M13.0	机械手总复位进行中
SMD_82	SMD82	PTO1脉冲计数值
SMW_78	SMW78	PTO1/PWM1周期

网络18　触摸屏上板链线运行动画图片切换(共计6个状态)

设置触摸屏上板链线运行动画图片切换时间

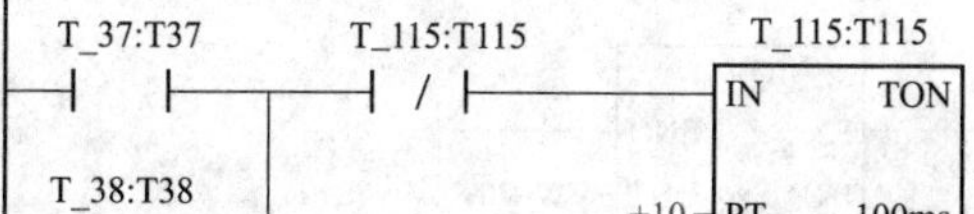

符号	地址	注释
T_115	T115	触摸屏上板链线运行动画图片切换时间
T_37	T37	板链线/机械手启动告警时间
T_38	T38	板链线单独正转启动告警时间

网络19　每隔T115时间就把状态值加1

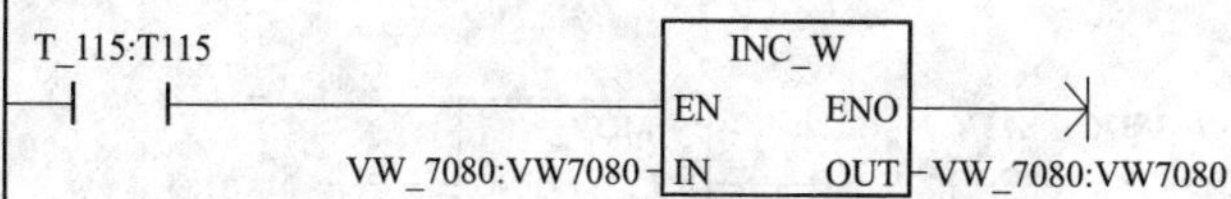

符号	地址	注释
T_115	T115	触摸屏上板链线运行动画图片切换时间
VW_7080	VW7080	触摸屏上板链线运行动画状态存储器

网络20

如果触摸屏上板链线运行动画状态存储器值大于5，就把它置为0，因为总共只有6个画面

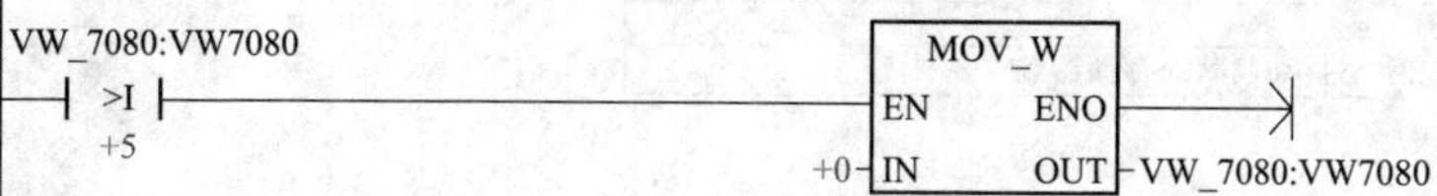

符号	地址	注释
VW_7080	VW7080	触摸屏上板链线运行动画状态存储器

网络21　触摸屏上机械手运行动画图片切换(共计6个状态)

机械手状态0

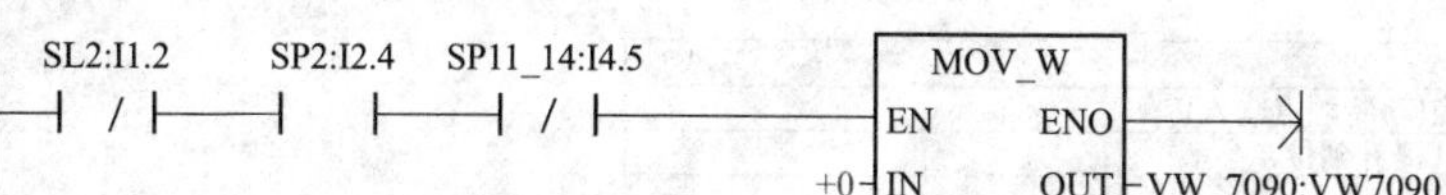

符号	地址	注释
SL2	I1.2	X轴伺服原点(动断触点输入)
SP11_14	I4.5	抓紧气缸松开
SP2	I2.4	Y轴提升气缸下降到位
VW_7090	VW7090	触摸屏上机械手运行动画状态存储器

网络22

机械手状态1

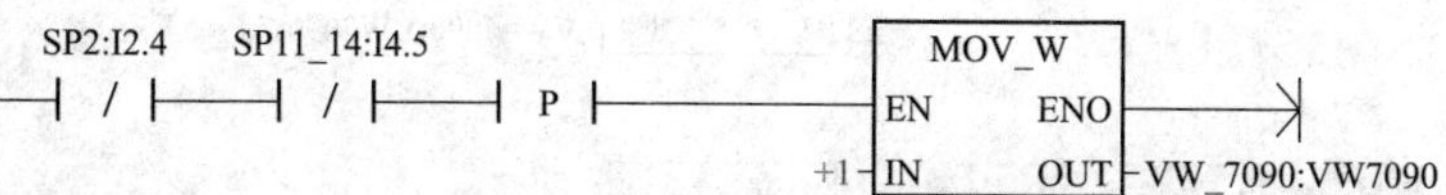

符号	地址	注释
SP11_14	I4.5	抓紧气缸松开
SP2	I2.4	Y轴提升气缸下降到位
VW_7090	VW7090	触摸屏上机械手运行动画状态存储器

网络23

机械手状态2

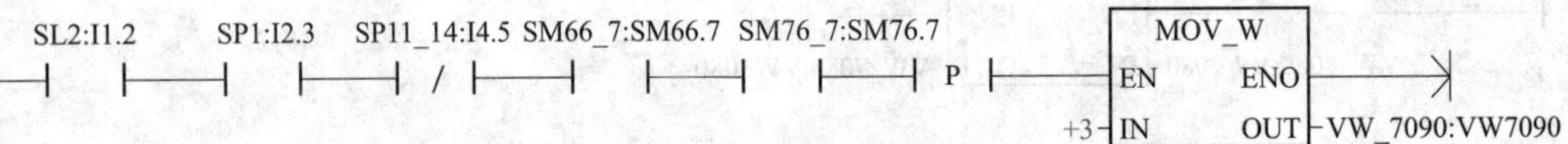

符号	地址	注释
SL2	I1.2	X轴伺服原点(动断触点输入)
SM66_7	SM66.7	PTO0空闲位：0=PTO忙，1=PTO空闲
SP1	I2.3	Y轴提升气缸提升到位
SP11_14	I4.5	抓紧气缸松开
VW_7090	VW7090	触摸屏上机械手运行动画状态存储器

网络24

机械手状态3

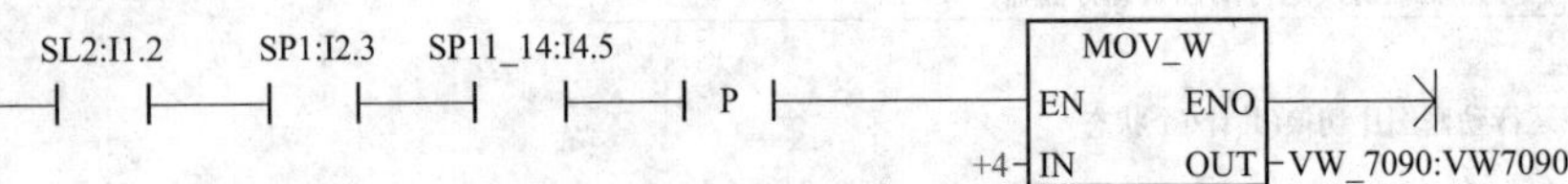

符号	地址	注释
SL2	I1.2	X轴伺服原点(动断触点输入)
SM66_7	SM66.7	PTO0空闲位：0=PTO忙，1=PTO空闲
SM76_7	SM76.7	PTO1空闲位：0=PTO忙，1=PTO空闲
SP1	I2.3	Y轴提升气缸提升到位
SP11_14	I4.5	抓紧气缸松开
VW_7090	VW7090	触摸屏上机械手运行动画状态存储器

网络25

机械手状态4

SL2:I1.2　SP1:I2.3　SP11_14:I4.5　P　MOV_W　EN　ENO　+4　IN　OUT　VW_7090:VW7090

符号	地址	注释
SL2	I1.2	X轴伺服原点(动断触点输入)
SP1	I2.3	Y轴提升气缸提升到位
SP11_14	I4.5	抓紧气缸松开
VW_7090	VW7090	触摸屏上机械手运行动画状态存储器

网络26

机械手状态5

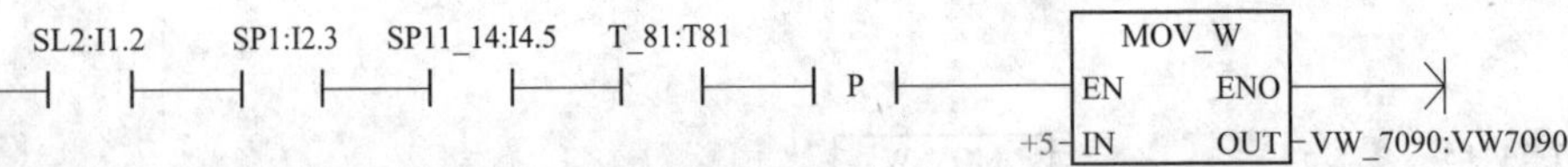

符号	地址	注释
SL2	I1.2	X轴伺服原点(动断触点输入)
SP1	I2.3	Y轴提升气缸提升到位
SP11_14	I4.5	抓紧气缸松开
T_81	T81	M26.0动作计时
VW_7090	VW7090	触摸屏上机械手运行动画状态存储器

(5) 机械手X轴伺服控制程序。因为该工程要求的精度不高，所以直接采用晶体管输出型CPU的Q0.0和Q0.1发送最高频率为20kHz的脉冲来控制伺服电机；如果输出频率不够，则在伺服驱动器中设置倍频来放大这个频率，不过这样的话控制精度也受到了影响（PLC发1个脉冲，伺服电机走了倍频值那么多步）；该程序采用PTO脉冲串输出用于速度和位置控制；当然，PWM脉宽调制也可用于速度、位置或占空比控制，但其应用没有PTO方式那么广泛，因此该程序采用了PTO控制方式；当组态一个输出为PTO操作时，生成一个50%占空比脉冲串用于步进电动机或伺服电动机的速度和位置的开环控制。内置PTO功能仅提供了脉冲串输出，应用程序必须通过PLC内置I/O或扩展模块提供方向和限位控制；采用位置控制向导创建指令：只有勾选“使用高速计数器HSC0（模式12）自动计数线性PTO生成的脉冲。此功能将在内部完成，无需外部接线。”才会生成PTOx_LDPOS指令；只有配置了运动包络，才会生成PTOx_RUN指令；只有配置了“单速连续旋转”运动包络，而且勾选了“编一个子程序（PTOx_ADV）用于为此包络启动STOP（停止）操作。”才会生成PTOx_ADV子程序。

SMB66：Q0.0脉冲输出的状态字节；SMB67：Q0.0脉冲输出的控制字节；

SMB76：Q0.1脉冲输出的状态字节；SMB77：Q0.1脉冲输出的控制字节；

SM67.0：PTO0/PWM0更新周期；0=不写新的周期值，1=写新的周期值；

SM67.1：PWM0更新脉冲宽度值；0=不写新的脉冲宽度，1=写新的脉冲宽度；

SM67.2：PTO0更新脉冲量；0=不写新的脉冲量，1=写新的脉冲量；

SM67.3：PTO0/PWM0基准时间单元；0=1μs/格，1=1ms/格；

SM67.4：同步更新PWM0；0=异步更新，1=同步更新；当PLS指令执行时变化生效；如果改变了时间基准，会产生一个异步更新，而与PWM更新方式位的状态无关。有两个方法改变PWM波形的特性：

同步更新：如果不需要改变时间基准，就可以进行同步更新。利用同步更新，波形特性的变化发生在周期边沿，提供平滑转换。

异步更新：PWM的典型操作是当周期时间保持常数时变化脉冲宽度。所以，不需要改变时间基准。但是，如果需要改变PTO/PWM发生器的时间基准，就要使用异步更新。异步更新会造成PTO/PWM功能被瞬时禁止，和PWM波形不同步。这会引起被控设备的振动。由于这个原因，建议采用PWM同步更新。选择一个适合于所有周期时间的时间基准。

SM67.5：PTO0操作：0=单段操作（周期和脉冲数存在SM存储器中），1=多段操作（包络表存在V存储器区）；

SM67.6：PTO0/PWM0模式选择；0=PTO，1=PWM；

SM67.7：PTO0/PWM0有效位；0=无效，1=有效；可以在任意时刻禁止PTO或者PWM波形，方法为：首先将控制字节中的使能位（SM67.7或者SM77.7）清0，然后执行PLS指令；

SMB67设置为2#10000101，即16#85；每次执行PLS前都写新的周期值和新的脉冲量，1μs/格，单段操作（周期和脉冲数存在SM存储器中），PTO模式，PTO/PWM有效。

PTO功能允许脉冲串“连接”或者“排队”。当前脉冲串输出完成时，会立即开始输出一个新的脉冲串。这保证了多个输出脉冲串之间的连续性。

网络1　　X轴伺服方向控制

X轴伺服方向(0=移向差速链线，1=移向板链线)

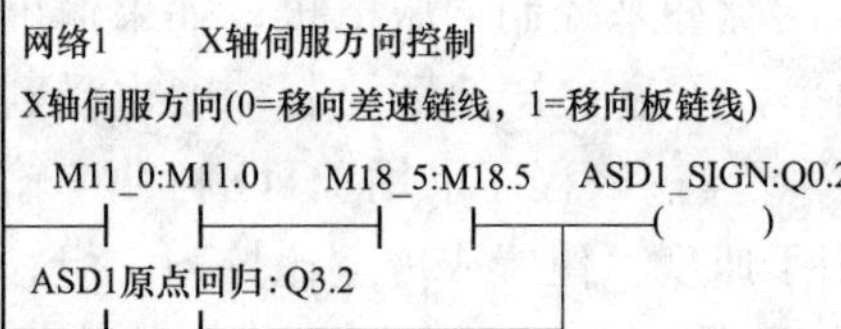

符号	地址	注释
ASD1_SIGN	Q0.2	X轴伺服方向(0=移向差速链线，1=移向板链线)
ASD1原点回归	Q3.2	X轴伺服原点回归
M11_0	M11.0	机械手点动模式
M18_5	M18.5	触摸屏上机械手X轴伺服方向(0=移向差速链线，1=移向板链线)

网络2　　Q0.0脉冲输出的控制字节，单段PTO操作

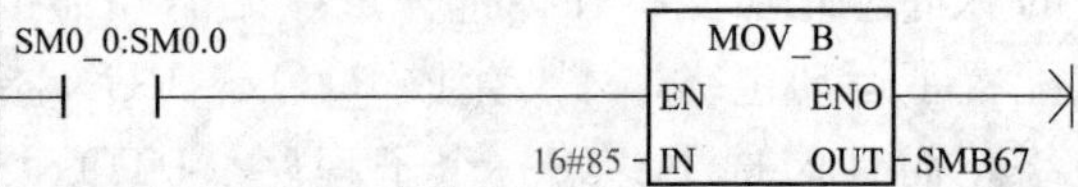

符号	地址	注释
SM0_0	SM0.0	该位始终为1

网络3

监视计数器HSC0；如果EN端不接通就监视不了计数器HSC0；理论和实践证明：在PTO脉冲输出过程中，无法更改PTO波形的周期，也无法更改脉冲输出的个数；该程序没有采用向导的减速停止功能,采用的是连续的小脉冲串输出方式，通过小脉冲串每串脉冲的周期递增或递减的方式来实现伺服电动机的减速和加速过程

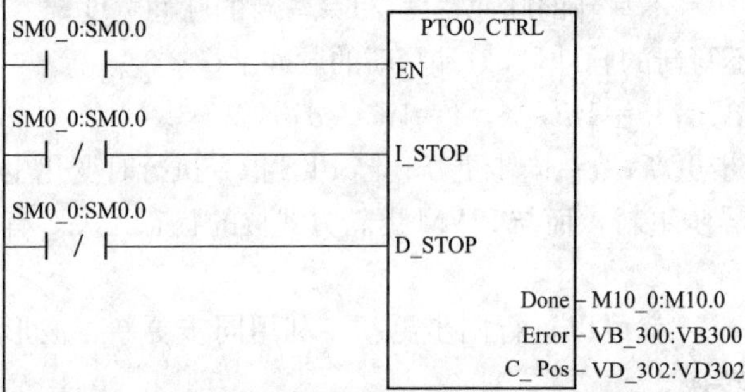

符号	地址	注释
M10_0	M10.0	Q0.0脉冲控制子程序PTO0_CTRL执行完成标志
SM0_0	SM0.0	该位始终为1
VB_300	VB300	Q0.0脉冲控制子程序PTO0_CTRL的错误代码
VD_302	VD302	Q0.0脉冲控制子程序PTO0_CTRL的C_Pos参数

网络4

因为在PTO0位置控制向导中定义了HSC0为Q0.0脉冲输出端的监控计数器，所以可以通过监测HSC0的情况了解Q0.0脉冲输出情况和监测X轴伺服的实际位置；定义高速计数器HSC0，以便调试过程中观察Q0.0的脉冲输出情况和监测X轴伺服的实际位置;实际上，也可以通过直接监视PTOX_CTRL的C_Pos输出端的数据来观察脉冲输出情况——该输出口的数值就是对应的高速计数器的值;该程序没有监控它而是监控了高速计数器,只是采用了另外一种比较麻烦点的思路而已，不建议采用

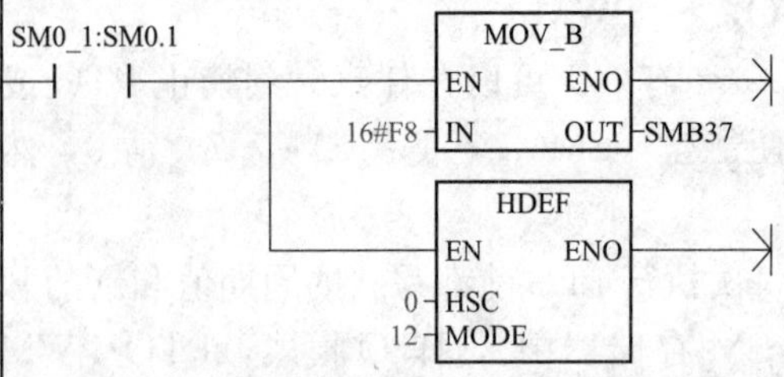

符号	地址	注释
SM0_1	SM0.1	第一个扫描周期为1

网络5

X轴伺服移到差速链正上方后清除HSC0的初始值；X轴伺服移到原点后清除HSC0的初始值；HSC0使能

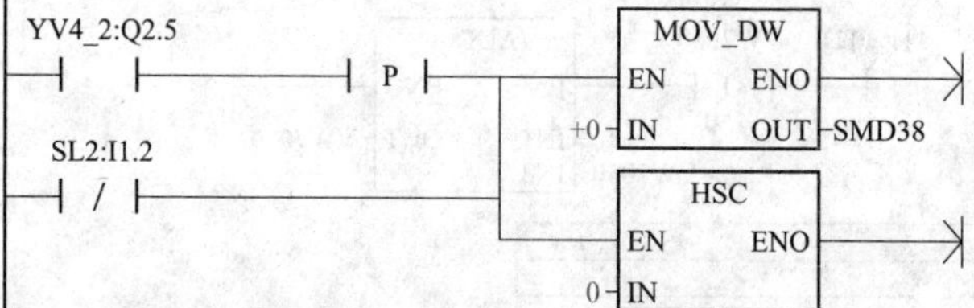

符号	地址	注释
SL2	I1.2	X轴伺服原点(动断触点输入)
YV4_2	Q2.5	抓取气缸松开

网络6　X轴伺服加速

X轴伺服从板链线正上方移向差速链线正上方；X轴伺服从差速链线正上方移向板链线正上方（原点回归）；如果把VW7050传送给SMW68则采用小脉冲串控制的X轴伺服电动机会加速运行；如果把VW7050写成与时间的渐变函数再把VW7050传送给SMW68，那么采用小脉冲串控制的X轴伺服电动机就会按照相反的函数速度运行（VW7050增加则X轴伺服电动机减速运行，VW7050减小则X轴伺服电动机加速运行）；该程序改变脉冲输出频率，是采用连续的小脉冲串每串脉冲具备不同的脉冲频率来实现的；当然不同的脉冲串也可以实现改变脉冲个数；采用该方式改变脉冲输出频率，与是否采用PTO向导无关

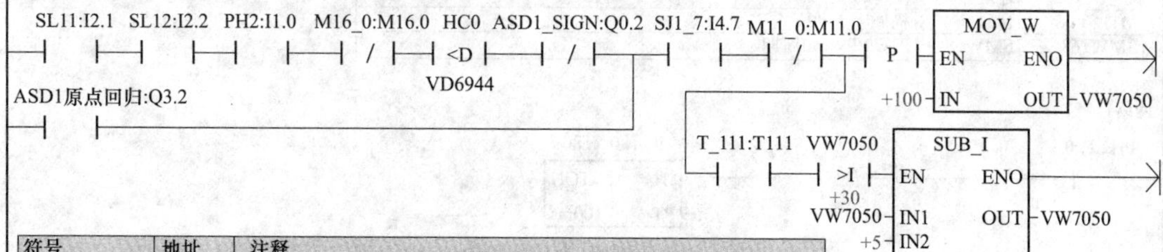

符号	地址	注释
ASD1_SIGN	Q0.2	X轴伺服方向(0=移向差速链线，1=移向板链线)
ASD1原点回归	Q3.2	X轴伺服原点回归
M11_0	M11.0	机械手点动模式
M16_0	M16.0	X轴从板链线上空移向差速链上空状态保持
PH2	I1.0	差速链工装板有无产品
SJ1_7	I4.7	板链线/机械手急停
SL11	I2.1	差速链线工装板后边沿
SL12	I2.2	差速链线工装板前边沿
T_111	T111	XY轴伺服加减速用的时钟脉冲

网络7

产生一个时间可以任意调节的时钟脉冲

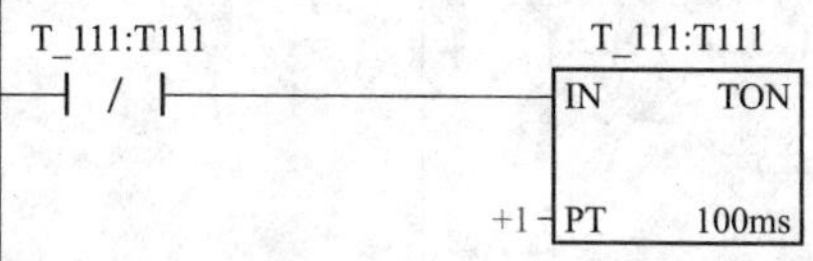

符号	地址	注释
T_111	T1111	XY轴伺服加减速用的时钟脉冲

网络8　X轴伺服减速

如果把VW7050传送给SMW68，则采用小脉冲串控制的X轴伺服电动机会减速运行；X轴伺服从板链线移向差速链线减速

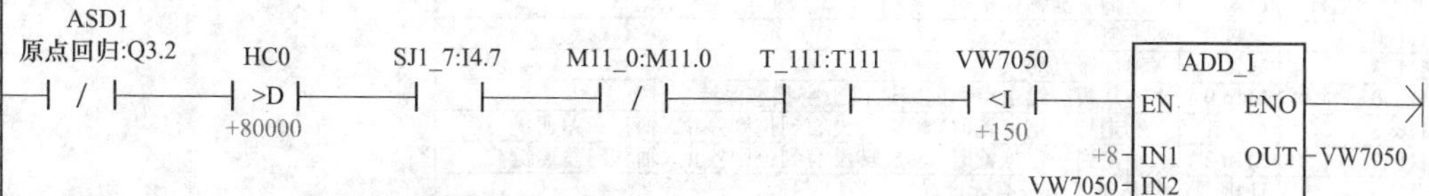

符号	地址	注释
ASD1原点回归	Q3.2	X轴伺服原点回归
M11_0	M11.0	机械手点动模式
SJ1_7	I4.7	板链线/机械手急停
T_111	T111	XY轴伺服加减速用的时钟脉冲

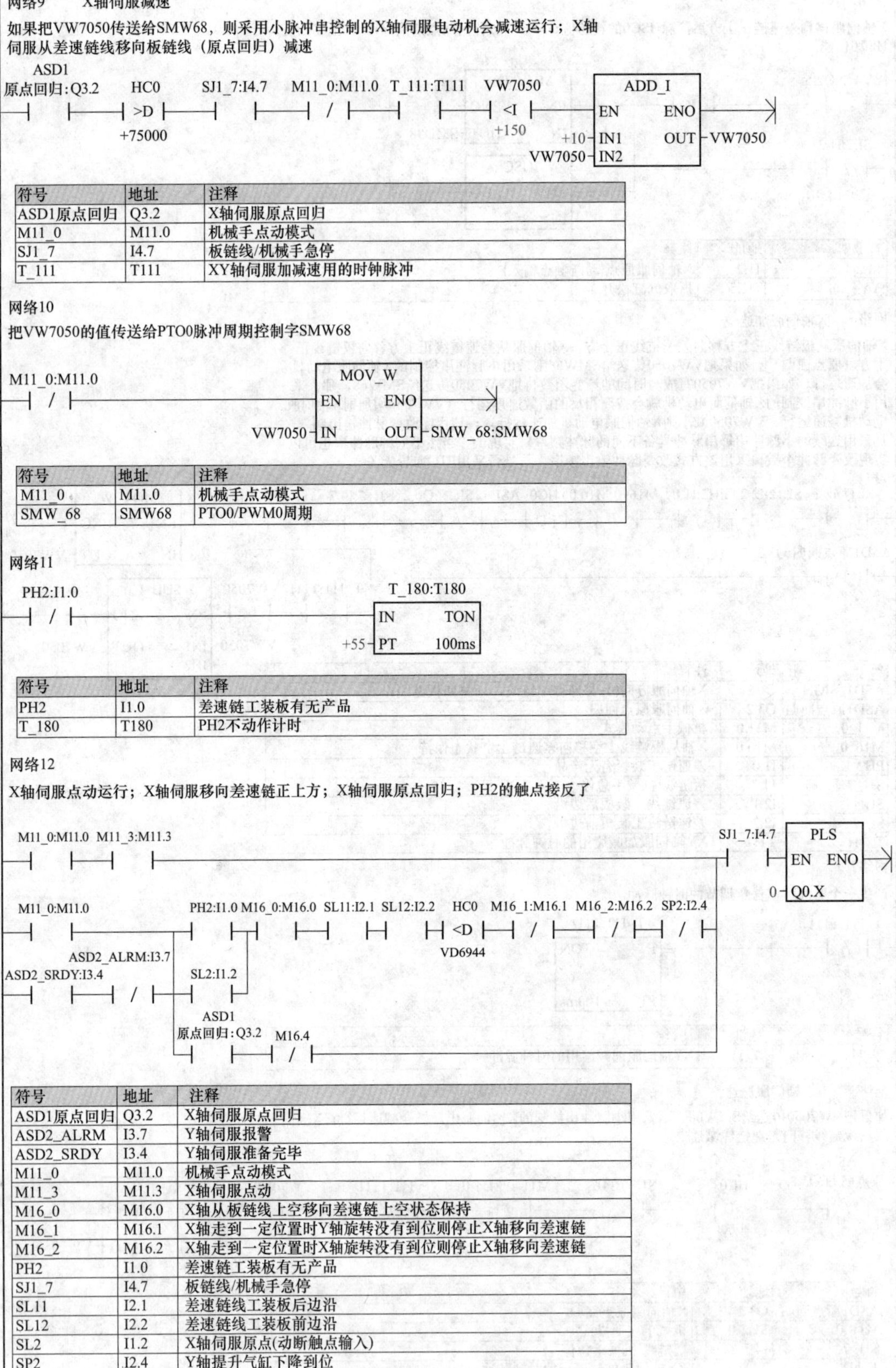

网络9　　X轴伺服减速

如果把VW7050传送给SMW68，则采用小脉冲串控制的X轴伺服电动机会减速运行；X轴伺服从差速链线移向板链线（原点回归）减速

符号	地址	注释
ASD1原点回归	Q3.2	X轴伺服原点回归
M11_0	M11.0	机械手点动模式
SJ1_7	I4.7	板链线/机械手急停
T_111	T111	XY轴伺服加减速用的时钟脉冲

网络10

把VW7050的值传送给PTO0脉冲周期控制字SMW68

符号	地址	注释
M11_0	M11.0	机械手点动模式
SMW_68	SMW68	PTO0/PWM0周期

网络11

符号	地址	注释
PH2	I1.0	差速链工装板有无产品
T_180	T180	PH2不动作计时

网络12

X轴伺服点动运行；X轴伺服移向差速链正上方；X轴伺服原点回归；PH2的触点接反了

符号	地址	注释
ASD1原点回归	Q3.2	X轴伺服原点回归
ASD2_ALRM	I3.7	Y轴伺服报警
ASD2_SRDY	I3.4	Y轴伺服准备完毕
M11_0	M11.0	机械手点动模式
M11_3	M11.3	X轴伺服点动
M16_0	M16.0	X轴从板链线上空移向差速链上空状态保持
M16_1	M16.1	X轴走到一定位置时Y轴旋转没有到位则停止X轴移向差速链
M16_2	M16.2	X轴走到一定位置时X轴旋转没有到位则停止X轴移向差速链
PH2	I1.0	差速链工装板有无产品
SJ1_7	I4.7	板链线/机械手急停
SL11	I2.1	差速链线工装板后边沿
SL12	I2.2	差速链线工装板前边沿
SL2	I1.2	X轴伺服原点(动断触点输入)
SP2	I2.4	Y轴提升气缸下降到位

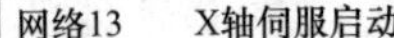

网络13　X轴伺服启动

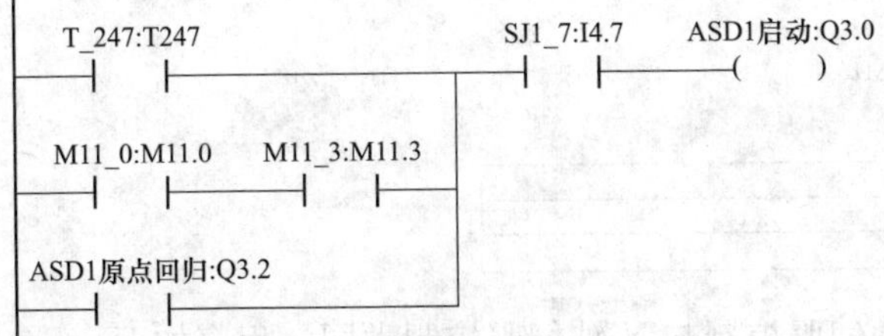

符号	地址	注释
ASD1启动	Q3.0	X轴伺服启动
ASD1原点回归	Q3.2	X轴伺服原点回归
M11_0	M11.0	机械手点动模式
M11_3	M11.3	X轴伺服点动
SJ1_7	I4.7	板链线/机械手急停
T_247	T247	联锁运行计时

网络14

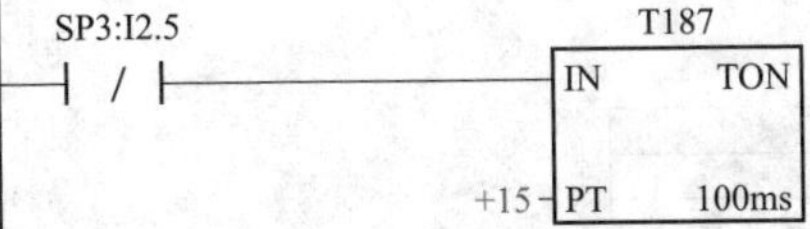

符号	地址	注释
SP3	I2.5	Y轴旋转气缸旋转到位

网络15　机械手保护功能1

X轴从板链线上空移向差速链线上空的过程中，如果走到一定位置时Y轴旋转气缸还没有旋转到位，则暂停X轴伺服移向差速链

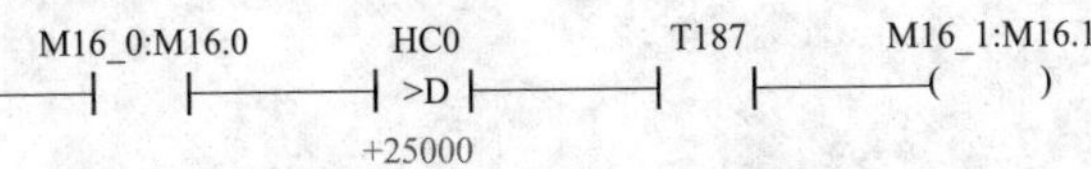

符号	地址	注释
M16_0	M16.0	X轴从板链线上空移向差速链上空状态保持
M16_1	M16.1	X轴走到一定位置时Y轴旋转没有到位则停止X轴移向差速链

网络16　机械手保护功能2

X轴从板链线上空移向差速链线上空的过程中，如果走到一定位置时X轴旋转气缸还没有旋转到位，则暂停X轴伺服移向差速链

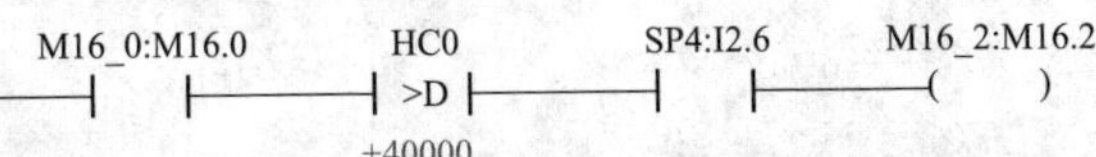

符号	地址	注释
M16_0	M16.0	X轴从板链线上空移向差速链上空状态保持
M16_2	M16.2	X轴走到一定位置时X轴旋转没有到位则停止X轴移向差速链
SP4	I2.6	Y轴旋转气缸复位到位

网络17　机械手保护功能3

X轴从差速链线上空移向板链线上空（原点回归）的过程中，没有走到一定位置时不允许提升气缸下降

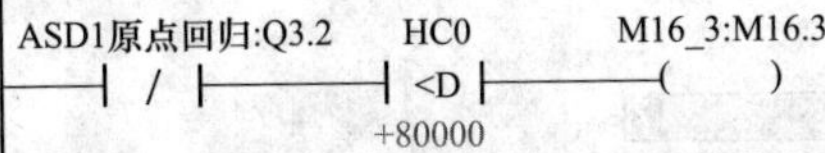

符号	地址	注释
ASD1原点回归	Q3.2	X轴伺服原点回归
M16_3	M16.3	X轴没有走到一定位置时不允许提升气缸下降

网络18　　机械手保护功能4

X轴从差速链线上空移向板链线上空（原点回归）的过程中，如果走到一定位置时X轴旋转气缸还没有复位到位，则暂停X轴伺服移向板链线

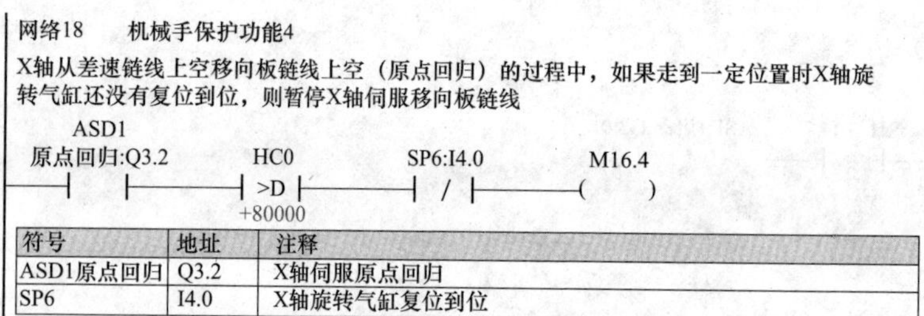

符号	地址	注释
ASD1原点回归	Q3.2	X轴伺服原点回归
SP6	I4.0	X轴旋转气缸复位到位

（6）机械手Y轴伺服控制程序。Y轴伺服控制与X轴伺服控制类同。程序如下：

网络1　　Y轴伺服方向控制

Y轴伺服方向(0=下移，1=上移)

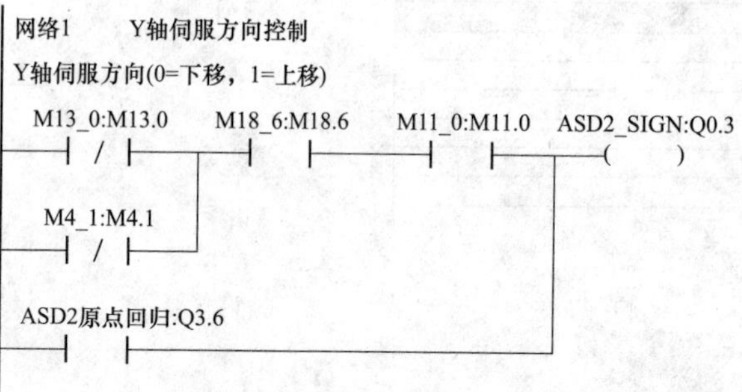

符号	地址	注释
ASD2_SIGN	Q0.3	Y轴伺服方向(0=下移，1=上移)
ASD2原点回归	Q3.6	Y轴伺服原点回归
M11_0	M11.0	机械手点动模式
M13_0	M13.0	机械手总复位进行中
M18_6	M18.6	触摸屏上机械手Y轴伺服方向 (0=下移，1=上移)
M4_1	M4.1	Y轴伺服在板链线上空下移动作保持

网络2　　Q0.1脉冲输出的控制字节

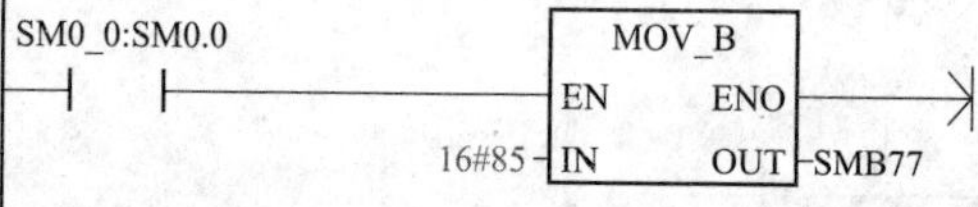

符号	地址	注释
SM0_0	SM0.0	该位始终为1

网络3　　监视计数器HSC3；如果EN端不接通就监视不了计数器HSC3

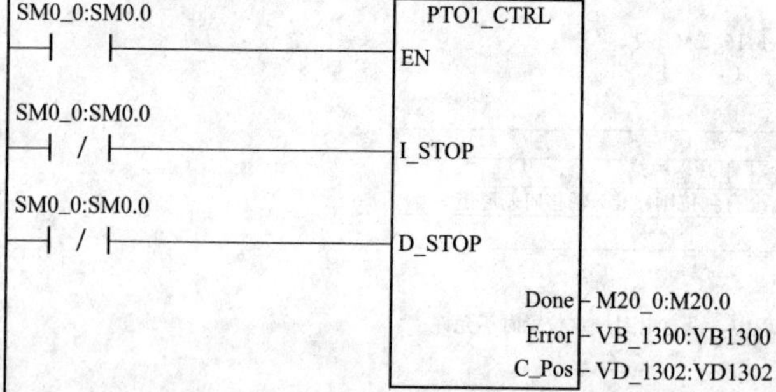

符号	地址	注释
M20_0	M20.0	Q0.1脉冲控制子程序PTO1_CTRL执行完成标志
SM0_0	SM0.0	该位始终为1
VB_1300	VB1300	Q0.1脉冲控制子程序PTO1_CTRL的错误代码
VD_1302	VD1302	Q0.1脉冲控制子程序PTO1_CTRL的C_Pos参数

网络4

因为在PTO1位置控制向导中定义了HSC3为Q0.1脉冲输出端的监控计数器，所以可以通过监测HSC3的情况了解Q0.1脉冲输出情况和监测Y轴伺服的实际位置；定义高速计数器HSC3，以便调试过程中观察Q0.1的脉冲输出情况和监测Y轴伺服的实际位置

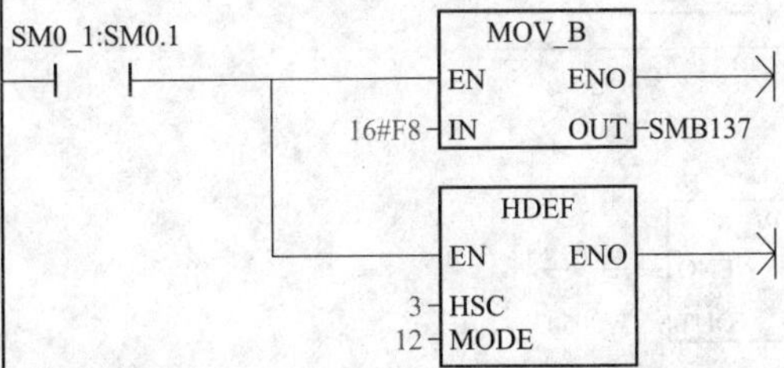

符号	地址	注释
SM0_1	SM0.1	第一个扫描周期为1

网络5

Y轴伺服在板链线正上方根据产品种类不同下移到位后清除HSC3的初始值；Y轴伺服移到原点后清除HSC3的初始值；Y轴伺服在差速链线正上方根据产品种类不同下移到位后清除HSC3的初始值；HSC3使能

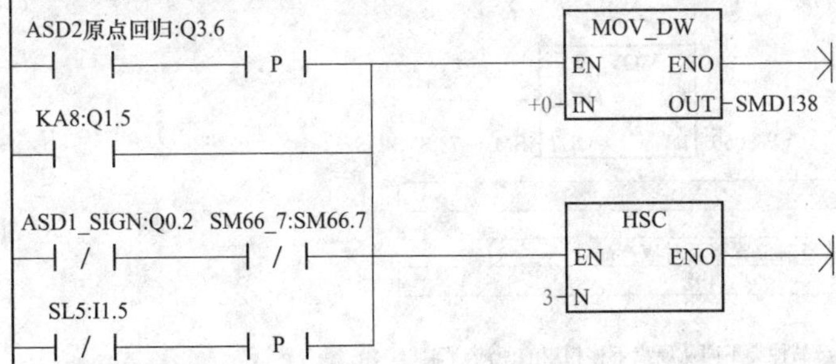

符号	地址	注释
ASD1_SIGN	Q0.2	X轴伺服方向(0=移向差速链线，1=移向板链线)
ASD2原点回归	Q3.6	Y轴伺服原点回归
KA8	Q1.5	Y轴提升气缸提升
SL5	I1.5	Y轴伺服原点(动断触点输入)
SM66_7	SM66.7	PTO0空闲位：0=PTO忙，1=PTO空闲

网络6　　Y轴伺服恒速

Y轴伺服在板链线正上方根据产品种类不同从原点下移相应的距离

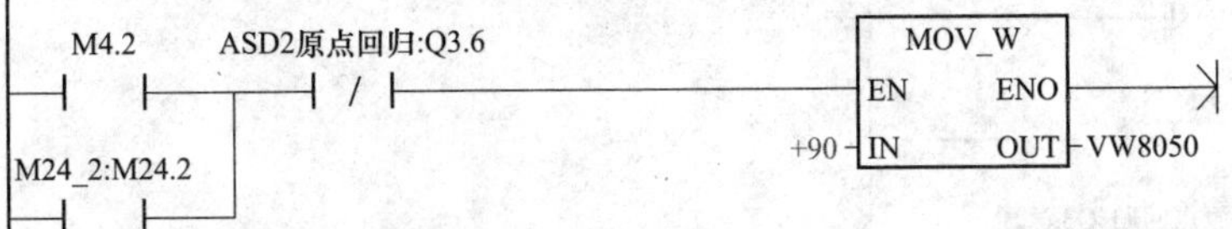

符号	地址	注释
ASD2原点回归	Q3.6	Y轴伺服原点回归
M24_2	M24.2	Y轴伺服在差速链上空从当前位置移至对应产品处

网络7　　Y轴伺服加速

Y轴伺服在差速链线正上方根据产品种类不同从原点下移至差速链线上的工装板上方；Y轴伺服在差速链线正上方上移至原点（原点回归）

M24_2:M24.2　SJ1_7:I4.7　M11_0:M11.0　P　MOV_W EN ENO　+100 IN OUT VW8050

ASD2 原点回归:Q3.6

T_111:T111　VW8050 >I +50　SUB_I EN ENO　VW8050 IN1 OUT VW8050　+5 IN2

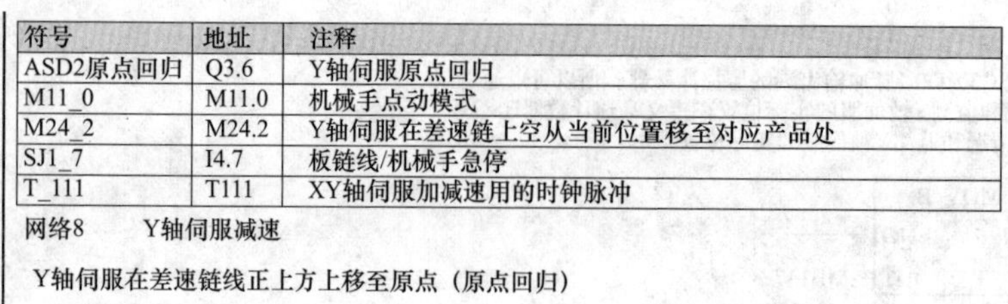

符号	地址	注释
ASD2原点回归	Q3.6	Y轴伺服原点回归
M11_0	M11.0	机械手点动模式
M24_2	M24.2	Y轴伺服在差速链上空从当前位置移至对应产品处
SJ1_7	I4.7	板链线/机械手急停
T_111	T111	XY轴伺服加减速用的时钟脉冲

网络8　　Y轴伺服减速

Y轴伺服在差速链线正上方上移至原点（原点回归）

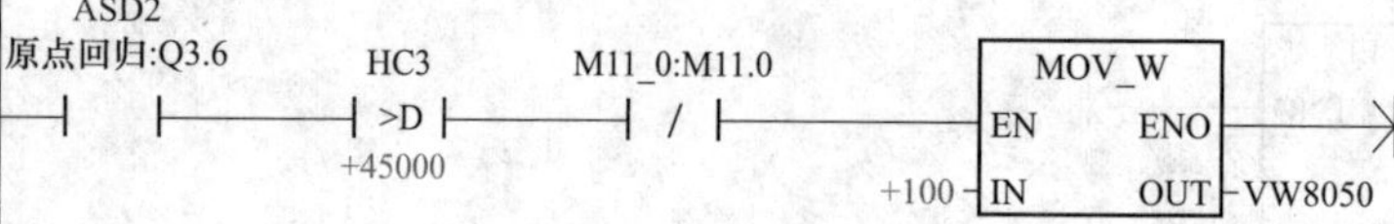

符号	地址	注释
ASD2原点回归	Q3.6	Y轴伺服原点回归
M11_0	M11.O	机械手点动模式

网络9

把VW8050的值传送给PTO0脉冲周期控制字SMW78;

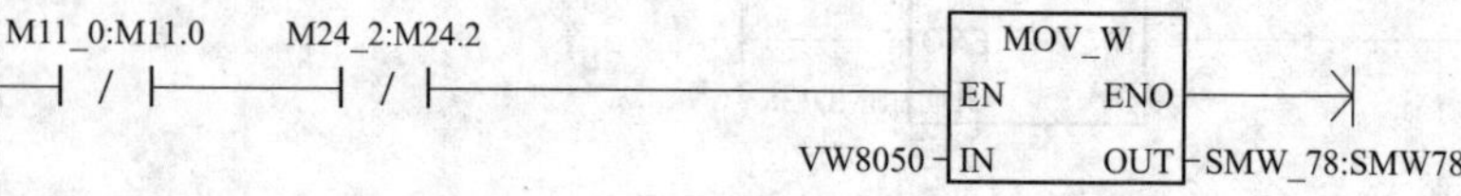

符号	地址	注释
M11_0	M11.0	机械手点动模式
M24_2	M24.2	Y轴伺服在差速链上空从当前位置移至对应产品处
SMW_78	SMW78	PTO1/PWM1周期

网络10

Y轴伺服点动运行;Y轴伺服在板链线正上方根据产品种类不同从原点下移相应的距离;Y轴伺服在差速链线正上方根据产品种类不同从原点下移至差速链线上的工装板上方；Y轴伺服原点回归

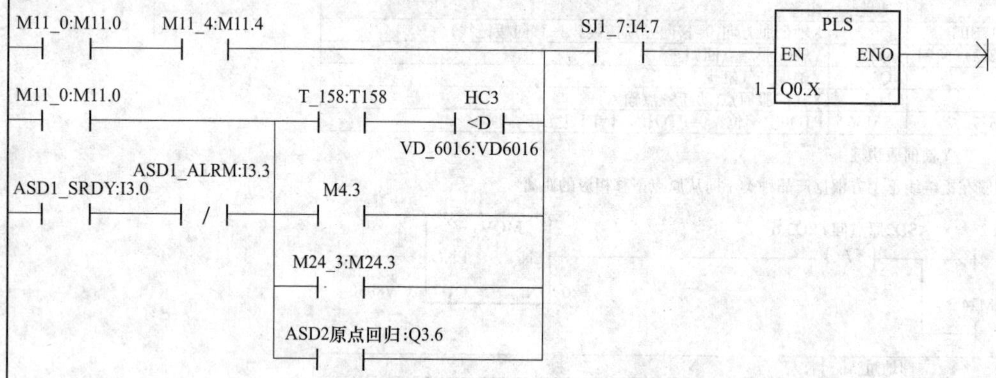

符号	地址	注释
ASD1_ALRM	I3.3	X轴伺服报警
ASD1_SRDY	I3.0	X轴伺服准备完毕
ASD2原点回归	Q3.6	Y轴伺服原点回归
M11_0	M11.0	机械手点动模式
M11_4	M11.4	Y轴伺服点动
M24_3	M24.3	Y轴伺服空闲上升延微分
SJ1_7	I4.7	板链线/机械手急停
T_158	T158	M4.1动作计时
VD_6016	VD6016	在板链线上空各种产品对应的机械手Y轴下移脉冲数(电子齿轮比…

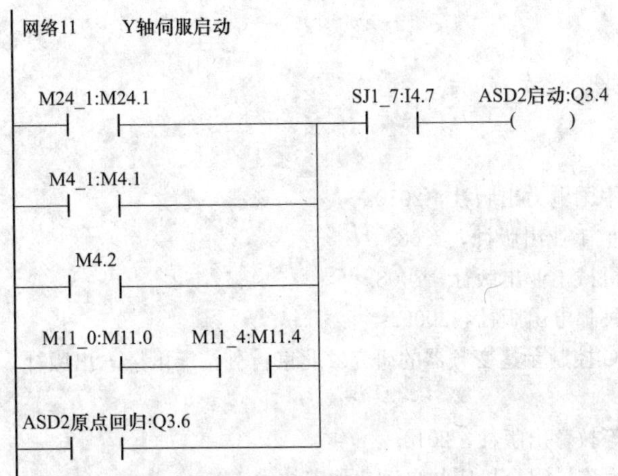

符号	地址	注释
ASD2启动	Q3.4	Y轴伺服启动
ASD2原点回归	Q3.6	Y轴伺服原点回归
M11_0	M11.0	机械手点动模式
M11_4	M11.4	Y轴伺服点动
M24_1	M24.1	Y轴伺服电动机下移(3种产品3种位置，大约20mm)
M4_1	M4.1	Y轴伺服在板链线上空下移动作保持
SJ1_7	I4.7	板链线/机械手急停

（7）调用子程序。

1）PTO0 _ LDPOS。此指令由 PTO/PWM 向导生成，用于输出点 Q0.0。PTOx _ LDPOS（装载位置）指令用于为线性 PTO 操作改动当前位置参数。

2）PTO1 _ LDPOS。此指令由 PTO/PWM 向导生成，用于输出点 Q0.1。PTOx _ LDPOS（装载位置）指令用于为线性 PTO 操作改动当前位置参数。

3）PTO0 _ CTRL。此指令由 PTO/PWM 向导生成，用于输出点 Q0.0。

4）PTO0 _ MAN。此指令由 PTO/PWM 向导生成，用于输出点 Q0.0。PTOx _ MAN（手动模式）指令用于以手动模式控制线性 PTO。在手动模式中，可用不同的速度操作 PTO。使能 PTOx _ MAN 指令时，只允许使用 PTOx _ CTRL 指令。

5）PTO1 _ CTRL。此指令由 PTO/PWM 向导生成，用于输出点 Q0.1。

6）PTO1 _ MAN。此指令由 PTO/PWM 向导生成，用于输出点 Q0.1。PTOx _ MAN（手动模式）指令用于以手动模式控制线性 PTO。在手动模式中，可用不同的速度操作 PTO。使能 PTOx _ MAN 指令时，只允许使用 PTOx _ CTRL 指令。

参　考　文　献

[1] 张豪. 机电一体化设备维修实训. 北京：中国电力出版社，2010.

[2] 张铮，张豪. 机电控制与 PLC. 北京：机械工业出版社，2008.

[3] 宋新萍，张豪. 液压与气压传动. 北京：机械工业出版社，2008.

[4] 倪森寿，张豪. 机械技术基础. 北京：人民邮电出版社，2009.

[5] 张豪. 基于 MODBUS 通信协议的三菱 PLC 控制台达变频器的研究. 北京：科技资讯杂志出版社，2009.

[6] 倪森寿，张豪. 机械制造基础. 北京：高等教育出版社，2010.

[7] 刘全胜，张豪. 自动车库的设计及实现. 大连：组合机床与自动化加工技术，2008.

[8] Hao Zhang. The Intelligent Device Management System is based on the Power Line Communication. 2010 2nd International Conference on E-business and Information System EBISS 2010（IEEE），2010.

[9] Yuze Cai，Hao Zhang. Boundedness of Commutators on Generalized Morrey Spaces，2009.

[10] 向晓汉，钱晓忠，张豪. 变频器与伺服驱动技术应用. 北京：高等教育出版社，2017.

[11] 张豪. 基于 CC-LINK 现场总线的购物车生产线控制系统的设计. 石家庄：内燃机与配件，2018.

[12] 张豪. 二轴桁架机器人的设计及实现. 北京：电子测试，2016.

[13] 张豪. 二轴桁架机器人控制系统的设计. 江西：南方农机，2017.

[14] 张豪. 基于 RSA 算法的新一代安全电子门锁的系统设计. 北京：电子测试，2014.

[15] 张豪. 基于三菱 FX 系列 PLC N：N 网络通信的研究. 天津：数字技术与应用，2012.

[16] 张豪. 西门子 PLC 应用案例解析. 北京：中国电力出版社，2014.

[17] 张豪. 机电一体化设备维修（第二版）. 北京：化学工业出版社，2019.

[18] 俞云强，张豪，周金德. 基于被动式红外传感器的船舶轨迹重构. 北京：舰船科学技术，2018.

[19] 张豪. 自动生产线的安装调试与维护. 北京：中国电力出版社，2020.

[20] 张豪. 三菱 PLC 编程 100 例精解. 北京：中国电力出版社，2020.